涡轮机械与推进系统出版项目
航空发动机技术出版工程

航空发动机高空模拟试验

侯敏杰 田金虎 刘 涛 编著

科学出版社
北 京

内 容 简 介

本书结合航空发动机高空模拟试验理论与工程实践，介绍了航空发动机高空模拟试验的相关技术、方法、设备、系统及流程。全书共九章，分别描述了高空模拟试验的发展历程与试验原理、试验科目、试验设备、试验方法、试验测试、试验结果分析与处理、试验流程与控制、试验常见问题及处理、高空模拟试验技术发展展望等内容。

本书有助于高空模拟试验方、航空发动机研制方、使用方共同协商制定相关试验要求方案，积极有效地提升试验成功率。适用读者包括科研院所、工业界、高校从事航空发动机相关工作的专家、工程人员、在校学生等。

图书在版编目(CIP)数据

航空发动机高空模拟试验/侯敏杰，田金虎，刘涛编著. --北京：科学出版社，2021.10
（航空发动机技术出版工程）
国家出版基金项目　涡轮机械与推进系统出版项目
ISBN 978-7-03-069452-2

Ⅰ. ①航… Ⅱ. ①侯… ②田… ③刘… Ⅲ. ①航空发动机—模拟试验 Ⅳ. ①V263.3

中国版本图书馆 CIP 数据核字（2021）第 148742 号

责任编辑：徐杨峰／责任校对：谭宏宇
责任印制：黄晓鸣／封面设计：殷　靓

科学出版社 出版
北京东黄城根北街 16 号
邮政编码：100717
http://www.sciencep.com

南京展望文化发展有限公司排版
广东虎彩云印刷有限公司印刷
科学出版社发行　各地新华书店经销

*

2021 年 10 月第　一　版　开本：B5（720×1000）
2025 年 3 月第九次印刷　印张：23 3/4
字数：465 000

定价：200.00 元
（如有印装质量问题，我社负责调换）

涡轮机械与推进系统出版项目
顾问委员会

主任委员

张彦仲

委 员

（以姓名笔画为序）

尹泽勇　乐嘉陵　朱　荻　刘大响　杜善义
李应红　张　泽　张立同　张彦仲　陈十一
陈懋章　闻雪友　宣益民　徐建中

航空发动机技术出版工程
专家委员会

主任委员
曹建国

副主任委员
李方勇　尹泽勇

委　员
（以姓名笔画为序）

王之林　尹泽勇　甘晓华　向　巧　刘大响
孙　聪　李方勇　李宏新　杨　伟　杨　锐
吴光辉　吴希明　陈少洋　陈祥宝　陈懋章
赵振业　唐　斌　唐长红　曹建国　曹春晓

航空发动机技术出版工程
编写委员会

主任委员
尹泽勇

副主任委员
李应红　刘廷毅

委　员
（以姓名笔画为序）

丁水汀	王太明	王占学	王健平	尤延铖
尹泽勇	帅　永	宁　勇	朱俊强	向传国
刘　建	刘廷毅	杜朝辉	李应红	李建榕
杨　晖	杨鲁峰	吴文生	吴施志	吴联合
吴锦武	何国强	宋迎东	张　健	张玉金
张利明	陈保东	陈雪峰	叔　伟	周　明
郑　耀	夏峥嵘	徐超群	郭　昕	凌文辉
陶　智	崔海涛	曾海军	戴圣龙	

编委会秘书组
组　长　朱大明
成　员　晏武英　沙绍智

航空发动机技术出版工程
试验系列
编写委员会

主 编
郭 昕

副主编
徐朋飞　艾克波　崔海涛

委 员
（以姓名笔画为序）

丁凯峰　王永明　王振华　王晓东　艾克波
江　平　吴法勇　张志学　陆海鹰　侯敏杰
姚　华　徐　国　徐友良　徐华胜　徐朋飞
郭　昕　崔海涛　梁宝逵

涡轮机械与推进系统出版项目
序

涡轮机械与推进系统涉及航空发动机、航天推进系统、燃气轮机等高端装备。其中每一种装备技术的突破都令国人激动、振奋,但是由于技术上的鸿沟,使得国人一直为之魂牵梦绕。对于所有从事该领域的工作者,如何跨越技术鸿沟,这是历史赋予的使命和挑战。

动力系统作为航空、航天、舰船和能源工业的"心脏",是一个国家科技、工业和国防实力的重要标志。我国也从最初的跟随仿制,向着独立设计制造发展。其中有些技术已与国外先进水平相当,但由于受到基础研究和条件等种种限制,在某些领域与世界先进水平仍有一定的差距。在此背景下,出版一套反映国际先进水平、体现国内最新研究成果的丛书,既切合国家发展战略,又有益于我国涡轮机械与推进系统基础研究和学术水平的提升。"涡轮机械与推进系统出版项目"主要涉及航空发动机、航天推进系统、燃气轮机以及相应的基础研究。图书种类分为专著、译著、教材和工具书等,内容包括领域内专家目前所应用的理论方法和取得的技术成果,也包括来自一线设计人员的实践成果。

"涡轮机械与推进系统出版项目"分为四个方向:航空发动机技术、航天推进技术、燃气轮机技术和基础研究。出版项目分别由科学出版社和浙江大学出版社出版。

出版项目凝结了国内外该领域科研与教学人员的智慧和成果,具有较强的系统性、实用性、前沿性,既可作为实际工作的指导用书,也可作为相关专业人员的参考用书。希望出版项目能够促进该领域的人才培养和技术发展,特别是为航空发动机及燃气轮机的研究提供借鉴。

张彦仲

2019 年 3 月

航空发动机技术出版工程

序

航空发动机被誉称为工业皇冠之明珠,实乃科技强国之重器。

几十年来,我国航空发动机技术、产品及产业经历了从无到有、从小到大的艰难发展历程,取得了显著成绩。在世界新一轮科技革命、产业变革同我国转变发展方式的历史交汇期,国家决策进一步大力加强航空发动机事业发展,产学研用各界无不为之振奋。

迄今,科学出版社于2019年、2024年两次申请国家出版基金,安排了"航空发动机技术出版工程",确为明智之举。

本出版工程旨在总结、推广近期及之前工作中工程、科研、教学的优秀成果,侧重于满足航空发动机工程技术人员的需求,尤其是从学生到工程师过渡阶段的需求,借此也为扩大我国航空发动机卓越工程师队伍略尽绵力。本出版工程包括设计、试验、基础与综合、前沿技术、制造、运营及服务保障六个系列,2019年启动的前三个系列近五十册任务已完成;后三个系列近三十册任务则于2024年启动。对于本出版工程,各级领导十分关注,专家委员会不时指导,编委会成员尽心尽力,出版社诸君敬业把关,各位作者更是日无暇晷、研教著述。同道中人共同努力,方使本出版工程得以顺利开展、如期完成。

希望本出版工程对我国航空发动机自主创新发展有所裨益。受能力及时间所限,当有疏误,恭请斧正。

2024 年 10 月修订

本书序

航空发动机是飞机的"心脏",国之重器。航空发动机是在高温、高压、高转速和交变负荷的极端恶劣条件下长期可靠工作的复杂热力机械,是典型的知识和技术高度密集的军民两用高科技产品。其研制技术难度大、周期长、耗资多。产品的性能水平和研发能力是一个国家经济、军事、科技等综合国力的重要标志之一。

随着飞机飞行高度、速度的不断提高,作战适用性和机动性的不断增强,发动机在整个飞行包线范围内的进气温度、压力、空气流量、气流的压力场和温度场等参数均有很大变化。这些变化对发动机各部件的特性及其工作稳定性,对低温、低压下的点火及燃烧性能,对发动机的推力、耗油率、结构强度和可靠性等均有重大影响。发动机在高空飞行中的性能与地面状态大不相同,对发动机结构强度影响最大的气动热力负荷点已不在地面静止状态,而是在中、低空高速条件下,如中空的 $Ma=2.2 \sim 3.0$、接近地面的低空 $Ma=1.2 \sim 1.5$。因此,研制一台先进高性能航空发动机,除了要进行大量的零部件试验和地面台、特种环境试验台上的全台发动机试车之外,还必须在"高空模拟试车台"(简称高空台)上模拟整个飞行包线范围内的各种飞行状态,进行主要部件和全台发动机的性能、特性及可靠性试验。

"高空台"就是在地面上能够模拟发动机空中飞行时的高度、速度和进气畸变条件的试车台,它是研制先进航空发动机和推进系统必不可少的、最有效的试验设备之一。美国国防部和 NASA 联合调查组宣称:研制一台三、四代军用航空发动机,一般需要占用 3~4 个高空试验舱,进行 5 000 多小时的高空台试验。正因如此,从 20 世纪 40 年代中期开始,美、苏、英、法等国家不惜花费巨资相继建立了 50 多个高空舱和推进风洞,进行了大量的试验研究,这对迅速提高发动机的研制水平起到了重大作用。

1964 年,主管国防科研工作的党中央军委副主席聂荣臻元帅,对航空工业发展作出了重要批示:"要抓紧空气动力中心和高空模拟试车台的建设,如再迟迟不动,将来势必造成大的被动。"1965 年,国家决定开始我国高空台的建设工作。在一穷二白、既无图纸、又无资料的情况下,本着"自力更生、艰苦奋斗、团结协作、无私奉献"的革命精神,在四川江油的一个深山沟里,数千人经历了三十年的顽强拼搏,高空台终于在 1995 年通过了国家验收并投入使用,使我国成为世界上继美、俄、英、法之后第五个拥有大型连续气源高空台的国家。

《航空发动机高空模拟试验》一书是奋战在高空台建设和航空发动机试验中的一批年轻有为的科技专家编写的著作,他们把自己多年来学习、提升的科学理论与在高空台建设和试验中的丰富实践经验结合起来,把具体的实践经验上升到科学理论,再用科学理论指导科研实践,正是该书最为突出的特色之一。

该书涵盖了航空发动机高空模拟试验所涉及的各项内容,主要包括:试验设备、试验科目、试验方法、试验测试、试验结果分析与处理等;还讲述了在其他教学参考书中没有的专题章节,如试验流程与控制、试验中常见问题及处理方法等;此外,为完善我国航空发动机高空模拟试验技术体系,该书还对高空台未来新的试验、测量技术和发展趋势进行了探索和预测。

我衷心祝贺该书的编辑出版,相信它能积极有效地推动航空发动机高空模拟试验技术的进步,还将给航空动力战线的科研人员和高等院校师生提供一本很有价值的参考书,为我国航空发动机的自主研制发展作出更大贡献!

2020 年 8 月 8 日

前　言

在地面可模拟飞行器的飞行状态、飞行姿态,建立高空飞行工作环境条件和使用条件,进行全尺寸航空发动机高空飞行状态试验的地面试验设备被称为航空发动机模拟高空试验设备,在我国常称为航空发动机高空模拟试车台,并简称为高空台,属物理模拟范畴。高空台工作包线(试验范围)须完全涵盖发动机飞行工作包线,并具有测试检验设备的通用属性,其性能水平和试验能力是一个国家军事、科技、经济等综合国力的重要标志。高空台是研制先进航空发动机不可或缺的重要试验平台,是非常复杂的大型地面设施,是典型的知识和技术高度密集的高科技产品。国防科技强国美国将航空发动机列为构成美国军事战略基础的九大优势技术之一,彰显了航空发动机技术的重要战略地位,其中航空发动机高空模拟试验技术是航空发动机技术的重要组成部分,其战略地位不可小觑。航空发动机技术是国家的战略核心技术,与之相对应的高空模拟试验技术涉及航空发动机总体技术、先进测试技术与控制技术、先进试验方法研究等,则是国防科技武器装备军用航空动力研制过程中的核心技术。航空发动机高空模拟试验作为现代航空发动机研制中必不可少的调试手段,不仅可以为研制空军新型先进国防航空动力装置进行试验研究与鉴定,而且可以为现役空军主力机种航空动力装置高空性能调试与故障排除提供依据,同时也可以为当前空军换代战机航空动力装置改进/改型提供技术支撑。目前,我国第三代战斗机发动机的研制无一例外都在高空台进行了试验研究与鉴定。只有拥有高空模拟试验技术的国家才能够自主研发航空发动机,高空模拟试验技术水平在很大程度上反映了一个国家的航空发动机研制水平,是先进航空发动机研制不可或缺的关键技术。

本书以四川省绵阳市航空发动机试验基地的高空模拟试验舱为研究设备基础,主要讨论对象为小涵道比涡扇混合排气发动机。书中主要论述了直连式航空发动机高空模拟试验技术,共计9章。包括绪论、试验科目、试验设备、试验方法、试验测试、试验结果分析与处理、试验流程与控制方法、试验常见问题及处理方法、高空模拟试验技术的发展展望。

本书由中国航发四川燃气涡轮研究院侯敏杰、田金虎、刘涛同志负责各章节内容的协调安排。其中第1、9章主要由侯敏杰、彭生红同志编写；第2章主要由刘涛（重点实验室）、张俊杰同志编写；第3章主要由田金虎、李康同志编写；第4章主要由田金虎、宋子军、苏金友、侯鑫正、刘涛（整机试验室）、王信、仇钎同志编写；第5章主要由侯敏杰、赵涌同志编写；第6章主要由田金虎、马前容同志编写；第7、8章主要由刘涛（重点实验室）、文刚同志编写。

西北工业大学乔渭阳教授、中国航发湖南动力机械研究所熊荆江研究员、中国科学院工程热物理研究所阮昌龙高级工程师为本书编写提供了大力支持。

在本书编写过程中还得益于刘大响院士、彭友梅研究员、杜鹤龄研究员、徐通源研究员、陈建民研究员等前辈们的指导，在此向他们表达由衷的感谢！

在本书编写过程中，得到了中国航发四川燃气涡轮研究院科技委办公室、高空模拟技术重点实验室、整机试验研究室的大力支持，在此表达感谢！

本书可供从事航空发动机高空模拟试验及有关技术领域的科研、工程设计、使用维修等人员使用，也可用作高等院校发动机专业研究生及本科生的教学参考书。

书中难免存在疏漏和不足，恳请广大读者给予批评指正。

侯敏杰
2020年8月

目 录

涡轮机械与推进系统出版项目·序
航空发动机技术出版工程·序
本书序
前　言

第 1 章　绪论

1.1 高空模拟试验的发展历程 …………………………………… 001
 1.1.1 高空模拟试验在发动机研制中的重要地位 ………… 001
 1.1.2 我国航空发动机高空模拟试验发展历程 …………… 004
 1.1.3 高空模拟试验的主要作用 …………………………… 009
1.2 航空发动机高空模拟试验原理 ……………………………… 011
1.3 高空模拟试验的分类 ………………………………………… 013

第 2 章　试验科目

2.1 高空模拟试验要求及规范 …………………………………… 016
 2.1.1 试验要求 ……………………………………………… 016
 2.1.2 规范和标准 …………………………………………… 019
 2.1.3 适航要求 ……………………………………………… 021
 2.1.4 我国规范标准对高空模拟试验的要求 ……………… 023
2.2 高空模拟试验科目 …………………………………………… 027
 2.2.1 高空性能试验 ………………………………………… 028
 2.2.2 高空功能试验 ………………………………………… 029

2.2.3 空中起动和再起动 ………………………………………………… 030
2.2.4 推力瞬变试验/功率变换试验 ……………………………………… 031
2.2.5 进气压力畸变试验 …………………………………………………… 032
2.2.6 空中风车旋转试验 …………………………………………………… 034
2.2.7 发动机振动测量试验 ………………………………………………… 034
2.2.8 高/低温起动和加速试验 …………………………………………… 035
2.2.9 高原起动试验 ………………………………………………………… 035
2.2.10 吞水试验 …………………………………………………………… 036
2.2.11 其他试验 …………………………………………………………… 037

第 3 章　试验设备

3.1 高空模拟试车台分类及设备组成 ……………………………………… 041
  3.1.1 高空模拟试车台分类 ………………………………………………… 041
  3.1.2 直连式高空模拟试验台的组成 ……………………………………… 045
3.2 涡喷、涡扇发动机直连式高空模拟试验设备 ………………………… 049
  3.2.1 供抽气管网 …………………………………………………………… 049
  3.2.2 前室 …………………………………………………………………… 053
  3.2.3 试验舱 ………………………………………………………………… 056
  3.2.4 推力测量系统 ………………………………………………………… 064
  3.2.5 排气扩压器 …………………………………………………………… 067
  3.2.6 排气冷却器 …………………………………………………………… 068
  3.2.7 参数测量与数据采集、处理系统 …………………………………… 070
  3.2.8 飞行环境模拟系统 …………………………………………………… 076
  3.2.9 电气系统 ……………………………………………………………… 078
  3.2.10 试车工艺系统 ……………………………………………………… 080
  3.2.11 安全消防系统 ……………………………………………………… 088
  3.2.12 进排气塔 …………………………………………………………… 089
3.3 涡轴、涡桨发动机高空模拟试车台 …………………………………… 090
  3.3.1 试验舱舱体 …………………………………………………………… 091
  3.3.2 轴功率测量系统 ……………………………………………………… 094
3.4 高空台主要配套设备 …………………………………………………… 097

3.4.1　高空台供气设备 …………………………… 097
　　3.4.2　高空台抽气设备 …………………………… 098
　　3.4.3　高空台加温设备 …………………………… 099
　　3.4.4　高空台降温设备 …………………………… 099
　　3.4.5　自然水系统 ………………………………… 100
　　3.4.6　软化水系统 ………………………………… 101
　　3.4.7　燃油系统 …………………………………… 101
　　3.4.8　试验电站 …………………………………… 101

第4章　试验方法

4.1　试验气动布局设计 ………………………………… 102
　　4.1.1　进气气动布局设计 ………………………… 102
　　4.1.2　排气气动布局设计 ………………………… 105
4.2　发动机台架安装 …………………………………… 109
　　4.2.1　推力台架安装公差控制 …………………… 110
　　4.2.2　推力台架变形控制 ………………………… 111
　　4.2.3　推力台架间隙控制 ………………………… 114
　　4.2.4　涡轴发动机与水力测功器联接轴 ………… 116
　　4.2.5　涡轴发动机安装架 ………………………… 117
　　4.2.6　涡轴发动机与水力测功器对中 …………… 118
4.3　试验流程方法设计 ………………………………… 118
　　4.3.1　发动机的需求 ……………………………… 119
　　4.3.2　高空模拟试验的模拟参数 ………………… 120
　　4.3.3　空气流路原理 ……………………………… 121
　　4.3.4　流程设计 …………………………………… 122
　　4.3.5　典型试验方法设计 ………………………… 125
4.4　航空发动机空中工作环境模拟方法 ……………… 130
　　4.4.1　进排气环境模拟 …………………………… 130
　　4.4.2　发动机功率分出和引气模拟 ……………… 137
　　4.4.3　发动机进口燃油温度模拟 ………………… 140
4.5　试验仿真 …………………………………………… 141

4.5.1 进、排气控制仿真 …………………………………… 141
4.5.2 推力测量系统虚拟仿真 ………………………………… 145
4.5.3 发动机仿真 ……………………………………………… 150

第5章 试验测试

5.1 高空模拟试验主要性能参数测量 …………………………… 156
 5.1.1 全流程参数测量 ………………………………………… 157
 5.1.2 空气质量流量测量 ……………………………………… 160
 5.1.3 推力测量 ………………………………………………… 175
 5.1.4 功率测量 ………………………………………………… 189
 5.1.5 矢量推力测量 …………………………………………… 190
 5.1.6 燃油流量测量 …………………………………………… 200
5.2 状态监测参数测量 ……………………………………………… 221
 5.2.1 转速测量 ………………………………………………… 221
 5.2.2 瞬态压力测量 …………………………………………… 226
 5.2.3 燃油滑油参数监测 ……………………………………… 227
 5.2.4 几何结构监测参数 ……………………………………… 234
 5.2.5 湿度测量 ………………………………………………… 236
 5.2.6 试验舱流场监测 ………………………………………… 237
5.3 测量参数计量校准 ……………………………………………… 240
 5.3.1 标准规范体系框架 ……………………………………… 240
 5.3.2 量值溯源与传递 ………………………………………… 241
 5.3.3 现场校准/检查 …………………………………………… 243
 5.3.4 校准结果使用 …………………………………………… 243
5.4 试验数据采集与处理系统 ……………………………………… 244
 5.4.1 试验数据采集与处理系统功能 ………………………… 244
 5.4.2 试验数据采集与处理系统网络组成 …………………… 245
 5.4.3 试验数据采集与处理系统硬件 ………………………… 248
 5.4.4 试验数据采集与处理系统软件 ………………………… 248

第 6 章　试验结果分析与处理

- 6.1 数据处理方法 ································· 251
  - 6.1.1 直接测量参数 ····························· 251
  - 6.1.2 飞行高度与速度 ··························· 254
  - 6.1.3 空气流量 ································· 260
  - 6.1.4 推力 ····································· 270
  - 6.1.5 功率 ····································· 273
  - 6.1.6 耗油率 ··································· 274
  - 6.1.7 压力畸变指数 ····························· 275
- 6.2 性能修正方法 ································· 282
  - 6.2.1 试验性能影响分析 ························· 282
  - 6.2.2 相似换算修正法 ··························· 284
  - 6.2.3 小偏差分析法 ····························· 291
  - 6.2.4 修正系数法 ······························· 299

第 7 章　试验流程与控制

- 7.1 试验流程 ····································· 305
  - 7.1.1 试验任务输入阶段 ························· 305
  - 7.1.2 试验准备阶段 ····························· 307
  - 7.1.3 试验阶段 ································· 313
  - 7.1.4 试验报告阶段 ····························· 320
- 7.2 质量与安全控制 ······························· 321
  - 7.2.1 质量控制 ································· 321
  - 7.2.2 安全控制 ································· 323

第 8 章　试验常见问题及处理

- 8.1 试验常见故障 ································· 327
  - 8.1.1 进排气控制系统 ··························· 327
  - 8.1.2 试验参数测量与数据采集处理系统 ··········· 328

8.1.3 电气控制系统 ………………………………………………… 331
8.1.4 台架及工艺系统 ………………………………………………… 332
8.1.5 排气冷却器 ……………………………………………………… 336
8.1.6 水力测功器 ……………………………………………………… 336
8.1.7 发动机 …………………………………………………………… 337
8.2 试验过程中的应急处理 …………………………………………… 342
8.2.1 应急预案制定 …………………………………………………… 342
8.2.2 应急处理 ………………………………………………………… 343

第 9 章 高空模拟试验技术发展展望

9.1 未来航空动力发展对高空模拟试验需求 ………………………… 347
9.2 高空工作环境模拟试验技术 ……………………………………… 349
9.3 高空性能/特性的确定与修正技术 ………………………………… 352
9.4 试验设备维护与适应性改造 ……………………………………… 354

参考文献 ………………………………………………………………… 356

第1章
绪　论

1.1 高空模拟试验的发展历程

1.1.1 高空模拟试验在发动机研制中的重要地位

航空发动机是一种集气动热力、燃烧、结构强度、控制与测试、材料等多学科于一身,在高温、高压、高速旋转的恶劣环境条件下长期可靠工作的复杂热力机械,对可靠性、重量、寿命等要求极高,研制技术难度大、周期长、耗资多。航空发动机在研制过程中,整台发动机及其部件或系统往往要经过多次、大量的修改,有的部件就可能有好几种设计技术方案。为了比较各方案的优缺点并暴露其薄弱环节,往往要经过成千上万小时的试验。通过试验,可以验证设计、扩展已有的经验关系式并有可能形成对物理机制的重新认识,能进一步完善与提升航空发动机研制能力。近百年来国内外研制航空发动机的实践证明,新型航空发动机的诞生和现役发动机的改进、改型都离不开试验。航空发动机的发展史就是一个设计、制造、试验、修改、再制造、再试验……不断探索和反复完善的迭代过程,甚至可以说发动机是设计出来的,更是试验出来的。由此可见,试验在航空发动机研制过程中起着举足轻重的作用,在整个航空发动机设计体系中占据极其重要的地位。

据统计,一种新型发动机研制工作一般需要进行10万小时左右的零部件试验、4万小时左右的材料试验、1万小时左右的整机试验,其中在高空台上进行的发动机试验就达2 000~4 000小时,甚至更多的高空模拟试验,需要占用3~4个高空舱,先进发动机试验还远远超过这些数字。如F119发动机的验证机,从1985~1998年在高空台上完成了3 500小时的高空模拟试验;在F404基础上衍生改进的F414发动机,在从1992年5月开始历时6年半的工程与制造发展阶段,累计完成了2.05万小时的台架试车与飞行试验,其中高空台试验约2 000小时;TF-39发动机研制的总试验时间约为48万小时,其中台架试车约2.1万小时、飞行试验约1.7万小时。近年来,据不完全统计,国外在航空发动机研制中要做大量的地面试验、高空模拟试验和飞行试验,所需试验机台数和试验时间如表1.1所示。

表 1.1　研制发动机试验统计数据

序号	国别	发动机	装备飞机	地面试验台数	飞行试验台数	试验机总台数	地面试验时数	飞行试验时数	总试验时数
1	美	F100	F-15/16	27	87	114	12 000	6 000	18 000
2	美	F404	F/A-18	5	34	39	14 000	5 000	19 000
3	美	F101	B-1	28	27	55	24 000	11 000	35 000
4	英	RB199	狂风	16	35	51	14 500	6 500	21 000
5	俄	АЛ-31Ф	苏-27	49	8	57	14 425	8 475	22 900

1. 航空发动机部件及整机研制技术的需求

近年来,各类高空、高速、高机动、高可靠及长航时的航空器所需动力已向 20～30 km 乃至更高空间延伸。发动机类型除常规定循环发动机外,更是增加了自适应变循环发动机、冲压发动机、对转冲压发动机等新型航空发动机。在众多航空发动机试验装置中,高空试验台一直是最为全面、最为准确的试验装置。事实上,高空台和高空模拟试验也是唯一能够在航空发动机研制过程中实现其全飞行工作包线范围内性能/特性摸索与考核的手段,是发动机研制过程中最有效的性能调试和技术攻关手段。

由于航空动力技术的复杂性和研制的高风险性,航空发动机发展的每一个环节都离不开广泛而深入的试验研究。航空发动机内部的气动、热力和结构材料特性更是如此复杂,到目前为止,仍然不能够从理论上给予详尽而准确的描述,只有依靠实际发动机的试验来获得。有些试验可以在部件试验器上进行,有些可以用地面试车台来试验,但有些试验项目则必须在模拟高空飞行条件的高空台上开展。由于航空发动机飞行工作范围宽,主要使用环境是高空而非地面。目前,航空涡喷/涡扇发动机的飞行高度已达 25～30 km,最大飞行速度已达 2.5～3.0 倍声速,而且对机动性的要求也越来越高。这不仅使发动机的工作参数随飞行条件变化急剧改变,而且发动机的部件性能、工作稳定性、共同工作特性、燃烧特性等也明显地受到飞行条件变化的影响。特别是高空低速、高空高速和低空高速条件下的发动机工作特性,已经与地面状态的性能大不相同,不能仅靠普通地面试车台上的台架试验结果通过传统的相似换算方法得到,而必须通过模拟真实空中工作环境条件下的试验来确定。另外,空中风车起动特性、燃烧室的点火特性和稳定燃烧特性、低雷诺数条件下的发动机工作稳定性等试验在地面试车台上难以做到,需要在高空台上进行。通过合理、充分地安排航空发动机高空台试验,能够优化各部件空中匹配性能,确定空中工作包线,并大幅降低试验经费、大大缩短研发周期。航空发动机高空模拟试验作为获取空中工作参数以验证发动机部件匹配性能的重要手段,集设计、制造工艺、控制、测试、试验等多项工业技术和发动机技术于一身,具有不可替代的地位。

航空发动机在真实运行过程中还会面临进口气流畸变、雨雪天气、功率分出、飞机引气、负荷瞬变等复杂工况。此时发动机气动性能会出现不同程度的下降,严重时导致压气机喘振、燃烧室熄火和发动机停机等恶劣事故。为避免该类事故的发生,需要航空发动机各部件进行真实飞行环境的试验研究。

当发动机工作于高空时,进口气流的压力和密度显著降低,使表征压缩系统雷诺数的叶弦雷诺数急剧降低,流场特性也大大偏离设计状态,导致压缩系统性能和稳定裕度退化。针对发动机压缩系统部件的高空试验是寻找高空低雷诺数下压缩系统部件性能衰减诱因、量化高空低雷诺数对压缩系统性能影响的唯一手段,也是建立适用于目前高负荷压气机设计模型的必要前提。我国军用高推重比发动机大机动高空熄火、加力燃烧室高空接通不足,组合发动机模态转化时涡轮基燃烧室高空再点火困难,大型民用飞机发动机高空再点火高度不够,直升机用涡轴发动机在高原高寒条件下点火性能恶化,高空长航时无人机左边界慢车熄火特性恶化等问题均证明了燃烧室高空试验的必要性。另外,在高空低雷诺数下气流附面层显现为层流流动,容易发生不可再附分离从而增加单级涡轮损失。由于当前涡轮设计体系对于多级涡轮间匹配性是不足的,高空低雷诺数将导致整机状态涡轮效率再次降低;更进一步地,在低雷诺数非稳态工况下,涡轮内部盘腔二次空气系统运行情况更关系发动机整体性能及运行安全。另外,还有发动机的附件系统可靠性问题、ECU控制器超低温工作问题、发动机整机振动特性问题、燃烧与传热交叉问题、整个飞行工作包线范围内全工况(稳态、过渡态)航空发动机部件耦合和匹配等问题,均需要通过高空试验进行实际验证和测试。

2. 航空发动机研制标准规范中高空试验的要求

航空发动机作为航空器的核心部件,在进入军用或民用航空使用之前,均必须通过相应规定的考核验证。对于军用航空发动机,各国均有自己的标准,中国也不例外,如 GJB 241A-2010《航空涡轮喷气和涡轮风扇发动机通用规范》、GJB 242A-2018《航空涡轮螺桨和涡轮轴发动机通用规范》(近年来,国内军用航空发动机也计划开展军用适航取证工作);对于民用航空发动机,则遵循适航取证标准,这也是民用发动机得以进行民用的唯一标准。适航作为航空发动机推进自由翱翔的放飞证,直接关系到我国自主研发航空发动机的通用化和国际化。

欧美早在20世纪中期就已开展了适航相关工作,并制定了相应的法律法规,并在实施过程中不断修订完善。美国联邦航空局(Federal Aviation Administration, FAA)率先在民用航空规章 CAR 中制定了航空发动机适航要求 CAR-6,后更新为 FAR-33 部《航空发动机适航标准》。欧洲国家联合成立联合航空局(Joint Aviation Authorities, JAA),仿照 FAR-33 部制定了《发动机联合航空规章》(JAR-E),随后被欧洲航空安全局 EASA 改版为具有法律效力的《发动机审定规范》

(CS-E)。我国民用航空发动机技术长期落后于民用航空总体发展。为了加快推进我国的民用航空产业发展,推进我国自主研发的航空发动机国际化和通用化,2010年11月国务院、中央军委印发了《关于深化我国低空空域管理改革的意见》,标志着长期以来在我国受到严格管制的低空空域开始松动;国家"十二五"规划纲要把通用航空列为七大战略性新兴产业之一,重点发展了以干支线飞机和通用飞机为主的航空装备,做大做强航空产业;2014年12月国家正式成立了"中国民用航空发动机适航审定中心",为我国民用航空发动机的自主研发迈出了可喜的一步。基于民用航空运输是全球化、国际化的基本认识,适航规章可以全球共用,所以,作为中国民用航空发动机最为重要的规章 CCAR-33部《航空发动机适航标准》基本依据美国联邦航空规章 FAR-33部制定。

1.1.2　我国航空发动机高空模拟试验发展历程

我国航空发动机高空模拟试验经过50余年的发展建设,拥有了一系列高空模拟、试验测试、参数标定、不确定度评定等关键技术,基本满足了国内生产、使用、测仿、引进和自主研制的航空发动机高空模拟试验需求。随着当前航空发动机蓬勃发展的形势,尤其是四代机动力、大涵道比涡扇发动机、推重比12~15/功重比10~12发动机、高超声速组合动力等的研制,对高空模拟试验的设备能力和试验方法提出了新的要求。现有的高空模拟试验技术、试验测试技术、参数标定技术正依据当前及未来发动机高空模拟试验需要进行不断更新与优化。我国航空发动机高空模拟试验技术研究大致可分为三个阶段,如图1.1所示。

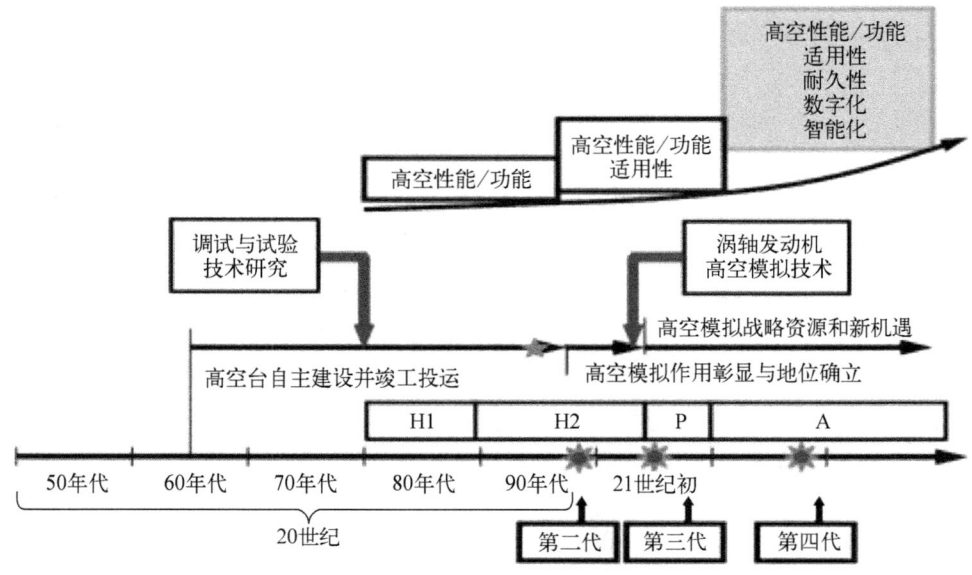

图1.1　国内航空发动机高空模拟试验技术发展趋势

第一阶段是建设期,从 1965 年到 1997 年。

我国航空发动机高空模拟试验设备的建设和高空模拟试验技术的研究起步较晚。1958 年航空发动机研究院刚成立,就着手进行航空发动机高空模拟试验设备的建设。1959 年与苏联协作,规划建设以航空发动机高空模拟试验设备为核心的航空发动机试验基地(其中高空模拟试验设备因技术不成熟而停建);1963 年开始进行航空发动机高空模拟试验技术研究工作;1964 年改建成第一个工作时间为 7.5~10 min 暂冲气源的小型涡轮喷气发动机高空模拟试验舱,并摸索出用暂冲式气源的冲压发动机高空模拟试验装置进行涡轮喷气发动机高空模拟试验的试验方法。大型连续式气源的航空涡轮发动机高空模拟试验设备于 1964 年开始规划并着手建设,主要由高空试验舱、排气冷却器、供抽气气源、空气降温设备、空气加温设备、数据采集与处理系统等多个高空模拟试验专用系统和配套设备组成,装机功率达十多万千瓦。连续气源航空发动机高空模拟试车台是一项技术复杂、难度大、投资大、规模大的国防重点工程项目。该项目由国家立项,历时 30 年,耗资上亿元人民币(当时价),经过全国近百家企事业单位、万余名建设者的艰苦努力建造而成,其投资约为国外同类设备的十分之一。它的建成和投入使用使我国成为继美、俄、英、法四国之后第五个拥有此类大型试验设施的国家,标志着我国具备了自行研制航空发动机的条件和能力。在整个高空台的建设、验收和使用中,在高空台设计、制造、调试和高空模拟试验技术方面,攻克了三级串并联抽气、大型快速降温排气冷却系统、高空试验舱、自动数据采集与处理系统、总体联合调试和运行试验技术、航空发动机高空性能与功能以及空中起动试验等十多项关键技术。

这套大型航空涡轮发动机高空模拟试验设备,主要针对涡喷发动机空中性能/功能确定的试验,早在 20 世纪 80 年代已局部投产。通过与国外高空台(俄罗斯 Ц-4Н 试验舱)试验方法与性能确定方法的比对研究,完成了我国生产的涡轮喷气发动机高空性能试验与进气畸变鉴定试验。在与俄罗斯中央航空发动机研究院(CIAM)航空发动机高空模拟试验设备 Ц-4Н 高空试验舱的对比标定试验工作中,证明了该设备的高空模拟试验技术的正确性和试验数据的精确度,其测量精度与俄罗斯、英国高空台相当,优于美、英、法三国高空模拟试验设备间所进行的同类试验。现已完成多个型号的航空发动机高空模拟试验,并形成了一套航空涡轮发动机高空模拟试验技术。这套由我国自主研制建造的大型连续气源航空涡轮发动机高空模拟试验设备,为我国航空涡喷、涡扇发动机全面贯彻航空涡轮发动机通用规范中相关高空试验内容奠定了物质和技术基础。该项由我国自主研制建造的连续气源航空发动机高空模拟试车台及其相应的、白手起家研发的高空模拟试验技术,被国家科委评为 1995 年全国十大科技成就之一和 1997 年度国家科技进步特等奖。

第二阶段是成长期，从 1997 年到 2005 年。

依据所建设高空模拟试车台的被试对象以及技术指标，按照相关要求，针对航空发动机高空模拟试验需求，国内在涡喷/涡扇发动机、涡轴/涡桨发动机、核心机、弹用发动机、辅助动力装置等的试验技术方面进行了大量的高空模拟试验技术研究工作，建立了一系列高空模拟、试验测试、参数标定、不确定度评定等关键技术，基本满足了国内生产的、空军现役使用的、测仿的、引进和自主研制的航空发动机高空模拟试验需求。在涡喷/涡扇发动机高空模拟试验布局研究、涡轴/涡桨发动机高空模拟试验布局研究、辅助动力高空模拟试验布局研究、高空稳态性能和功能试验技术、空中推力瞬变试验技术、空中起动试验技术、等马赫数爬升试验技术、高空风车试验技术、高/低温起动和加速试验技术、高原起动试验技术、埋入式进气道弹用发动机起动试验技术、进气加温加压试验技术、发动机进气压力和温度畸变试验技术、高空畸变模拟试验技术、发动机吞水试验技术等方面获得了突破，为国内各种型号涡喷/涡扇、涡轴/涡桨、弹用发动机、辅助动力装置顺利开展高空模拟试验打下了坚实的技术基础，有力支撑了各型号航空发动机的研制工作，并保证了多种型号航空发动机的顺利定型。

在此期间，国内完成了直径均为 3 m 的 3 号和 4 号两个高空舱的高空台建设。该设备主要用于涡轴、涡桨发动机和小流量涡喷、涡扇发动机与机载设备的高空模拟试验。其中 3 号高空舱主要承担轴功率在 1 860 kW 以下的涡轴、涡桨（不带桨叶）发动机的高空模拟试验；4 号高空舱主要承担标准大气海平面静止条件下空气质量流量在 12 kg/s 以下的涡喷、涡扇发动机的高空模拟试验，以及相关机载设备的高空模拟试验。这座高空台填补了国内涡轴发动机高空模拟试验空白，解决了涡轴发动机高空模拟试验中水力测功器与发动机的同轴度调整、水力测功器在负温负压环境下进行高空模拟试验等关键技术难题。这座高空台于 2004 年 12 月通过国家验收，并圆满完成某型涡轴发动机高空模拟试验任务。

第三阶段是机遇期，从 2005 年至今。

该阶段主要针对绵阳新基地的总体设计与联合调试技术研究，自由射流试验技术与空天动力涡轮/冲压组合发动机等非传统和新型发动机高空模拟技术的研究，同时着手发动机空中适用性与工作可靠性的高空模拟试验技术研究和自动化、智能化应用研究。近几年来，为适应空天动力装置、大涵道比涡扇发动机、下一代新型航空发动机等的研制试验需求，我国又相继开展了空天动力高空模拟试验技术、大涵道比航空发动机高空模拟试验技术和变循环航空发动机高空模拟试验技术的研究，在大涵道比涡扇发动机高空模拟试验布局设计、冲压发动机高空模拟试验布局设计、组合发动机高空模拟试验布局试验、冲压发动机直接连接式（简称直连式）试验方法、并联/串联式空天动力装置直连式试验方法、射流预冷试验技术、发动机扩包线试验方法等关键技术上获得突破，保证了涡扇发动机、空天动力等高空模拟试验以及核心机加温加压试验的顺利开展。同时,为满足空天动力装置研制的需要,组织开展了半自由射流试验技术、自由射流试验技术的研究工作,在射流喷管设计和控制、流场控制、试验方法等方面已经取得了一系列关键技术突破。

随着国家航空发动机和燃气轮机国家科技重大专项(简称"两机"专项)的实施以及中国航发集团"十三五"发展、"十四五"发展等重大规划论证工作的相继开展,航空发动机的国家战略核心地位显得越来越重要。航空发动机高空模拟试验作为航空发动机及燃气轮机自主研发和制造生产体系中最重要的一环,为保证航空发动机试验能力,我国正在绵阳航空发动机试验基地新建或扩建若干高空模拟试验舱,以满足矢量推力航空发动机、大尺寸航空涡扇发动机、大功率航空涡轴、涡桨发动机、民机动力和组合动力装置高空模拟试验需要。当前,我国航空发动机高空模拟的主要研究内容有:

1) 高空工作状态与环境模拟的稳态控制精度与智能化控制技术研究

包括稳态环境模拟的控制精度与稳定性研究,发动机过渡态特性试验的环境调节与控制技术研究,智能化控制技术在环境模拟中的应用研究,自由射流试验方法及供气喷管姿态控制技术研究,空天动力涡轮/冲压组合发动机高空工作环境模拟控制技术研究。

2) 发动机高空性能/特性的确定与评估方法研究

包括第三代、第四代发动机高空性能确定与评估方法研究,变循环发动机高空性能/特性的影响因素及性能修正方法研究,空天动力涡轮/冲压组合发动机高空性能/特性的影响因素及作用机制研究,分开排气大涵道比涡扇发动机高空性能/特性确定方法研究,虚拟试验结果有效性验证研究,发动机风险管理方法研究,发动机智能专家故障诊断技术研究。

3) 测试技术应用研究

包括多分力推力测量与校准技术研究,发动机推力与空气流量现场校准技术研究,自由射流式高空模拟试验关键测控技术研究,间隙测量技术应用研究,非接触测量技术研究,空天动力涡轮/冲压组合发动机试验测试的关键技术研究。

4) 发动机适用性试验技术研究

包括进气压力畸变试验方法,进气温度畸变试验方法,加温加压试验方法,发动机结冰、吞水试验技术研究,发动机高/低温起动试验技术研究,发动机振动特性与响应分析技术研究,发动机加温加压条件下加速任务试验技术研究。

目前,国内正在运行的有4个高空试验舱,分别是T101、T102、T103、T104。较早修建的试验舱最大直径为3.7 m,模拟高度可达25 km,模拟马赫数可达2.5,能够承担空气质量流量120 kg/s级的涡喷、涡扇发动机的直连式高空模拟试验;还有2个小型试验舱,能满足输出功率不大于1 860 kW的涡轴、涡桨发动机直连式高空模拟试验和空天动力涡轮/冲压组合发动机研制的部分直连式高空台试验。新建并已投入运行的试验舱直径为 5.7 m,最大模拟高度 25 km,最大模拟马赫数 2.5,可承担空气质量流量 150 kg/s 级的涡喷、涡扇发动机的直连式高空模拟试验。中国航空发动机高空模拟试验基地现位于四川省绵阳市境内,见图 1.2。

(a) 江油高空模拟试验基地

(b) 绵阳高空模拟试验基地

图 1.2 中国航空发动机高空模拟试验基地

在青岛市的支持下,中国科学院工程热物理研究所在青岛建设了两个高空试验舱室,直径分别为 3 m 和 1.2 m,模拟高度均为 20 km,试验供气量分别为 35 kg/s 和 5 kg/s,主要以进行小型涡喷、涡扇发动机整机和发动机部件的机理性试验为主,此外通过与小型风洞的连接,可进行高空低雷诺数吹风试验。青岛轻型发动机高空试验基地见图 1.3。

图 1.3 青岛轻型发动机高空试验基地

1.1.3 高空模拟试验的主要作用

近百年来,国内外的大量实践证明,航空发动机的发展史就是一个设计、制造、试验、修改、再制造、再试验的不断摸索和反复完善的过程。尽管近些年随着学科深入研究,以及计算机技术和数值计算方法的发展与广泛应用,航空发动机设计技术有很大提高,但由于航空发动机系统本身的复杂性,加之现代高性能航空发动机的研制大量采用新概念、新技术、新材料和新工艺,如何科学有效地验证相关设计和发动机的实际工作情况,航空发动机研发过程中对试验的依赖性仍然没有减弱。因此试验工具和平台、技术和手段的发展水平,在很大程度上反映了航空发动机的研制和发展水平。

航空发动机高空模拟试验在现代航空发动机研制中的作用可归纳为以下几点。

(1) 高空模拟试验是验证整个发动机设计体系技术有效性最直接的手段。

现代高性能航空发动机在工作时的典型特征为"高转、高压、高温",是目前科学技术认知中最为复杂的动力系统之一。在其整个发动机设计体系中,无论是部件还是整机的初步设计及其后续优化修改,都存在着众多未知不确定因素与理想假定条件,涉及了气动热力学、固体力学、热力学、传热学、燃烧学、机械结构及传动学、控制学、材料及制造工艺学等多方面学科知识。计算模型和计算方法的有效性和适用性需要由试验来检验和完善,因而试验是最直接验证整个发动机设计体系技术有效性的手段。在整机试验中,各种问题的耦合验证使航空发动机高空模拟试验更具有有效性。

航空发动机通过高空模拟试验可以验证及解决的问题可分为气动热力学、机械系统、匹配性和控制规律四大类。虽然虚拟设计方法与仿真技术在设计周期方面取得了较好的效果,但这些先进方法和技术的开发与升级离不开大量试验结果的支持,其有效性和应用范围的验证也离不开真实工作环境条件下的试验验证。

对于范围宽广的飞行包线,发动机工作参数的变化幅度很大,其中进气压力和空气流量的变化范围可以达到几十倍甚至百倍,温度可以变化几百度,对发动机部件特性及工作稳定性,各个系统工作的匹配性以及推力、耗油率等都有很大的影响。根据地面试车参数,采用相似理论分析计算的方法及结果,受到雷诺数、变比热、相似计算误差等因素影响的限制,必须通过大量、广泛的高空模拟试验进行验证和修正。发动机试验是建立和完善发动机设计理论和仿真计算模型的重要基础。发动机不少关键技术数据必须通过试验才能得到,如发动机的稳定工作边界和超声速飞行条件下的工作特性等,都不可能用理论计算得到。高空模拟试验更是综合检验多种使用因素最重要的验证方式,是验证未知不确定因素及其理想假定条件最直接有效的手段。

(2) 高空模拟试验是验证航空发动机各个部件气动匹配性最有效的方法。

发动机飞行工作范围宽,主要使用环境在高空。随着飞机飞行工作包线的扩大和飞行中工作条件的变化,直接导致航空发动机外部工作环境条件的恶劣变化。而环境条件变化对动力特性的"三性"(性能/功能、适用性、可靠性)又形成直接的影响。这种影响正是航空发动机使用的特殊性要求,在航空发动机研发中必须予以充分考虑和认真应对。航空发动机气动热力性能仅仅利用部件试验和地面试车台试验结果,根据相似原理是不能准确推断的,更不能完全反映航空发动机高空飞行时的动态特性。因此发动机研制需要能够模拟空中工作环境条件的高空模拟试验来充分验证航空发动机的"三性"问题,从而优化各部件空中匹配性能,确定空中工作包线。

现代高性能飞机所用的发动机在宽广的飞行工作范围内所碰到的许多困难问题都需要首先通过航空发动机高空模拟试验求得解决。现代高性能的航空发动机探索性的研究试验、研制中的调试和定型鉴定试验都包含航空发动机高空模拟试验内容;就连新研制的原型飞机发动机飞行试验也脱离不了航空发动机高空模拟试验,并以航空发动机高空模拟试验替代飞行稳态试验,作为确定动力性能的最有效的标准手段。

(3) 高空模拟试验是全面再现航空发动机空中影响因素最广泛的工具。

鉴于航空发动机高空模拟试验验证的经济性好、周期短、效率高、风险低等特征,它成为了进行航空发动机试验最广泛的工具。航空发动机是技术复杂、结构紧凑的高技术集成热力机械,其工作使用环境主要在高空,且空中工作范围宽,航空发动机研制离不开高空性能/特性的试验研究。目前,航空涡喷、涡扇发动机的飞行高度已达 $25\sim30$ km、最大飞行速度已达 $2.5\sim3.0$ 倍声速;同时机动性不断提高,相应地发动机工作参数变化急剧,部件性能、工作稳定性、共同工作特性、燃烧特性等也显著地受到飞行条件变化的影响。地面试验结果不能有效表征高空工作特性,在高空小表速、低空大表速上,其结果差异更为显著。另外,空中风车起动特性、燃烧室的点火特性和稳定燃烧特性、低雷诺数条件下的发动机工作稳定性等试验,在地面台上难以做到。因此,发动机研制必须通过大量的试验尤其是高空试验的验证与考核。高空模拟是唯一能够在全包线范围内研究航空发动机性能/特性的方法与手段。理论上高空性能/特性试验既可以通过高空模拟试验,也可以由飞行试验来完成,其中飞行试验分为飞行台飞行试验和原型机飞行试验。飞行台一般采用改装的大型运输机或轰炸机,其可试范围一般在高度 12 km 以下、速度在马赫数 1.0 以内,其飞行试验的范围远不能满足先进战斗机动力研制的高空试验要求;原型机往往在发动机研制中缺少或技术不成熟,无法承担发动机研制的高空试验。发动机结构完整性、热负荷能力、稳定工作范围、高度和速度特性、可靠点火边界、发动机调节系统工作和进气道与发动机的匹配等都必须通过发动机高空模拟试验来进行考核。

1.2 航空发动机高空模拟试验原理

航空发动机高空模拟试验就是在地面上,利用高空模拟试车台(简称"高空台")设施,模拟航空发动机高空工作环境和使用工况条件,考核与评定其工作性能/特性所进行的发动机科研试验。高空台特有的发动机工作条件真实、模拟范围宽泛、测试能力强、试验效率高、风险易控和重复性好等突出优势,使得高空模拟试验成为我国自主研制先进航空发动机和推进系统不可或缺的最有效的试验手段。

图 1.4 和图 1.5 分别显示了典型的涡喷、涡扇航空发动机和涡轴、涡桨发动机直连式高空模拟试验舱结构,某高空模拟试车台的空气系统原理见图 1.6。

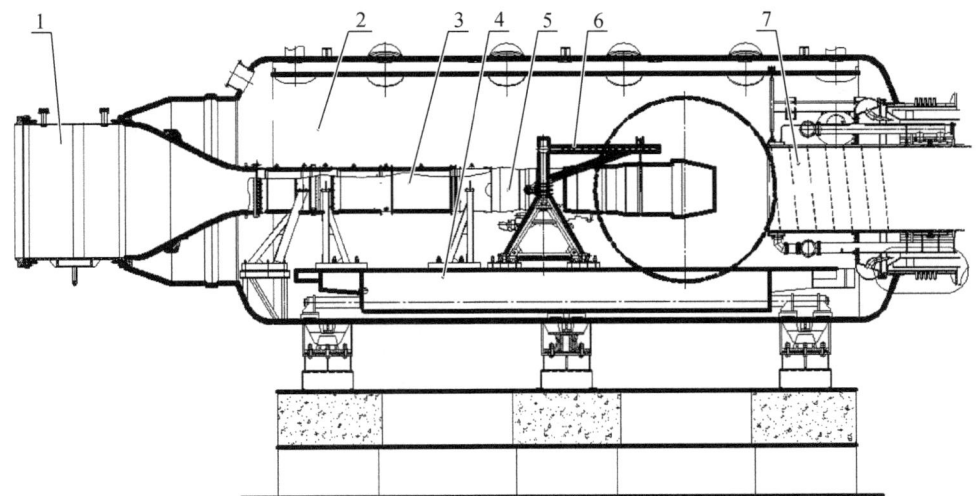

图 1.4 涡喷、涡扇航空发动机直连式高空模拟试验舱结构示意图

1—进气前室;2—试验舱;3—流量管;4—推力测量台架;
5—发动机;6—安装架;7—排气扩压器

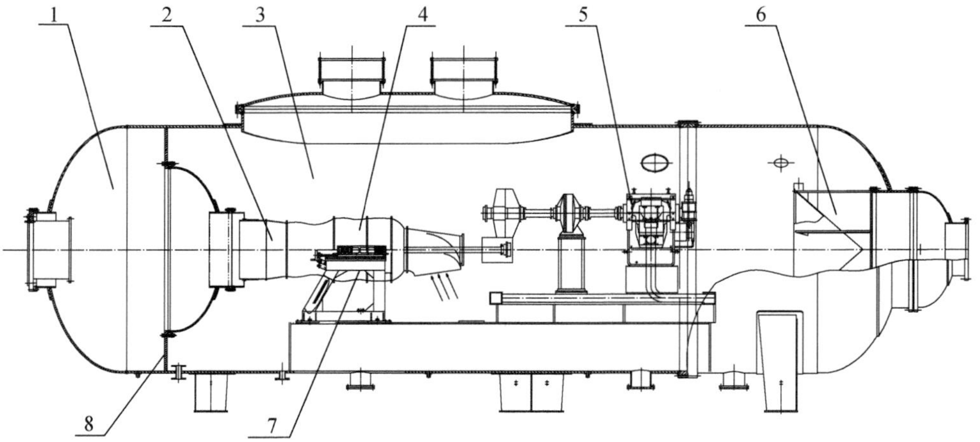

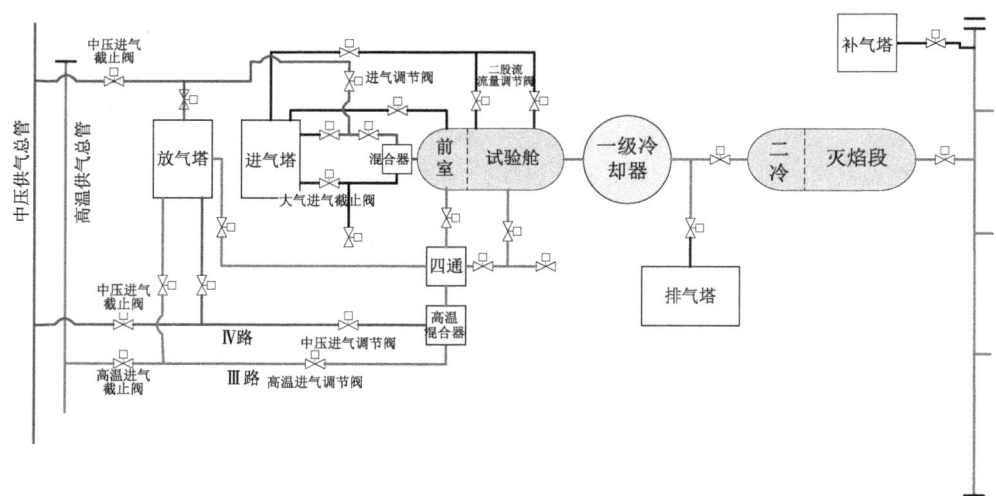

图 1.5　涡轴、涡桨发动机直连式高空模拟试验舱结构示意图

1—进气前室；2—流量管；3—试验舱；4—被试发动机
5—水力测功器；6—排气收集器；7—安装台架；8—隔板

图 1.6　空气系统原理图

图 1.4 中，高空试验舱用隔板分为前舱（或进气前室）和后舱前后两部分。前舱，又称气动稳压室，内部设有整流网、导流隔板等整流装置，用于收集进入的空气并均匀流场，在前舱按照所模拟的飞行状态下飞机进气道出口流动状态调定好空气的总压和总温，而后由空气流量管和进气管道将其导入进行高空模拟试验的发动机，空气流量管和进气管道从前舱穿过隔板与进行高空模拟试验的发动机直接连接。"直接连接式"或"直连式"术语就取义于此。后舱，就是建立所要模拟的高空状态（即所模拟的高空大气压力状态）的部分，内部设有台架及推力校准装置、排气扩压器，以及舱内其他设备等，进行高空模拟试验的发动机就安装在其中的台

架上。按照气体动力学基本原理、飞行状态(高度和飞行马赫数)、可用气流总压和总温来表示,高度可用高空气压来代表。在直连式高空模拟试验中,只要发动机进口气流的总压和总温模拟给定飞行状态下的总温和总压,即可模拟给定飞行进气状态,总压的模拟要考虑飞机进气道的实际压力损失,如果不知道压力损失,可采取美国宇航工业协会的标准进气道总压恢复系数,试验舱的后舱压力模拟给定飞行高度的环境静压。

按照气体动力学原理,当发动机尾喷口的燃气总压与后舱压力之比大于1.87(常温常压状态)时,发动机在喷管喉道气流速度达到声速,即尾喷管处于临界或超临界工作状态。从理论上讲,这时外界压力的任何变化,均不影响发动机的内部工作,也就是说完全实现了发动机内部流动的模拟。

直连式高空模拟试验只模拟整个飞行工作范围内发动机从风扇或低压压气机进口到尾喷管出口的内部气流流动,一般不模拟飞行时的发动机外部气流,试验时发动机不带飞机进气道。这种发动机高空模拟试验的供气量只要稍大于发动机的空气质量流量即可,相对其他类型的发动机高空模拟试验来说比较简单,运行费用较低,功能很强,可进行航空发动机各类高空研究试验,可完成航空发动机通用规范所规定的全部高空鉴定试验任务。借助于进气流动畸变模拟技术,利用直连式高空模拟试验,也能解决部分研制先进的超声速推进系统的问题,特别是飞机进气道与发动机匹配的问题。

1.3 高空模拟试验的分类

航空发动机高空模拟试验涉及要素众多,分类标准多种多样,有根据研究目的的分类,有根据研究阶段的分类,有根据研究对象的分类,有根据试验方法的分类等。从时间历程上看,各种试验活动贯穿于发动机研究、研制、生产和使用的全过程;从技术上看,涉及试验内容、流程、数据处理、设施设备和各种类型、层次的标准规范等。

根据其车台上被试发动机的进排气方式,高空模拟试验可分为直连式高空模拟试验、自由射流式高空模拟试验和推进风洞试验三种类型。另外,将这三种类型试验的优势结合起来可以开展全尺寸飞机进气道与发动机联合试验、半自由射流式高空模拟试验以及管道-喷管高空模拟试验。全尺寸飞机进气道与发动机联合试验属于自由射流式高空模拟试验范畴,且只能应用于特定的航空推进系统在一定飞行范围的模拟试验;管道-喷管高空模拟试验由于技术尚不成熟而很少应用。

航空推进系统自由射流高空模拟试验,可以在宽广的飞行范围甚至在飞机整个飞机包线范围内比较真实地模拟各种飞行状态和飞行姿态及其在机动飞行时的速度变化,在飞机进气道-发动机各种工作状态下,研究飞机进气道和发动机内部流动状态、进气道边界层发展与激波相互干扰、进气道-发动机控制动力学问题等。但自由射流试验所需要的气源供气量和抽气量约为发动机空气流量的 2~5 倍,试验设施结构复杂,如可调节的气动喷管和相应的作动机构等。推进风洞试验是包括发动机在内的全尺寸推进系统高空模拟试验中高空飞行条件模拟得最好的一种大型试验,可以鉴定飞行器与发动机及其推进系统在高空飞行中的匹配性能特性,研究高空飞行条件下全尺寸推进系统外部流动特性和内部气动、热力过程。推进风洞试验功能最强,模拟最充分,但推进风洞试验技术与设备比较复杂,规模十分庞大,运转费用昂贵,这种试验的供气量一般为发动机空气质量流量的 10~12 倍。

理论上高空性能/特性试验既可以通过高空模拟试验,也可以由飞行试验来完成,其中飞行试验分为飞行台飞行试验和原型机飞行试验。飞行台一般采用大型运输机或轰炸机改装,其可试范围一般在高度 12 km 以下、速度在马赫数 1.0 以内,其飞行试验的范围远不能满足先进战斗机动力研制的高空试验要求;原型机在发动机研制中缺少或技术不成熟,无法承担发动机研制的高空试验。直连式高空模拟试验用量最广、功能/价格比最高,可以满足新研制的航空发动机高空飞行条件下大量调试试验和鉴定试验的绝大部分要求,试验费用少,试验周期短。本书只讨论航空发动机直连式高空模拟试验。

航空发动机直连式高空模拟试验可用于:① 分析研究标准大气和非标准大气等各种飞行条件下发动机进口截面到尾喷管出口整个发动机内部气动、热力过程,鉴定发动机附件和系统在不同飞行环境条件下的工作可靠性;② 研究和考核各种飞行条件下的发动机结构完整性。

GJB 241A-2010《航空涡轮喷气和涡轮风扇发动机通用规范》和 GJB 242A-2018《航空涡轮螺桨和涡轮轴发动机通用规范》按照研究阶段,将发动机试验分为三类:飞行前规定试验、设计定型试验、生产定型试验。有些情况下,根据发动机实际应用情况可能还要进行发动机改进改型及排故性试验,以进一步优化发动机相关功能或解决发动机使用过程中出现的故障。

在进行航空动力试验鉴定时,需要着力构建先进实用的试验鉴定体系、摸清武器装备性能底数、确保武器装备实战适用性。航空发动机高空模拟试验鉴定通过规范化的组织形式和试验活动,以高空模拟试验的优势促进航空发动机自主研制,并从作战运用上模拟环境工作或更严酷的考核条件,尽早发现问题、暴露缺陷,从而改进、完善并保证飞行鉴定"一次性成功率"。航空发动机高空模拟试验的分类基于有关标准规范以及相关理论研究成果,明确分类实施策略,以"聚焦作战能力、作战效能"作为新的导向,试验考核伴随着发动机研制、服役的全寿命周期,更加注重作战能力、作战效能的鉴定,更加注重实战条件下的考核,更加注重摸清性能底数和边界条件。因此建立了"性能试验-状态鉴定""作战试验-列装定型""在役考核-改进升级"三个环路下的试验鉴定工作。

我国高空模拟试验工作分为三个方面：① 深化高空模拟试车台科学技术基础研究；② 强力推进航空发动机研制，以科研试验为代表；③ 把"聚焦作战能力、作战效能"作为试验鉴定工作中心，围绕摸清发动机性能底数，调试或检验发动机各项工作指标及其边界条件，达到全面考核发动机高空战术技术性能达标度的目标。

当前，依据新的鉴定体系，高空模拟试验属于装备性能试验，即在规定的环境和条件下，为验证装备技术方案、检验装备主要战术技术指标及其边界性能、确定装备技术状态等开展的试验活动。总体而言，按照发动机研制阶段划分，高空模拟试验可分为"设计验证性能试验（性能验证试验）"和"状态鉴定性能试验（性能鉴定试验）"。

1）设计验证性能试验

设计验证性能试验是发动机研制中反反复复迭代与实现技术进步过程中的一个重要环节，具有试验内容丰富和周期长的显著特点，以解决航空发动机高空工作气动热力性能及机械问题为主要目的，逐步从部分到全面摸清发动机的高空性能底数及边界条件，充分暴露设计、制造、控制等方面的技术或工艺缺陷，改进完善发动机技术状态，并确定发动机进行鉴定试验的技术状态；特别要针对鉴定试验中风险较大的项目，在本阶段通过试验摸底，为鉴定试验打好基础。

2）状态鉴定性能试验

状态鉴定性能试验主要考核装备性能的达标度，确定装备技术状态，为状态鉴定和列装定型提供依据。其主要目的是按照航空发动机研制规范或要求，检验其性能指标及边界条件，全面考核该产品的战技指标。

第 2 章
试验科目

随着航空发动机研制技术的进步以及高空模拟试验设备能力的增加，航空发动机需要开展并且能够开展的高空模拟试验科目越来越多。从过去以性能考核为主的试验，逐渐拓展到与发动机特性、功能、可靠性、安全性等相关的试验科目，并且从标准天试验延伸到了非标准天试验，试验类型和试验内容越来越丰富。过去几十年，在高空模拟试验发展进步的过程中，美、俄等航空大国以及我国都花费了相当长的时间与较大的精力总结发动机研制经验与教训，制定了一系列与航空发动机相关的规范与标准。这些规范与标准，明确规定了航空发动机必须进行的高空试验科目和试验内容。本章将从航空发动机高空模拟试验的要求开始，归纳性地阐述国内外标准规范对高空模拟试验的规定和要求，并系统地论述在高空台可以开展的航空涡喷、涡扇以及涡轴、涡桨发动机的试验科目。

2.1 高空模拟试验要求及规范

2.1.1 试验要求

早期低空低速机动性差的发动机是不需要做高空模拟试验的。随着飞行高度与速度的不断升高，现代航空发动机从地面到高空，热间隙、空气系统、部件、控制系统等的性能与工作条件发生剧烈改变，这意味着不能用海平面的试验结果表征航空发动机在空中的性能和功能；另外，航空发动机在不同研制阶段，比如工程研制阶段、状态鉴定阶段、列装定型阶段等，发动机的机械结构、热力气动、性能控制等状态需要改进或完善。这些改进和变化是否能够满足飞行器的使用要求，均需要通过专门的试验设备来进行验证及考核。因此，航空大国们建设了高空台，并在其上开展与飞行高度/速度相关的设计验证或状态鉴定高空模拟性能试验。

1. 现代航空发动机研制对高空模拟试验的要求

无论从安全性、可靠性考虑，还是从科学研究和定型考核出发，高空模拟试验都是航空发动机研制、使用、改进改型中不可或缺的重要组成部分。随着航空发动机技术进步，其试验内容日趋广泛，要求也越来越精益和苛刻。

航空发动机研制包括型号设计、试验、生产等各个环节。鉴于高空模拟试验不受自然气候条件限制并且可以布置更多测试、监控设备，此外对于推动发动机技术进步彰显出的优势越来越突出，高空模拟试验已经成为航空发动机研制程序中重要的组成部分。按照航空发动机研制各阶段的工作实际，合理地开展高空模拟试验，航空发动机的"三性"可以得到充分的分析与验证。根据统计，研制出一种新型号航空发动机，需要上万小时的整机试验，其中多达2 000小时的试验是在高空台完成的[1,2]。由此可见，高空模拟试验是现代航空发动机研制成功的基础，必须在航空发动机全生命周期中严格执行。

高空模拟试验早期的主要要求是获取航空发动机标准性能。所谓"标准性能"是指干空气、均匀进气流场、标准大气条件下的航空发动机性能。而近年来随着飞行需求的提高，高空台还需要更进一步发挥其"支撑、指导真实飞行"的作用，这就要求高空台不但要评价航空发动机的"标准性能"，还要从使用角度出发，进一步开拓相应试验和测试方法，来评价其工作的"真实性能"。

现代航空发动机研制对高空模拟试验的要求主要体现在如下几条：

（1）稳态性能计算模型和计算方法的有效性和适用性需要由试验来检验和完善。例如，虽然稳态性能计算机程序可以定性分析空中飞行时飞机系统引气、功率分出等对航空发动机性能的影响，但是，准确地、定量地分析引气、功率分出等的影响需要开展安装了大量测量仪器仪表的高空模拟试验。

（2）航空发动机在空中工作包线范围内都有瞬变要求，包括加力燃烧室的点火和切断以及油门杆的上推下拉等。出于安全考虑，发动机瞬变首先需要在高空台进行高空模拟试验验证。

（3）航空发动机在飞行中必须具有空中起动和再起动能力。在飞行员试飞前，为了给试飞提供空中起动"安全岛"，并为试飞提供技术支持，首先需要开展高空模拟试验，确定一个可靠的空中起动包线范围。

（4）不同飞行状态、不同飞行姿态会造成发动机进口各种畸变流动状态。在高空台上利用不同类型的"压力畸变"等进气模拟装置，人为建立发动机在全飞行包线内的各种空中工作环境，确定进气压力恢复和进气畸变对发动机性能和稳定性的影响，达到考核、鉴定发动机的设计指标与作战技能的目的。

（5）为了确定发动机风车工作包线以及风车转速、风车阻力和滑油消耗量，需要在高空台进行高空风车旋转试验。

（6）有些特殊的试验，比如发动机环境和吞咽试验等，也可以借助一些专用设备，在高空台进行发动机联合试验。

（7）随着现代空战战术需求的不断增加，对航空发动机超出设计飞行工作包线范围的功能/性能等提出了新要求。为了准确评价这些要求的可行性、确保飞行安全，这些新增的科目也需要在高空台上进行探索、验证。

2. 发动机的故障排除以及改进/改型对高空模拟试验的要求

航空发动机由压缩机、燃烧室、膨胀涡轮以及各系统（如控制系统、起动系统、附件传动系统、燃油系统、润滑系统、防冰系统、点火系统、空气系统、电气系统等）组成。航空发动机结构复杂,气动热力过程多变,在空中飞行过程中会出现性能衰退、失速喘振、叶片断裂、部件烧蚀、控制失效等各种故障。发动机在空中工作出现故障后,排故工作需要在高空台开展。航空发动机排故过程中,充分利用高空台可复现故障时环境状态的能力,建立排故方案开展高空模拟故障再现试验,通过大量的试验数据分析故障原因,从而达到检验排故措施是否合理有效的目的。

为了满足现役机种提高推力、降低耗油率、增强机动性、增强可靠性和延长耐久性的需求,生产制造商会对现役发动机进行改进/改型探索研究。发动机进行改进/改型探索时,需要开展高空模拟试验,其目的有两个：① 通过试验,探索改进的可能性及有效途径；② 通过试验,考核新方案是否达到改进/改型要求规定的战术技术指标。

在发动机改进/改型中往往会采用高性能发动机部件。一方面开发的新部件采用大量的新材料、新工艺,需要试验来最终确定高性能发动机部件的设计、技术指标和综合实施的可能性；另一方面,高性能发动机部件安装到整机上,相邻部件的相互影响、外界条件的变更会引起发动机性能和稳定性的改变；这些都需要通过试验确定。另外,改进/改型后采用的高性能发动机部件往往面临着飞行工作范围更加宽广、压气机增压比更高、涡轮前工作温度更高等各种苛刻的环境,除了理论计算和部件单独试验外,主要依赖整机试验的测量和调试,才能发现部件存在的问题。

通常改进/改型的发动机要在高空台进行反复的调试试验,以确定修改方案的合理性及有效性,实现发动机改进/改型的目的。

3. 新型航空发动机对高空模拟试验的要求

为了能有效支撑航空发动机技术进步,高空模拟试验技术的发展必须具有前瞻性。当前除了常规的涡喷、涡扇和涡轴、涡桨航空发动机外,世界各国还在研究发展一些新型的航空动力装置,例如：空天组合动力、变循环发动机等。这些新型发动机同样有开展高空模拟试验的需求,如空天组合动力的飞行工作包线与常规发动机相比,飞行高度更高、马赫数更大,在研制过程中必然要采用新技术新工艺。为了验证组合动力发动机的几大关键技术：涡轮基扩包线技术、工作模态转换技术、可调组合喷管技术等,需要开展高空模拟试验。对研究结果进行必要的试验验证,发现可能存在的不足和问题,从而掌握这些关键技术,进而指导改进设计,最终为空天动力的研制奠定基础。还有,为了满足新一代军机战技指标的新要求,航空发动机设计制造部门提出了变循环发动机的概念,相对于传统的涡轮风扇发动机,变循环发动机运转模式的转换和控制更加复杂。为了对这些新技术进行充分的验证,必须要开展大量的高空模拟试验。

2.1.2 规范和标准

1. 航空发动机通用规范对高空模拟试验的要求

美国是目前世界上航空发动机研究最发达的国家。随着经验积累和技术进步,美国的发动机研制过程由最初的四个阶段:方案设计阶段、型号研制阶段、定型阶段、试飞和使用阶段,演变为三个阶段:首飞前定型阶段、小批生产定型阶段、大批生产定型阶段。航空发动机规范和标准也随着技术和需求的发展不断进行修正。但不论规范标准如何修订更新,高空模拟试验一直贯穿在美国航空发动机通用规范中,是发动机研制过程中重要的试验验证手段。例如:MIL-E-5007D《航空涡轮喷气和涡轮风扇发动机通用规范》[3]、MIL-E-8593A《航空涡轮螺桨和涡轮轴发动机通用规范》[4]、MIL-E-87231《航空涡喷涡扇发动机军用规范》[5]、JSSG-2007B《航空涡喷涡扇涡轴涡桨发动机联合使用规范指南》[6]等。

我国国家层面的航空发动机通用规范,主要有 GJB 241A-2010《航空涡轮喷气和涡轮风扇发动机通用规范》[7]、GJB 242A-2018《航空涡轮螺桨和涡轮轴发动机通用规范》[8]。早期,我国航空发动机研制中的试验过程分为:技术鉴定试验、飞行前评定试验、定型试验、验收试验四个阶段。进入 21 世纪以后,我国的航空发动机的研制试验过程调整为:初始飞行前规定试验、设计定型试验、生产定型试验三个阶段。我国国防科学技术工业委员会在 2001 年颁布了 GJB 5028-2001《航空涡轮喷气和涡轮风扇发动机高空模拟试验要求》[9],中国人民解放军总装备部在 2003 年批准了 GJB 4879-2003《航空涡轮喷气和涡轮风扇发动机高空模拟试验要求》[10]。伴随发动机研制技术的提升和经验的积累,GJB 241-1987 在 2010 年修订形成了 GJB 241A-2010,GJB 242-1987 在 2018 年修订形成了 GJB 242A-2018。不论老版本的航空发动机通用规范还是新修订的航空发动机通用规范,高空模拟试验均是这些规范中规定的重要检验手段;GJB 4879《航空涡轮喷气和涡轮风扇发动机高空模拟试验要求》更是规定了航空发动机高空模拟试验的具体要求。

2. 国外航空发动机军用规范和标准

一般而言,航空发动机军用规范和标准具有通用性,各国规范的内容基本一致,不同型号的涡喷、涡扇、涡轴、涡桨发动机可以根据其不同的作战目的和作战要求,按照国家通用规范的有关规定,制定具有各自特征的航空发动机型号规范。

1) 美国规范和标准

美国海军为了采购涡喷、涡扇发动机和涡轴、涡桨发动机,20 世纪 50 年代,其空气动力中心颁布了 MIL-E-5007A《航空涡轮喷气和涡轮风扇发动机通用规范》;20 世纪 70 年代,颁布了 MIL-E-8593A《航空涡轮螺桨和涡轮轴发动机通用规范》。到了 1988 年，美国《航空涡轮喷气和涡轮风扇发动机通用规范》已经由 MIL-E-5007A 版本修订升级到了 MIL-E-5007F 版本，对试验也提出了更加苛刻的要求。美军标 MIL-E-5007F《航空涡轮喷气和涡轮风扇发动机通用规范》主要规定了：① 涡喷、涡扇发动机的性能、工作特性、设计特点以及界面的详细结构说明和安装外廓；② 定购方要求的涡喷、涡扇发动机飞行前评定和生产许可所必须的验证、试验、报告、检查程序及其他资料；③ 涡喷、涡扇发动机验收试车所要求的试验、程序和资料；④ 发动机承包商编制发动机规范时所采用的内容和格式。针对涡喷、涡扇发动机飞行前评定和生产许可的试验验证，在美国 MIL-E-5007F 标准中详细描述了涡喷、涡扇发动机高空模拟试验的要求以及进行高空模拟试验的方法，包括对被试发动机的要求、试验点选择的要求、高空校准要求、高空试验程序、高空试验完成情况等。

美国供采购涡轴、涡桨发动机使用的 MIL-E-8593A《航空涡轮螺桨和涡轮轴发动机通用规范》主要规定了：① 涡轴、涡桨发动机的性能、工作特性、设计特点以及界面的详细结构说明和安装外廓；② 定购方要求的涡轴、涡桨发动机飞行前评定试验和鉴定试验所必须的验证、试验、报告、检查程序及其他资料；③ 涡轴、涡桨发动机验收试车所要求的试验、程序和资料；④ 发动机承包商编制发动机规范时所采用的内容和格式。针对涡轴、涡桨发动机飞行前评定试验和鉴定试验，在美国 MIL-E-8593A 标准中详细描述了对高空模拟试验的要求以及进行高空模拟试验的方法，包括对被试发动机的要求、试验点（试验状态）选择的要求、高空校准要求、高空试验程序、高空试验完成情况等。

为了帮助美国政府部门采购发动机，美国空军基地编制了美军标 MIL-E-87231《航空涡喷涡扇发动机军用规范》，并于 1985 年颁布。MIL-E-87231 指出：为验证在发动机飞行工作包线范围内发动机能满意地运行并具有良好的性能，要求在地面试车台和高空台进行发动机试验。在这份通用规范中，将合格鉴定试验划分为四个阶段：初始飞行审批阶段、全面飞行审批阶段、初始使用审批阶段、工作能力审批阶段；并通过检查、分析、试验或以它们的综合方法验证发动机是否满意地完成了四个阶段的审批。1995 年 1 月发布的 JSSG-87231A《航空涡喷涡扇涡轴涡桨发动机联合使用指导规范》代替了 MIL-E-87231，将范围扩充成适用于航空涡喷、涡扇、涡桨和涡轴发动机，且进一步丰富了使用指南，并批准供国防部各部门和各机构使用。

后来，随着航空发动机研制政策的调整以及标准化管理的改革，在美国军方的领导下，美国军方、政府和工业部门联手将航空系统和分系统规范由军用规范转化为联合服务规范指南。通过积累总结以往在发动机项目研制和生产中的成功经验与失败教训，1998 年美国军方、政府和工业部门颁布了 JSSG-2007《航空涡喷涡扇涡轴涡桨发动机联合使用规范指南》，并在 2007 年 12 月修订为 B 版。JSSG-2007

作为编制航空系统型号专用规范的一种通用性指南,对制定型号专用规范具有重要的指导意义与参考价值。JSSG-2007B对以下内容进行了描述:① 试验验证发动机系统时需要进行高空试验;② 高空试验的试验点(试验状态)应包括功率分出、引气、进气恢复、进气畸变、防冰或除冰和风车对发动机性能和可操作性的影响;③ 在合格鉴定的重要研制阶段审批中均包含了高空性能点、瞬态工作和功能试验、进口畸变、起动和再起动、风车试验及停车等试验验证。对比2007年颁布的JSSG-2007B版本和2004年颁布的JSSG-2007A版本,从行文上看,两者变化不大,相对于JSSG-2007而言,主体框架没有实质性的改变,但特别增加了发动机的经验教训上的案例说明[11]。上述情况表明:从20世纪50年代到21世纪初,针对航空发动机通用规范,美国共颁布了十多种不同的版本,对标准的不断修订与完善已经成为航空发动机强国的一项日常性工作。

除了通用规范规定的内容,美国汽车工程师协会(Society of Automotive Engineers,SAE)还出台了相关实施标准和指南。比如AIR 1703 *In-Flight Thrust Determination*[12]描述了高空模拟试验方法以及高空台试验设备。在AIR 5771 *The Measurement of Engine Thrust in an Altitude Test Facility*[13]中,提供了使用高空台获取空中飞行推力的方法,对高空台的试验设备、推力台架、高空模拟试验方法等都进行了描述。

2) 苏联/俄罗斯规范和标准

苏联是一个航空工业大国,曾经编制过《苏联民航飞机航运条例》《苏联民航直升机航运条例草案》《苏联民航适航性标准》等一系列涉及燃气涡轮发动机的标准和规范。在苏联提供的《PTM指导性技术资料》中就包含了《民用飞机和直升机的燃气涡轮发动机专门试验项目表》,这份指导性技术资料既适用于涡喷、涡扇发动机又适用于涡轴、涡桨发动机。不仅明确规定了燃气涡轮发动机的高空模拟试验项目,还要求列入发动机地面试车台架鉴定试车大纲中。在苏联的《OCT1标准》系列文件中,提出通过模拟飞行条件下的试验获取航空燃气涡轮发动机的高度-速度特性,其中《飞机燃气涡轮发动机适检性一般要求》规定了利用机载和地面的检测设备对燃气涡轮发动机的技术状态进行检测和诊断的一般要求。

2.1.3 适航要求

适航规章是一类特殊的技术性标准,是为保证实现民用航空器的适航性而制定的最低安全标准。作为民用航空工业的领跑者,美国的适航规章在全球具有最广泛的影响,它在航空发动机领域所对应的颁发和更改发动机型号合格证的适航标准是FAR-33(Federal Aviation Regulation Part 33)《航空发动机适航标准》[14],以及表明符合环保要求的FAR-34《涡轮发动机飞机燃油排泄和排气排出物规定》[15]。对适航标准而言,制造方必须表明该型航空发动机的设计符合规定中适用的要求,经审定方确认并批准后方能获得相应的型号合格证。现有民用适航标准对进入民航运营的飞机、航空发动机等在设计、结构制造和使用方面提出了最低准入要求。

适航标准仅仅是在各发动机公司现行试验技术水平上统一规定的由研制与使用经验证明能满足适航要求的一个最低标准。国外发动机公司在发动机型号研制过程中所进行的试验项目实际上比适航标准规定的要多出许多,一般均按各自的试验规范进行。就取得合格证而言,美国适航规章 FAR 规定的发动机型号试验并不多。根据美国研制的几型民用航空涡轮发动机的型号鉴定资料,美国的型号发动机在研制过程中所进行的试验项目实际上比 FAR-33 规定的多得多,一般均按各发动机公司自行制订的试验规范进行。而且,在竞争压力下,各发动机试验规范的要求往往远比 FAR-33 的规定要高。

空客公司与波音公司以及欧盟与美国在民用航空界的竞争需求成就了联合航空局(Joint Aviation Authorities,JAA)。欧洲的一体化进程促使了欧洲航空安全局(European Aviation Safety Agency,EASA)的诞生。随着欧洲航空制造业的发展,欧洲航空安全局(EASA)是拥有与美国联邦航空局(FAA)同等话语权的重要的适航管理机构。航空发动机在 EASA 中适航取证的原则是 CS-E《发动机合格审定规范》。CS-E 分为 Book1《适航性法规》和 Book2《可接受的符合性方法》两部分。其中,Book1 部分根据对象的不同分为 7 个章节,除 A 章和附录 A 的总体要求外,B 章和 C 章是对活塞发动机的适航法规,D 章、E 章和 F 章是对涡轮发动机的适航法规。Book2 部分则是与 Book1 部分相对应的符合性方法,针对 Book1 中的一条规范或实施规范(除附录 A 外),提供了一种可接受,但不是唯一的符合性方法。此外,并不是 Book1 中所有的适航代码(airworthiness code)均在 Book2 中有对应的符合性方法,符合性方法有助于用户使用和理解合格审定规范(适航法规)。虽然 EASA 对发动机型号试验项目比 FAA 多,但只是规定的更为细致,大体类别没有变化。

中国民用航空总局(Civil Aviation Administration of China,CAAC)的适航标准是中国民用航空局批准的进行初始适航管理取得型号合格证的主要依据。中国民航规章[19](China Civil Aviation Regulations,CCAR)33 部是参考美国联邦航空局适航法规 FAR-33 部建立的。规章包括 A、B、C、D、E、F 六个部分,其中 F 部分为航空涡轮发动机地面台架试验的要求,主要内容是振动试验、持久试车前后的校准试验、持久试车、超温试验、36 项部件验证试验、叶片包容性和转子不平衡试验、反推力试验和持久试验完成后的分解检查要求等。由于 CCAR-33 部参照 FAR-33 部制定,因此,符合我国 CCAR-33 部要求的发动机基本上就能满足 FAR-33 部的要求。

目前,我国航空发动机的研制主要以军用为主,并根据已有的军用涡扇发动机核心机研制民机发动机。而我国军用航空发动机设计、试验及验收的顶层规范为

《航空涡轮喷气和涡轮风扇发动机通用规范》(GJB 241A-2010)和《航空涡轮轴发动机和涡轮螺旋桨发动机通用规范》(GJB 242A-2018),我国已有的几型航空发动机都是参照该规范并设计定型的。CCAR-33 部与 GJB 241A-2010 的试验要求由于规范目的的不同存在一定的差别。CCAR-33 部仅是通用的最低安全要求,局限于确保完整性和适航性所需的要求,而军用规范规定了发动机在战斗环境中能满意工作所需的试验要求。

2.1.4 我国规范标准对高空模拟试验的要求

通过总结本国发动机的研制经验并参考国外的发动机通用规范,1987 年,我国第一次制定了航空发动机研制通用规范,即 GJB 241-1987《航空涡轮喷气和涡轮风扇发动机通用规范》以及 GJB 242-1987《航空涡轮螺桨和涡轮轴发动机通用规范》。随着技术进步、经验积累,GJB 241-1987 在 2010 年修订变成了 GJB 241A-2010,GJB 242-1987 在 2018 年修订变成了 GJB 242A-2018。

在 GJB 241A-2010 中,涡喷、涡扇发动机的性能计算结果、工作包线、稳定性、推力瞬变、可靠性、发动机风车运转、控制系统、测试系统、燃油系统、滑油系统、液压系统、空中点火系统等都需要通过高空试验验证。GJB 241A-2010 说明了如何开展涡喷、涡扇发动机高空模拟试验,即在规定的发动机工作包线内选定几个状态,进行高空运转和空中起动检查,所选的高空试验点至少(一般)包括型号规范规定的如图 2.1 示意的状态。GJB 241A-2010 指出高空模拟试验必须要有如下作

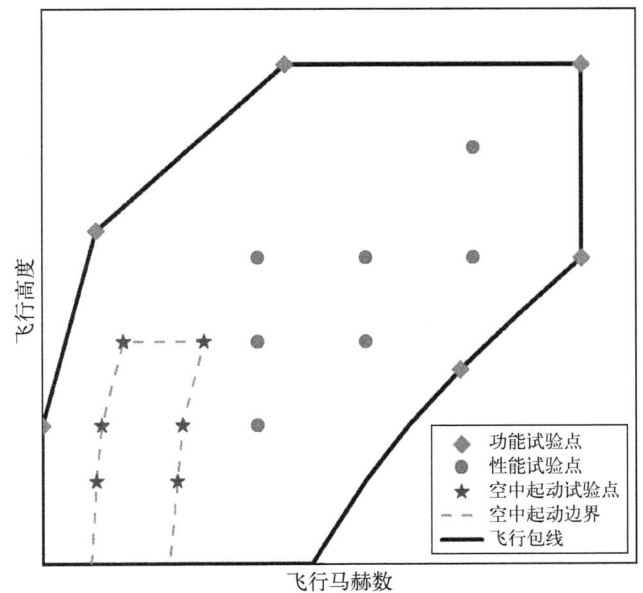

图 2.1 涡喷、涡扇发动机包线和高空模拟试验点示意图

用: ① 检查并测试飞机系统引气、进气压力恢复、进气畸变、功率分出和风车等对发动机空中性能与稳定性的影响;② 检查并测试发动机各个分系统在空中的工作稳定性和可靠性;③ 按照发动机型号研制和规范要求进行引气采样和分析。

在 GJB 242A-2018《航空涡轮螺桨和涡轮轴发动机通用规范》中要求航空涡轮螺桨和涡轮轴发动机的进气气流畸变、性能曲线、工作包线、稳定性、功率变换、风车运转能力等均需要通过高空模拟试验予以验证;发动机的主要系统,如控制系统、燃油系统、电气/光学系统、测试系统、润滑系统、液压系统与气动系统、起动系统、燃油系统等,也要通过高空模拟试验考核其安全性、保障性、测试性、可靠性、稳定性与维修性。GJB 242A-2018 针对涡轮螺桨和涡轮轴发动机高空模拟试验作出了规定,参见图 2.2,即按照发动机型号规范要求的飞行包线选择高空模拟试验点,进行高空运转和空中起动检查。由于环境条件的限制和试验安全的需要,部分发动机环境和吞咽试验也要通过高空台来完成,例如:海平面高/低温起动和高原起动试验等。通过高空试验要获得: ① 飞机系统引气、进气压力恢复、进气畸变、功率分出和风车等对发动机性能与稳定性的影响;② 选定发动机转速和功率下的振动速度和加速度图谱;③ 按照发动机型号研制和规范要求进行引气采样和分析。

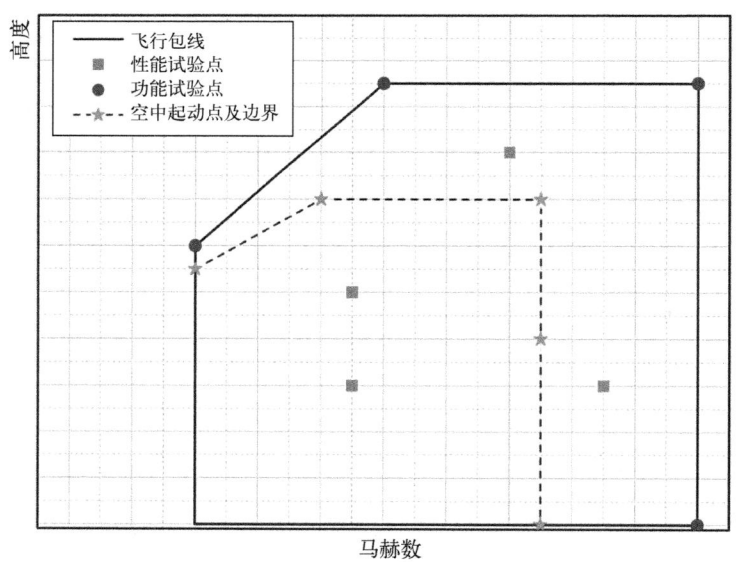

图 2.2 涡轴、涡桨发动机高度和起动试验点示意图

由于发动机高空模拟试验属于重大工程,对试验完成的质量应按照对应的规范及标准来进行评价。高空模拟试验科目标准是行业和用户集体智慧的结晶,是为了规范"航空涡轮喷气和涡轮风扇发动机高空模拟试验的主要内容、基本方法和通用要求",并"适用于航空涡轮喷气和涡轮风扇发动机在直连式高空模拟试验舱

中进行的鉴定试验和研究性试验"。1994年,由航空工业总公司提出、国防科学技术工业委员会发布了GJB 5028《航空涡轮喷气和涡轮风扇发动机高空模拟试验要求》。2001年,由航空工业总公司提出、国防科学技术工业委员会重新发布了GJB 5028-2001《航空涡轮喷气和涡轮风扇发动机高空模拟试验要求》。2003年,由空军提出、中国人民解放军总装备部批准,又编制了GJB 4879-2003《航空涡轮喷气和涡轮风扇发动机高空模拟试验要求》。GJB 4879-2003和GJB 5028-2001这两个标准名称和内容基本一致,而GJB 4879-2003发布时间晚,所以一般以GJB 4879-2003为依据开展涡喷、涡扇航空发动机高空模拟试验,而涡轴、涡桨航空发动机高空模拟试验则是主要参照GJB 242A-2018《航空涡轮螺桨和涡轮轴发动机通用规范》。在这两份标准中,对高空模拟试验提出了"一般要求"和"详细要求"。"一般要求"主要阐述了:高空模拟试验计划和试验类别、试验所需的文件和硬件、试验程序和安全保障等内容。"详细要求"主要规定了:试验条件和参数测量要求、试验项目,其中试验项目一共包含11项,将在本章2.2节进行详述。

有一些试验具有特殊性或独立性,通过归纳总结此类试验的共同性,编制了有针对性的试验标准,例如:《弹用涡喷涡扇发动机畸变试验方法》(GJB 8967-2017)[16]、《航空涡轮喷气和涡轮风扇发动机进口总压畸变评定指南》(GJB/Z 64A-2004)[17]、《航空涡轮发动机吞水试验要求》(GJB 4877-2003)[18]等。畸变试验和吞水试验标准均阐述了对高空台的要求,例如GJB 8967-2017中描述:"在高空模拟试车台(地面连管试车台)进行模拟条件进气总压畸变试验时,畸变模拟装置前总压偏差不大于±1.0 kPa,排气环境静压相对偏差不大于2%。"在《航空涡轮发动机吞水试验要求》中,针对"试验设备"提出"高空台应能模拟试验要求的高度和马赫数,同时具备发动机常规试车所需的各种通用设备和吞水试验用的专用设备,并经订购方认可"。

无论是军用标准还是民用适航标准,我国对于航空发动机高空试验,均做了较为详细的要求。表2.1列举了GJB 241A-2010《航空涡轮喷气和涡轮风扇发动机通用规范》中规定的部分发动机高空试验,表2.2列举了CCAR-33部《航空发动机适航标准》中规定的部分发动机高空试验。

表2.1 GJB 241A-2010规定的部分高空试验类型

初始飞行前规定试验	设计定型试验
A. 发动机高空校准	1. 发动机高空校准
B. 高空规定点性能	2. 高空规定点性能
C. 瞬态性能	3. 瞬态性能
D. 功能点性能	4. 功能点性能

续 表

初始飞行前规定试验	设计定型试验
E. 进气畸变性能	5. 进气畸变性能
F. 起动和再起动	6. 起动和再起动
G. 空中风车试验	7. 空中风车试验
	8. 高温持久试验(一般在高空台进行)
	9. 低温持久试验(一般在高空台进行)
	10. 海平面高/低温起动和高原起动试验

注:(1) 分别用与上述两个阶段中持久试车发动机零件目录和结构相同的发动机进行高空试验,在规定的发动机工作包线内选定几个状态点(至少包括型号规范给定的图 2.3 所示的状态)进行高空运转和空中起动检查,其中包括飞机系统引气、功率分出、进气压力恢复、进气畸变和风车对发动机性能与稳定性的影响;

(2) 在生产定型试验阶段,如果发动机技术状态与设计定型时不同,且其差异对发动机高空性能、功能有影响,则按照设计定型阶段规定补充进行有关试验。

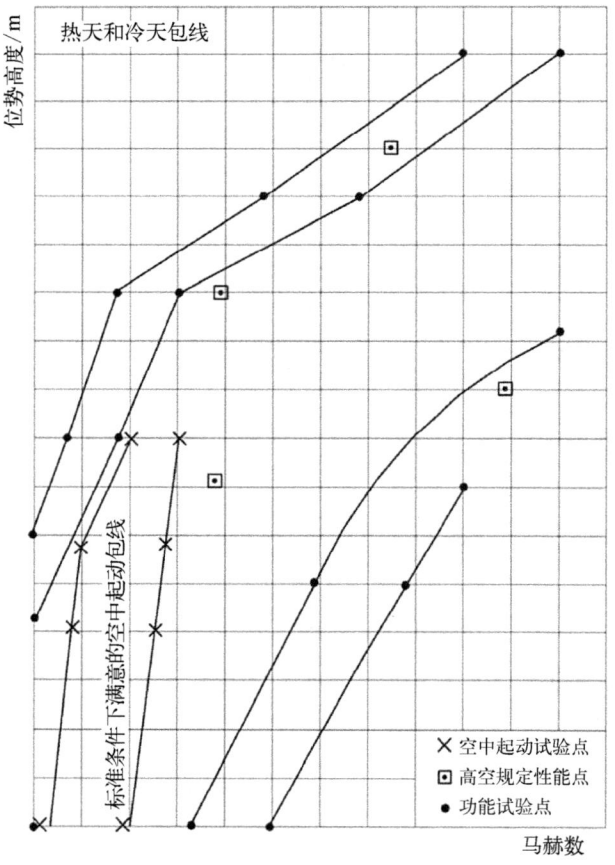

图 2.3　规定的高空模拟试验示意图

表 2.2　CCAR-33 部规定的部分高空试验要求

条　款	款项	条款要求	符合性验证说明
A 章 总则	33.7	发动机额定值和使用限制	发动机额定值和使用限制由中国民用航空局认定,并包含在中国民用航空规章《民用航空产品和零部件合格审定规定》(CCAR-21)规定的发动机型号合格证数据单中,其中包括按本条规定的各种适用的使用条件和资料确定的额定值和限制以及为发动机安全使用所必需的任何其他资料。 在设计的过程中初步选定发动机的额定值和使用限制值;结合 33 部的附件连接装置试验、持久试验、高空台试验、飞行试验、发动机系统和部件试验、喘振和失速特性试验、燃油系统试验和润滑系统试验,验证选定发动机的额定值和使用限制的合理性
F 章 台架试验: 航空涡轮 发动机	33.81	适用范围	本章规定涡轮发动机的台架试验和检验
	33.83	振动试验	每型发动机必须进行振动测试,以确定可能受机械或空气动力导致激振的部件的振动特性在整个声明的飞行包线范围内是可接受的
	33.84	发动机超扭试验	对带有自由涡轮的发动机,如果申请获得最大发动机超扭批准,必须用试验验证符合本条款的要求
	33.85	校准试验	每型发动机必须进行为确定第 33.87 条规定的有关持久试验的发动机功率特性和条件所必需的校准试验
	33.87	持久试验	每型发动机必须进行持久试验,它包括总时数至少为 150 小时的试验,并且,根据发动机型号和预期使用情况,持久试验(凡适用时)应由本条(b)至(g)中规定的系列运转中的某一个运转组成
	33.88	发动机超温试验	每型发动机必须在比最大额定功率下的稳态工作限制温度高至少 42℃(75 °F)的燃气温度下,以最大允许转速运转 5 分钟。但不包括对应 30 秒钟一台发动机不工作(OEI)和 2 分钟一台发动机不工作(OEI)的转速和燃气温度的最大值。在此运转后,涡轮部件必须在可使用的限制范围内
	33.89	工作试验	工作试验必须包括中国民用航空局认为必要的试验,以验证下列各项:起动、慢车、加速、超转、点火、螺旋桨功能等
	33.90	初始维修检查	除了正在申请现有发动机型号合格证更改或补充型号合格审定之外,申请人必须在基本符合最终型号设计的发动机上完成下列一项试验,以确定要求初次维修检查的时限: (a)批准的发动机运转试验,该试验模拟使用中所预期的发动机工作状态,包括典型的起动—停车循环; (b)按照第 33.201 条(c)至(f)要求进行批准的发动机运转试验
	33.97	反推力装置	如果发动机装有反推力装置,则本章规定的持久、校准、工作和振动试验必须在安装了反推力装置的情况下进行

2.2　高空模拟试验科目

　　航空发动机高空模拟试验必须尽可能逼真地模拟发动机工作所处的飞行高度、飞行速度、飞行环境、飞行姿态等,并在此状态下完成发动机的各项调试、考核试验。目前,高空台主要开展的试验科目有:高空性能试验、高空功能试验、空中起动和再起动、推力瞬变试验/功率变换试验、进气压力畸变试验、空中风车旋转试验、发动机振动测量试验、高/低温起动和加速试验、高原起动试验、吞水试验等,下文将详细描述。

2.2.1 高空性能试验

1. 试验目的和内容

根据被试发动机的型号规范要求,在规定的高空性能试验点上,选择足够数目的发动机油门杆位置进行试验,以确定在规定状态下发动机的工作稳定性和性能特性。

1) 航空涡喷、涡扇发动机

对于航空涡喷、涡扇发动机,以图 2.4 举例(实际试验点根据被试发动机和高空台选定),在每个规定的试验点上,按试验大纲要求进行相应状态的稳定性检验,将油门杆分别调到慢车、最大连续、中间和最大推力位置(根据发动机型号调整),记录发动机转速、温度和燃油流量随时间的变化关系,发动机在稳定状态工作时的推力波动值应不超过最大连续状态推力的±1.0%,或者不超过油门杆所在位置状态可用推力的±5.0%,两者取较小值。在最大连续以上的工作状态,其推力波动值应不超过该状态可用推力的±1.0%。在稳定状态工作期间,推力主要波动峰值间隔应不小于 5 s。每个状态的稳定性检验时间一般不少于 5 min,可以根据被试件的运转情况和试验考核目的适当调整时间。按试验大纲要求录取发动机的稳态性能数据,测定飞机系统引气和功率分出对稳态性能的影响,主要录取性能参数参见表 2.3。试验中稳态和瞬态数据采集系统应投入工作,监视和记录安全参数,并在线评定各推力调节状态的工作稳定性。

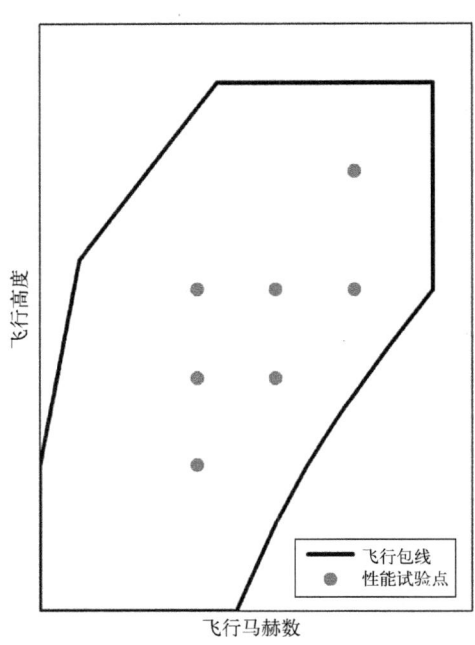

图 2.4 航空发动机规定的高度性能试验点示意图

表 2.3 GJB 241A-2010 规定的高度速度性能

状态[a]	高度	环境温度	马赫数	最小推力	发动机最大转速	最大耗油	最大燃气温度[b]	最大测量温度[c]	总空气流量	飞机引气分出	飞机功率提取	二股气流量(引射喷管)[d]
单位	m	℃		N	r/min	kg/(N·h)	℃	℃	kg/s	kg/s	kW	kg/s

上标:a 需要时,所列状态应包括整个工作包线,并且要符合飞行任务要求。
b 定义在第一级涡轮转子进口位置处(承研单位在栏头填入此处编号)。
c 承研单位应在栏头处填写测量平面编号。
d 可根据需要(如有矢量推力、反推力等时)在本栏后增加栏目和数据。

2) 航空涡轴、涡桨发动机

对于航空涡轴、涡桨发动机,根据发动机需求和高空台设备能力确定高空性能试验点,选择足够数目的发动机油门杆位置,将发动机分别调到地面慢车、空中慢车、50%最大连续、75%最大连续、最大连续、中间、最大和应急状态(根据发动机型号调整负载杆位置),测定在规定状态下的发动机工作和性能特性,记录发动机功率、转速、排气温度和燃油流量等随时间的变化关系。按试验大纲要求进行相应状态的稳定性检验,一般情况下,发动机在稳定状态工作时的轴功率波动应不超过最大连续功率的±1.0%,或者不超过功率杆(或负载杆)所在位置状态可用功率的±5.0%,轴功率主要波动峰值间隔应不小于5 s。按试验大纲要求录取发动机的稳态性能数据,测定飞机系统引气和功率分出对稳态性能的影响,录取的参数参考表2.4。试验中稳态和瞬态数据采集系统应投入工作,监视和记录安全参数,并在线评定各功率调节状态的工作稳定性。

表 2.4　GJB 242A－2018 规定的不同高度/温度下的性能

发动机状态[a]	高度	环境温度	马赫数	最小轴功率	规定输出轴转速	规定输出轴扭矩	最大耗油率	最大燃气发生器转速	最高燃气温度	最高测量温度[b]	发动机总空气流量	剩余喷气推力	飞机引气流量	功率分出[c]
单位	m	℃		kW	r/min	N·m	kg/(kW·h)	r/min	℃	℃	kg/s	kN	kg/s	kW

上标:a 需要时,各状态应在整个工作包线内选取,并且要符合飞行任务要求。
　　　b 说明测量截面位置。
　　　c 如果需要增加项目,则增加附加栏和包括的数据。

2. 试验结果整理

试验结果按以下各条进行整理:

(1) 应列出主要性能参数的表格和曲线;

(2) 计算发动机在高空模拟试验中所测得的性能与稳态性能计算机程序所表示的性能或者与规定的性能值之差,评估飞机引气和功率分出对发动机性能的影响;

(3) 评估试验结果,验证发动机的性能数学模型。

2.2.2　高空功能试验

1. 试验目的和内容

1) 航空涡喷、涡扇发动机

对于涡喷、涡扇发动机,在每个试验点上,按试验大纲要求,在发动机整个推力调节范围内的不同状态下,录取发动机的稳态性能数据。在规定的发动机状态下,根据试验大纲的要求录取有和没有引气以及功率分出条件下的发动机稳态性能和推力瞬变特性;检查并测定进气畸变对稳态性能和推力瞬变特性的影响;如果发动机装有加力装置,这种试验还应确定其加力稳定燃烧边界和接通加力边界。试验中稳态、瞬态以及动态数据采集系统应投入工作并监视和记录安全参数。

2) 航空涡轴、涡桨发动机

对于涡轴、涡桨发动机,在每个试验点上,按试验大纲要求,在发动机整个功率调节范围内的不同状态下,录取发动机的稳态性能数据。在规定的发动机状态下,根据试验大纲的要求测定有和没有引气以及功率分出条件下的发动机稳态性能和功率变换特性。试验中稳态、瞬态以及动态数据采集系统应投入工作并监视和记录安全参数。

2. 试验结果整理

试验结果按以下各条进行整理:

(1) 应列出主要性能参数表格和曲线,选择主要状态,比较引气和功率分出对性能的影响;

(2) 瞬态试验应列出主要参数随时间的变化趋势;

(3) 若发动机出现不稳定工作,则应对脉动压力、振动等参数进行分析,并给出相应的记录曲线;

(4) 给出飞行工作包线极限状态工作验证结果,在可能的情况下验证并确定稳定燃烧工作边界、加力稳定工作边界、接通加力边界等极限工作状态所测得的高空性能、空中起动和推力瞬变或轴功率变换性能数据,均应符合型号规范的规定。

2.2.3 空中起动和再起动

1. 试验目的和内容

开展空中起动和再起动试验可以确定空中起动包线范围以及发动机、起动机、起动系统的匹配性,鉴定发动机起动控制的自主性、可靠性、安全性和自动化程度。

如图 2.5 所示,在拟定的起动包线内,选取 3~4 个高度(包括可靠起动的最高高度)和 2~3 种飞行速度进行空中起动试验,每个试验点的起动应不少于 3 次。由上述试验结果确定发动机空中起动包线。发动机空中起动一般包括下列内容。

(1) 辅助起动,即如有辅助起动装置(如空气起动机、燃气涡轮起动机等),应验证用辅助动力装置时发动机的空中起动性能。

(2) 风车起动(或者称为空中手动起动,又称为油门杆起动),即在无辅助

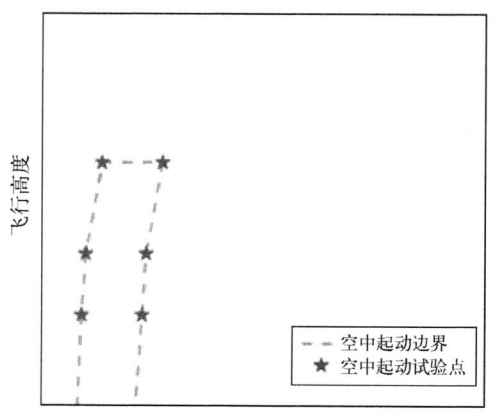

图 2.5 航空发动机空中起动试验点示意图

起动装置情况下验证发动机风车状态下的空中起动性能,当发动机空中停车后,将油门杆拉到停车位置,再上推油门杆到慢车位置,考核发动机是否能够起动成功。

(3) 惯性起动,即如有自动起动系统(装有连续点火系统或自动再点火系统),应在上述试验点用相同的熄火方法在无人为干预的情况下,验证发动机控制系统自动执行起动程序的性能;要求涡轴/涡桨发动机在空载、最大连续、中间功率和最大功率状态,分别完成再点火试验。

(4) 遭遇起动,即验证发动机熄火后实现即熄即点的空中起动能力或者在战斗机发射武器过程中为了防止发动机熄火持续点火的工作能力。

(5) 按照发动机起动时的状态开展冷起动和热起动:"冷"机起动的定义是发动机在规定的试验条件下作风车旋转,直到发动机燃烧室出口温度比发动机进口温度高 55℃ 以下,进行发动机空中起动,并录取空中起动过程参数;"热"机起动的定义是发动机在熄火或停车后 10 s 内,进行发动机空中起动,并录取空中起动过程参数。如果空中起动或再起动不成功,需要将发动机油门杆放至停车位置,保持发动机在规定的转速内风车旋转 3 min 以上,将未燃的油气吹走。这些试验需要在有和没有飞机系统引气和功率分出的不同情况下进行。

2. 试验结果整理

试验结果按以下各条进行整理:

(1) 发动机的起动参数应按表格或曲线形式给出,并注明每一次空中起动相应的模拟飞行状态,发动机参数与时间的关系通过曲线显示出来,数据表格列出时间与主要参数的关系;

(2) 列出包括成功与失败以及有无加载等情况的全部空中起动试验点;

(3) 将试验结果与发动机型号规范的技术指标进行比较,给出发动机的起动可靠性、安全性、自主性和自动化程度的评价;在可能的情况下,验证并确定空中起动和再起动边界。

2.2.4 推力瞬变试验/功率变换试验

1. 试验目的和内容

在规定的试验点上,进行发动机推力瞬变试验/功率变换试验,检查在任何状态、以任何顺序和速率移动油门杆(或功率杆)时,是否存在超出瞬态极限的超转和超温,验证主燃烧室、加力燃烧室、风扇或压气机等是否存在不稳定工作。

涡喷/涡扇发动机的瞬态工作试验包括加力燃烧室的点火和切断以及油门杆的推拉,在整个飞行包线内,根据试验大纲要求,确定最大引气和功率分出单独或同时对发动机推力瞬变性能的影响。测量发动机空气流量在发动机工作包线范围内的瞬变,还应包括飞机引气和功率分出的影响。试验中稳态和瞬态数据采集系统应投入工作,并监视和记录安全参数。

对于涡轴/涡桨发动机,在规定的试验点上,进行发动机功率变换试验,检查在任何状态、以任何顺序和速率移动功率杆(或负载杆)时,是否存在超出瞬态极限的超转和超温,燃烧室、压气机等是否存在不稳定工作。在整个飞行包线内,根据试验大纲要求,确定最大引气和功率分出单独或同时对发动机功率变换性能的影响。试验中稳态和瞬态数据采集系统应投入工作,并监视和记录安全参数。

2. 试验结果整理

试验结果按以下各条进行整理。

(1) 在各种使用条件下,对发动机各种类型推力瞬变/功率变换时间和完成质量作出评定。

(2) 在要求的试验状态下(如大气温度、飞行高度和速度、起始发动机状态、引气量等),应列出时间与发动机主要参数的关系。

(3) 在各种大气条件下和在飞行包线范围内,发动机在各类推力/功率瞬变试验时,工作稳定,无超温、超转、喘振、转速悬挂、停车等异常现象;若发动机出现不稳定工作,则应对脉动压力、振动等参数进行分析,并给出相应的记录曲线。

(4) 分析发动机推力/功率瞬变特性和高空工作特点,验证或确定发动机高空推力瞬变的工作范围,并确定飞机系统引气和附件功率分出对发动机瞬态特性的影响。

2.2.5 进气压力畸变试验

1. 试验目的和内容

在飞机进气道与发动机相容性评定中,最核心的内容是发动机气动稳定性评定,而影响发动机气动稳定性的主要因素是发动机进口流场的不均匀性。由于还没有完善实用的稳定性分析理论方法,迄今为止,对发动机气动稳定性的评定主要还是依靠试验。进气总压畸变是影响发动机气动稳定性的重要因素之一,主要是改变发动机的稳定边界,一般使稳定边界下移,降低了发动机的稳定裕度。进气道进口前和进气道内部流动的扰动是总压畸变产生的主要原因。进气道进气口前的气流扰动源包括飞机机动条件下的大迎角、大侧滑、起飞条件下的地面涡以及大气侧风等形成的进气道唇口、侧板等绕流分离等。另外,进气道进气口前机体结构如天线、弹仓、挂架以及机体附面层等形成的扰动源,也可产生进气总压畸变。而进气道内部气流扰动源主要是由于激波/附面层互相扰动、气流扩压分离以及气流绕支板或测量受感部形成的气流分离,这些扰动源也会产生总压畸变。

总温畸变主要是吸入进气道前部不同总温的气流而形成的畸变。发动机进口产生总温畸变的原因是:① 飞机在发射导弹时吸入了导弹排出的废气;② 飞机在格斗区吸入了导弹或发动机排出的废气;③ 飞机编队飞行时吸入了前面飞机排出的燃气;④ 发动机吸入了短舱回流的气体;⑤ 装有反推力装置的发动机吸入了本身的回流气体;⑥ 直升机贴地飞行时,发动机排气受到旋翼下气流的影响回流到发动机进口;⑦ 垂直/短距飞机起降时排气再吸入;⑧ 舰载飞机弹射起飞时吸入了蒸汽;⑨ 灭火飞机飞过火灾区时吸入了燃气等。这都将会在发动机进口产生总温畸变。进气道内的防冰装置加热时也会形成进气总温畸变。在总压畸变条件下工作时,风扇或低压转子将在高压压气机进口形成进气总温畸变,这会显著地影响高压压气机的稳定性。

飞机起飞、机动飞行或特技飞行(如盘旋、爬升、俯冲、筋斗、侧滑和攻角飞行、飞机进气道偏离设计工况、由于控制不当引起进的气道不稳定工作)时可能使飞机进气道出口或发动机进口气流发生畸变等问题,开展发动机抗进气畸变能力的评估,对于保障飞机飞行安全具有非常重要的意义。

根据进气畸变的分类,发动机进气畸变试验科目包括压力畸变试验、温度畸变试验、压力-温度组合畸变试验、旋流畸变试验等。进气压力畸变对发动机气动稳定性的影响起着主要作用,且往往起决定性作用,是发生最频繁的发动机失稳因子。由于发动机飞行工作范围宽,主要使用环境是高空而非地面,高空压力畸变试验研究耦合了进气压力畸变、高空低雷诺数、引气和功率分出等多项影响发动机高空实际飞行的关键降稳因子。依据高空模拟试车台的特点及其当前试验技术研究状态,高空台已经开展了进气压力畸变试验科目。高空台压力畸变试验点的选取主要包括使用工况的上、下边界。上边界是最大极限转速,在该工况下,应保证发动机在稳态工况和推力瞬变工况下能稳定工作;下边界是最高气温条件下发动机起飞和着陆时地面慢车状态和飞行慢车转速。此外在最大和最小转速之间的中间状态也应进行检验。压力畸变试验模拟装置包括孔板模拟器和插板扰流器等。

2. 试验结果整理

试验结果按以下各条进行整理:

(1) 根据试验特性,应计算以下主要参数:发动机进口空气换算流量 $W_{a,c}$ 或气动函数 $q(\lambda)$、扰流板插入深度比 ΔH(也叫遮挡比)、发动机转子的换算转速、稳态周向压力畸变指数 $\Delta \overline{\sigma_0}$、总压脉动强度沿截面的最大值 ε_{av}、风扇进口综合畸变指数 $W_{CL} = \Delta \overline{\sigma_0} + \xi_{av}$、进气道中的总压恢复系数 σ_j、评估沿截面平均的脉动总时标值 τ_E、低压压气机(双涵道发动机的风扇)的总增压比 π_{CL}、高压压气机进口的换算空气流量 $W_{ac,CH}$、高压压气机进口综合畸变指数 W_{CH};

(2) 列出主要性能参数表格和曲线,并选择主要状态比较进气畸变对性能的影响,以及飞机系统引气和附件功率分出对发动机畸变容限的影响;

(3) 瞬态应列出时间与主要参数的关系,若发动机出现不稳定工作,则应对脉动压力、振动等参数进行分析,并给出相应的记录曲线;

(4) 评定发动机的稳定裕度以及是否稳定工作,确定进气畸变对发动机瞬态特性的影响。

2.2.6 空中风车旋转试验

1. 试验目的和内容

为了验证发动机连续做风车旋转的能力,考核风车旋转是否损伤发动机、是否引起滑油过量消耗以及影响发动机空中再起动和正常工作的能力,必须在高空台进行高空风车旋转试验。

在规定的试验点上,按试验大纲要求进行试验。在每个风车状态,改变若干组飞机系统引气和功率分出量,保持稳定状态录取一次风车特性。风车旋转试验时,除一般稳态参数记录外,应按要求记录滑油量、滑油压力以及飞机系统引气和功率分出等参数。

2. 试验结果整理

试验结果按以下各条进行整理:

(1) 曲线应示出发动机转速与飞行状态的关系,绘制空中起动包线范围内的风车特性,包括风车转速、风车阻力随飞行马赫数的关系曲线;

(2) 检查风车状态下的滑油系统参数和通气管中有无滑油漏出,用统计或其他规定的方法确定滑油消耗量和工作极限以及可用的飞机系统引气和功率分出量;

(3) 在试验规定风车旋转条件下,评定发动机高空风车旋转试验的完成情况。

2.2.7 发动机振动测量试验

1. 试验目的和内容

为了分析发动机整个飞行工作包线范围内的振动特性,发动机振动测量试验可以结合高空性能试验、高空功能试验、推力瞬变试验、进气畸变试验、加温加压持久试车等试验项目一起进行,监视和测量压气机机匣、涡轮机匣、附件传动机匣等位置以及如有可能是重要的内部构件等处的振动值。

发动机型号规范中应规定用装在压气机机匣、涡轮机匣、附件传动机匣等位置以及如有可能在重要的内部构件上的振动传感器测量的最大允许振动极限值(一般为正均方根速度总量极限)。速度总量极限测试频率可到 10 kHz。

2. 试验结果整理

试验结果按以下各条进行整理:

(1) 用示意简图描绘出振动传感器的安装位置,给出所采用的传感器和振动分析系统的简要说明;

(2) 振动曲线应示出发动机转速与振动的关系,提供发动机在各个状态各个安装位置的振动值并分析数据。

2.2.8 高/低温起动和加速试验

1. 试验目的和内容

试验发动机应经受高、低温试验,以验证滑油压力和温度的极限、发动机功率变换/推力瞬变温度极限、控制限制功能区以及发动机高/低温起动包线。

将发动机按照海平面热天/冷天温度环境进行浸润(停放)。使用型号规范规定的燃油和滑油,从海平面到起动包线规定的最高高度,在高温/低温环境下保持若干小时以后,给发动机供高温/低温空气并供高温/低温燃油,试验发动机能否顺利地再次起动。当发动机达到慢车转速后,快速将油门杆(或功率杆)从慢车位置推到中间推力位置(或最大功率状态),试验达到中间推力状态(或最大功率状态)的加速,检查发动机是否满意地工作。试验中瞬态数据采集系统应连续采集规定的数据及起动系统有关参数。稳态数据采集系统记录起动前后的稳态参数。一般要求在规定的时间限制内连续成功起动2次。

2. 试验结果整理

试验结果按以下各条进行整理:

(1) 应记录并分析列出全部起动试验点的试验情况,包括成功与失败以及有无加载等情况;

(2) 数据表格应列出时间与主要参数的关系、起动机脱开转速和时间、有无加载等情况以及起动机有关参数;

(3) 对每一次起动,曲线应示出时间与主要参数和起动机有关参数的关系。

2.2.9 高原起动试验

1. 试验目的和内容

为了确定发动机能否装配飞机在高原条件下使用,要开展发动机高原起动试验。通常在高空台进行 0~5 km 高度内无冲压条件的发动机起动试验。

按照图 2.6 规定的冷天最低、热天最高温度条件,发动机开展高原起动试验。通过试验确定在带加载和不带加载情况下的最大起动高度。按照试验大纲,试验时发动机进出口压力达到规定高度压力值,且发动机进口马赫数不大于 0.15,一般要求在规定的时间限制内连续成功起动 3 次。试验中瞬态数据采集系统应连续采集规定的数据及起动系统有关参数。稳态数据采集系统记录起动前后的稳态参数。

2. 试验结果整理

试验结果按以下各条进行整理:

(1) 应记录并分析列出全部起动试验点的试验情况,包括成功与失败以及有无加载等情况;

(2) 数据表格应列出时间与主要参数的关系、起动机脱开转速和时间、有无加

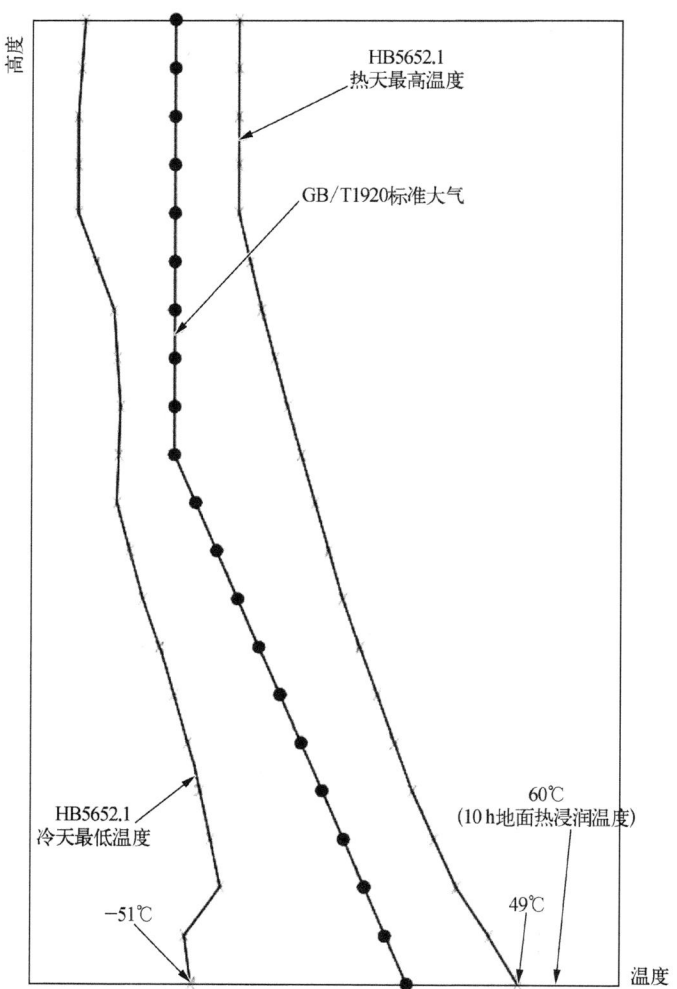

图 2.6　标准与非标准大气温度与高度的关系示意图

资料来源：GJB 242A－2018（GJB 242A－2010 第 10 页）

载等情况以及起动机有关参数；

（3）对每一次起动，曲线应示出时间与主要参数和起动机有关参数的关系。

2.2.10　吞水试验

1. 试验目的和内容

飞机在雨天飞行时，发动机要吞入大气中的液态水（雨水）和以水汽形式存在于大气中的水；如果机场有积存的雨水，当飞机在地面滑行时发动机离地面较近，地面积水就有可能被吸入发动机。如果发动机吞入大量雨水，有可能使发动机机匣局部受冷收缩，引起机匣和叶片之间的间隙减小，产生摩擦，损坏发动机；在飞机高速飞行或发动机低功率状态下,进入涡轮发动机进气道的雨水的影响会更大,吸入发动机内部的雨水有可能造成发动机喘振、空中停车等事故甚至丧失推力。为了考核吞水对发动机性能、功能的影响,开展吞入大气中液态水的高空模拟试验。

在高度为 13 km 以下的整个工作范围内,考核发动机在下列条件下的工作能力:从慢车到最大推力状态,空气中含水(液态水和水蒸气)的质量达总空气流量的 5%,并且有 50% 液态水通过进气道 1/3 扇形面积进入发动机进气道。一般要求发动机在上述每一条件下工作 5 min。试验过程中应记录性能参数并监视记录安全参数。吞水试验结束后,分析吞水对发动机性能的影响,将发动机完全分解进行检验,检查发动机有无损伤和性能恶化等问题。

2. 试验结果整理

试验结果按以下各条进行整理:

(1) 应列出主要性能参数的表格和曲线;

(2) 计算发动机在高空模拟试验中所测得的性能,评估试验结果,验证发动机的性能数学模型,评估吞水对发动机性能的影响;

(3) 在试验中若发动机工作稳定,吞入水后发动机性能没有恶化,发动机分解检查证明保持了足够的间隙,在试验中未发生损伤或有害的擦伤,燃气流路中的零件未受到损伤,则认为试验满意地完成。

2.2.11 其他试验

1. 等马赫数爬升试验

1) 试验目的和内容

等马赫数爬升试验是军用发动机高空模拟试验中常见的考核项目,其目的是检查飞机在最佳爬升速率条件下,发动机的工作能力。

在直连式高空台进行该科目试验,首先保证发动机处于稳态工况(一般为最大状态或非加力最大状态),然后同时调整发动机进、排气压力,以恒定的模拟马赫数、在规定的时间内,确保发动机进、排气压力平稳过渡至目标高度,检查发动机在模拟爬高过程和目标飞行条件下的工作能力。等马赫数爬升试验开始前、后,应录取发动机稳态性能。试验过程中,模拟参数的精度应满足高空模拟试验中,发动机推力瞬变试验科目的相关规定;另外,爬升过程的进、排气压力要求平稳过渡、线性变化,压力调节时间须满足要求。必要时结合本章 2.2.5 小节的进气压力畸变试验进行该项试验。

2) 试验结果整理

试验数据处理要求如下:

(1) 计算等马赫数爬升试验开始前后,发动机的主要性能参数;

(2) 检查爬升过程中,模拟参数是否在要求范围内;

（3）检查爬升过程中，发动机能否稳定工作，是否存在超温、超转、喘振、失速等异常，主要检查参数包括发动机高/低压转速、主要气路压力及温度、导叶角度、喷口面积等；

（4）整理爬升过程的时间历程图，图中应包括主要模拟参数和发动机状态参数。

2. 进气加温和加压持久试验

1）试验目的和内容

为了进一步考核发动机工作稳定性及可靠性，应进行进气加温加压试车。

航空发动机用类似风车起动的方法起动，在进气常温常压下录取各推力状态下的性能参数。发动机在转速80%最大连续状态下加温，按先调温后调压建立进气加温和进气加温加压模拟状态。状态建立后进行进气加温循环运转和进气加温加压循环运转。在最大推力位置调整发动机，使测量的稳态平均燃气温度至少比型号规范中规定的最高允许稳态平均测量燃气温度高8℃。试验过程严密监视并记录振动、叶片和盘以及轴的动应力、机匣应力等强度参数以及其他安全参数，加强安全保障。试验后在常温常压进气状态下录取发动机各推力调节状态的性能参数。

2）试验结果整理

试验结果按以下各条进行整理：

（1）列出主要性能参数表格或曲线以及滑油系统参数等；

（2）若发动机出现不稳定工作，则应对脉动压力、振动和转速摆动等参数进行分析，并给出相应的记录曲线，以评定发动机是否稳定工作；

（3）评估重新校准时测得的稳态燃气温度与初始校准时测得的燃气温度之间的差值，评估重新校准时的换算耗油率与初始校准时的换算耗油率之间的差值；在相同的推力值上确定测量温度和耗油率的恶化程度；评估发动机是否满意地完成了持久试车。

3. 航空发动机放热和滑油冷却试验

1）试验目的和内容

发动机装机状态下安装在飞机短舱中，各附件表面温度差异较大，通过该试验获得发动机放热率和各附件及测温点的对应表面温度，为进行发动机表面辐射率计算和发动机滑油系统、成附件设计以及改进提供依据。

该试验应在与飞行前规定试验持久试车的发动机零件目录和结构基本相同的发动机上进行，获得发动机放热率，包括滑油系统在内的冷却要求数据和发动机各附件及测温点的对应表面温度。试验为确定放热率和冷却要求所必要的数据，需在发动机整个飞行工作包线内的不同工作状态、功率分出和引气条件下测得，一般取3个典型大气条件。

以某涡轴发动机放热和滑油冷却试验为例,发动机放热和滑油冷却试验示例图谱如图 2.7 所示,试验包括以下几种条件:

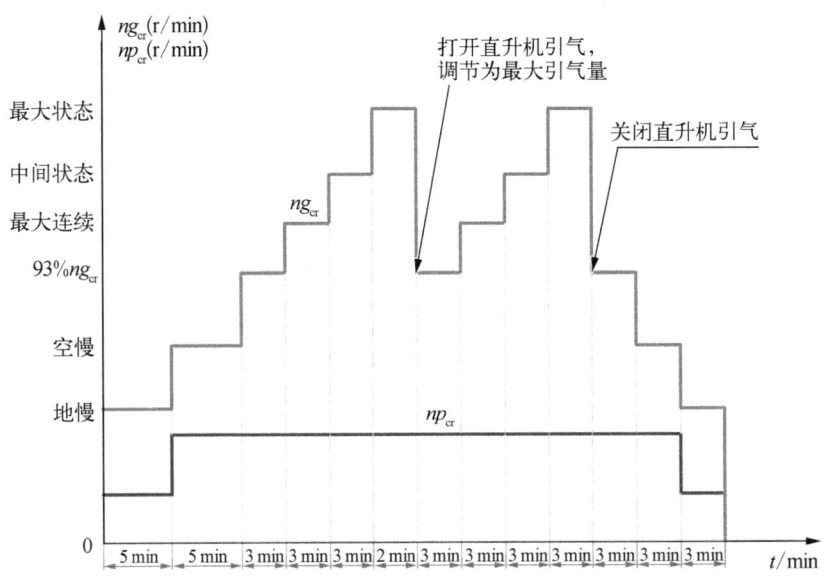

图 2.7 发动机放热和滑油冷却试验示例图谱

(1) 在海平面、静止状态、大气温度为 52℃、发动机燃油进口接头处温度为 (57 ± 2)℃;

(2) 在海平面、$Ma=0.517$、大气温度为 39℃、发动机燃油进口接头处温度为 (57 ± 2)℃;

(3) 在 $H=6$ km、$Ma=0.517$、大气温度为 5℃、发动机燃油进口接头处温度为 (15 ± 2)℃。

在以上 3 个大气环境条件下,各进行 1 次慢车到最大应急状态的数据采集,包括引气状态下数据采集。

以某涡轴发动机放热和滑油冷却试验为例,试验步骤如图 2.7 所示,一般包括以下几点:

(1) 起动发动机到地面慢车、空中慢车状态各停留 5 min,ng_{cr}(燃气涡轮换算转速)为 93%停留 3 min、最大连续状态停留 3 min、中间功率状态停留 3 min、最大应急状态停留 2 min;

(2) 下拉发动机至 ng_{cr} 为 93%状态,打开直升机引气,调节引气量为最大引气,重复进行试验;

(3) 下拉发动机至 ng_{cr} 为 93%状态,关闭直升机引气,停留 3 min,下拉发动机至空中慢车状态,停留 3 min;

(4) 下拉发动机至地面慢车状态,停留 3 min,然后停车。

2) 试验结果整理

目前,对放热率还不具备测取的有效方法和手段,只测取各附件及测温点所对应的环境温度和表面温度,最终通过理论分析和试验验证相结合的方法来确定。结果整理和分析主要包含下述内容:

(1) 应记录并分析列出全部 3 个典型大气条件试验点的试验情况,包括发动机进气、排气、燃油温度、滑油温度等参数;

(2) 数据表格应列出时间、发动机状态与各截面机匣壁面、附件壁面以及外部管道等各处温度测量值等数据。

4. 航空发动机矢量推力试验

第四代战斗机要求飞机能够完成一系列过失速情况下的大机动格斗动作,如"眼镜蛇机动""倒挂金钩"等,这就需要飞机在大仰角下具有超强的机动能力,矢量推力发动机能够帮助飞机完成这些动作。矢量推力发动机通过控制发动机尾喷流方向来控制飞机机动飞行,它可以补充或取代常规飞行控制面产生的气动力来对飞机进行飞行控制。采用矢量推力发动机具有众多优点,如可改善垂直/短距起降性能,可极大地提升机动能力,增强空战性能,并可提升隐身能力等。

对于矢量发动机需对矢量推力进行鉴定检验,发动机需明确矢量喷管的最大偏转速率、喷管偏离轴对称推力位置的最大偏转角及其控制精度,在该使用范围内,推力矢量偏转应速率恒定,工作平稳而无中断。

开展矢量推力试验研究的关键在于三分力试车台架的安装调试与校准。矢量推力台架在安装调试的过程中,需重点保证定架与动架连接可靠,保证发动机安装面的水平,保证各种组件的安装同轴度,保证标定时干扰最小及保险装置可靠。台架安装调试完成后进行标定,包括各单个推力传感器标定、带假发动机标定以及各传感器之间的影响分析。台架建成后就可以进行常规发动机性能试车和装配矢量喷管的涡喷、涡扇发动机试车。具体的推力测量方法参考本书 5.1.5 小节"矢量推力测量"。

第 3 章
试验设备

飞机和发动机研制离不开试验,因而需要用到各种试验设备,特别是现代飞机和发动机的研制与发展,更依赖于能建立真实高空飞行条件的高空模拟试验设备,以获取航空发动机在空中工作过程中的各种性能,检验航空发动机在空中工作过程中的各种功能是否满足飞行器的需求。航空发动机高空模拟试验是能够在发动机研制过程中进行全工作包线范围内性能特性摸索和考核的重要手段,是在发动机研制过程中进行性能调试、技术攻关、技术研究的重要手段,是先进航空发动机从零件到部件再到整机进行集成试验验证的重要平台。而进行航空发动机高空模拟试验,在地面再造航空发动机在空中的各种工作条件,满足发动机空中全包线范围内的各种试验要求,需要通过各种类型的试验设备互相配合完成。本章聚焦于直连式高空模拟试验所需的主要试验设备并对其做了详细的介绍,对于供抽气设备、空气处理设备、加降温系统、水系统、油系统、电系统等试验设备可参考其他专著。

3.1 高空模拟试车台分类及设备组成

3.1.1 高空模拟试车台分类

按照试验台架进排气连接方式的不同进行区分,航空发动机高空模拟试验设备可以分为直连式高空模拟试车台、自由射流式高空模拟试验设备和推进风洞三种类型。还有一类"管道-喷管式高空模拟试验",由于该技术尚不成熟,应用较少,因此本书不予说明。

1. 直连式高空模拟试车台

航空发动机直连式高空模拟试验工作原理,可以用图 3.1 进行简单说明。发动机安装于高空模拟试验舱内,从供气系统经加温或降温的空气进入前室内经过整流后,通过收缩段进入流量管,再进入发动机进口。发动机工作产生的高温燃气通过排气扩压器进入排气冷却系统降温至符合抽气机组工作的温度,经抽气机组增压后排入外界大气环境。

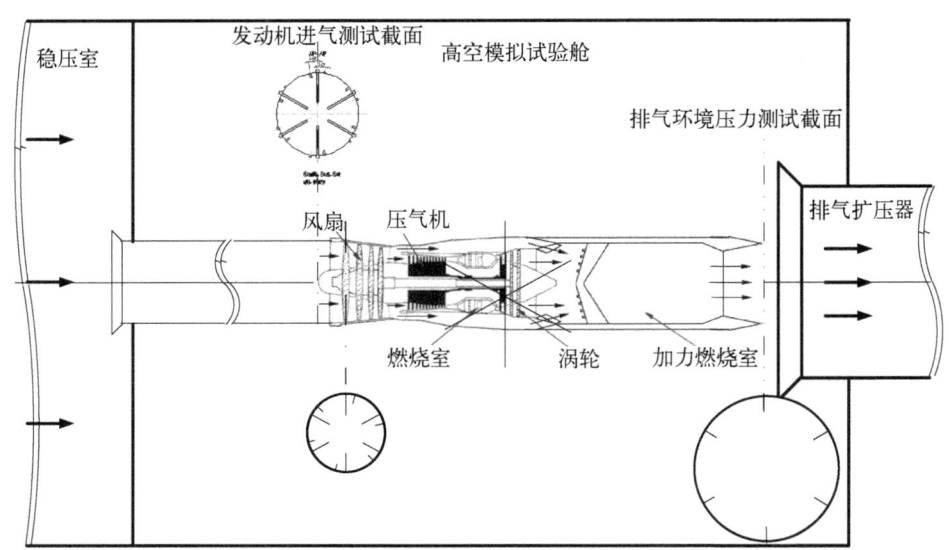

图 3.1 直连式高空模拟试验舱示意图

发动机进口的空气总温、总压为所试验高度与马赫数相对应的进气条件,试验舱内压力为需要模拟的高度下的大气压力。试验过程中根据需要从外界大气引入适量的二股流空气(次流),对试验舱内的测试、电气等设备进行降温,使其工作在合适的温度范围内。

在直连式高空模拟试验设备上可进行航空发动机直连式高空模拟试验,这种试验只模拟整个飞行包线范围内发动机从风扇或低压压气机进口到尾喷管出口的内部气流流动,不模拟飞行时的发动机外部气流流动。进行高空模拟试验的发动机不带飞机进气道,因此这种试验只在发动机进口建立所要模拟的飞行高度和飞行速度所对应的进气道出口的总温、总压和发动机进口的空气质量流量,并在试验舱内发动机周围建立相应飞行高度的大气环境压力状态,或使带固定喷口的发动机尾喷管处于临界或超临界工作状态。也就是说,不同高度与马赫数飞行条件下整个发动机内部流动状态都能够得到模拟。这种发动机高空模拟试验方式,相对于自由射流/半自由射流、推进风洞等试验方式,其供气和抽气流量相对较小,运行费用低,可以进行航空发动机各类高空研究性试验,可以完成航空发动机通用规范规定的全部高空鉴定试验任务。同时,借助于进气畸变装置,可以对发动机工作的稳定裕度进行评定,能够部分验证发动机的抗畸变能力,解决发动机与飞机进气道的匹配问题。

直连式高空模拟试验是航空发动机试验中最基本的试验,也是效费比最高的一类高空模拟试验。因而在世界上这种高空模拟试验得到了最广泛的应用。美国、俄罗斯、欧洲等航空技术发达的国家和地区,均建设有这种类型的高空模拟试验舱,日本、韩国等也建设有小型的高空模拟试验舱用于本国的航空发动机研制。

直连式高空模拟试验不模拟发动机在飞机上的安装条件,特别是外部散热条件,不能模拟因飞机机动飞行而带来的过载和瞬变条件,此类问题只有靠原型飞机试飞解决。

2. 自由射流式高空模拟试验设备

自由射流式高空模拟试验包括:① 全尺寸飞机进气道与发动机联合试验;② 半自由射流式高空模拟试验。半自由射流式高空模拟试验只能应用于特定的航空推进系统,并且在一定飞行范围的高空模拟试验。目前的战斗机已很少采用单纯的短舱式推进系统,大部分采用与机身或机翼成整体或密切相关的推进系统,且一般都比较长,外形也较复杂,采用直连式高空模拟试验无法对发动机与进气道的匹配特性进行详细的研究。因此,全尺寸飞机进气道与发动机联合试验开展得比较多。

在自由射流式高空模拟试验设备上进行的整个或部分推进系统的高空模拟试验称为自由射流式高空模拟试验,这种试验可以在宽广的飞行范围甚至是在飞机整个飞行包线范围内比较真实地模拟各种飞行状态与飞行姿态及其在机动飞行时的变化情况,在飞机进气道和发动机各种工作状态下,研究飞机进气道与发动机内部流动状态、进气道边界层发展与激波之间的相互干扰、进气道与发动机控制动力学问题等。进气道与发动机之间这些相容问题的研究,可以为原型飞机首次试飞创造条件,降低试飞中的危险。如"协和"号飞机,在英国国家燃气涡轮研究院第 4 号高空模拟试验舱进行自由射流式高空模拟试验前(见图 3.2 所示),其仅能做马赫数 2.0 的直线飞行,完成自由射流试验后,才能进行爬升、俯仰等试飞工作。

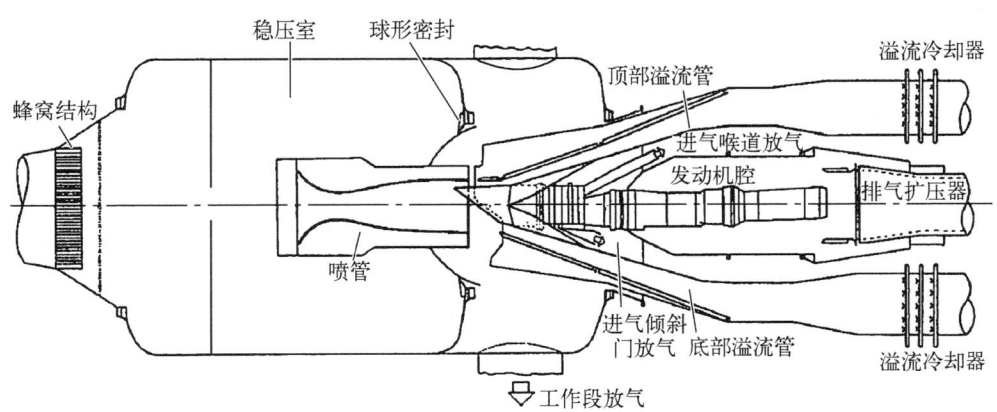

图 3.2 典型的自由射流式高空模拟试验舱示意图[20]

图 3.2 是一种典型的自由射流式高空模拟试验舱的示意图。该试验舱与直连式高空模拟试验舱一样需要配套供气系统、空气处理系统、加降温系统、抽气系统。

该试验舱主体部分主要包括稳压室、可调超声速喷管、可调超声速喷管控制机构、试验舱、排气扩压器、排气冷却器、溢流扩压器、溢流冷却器等。进行高空模拟试验的飞机进气道和发动机及其附属装置安装于试验舱内。可调超声速喷管,主要用于产生自由射流试验所需要的超声速气流。喷管的安装角度、型面及喉道均可以通过控制机构进行调节,以模拟飞机在不同高度、马赫数、攻角飞行或侧滑角机动等情况下的飞行状态。根据不同试验对象的需求,一般要准备几组可调超声速喷管。

自由射流式高空模拟试验项目主要有:

(1) 在飞行包线的超声速区域内的不同攻角、侧滑角、马赫数的状态下,进行全尺寸飞机进气道与真实发动机的相容性试验,研究和验证进气道亚临界、超临界工作和喘振对发动机工作的影响,发动机操纵和加力燃烧室的工作以及发动机不稳定工作等对飞机进气道工作的影响;

(2) 全尺寸飞机进气道-发动机变攻角、侧滑角、马赫数的瞬变试验和模拟典型飞行路线(轨迹)试验;

(3) 飞机进气道控制系统的调整与鉴定及其与发动机控制系统的共同工作试验;

(4) 飞机进气道-发动机结构完整性试验;

(5) 装有全尺寸飞机进气道的发动机操纵特性试验;

(6) 环境和吞咽试验;

(7) 单独的全尺寸飞机进气道性能试验等。

自由射流式高空模拟试验所需要的气源供气流量与抽气流量约为发动机空气质量流量的 2~3 倍,虽然耗费能源与直连式相比增加较多,但是与推进风洞试验相比,其能源消耗仅为推进风洞试验消耗的 15%~25%,因此仍然具有较高的效费比。

3. 推进风洞

在飞机上,发动机与进气道相互协调工作的好坏直接影响飞机的性能。因此,要研究和鉴定飞机进气道与发动机在整个飞行包线范围内共同工作的质量,就必须进行高空飞行状态下飞机进气道与发动机的联合试验。全尺寸推进系统风洞试验可以鉴定飞行器与发动机及其推进系统在高空飞行过程中的匹配特性,可以进行高空飞行条件下全尺寸推进系统外部流动特性和内部气动、热力过程测试与分析。

从推进系统安装性能鉴定角度来看,推进风洞试验功能最强,模拟最充分,自由射流式高空模拟试验能够进行的试验项目,推进风洞试验都能进行。推进风洞试验,要求试验件(全尺寸飞行器推进系统或短舱)处于风洞喷管所产生的超声速射流的"试验菱形区"内,即从风洞壁反射的激波应落在试验件之外[21]。这样就要求超声速喷管尺寸很大,因此推进风洞规模十分庞大,运转费用昂贵,这种试验的供气量一般为发动机空气质量流量的10~20倍,试验耗能十分巨大。世界上现有的推进风洞,大部分只能进行导弹等小型试验件的试验,对于大中型涡喷、涡扇发动机(推进系统)这样的试验件,只能采用缩尺模型或者只试验带一部分飞机结构的推进系统或者只进行全尺寸进气道与发动机联合试验。即使是这样,大部分时候也只能采用模型来进行试验。从研究进气道与发动机相容性问题来看,推进风洞试验仅仅只是多模拟了一部分外流,但其能源消耗和试验费用却是自由射流试验的4~10倍。某推进风洞系统原理见图3.3所示。

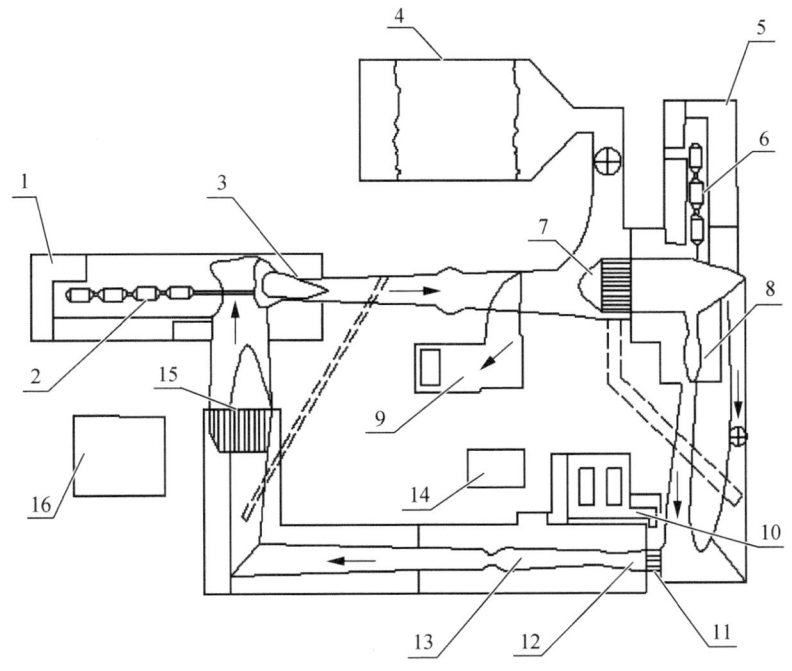

图 3.3 推进风洞系统简图[22]

1—主动力间;2—传动装置;3—压气机;4—空气干燥间;5—第二动力间;6—传动装置;
7—冷却装置;8—压气机;9—排气降噪装置;10—加温装置;11—整流网和整流片;
12—喷管;13—试验段;14—燃料泵;15—冷却装置;16—燃料库和低压泵

3.1.2 直连式高空模拟试验台的组成

试验舱又称试验段,是指图3.1中安装发动机的部分。高空模拟试验舱简称高空舱,由前室、试验舱、排气系统等在内的主体设备以及相关的试车工艺系统、测试系统、电气系统、进排气控制系统等在内的多个系统组合而成。高空模拟试验舱及进行高空模拟试验所需的供气系统、抽气系统、空气处理系统、空气加温与降温系统、油库及燃油供应系统、自然水系统、软化水系统、试验电站等合在一起称为高空模拟试车台,简称为"高空台"。

航空涡轮喷气和涡轮风扇发动机在飞行过程中只能在一定的高度和速度范围内工作。这个可满足规定的功能、性能和耐久性要求的工作范围叫作发动机高空飞行工作包线,它是发动机全部稳态和瞬态的工作极限,是由发动机高空小表速气动与燃烧稳定边界、绝对高度、高空高速风扇和压气机气动稳定边界以及加力燃烧室高压稳定燃烧边界、中低空高速发动机强度与热负荷边界等所组成的发动机工作范围;简而言之,就是由气动、热力极限和附件与系统工作极限以及机械极限所规定的工作包线极限值。某涡扇发动机工作包线见图3.4所示。

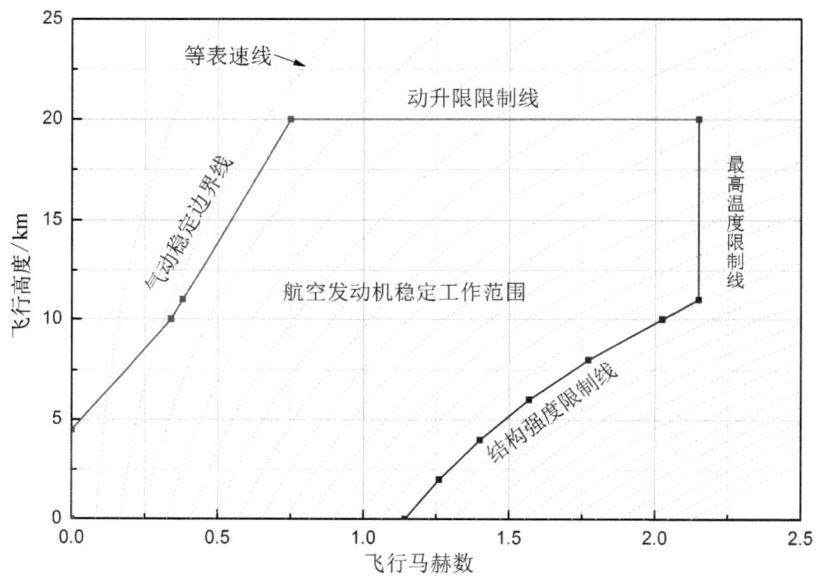

图3.4 某涡扇发动机工作包线

高空模拟试验就是将发动机安装于试验舱内模拟发动机在空中工作过程中的进口压力、温度与排气环境压力条件。按照国际标准大气条件进行计算,在不同的高度、马赫数条件下,发动机进气压力与温度也不相同。图3.5、图3.6是某试验舱内的发动机在发动机工作包线范围内的标准天的进气压力与温度等值曲线,可以看出,发动机进口的压力在几千帕至几百千帕,而进气温度则从零下五十多摄氏度到两百多摄氏度。而非标准天时其进气温度范围更宽。因此进行高空模拟试验时,除了需要安装发动机的试验舱以外,还需要安装对进入发动机进口的空气进行流场整定的前室、为前室供气的空气管道、满足发动机进口高温供气条件的加温系统、满足发动机进口负温供气条件的降温系统、防止发动机在负温进气条件下结冰的空气处理(除尘、干燥)系统以及提供压缩空气的压气机组。发动机在试验舱内排出的高温燃气通过排气扩压器进入排气冷却器降温后,燃气温度降至40℃,

第 3 章　试验设备

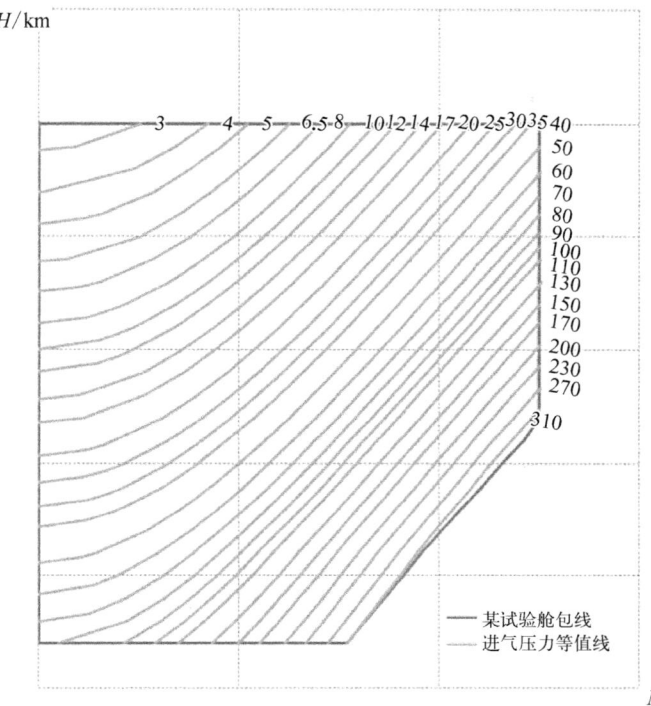

图 3.5　某试验舱包线内进气压力等值曲线(标准大气条件,单位:kPa)

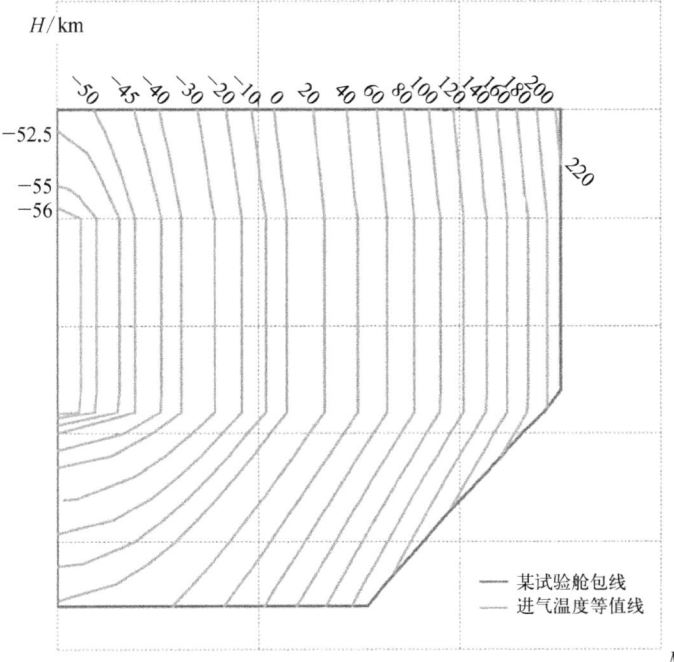

图 3.6　某试验舱包线内进气温度等值曲线(标准大气条件,单位:℃)

通过压气机增压后再排入外界大气中。这些设备共同配合完成发动机的高空模拟试验。

高空台一般由以下设备和系统组成：① 气源，包括供气机组及其附属系统和抽气机组及其附属系统；② 空气处理系统；③ 空气加温、降温系统；④ 供抽气管网；⑤ 前室；⑥ 试验舱；⑦ 推力测量系统；⑧ 排气扩压器；⑨ 排气冷却器；⑩ 测试系统；⑪ 飞行环境模拟系统；⑫ 电气系统；⑬ 试车工艺系统；⑭ 安全消防系统；⑮ 进排气塔；⑯ 油库和燃油供应系统；⑰ 水系统，包括自然水和软化水；⑱ 电站和供配电系统等。

绵阳试验基地某高空台简略的高空模拟试车台如图 3.7 所示。其中，气源是高空台的重要组成部分，高空模拟试验舱是高空台的核心，前室、排气扩压器、排气冷却系统等是高空台的关键主体设备，见图 3.8 所示。

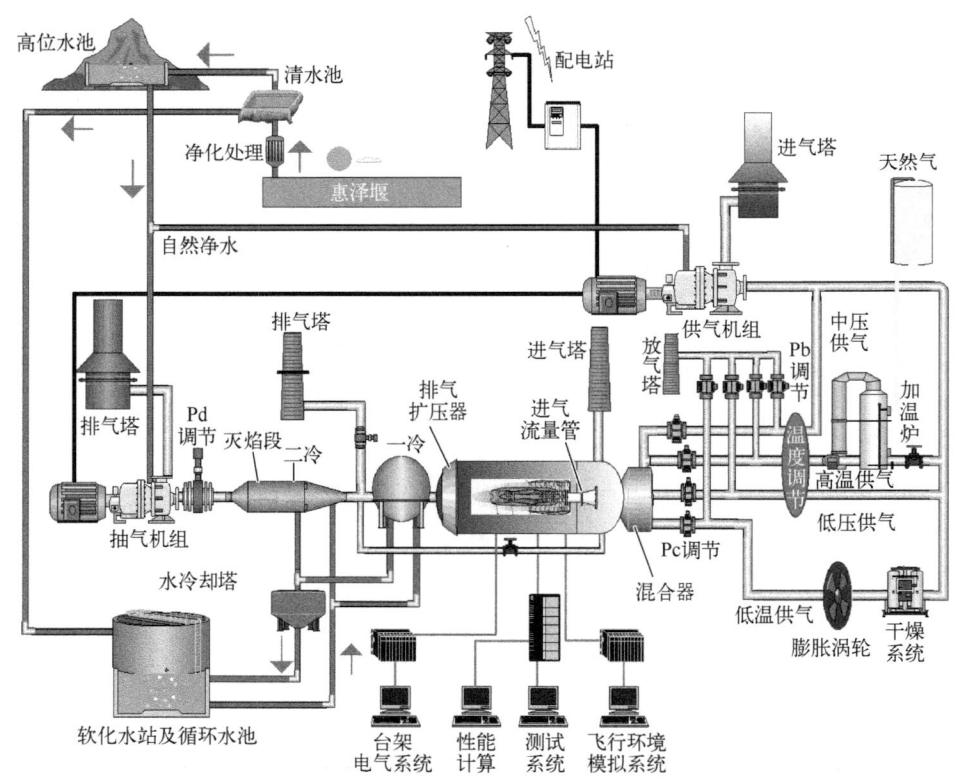

图 3.7 高空模拟试车台简图

高空模拟试验舱的形式、结构及其附属系统取决于本章 3.1.1 小节所述的各高空模拟试验的类型和航空发动机的类型，而且其间差别很大；其余各系统是各类型高空模拟试验通用的设备，对于各类型高空模拟试验只有数量多寡或规模大小的差别。

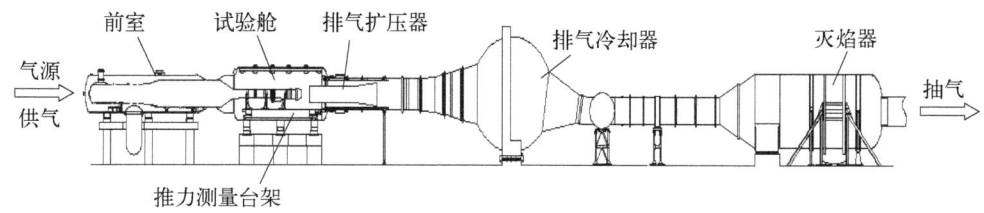

图 3.8 典型的直连式高空模拟试车台关键主体设备

3.2 涡喷、涡扇发动机直连式高空模拟试验设备

本节只介绍涡喷、涡扇发动机典型的直连式高空模拟试车台的主体设备和系统(围绕四川绵阳试验基地的 T102 高空台展开描述),其他相关动力配套系统如:供/抽气机组、循环水系统、基地供油系统、供配电系统等不是本节的重点描述内容。

3.2.1 供抽气管网

高空模拟试车台供抽气管网是试验舱和动力配套系统(供气系统、抽气系统、空气处理系统、加温与降温系统等)之间的连接输送纽带,用以输送不同工况下的压缩空气或燃气,并具备沿程气流温度、压力、流量调节功能,是高空台重要的组成部分。

在典型的航空发动机工作包线内,进、排气工况较为复杂,某型高空舱进气温度与流量包线图如图 3.9 所示。

中高温供气,主要用于发动机进气温度 40~350℃ 的试验需求,该区域可实现供气压力在 2.5~350 kPa 无级可调。

低温供气,主要用于发动机进气温度 -70~10℃ 的试验需求,该区域可实现供气压力在 2.5~110 kPa 无级可调。

机组供气可与大气进气掺混,主要用于发动机进气温度 10~40℃ 的试验需求,该区域可实现供气压力在 2.5~90 kPa 无级可调。

为实现被试发动机全包线试验能力,空气、燃气管网系统必须具备各种不同模拟试验下气流输送以及调节能力。按功能划分一般包括以下管道。

(1) 压气机组供气管道:主要用于常温至压气机组可达供气温度范围内流程试验(最高供气压力取决于压气机组压比);

(2) 负温供气管道:主要用于低于 0℃ 流程试验,一般采用膨胀涡轮或气波机降温,进气压力一般低于大气压力;

(3) 干燥供气管道:主要用于负温试验流程,与负温气掺混使压缩气温度无

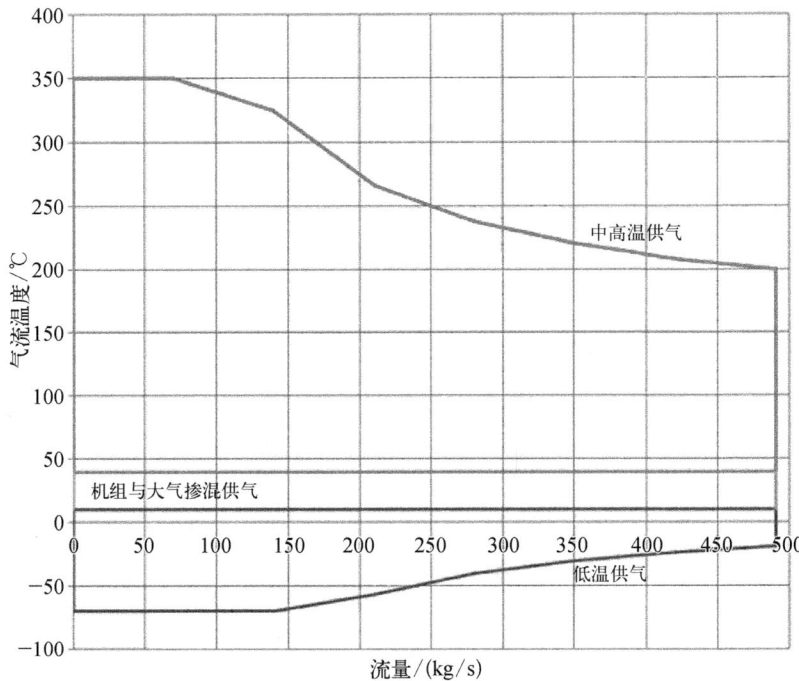

图 3.9　某型高空舱进气温度与流量包线图

级可调；

（4）高温供气管道：主要用于发动机进气温度高于压气机组供气温度的试验流程，一般采用加温设备间接换热升温；一般与压气机组供气管道配套使用，与压气机组供气掺混，使温度无级可调；

（5）大气进气管道：主要用于发动机地面检查开车以及常压常温（非标）工况试验；

（6）直排大气管道：主要用于发动机地面检查开车以及部分常压常温（非标）工况试验；

（7）抽气机组抽气管道：主要用于将发动机排出的高温燃气输送至抽气机组，同时用于试验舱压力调节。

除此之外，由于发动机排气温度较高，需配置舱内温度调节管道，即"二股流"（又称次流）管道，一般设计有大气进气二股流管道或机组供气二股流管道。发动机"三高"起动试验中，为使发动机进口和环境压力处于等冲压状态，需设计旁路管道，连接前室与抽气管道。设计有发动机高/低温起动试验时用于发动机保温的管道，即压气机组舱内供气管道（此管道与机组供气二股流管道由于气流工况不同，一般不共用管道）。

在空气管网系统设计中，一般将压气机组供气管道、负温供气管道、干燥供气管道、高温供气管道汇总在主供气管道,并在汇总部位设计混合器,以利于温度均匀。并在主供气管道设计有管道压力恒定系统(用于在发动机试验过程中维持管道压力恒定,一方面确保发动机进气压力稳定,另一方面利于供气机组及加降温设备的安全运行)、发动机进气压力调节系统(发动机进气压力调节及稳定均靠此系统实现)。试验舱压力调节系统设置在抽气管道上,通过快速调节阀门(一般采用液动阀门)实现试验舱压力的调节。

目前比较常见的空气管网系统设计有两种,一种是主供气管道采用单路设计,另一种是主供气管道采用多路设计。其原理分别见图3.10、图3.11。在功能上多路主供气管道可实现温度快速调节,甚至通过"多阀联动"可实现温压同步调节,同时有较高容错率,提升设备利用率。但同样管道设计复杂,建设成本

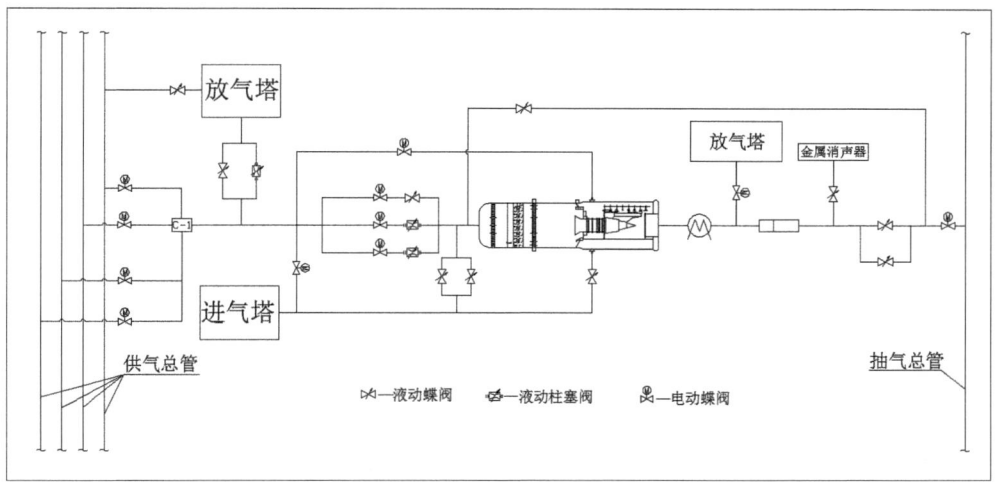

图3.10 单路主供气管道原理图

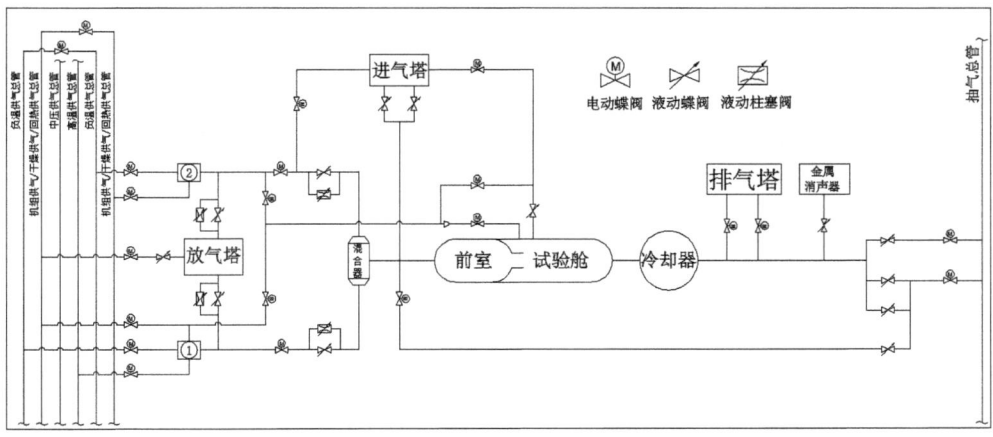

图3.11 多路主供气管道原理图

较高。

空气、燃气管网系统由管道、管件（三通、弯头等）、补偿器、阀门、支撑（固定支撑、滑动支撑等）、防腐保温等设备组成。本小节着重介绍阀门及补偿器的情况。

1. 阀门

空气、燃气管网系统，按管道功能在不同管道设计有截止阀、调节阀，同时调节阀按需求分为精确调节阀和一般调节阀。

截止阀，主要将管道物理断开，在不同工艺流程条件下开启或关闭，防止出现串气现象损坏设备，一般采用电动蝶阀。

调节阀，主要用于管道的压力、温度和流量的调节，在空气管网中属关键设备，一般用于主供气管道的压力、温度调节，发动机进气压力、温度调节以及试验舱压力调节等管道，需要具备较高的调节能力，一般管道尺寸较大时，可将精确调节阀与一般调节阀搭配使用，以降低建设成本，一般使用液动柱塞阀和液动蝶阀。

2. 补偿器

由于管道输送不同工况下气流，温度变化使管道在热胀冷缩时存在伸长或缩短，产生较大应力，可能导致管道破坏。为防止管道热膨胀或冷缩而产生的破坏，在管道设计中必须考虑对其进行补偿，一般采用各类补偿器以吸收管道由于热膨胀或冷缩导致的位移，包括轴向、横向、角向变形等。

高空台空气、燃气管网系统一般使用大拉杆横向补偿器、曲管压力波纹补偿器、通用性补偿器、铰链式补偿器等，根据不同管道受力情况视情选择。

典型高空台空气、燃气供抽气管网系统三维模型见图3.12、图3.13。

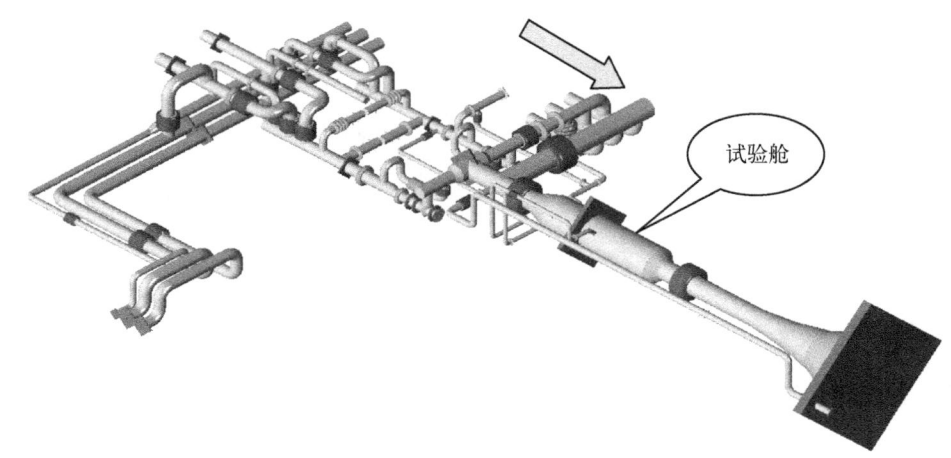

图3.12　典型高空台供气管网

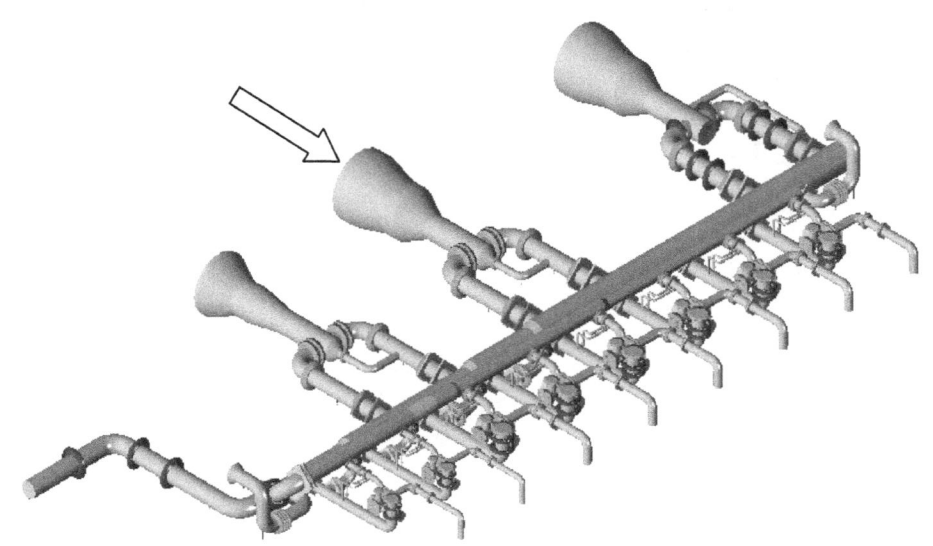

图 3.13 典型高空台抽气管网

3.2.2 前室

涡喷、涡扇发动机高空试验舱的前室主要功能是将由混合器掺混后达到被试发动机试验需求的温度和压力的空气进一步整流碎流、拉直流线,使得流场特性参数(如压力、温度、速度等物理量)分布均匀,然后通过进气导流装置将前室内的空气导入发动机进气流量管内。

前室主要包括进气扩张段、稳流段、导流装置等。设计过程中需考虑气动、结构、流场测量、加工制造及清洁度等不同的要求。如气动设计一般要求静流段内气流分布均匀、压力损失小、湍流度低等;结构设计要求在设计压力条件下具有一定的强度和刚度;清洁度的要求是不允许大颗粒杂质或异物进入,避免打伤发动机叶片。前室设计时提出的技术指标一般包括允许的最大空气流量、允许的工作压力范围、允许的工作温度范围、气流最高流速、总温、总压及其不均匀度、允许的压力损失等,具体指标可根据试验发动机类型而确定,如军用小涵道比涡扇发动机进气压力、温度不均匀度不大于1%,而大涵道比涡扇发动机限制值应不大于0.5%甚至更小[22]。

1. 进气扩张段

进气扩张段是进气总管和前室稳流段之间的过渡段,主要作用是将气流从混合器平稳地过渡到稳流段,尽量减少气流分离,并起到减速和降低气流能量损失的作用。

进气扩张段的设计主要考虑气流在扩散时不产生或少产生分离,控制该段内的摩擦损失和扩压损失。主要影响因素有扩张角和扩张面积比。扩张角的选取合理与否直接关系到扩张段内是否产生气流分离。目前国内风洞稳压室一般选择大角度扩张段来减小该段总长度,通过在扩张段内不同位置增加整流丝网来减少甚至消除存在的气流分离现象。我国高空试验舱没有进气扩张段,供气管网直接与前室封头对接,在前室设有多层整流丝网来减少甚至消除存在的气流分离。绵阳高空模拟试验基地 T102 高空舱设计了内外前室,内前室扩张段采用两次扩张设计(见图 3.14),这不仅有效控制了气流分离,还缩短了扩张段长度,降低了扩张段压力损失。

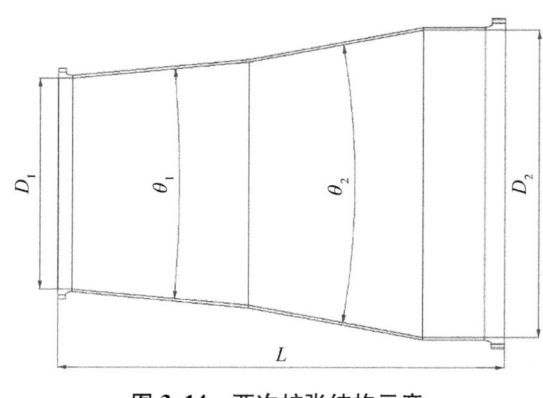

图 3.14　两次扩张结构示意

2. 稳流段

稳流段结构型式为圆截面直段,主要用于提高流场均匀度。按功能区分,稳流段包括整流段和静流段。整流段设置由整流栅格与整流网构成的整流装置,静流段主要用于稳定流场。

稳流段直径的选择应充分考虑收缩比和扩张比。收缩比定义为稳压段与发动机进口面积之比,风洞理论表明:气流经过收缩后,其速度大幅度增加,湍流度明显下降,低速不可压流中,收缩后气流湍流度 ε_2 与收缩前湍流度 ε_1 之比与收缩比 C 的平方成反比;而国外大量统计后认为,收缩比 C 对湍流度纵向分量的减少为 $\varepsilon_{m2}/\varepsilon_{m1} = 1/C$,而对横向分量的减少为 $\varepsilon_{v2}/\varepsilon_{v1} = 1/\sqrt{C}$。扩张比定义为稳压室与扩张段入口面积之比,当扩张面积比增大,稳压段内径随之增大(对应增加了收缩比),气流在稳定段内的流速将会降低,气流通过整流装置时的压力损失相应降低。

整流段内的整流栅格,主要作用是导向和分割气流大漩涡,加快漩涡的衰减,同时由于栅格对气流的摩擦作用改善了气流的速度分布,并在一定程度上降低了气流的湍流度,从对气流产生的损失及加工难度方面考虑,方形截面的栅格介于六角形蜂窝与圆形管之间,因此高空模拟试验舱前室栅格选择方形,也称蜂窝器。目前对于大中型高空模拟试验舱的前室,由于蜂窝器的尺寸较大,一般选择采取将多个蜂窝块安装在井字形框架上来组成整流装置。从气动角度看,蜂窝块分块越大越好,但从加工、安装角度考虑,蜂窝块的大小应方便加工和安装。每个蜂窝块均应设计边框,以便于在前室内的固定。边框的厚度应考虑方形栅板(薄板)与边框(厚板)焊接及边框本身的刚度。常见栅格形状及压力损失系数见图 3.15 所示。

整流网是贴紧固定在蜂窝器前很细的不锈钢丝筛网,与蜂窝器作用类似,但没有拉直气流的作用,丝网目数及开孔率是影响整流网压损的主要因素。影响整流

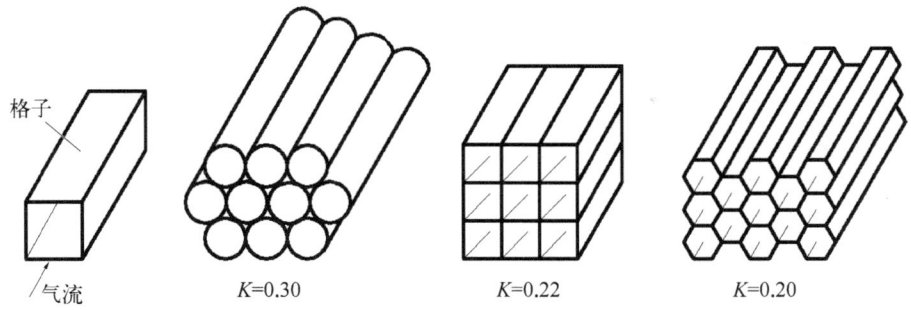

图 3.15 常见栅格形状及压力损失系数 K

网中应力的主要因素有气动载荷、温度、丝网的挠度和整流网的安装刚度等。整流网的安装质量与网的承载能力和使用寿命关系很大。

整流段后设计静流段是很有必要的,以便使气流充分均匀和稳定,使气流的湍流度进一步充分衰减,在稳流段中,静流段的长度通常设计为稳流段直径的 0.5 倍。

3. 导流装置

前室设计导流装置的功用是将稳流段内的均匀来流收缩加速,进一步降低湍流度并向被试发动机提供满足试验需求温度和压力的压缩空气。导流装置设计时主要考虑以下几点:

(1) 沿导流装置加速时沿程不允许出现气流分离;
(2) 导流装置出口截面的流场均匀、稳定;
(3) 导流装置长度不宜过长。

导流装置的性能主要取决于收缩比和型面曲线。高空试验舱前室内导流装置的型面曲线一般选择采用高阶次收缩曲线或双扭线型式,图 3.16 给出了两种结构型式。

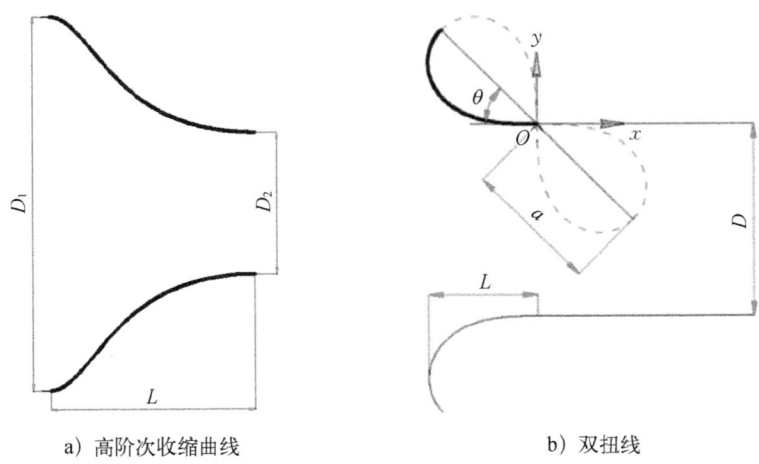

a) 高阶次收缩曲线　　　　b) 双扭线

图 3.16 进气导流装置型式

3.2.3 试验舱

试验舱用于安装被试发动机,安装于试验舱内的发动机与电气系统、试车工艺系统、测试系统等协同工作,就可顺利进行高空模拟试验,并录取发动机性能等参数。某涡喷、涡扇发动机直连式高空模拟试验舱如图 3.17 所示。

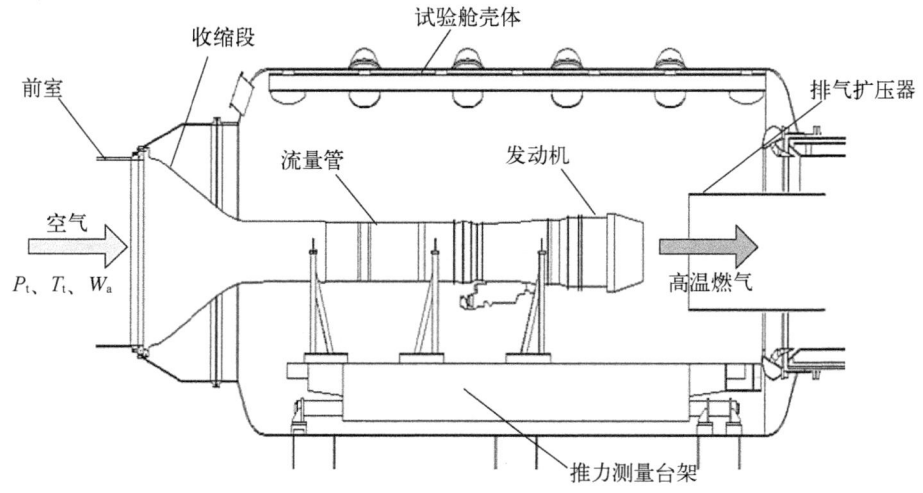

图 3.17 直连式高空模拟试验舱简图

试验舱主要由舱体、舱门及舱门起吊装置、舱体支撑装置等组成。舱体上设置防爆窗(即保护阀)、观察窗、照明孔等,舱内设有进气流量管、二股流装置、起吊设备、舱内灭火系统等。本小节着重介绍舱体、进气流量管、试验舱开孔、舱体支撑装置、试验舱舱门、防爆窗以及二股流(次流)装置。

1. 舱体

舱体由圆形筒体和标准蝶形或椭圆封头焊接而成,一般采用低碳钢制造,舱体前端与前室相连,后端与固定排气扩压器相连。试验舱体的直径和长度根据所要进行试验的目标发动机在舱内的安装布局及气动布局确定。对于军用发动机在试验舱内的布局一般按照发动机喷管出口到排气扩压器之间的距离为 $0.4D \sim 0.7D$(D 为喷管出口直径)的原则来布置。

某轴向排气发动机和大涵道比发动机在试验舱内的安装如图 3.18、图 3.19 所示。

根据高空模拟试验内容确定发动机在试验舱内安装布局后,需要对其进气及排气进行气动分析评估。进气气动计算主要针对发动机进气压力场、温度场等进行分析计算,同时需对发动机的空气流量测量段是否满足流量测量要求进行评估。评估分析的结果应保证发动机的进气流场品质符合国军标的要求。发动机的排气分析主要是对舱内二股流进气条件下的流场、发动机的安装位置与排气扩压器的

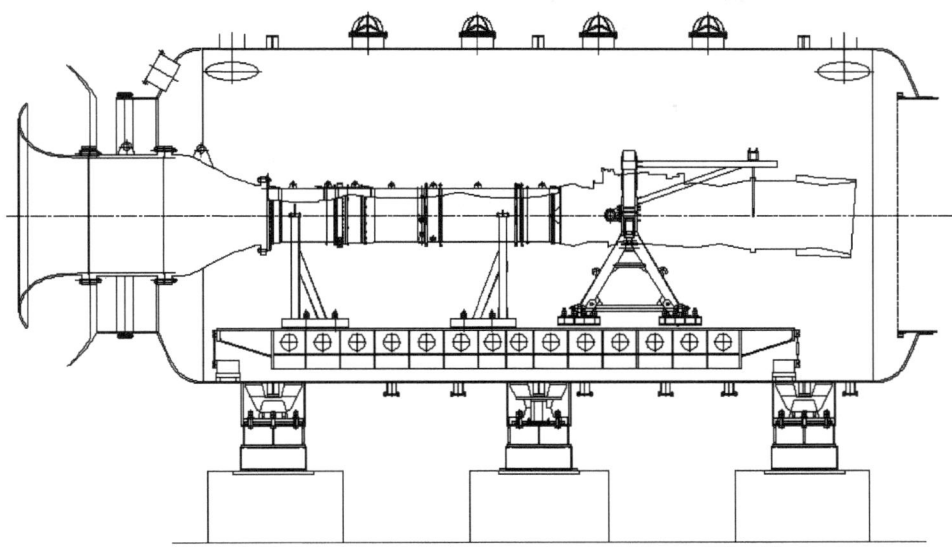

图 3.18　某轴向排气发动机在试验舱内的安装

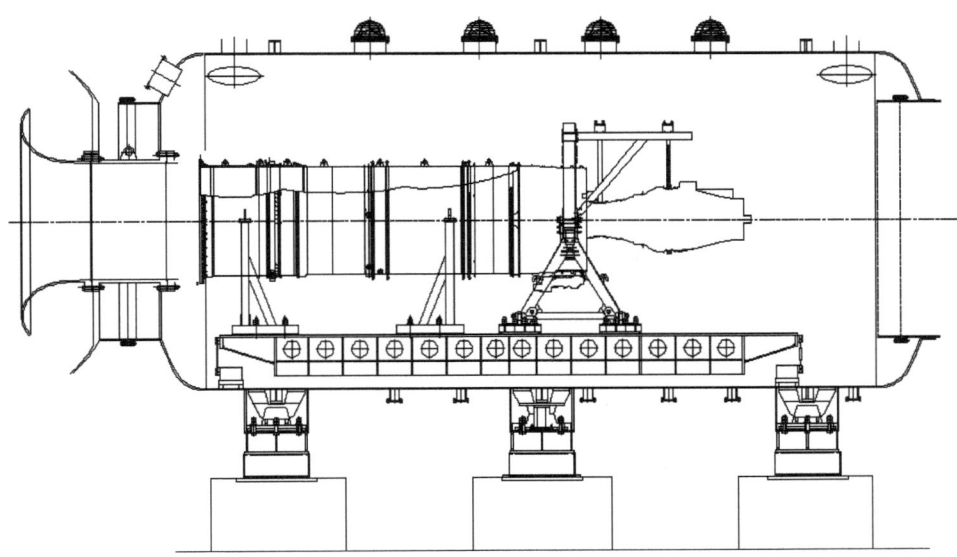

图 3.19　某大涵道比发动机在试验舱内的安装

距离等进行评估。试验舱内的压力场不均匀度应不大于 0.5 kPa,试验舱内应不出现燃气回流导致舱内温度升高的现象。

2. 进气流量管

进气流量管主要用于将前室内的空气直接导入发动机进口并对进入发动机的空气质量流量进行测量。在流量管上设置推力测量与修正所必须的流量管进口壁面测量截面 01,篦齿端面静压测量截面 02,流量测量与校准用的静压测量截面 03,

总压总温测量截面 M、T，发动机进口静压 04，发动机进口动态压力测量截面 05。具体见图 3.20。

01 截面设置在流量管进口，6 个壁面静压测点沿周向均匀分布。

02 截面设置在流量管篦齿的前端面上，6 个端面静压测点沿周向均匀分布。

03 截面设置在 M 截面前方。6 个壁面静压测点沿周向均匀分布。

M 截面设置在距离流量管进口大于 1D。截面内布置 3 支气流总压测量耙和 3 支附面层总压测量耙（周向均布），气流总压测量耙每支 11 个测点，分别处于各等环面的中径上，附面层总压测量耙每支 6 个测点，等距分布。

T 截面内布置 3 支总温测量耙（周向均布），每支 10 个测点，按等环面积分布。

04 截面设置在流量管中距发动机进口 1D 以内，6 个壁面静压测点沿周向均匀分布。

05 截面设置在距发动机进口 0.3D 处，截面内布置 4 支周向均布的脉动总压受感部。

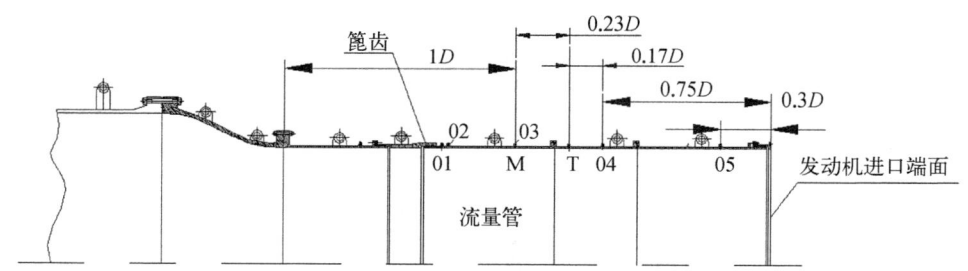

图 3.20　某型发动机进气流量管示意图

3. 试验舱开孔

试验舱舱体上根据高空模拟试验需要开有用于发动机运输的直径 4 米的大舱门，工作人员进出口 2 个，防爆孔 8 个，观察孔 5 个，测量管线引出孔和电气导线引出孔等，开孔直径从 4 米到几十毫米不等。

试验舱壳体接管开孔类型见表 3.1，开孔位置及形式如图 3.21。

表 3.1　舱体接管开孔

序　号	名　　称
1	二股流接管
2	防爆窗
3	加力燃烧室冷却吹风接管
4	发动机低温启动时低温空气接管
5	舱内照明孔及摄像头安装孔

续 表

序 号	名 称
6	压力测试管引出孔
7	电气线路接管
8	测试电信号引线孔
9	舱内消防系统接管
10	舱内排污接管
11	液压油、燃油进出接管
12	工艺管道接管
13	空气接管
14	备用接管孔

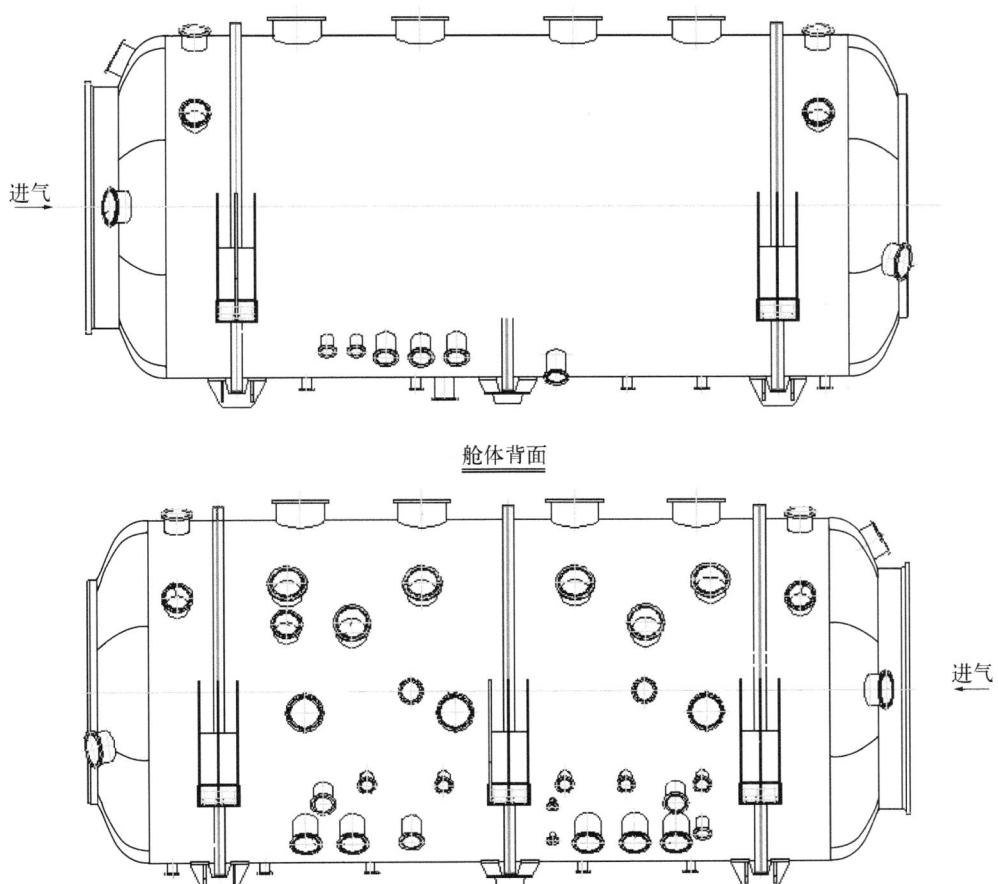

图 3.21 试验舱开孔示意图

4. 舱体支撑装置

舱体支撑装置的作用是承受舱体的重力、发动机推力和其他气动力,该支撑装置应保证试验舱舱体在受热膨胀或遇冷收缩状态下,其中心轴线保持不变。舱体支撑由3对(6个)支点组成。三对支点布置在试验舱的前、中、后部,如图3.22所示。该结构耳座处可自由转动,当试验舱舱体产生热胀或冷缩变形时,其转动支座可在安装座内进行转动,从而保证试验舱中心轴线在高度上无变化。

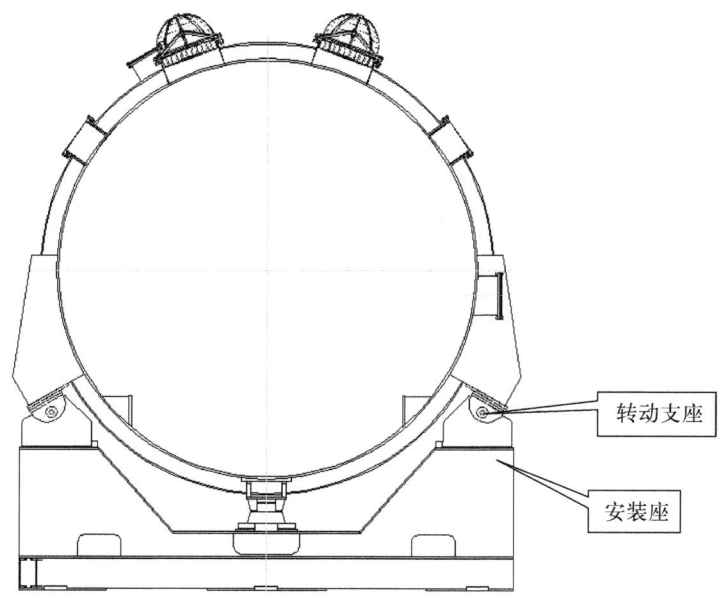

图 3.22　试验舱支撑示意图

另一种形式的固定支座为中心固定支座。其结构如图3.23所示,它与舱体圆筒上的支撑耳座接触面处于舱体中心位置,中间有一承受轴向力的承力键,上下通过的螺栓夹紧,当舱体受热径向膨胀时,舱体圆筒上的支撑耳座沿着键槽水平滑动,不影响舱体轴线的变化。

5. 试验舱舱门

试验舱舱门主要作为试验件(航空发动机等)的运输通道。某高空舱在舱体后部开有一个直径4米的试验舱舱门。需要运输发动机时,将试验舱舱门通过开盖机构垂直降至下方,发动机安装完成后,再将试验舱舱门通过链条垂直拉至试验舱舱体预留的密封环处,然后在舱体与舱门之间通过充气的胶管进行密封。

试验舱舱门在试验过程中应能够良好地密封,并能承受300 kPa的爆炸力而不飞出或变形等。试验舱舱门见图3.24。

试验舱舱门起吊设备由舱门起吊支架、电机、两级减速器、轴、转动轮、板式链条及其他零件组成;可正反转的电机通过两级减速器、轴、转动轮、板式链条等带动

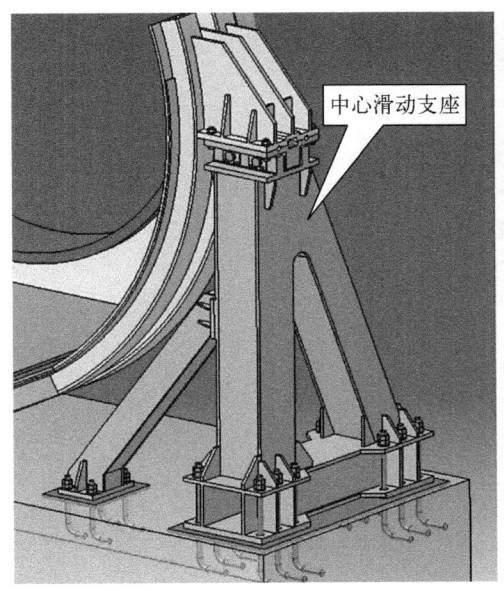 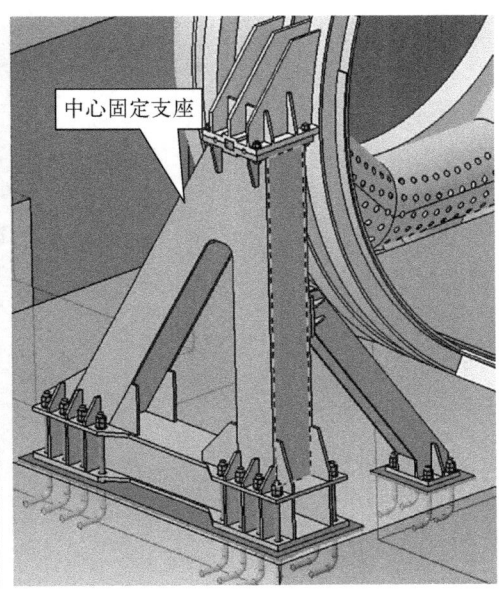

图 3.23　中心固定支座与滑动支座

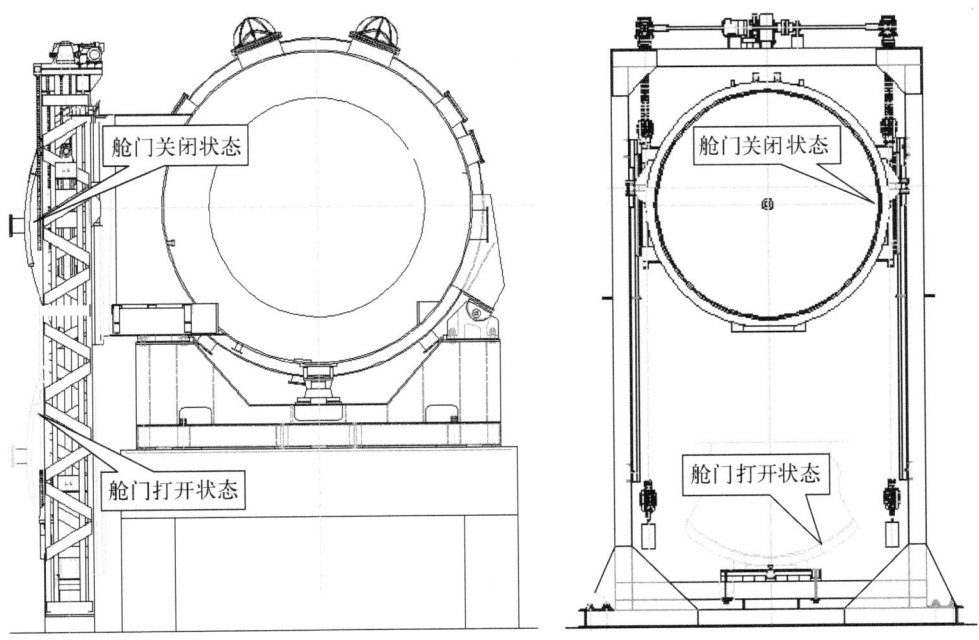

图 3.24　T102 高空舱舱门示意图

舱门上下移动方式,下位为开启位置,上位为关闭位置,舱门与舱体之间通过密封环管充气密封。舱门起吊设备传动原理见图3.25所示。

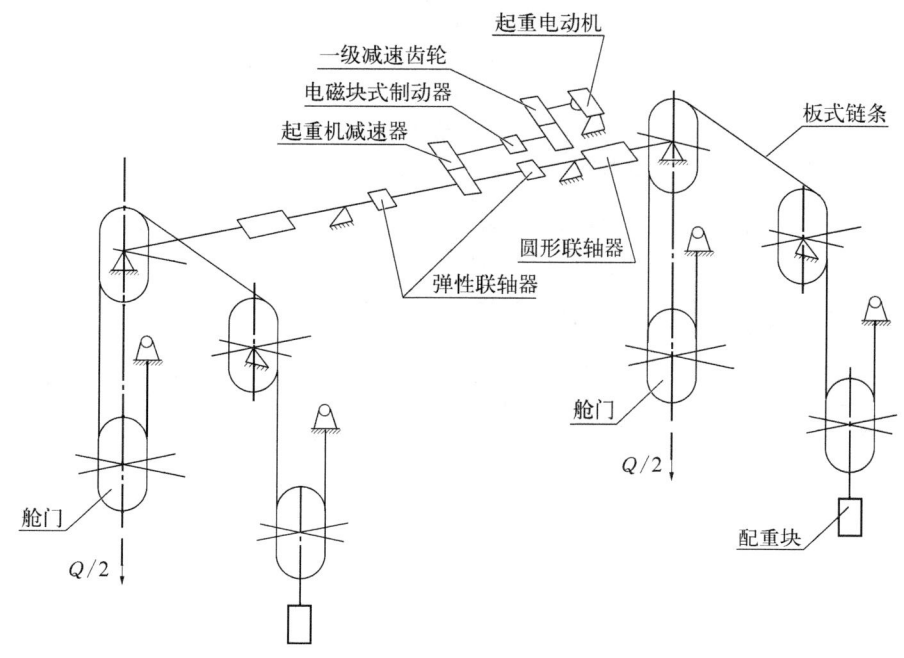

图3.25 舱门起吊设备传动原理图

6. 防爆窗

试验舱在试验过程中主要承受负压,在某些异常情况下如发动机爆炸,试验舱内瞬时可能出现较高的压力,因此为防止试验舱在高压下出现破坏,保证试验舱的安全,需要在试验舱顶部安装防爆窗。

防爆窗一般设置在试验舱顶部,其数量和大小根据卸爆要求计算后确定,防爆窗为膜片爆破式结构,当舱内压力超过设计压力时,膜片变形触及顶针后被刺破,从而对试验舱进行卸压。防爆窗见图3.26所示。

7. 二股流(次流)装置

试验舱内二股流装置主要是为试验舱提供冷却空气,使得发动机在试验过程中舱内温度处于测试、电气设备安全的工作范围内,并能够辅助调节试验舱内的环境压力。一般情况下二股流流量约为发动机主流流量的10%~15%。

因为试验舱内在试验过程中为负压环境,因此二股流空气可通过管道直接从外界大气接入试验舱内,管道上设置空气测量装置及调节阀门。二股流装置目前有两种方式。一种方式是在试验舱体前端开设进气口,二股流空气从进气塔经调节阀门,然后通过4个进气口进入试验舱内,在出口处设置挡流板,四散进入试验舱内部,见图3.27。

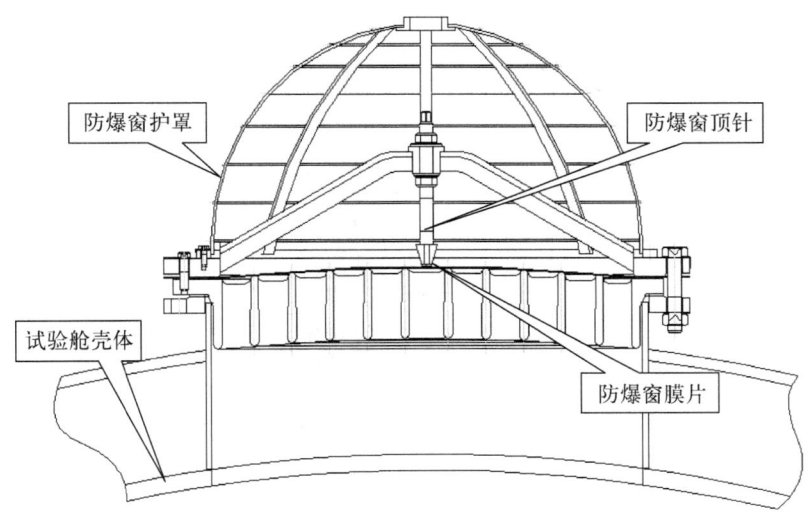

图 3.26　防爆窗示意图

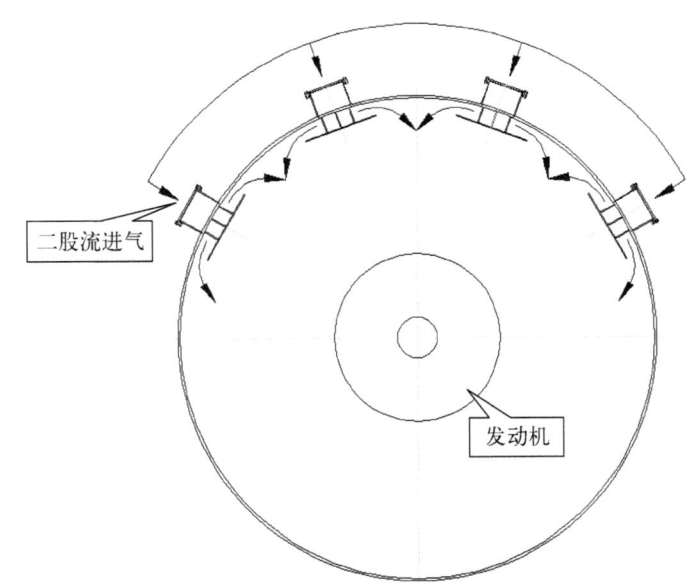

图 3.27　某试验舱二股流进气示意图

另一种方式是通过一根或几根总的二股流空气管道直接通入试验舱,试验舱内设置八卦式环管,在需要冷却的一面开设数量不等的进气孔,见图 3.28 所示。

二股流装置穿舱孔位置为前室舱下部 3 个孔,三条供气管道与环管交汇点位于舱体二股流开孔与环管所在剖面中心线上,大约周向间隔 45°布置。

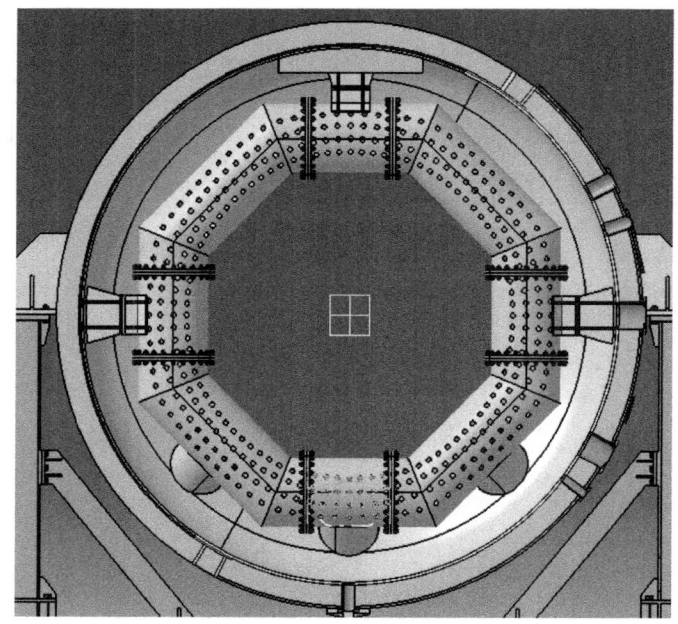

图 3.28　八卦式二股流管道

3.2.4　推力测量系统

推力测量系统用来测量航空发动机的推力,其中包括了推力测量装置和推力校准装置。

推力测量装置、推力校准装置、推力加载装置、动架、静架、前温度补偿器梁、后温度补偿器梁、分配法兰、安装架、滑动组件、集气管组件、动架锁紧装置和承力座等组成了推力测量台架。

试验舱台架的测力系统机械和液压部分的功能示意图如图 3.29。

在工作状态下,安装在测力平台上的发动机 2 产生推力,该推力通过发动机安装架 4 传递到动架 5 上。动架被支撑在补偿器梁 7、8 及弹簧片 9 和 10 上,其中 7、8 安装在定架 6 上。定架与高空舱壳体连接,壳体固定在高空舱的固定支点 13 上。

通过流量管 3 传到发动机 2 的进气冲量,同样会向动架产生一个与发动机推力方向相反(负方向)的力。推力是两个力分量的合力。

为了消除逆航向的合力值,测力系统中考虑了对气动测力平台的正向预载。通过两个液压作动筒 24、25 实现预载。预载的力通过两个工作在拉伸状态的加载传感器 21、22 来测量。预载液压作动筒工作腔中的油压 p_2 通过液压作动筒 18 和砝码 19 来产生。

使用两个线性位移传感器 27、28 测量前后弹簧片上下两端的相对位移。这些位移值用来修正测量的力,以及考虑发动机架前、后支撑弹簧片的残余刚性。

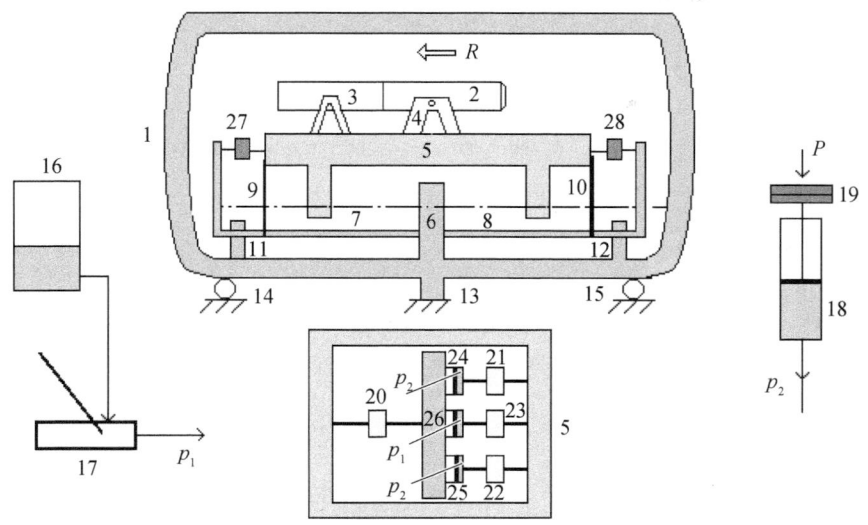

图 3.29 测力系统机械和液压部分的功能示意图

1—高空舱；2—发动机；3—流量管；4—发动机安装架；5—动架；6—定架；7、8—高空舱的热补偿器梁；9、10—前、后支撑弹簧片；11、12—热补偿器梁的导向器；13—高空舱的固定支点；14、15—高空舱活动支点；16—液压油箱；17—液压泵；18—液压作动筒；19—砝码；20—工作传感器；21、22—加载传感器；23—力的校准传感器；24、25—力加载的液压作动筒；26—力的校准液压作动筒；27、28—线性位移传感器；R—顺航向；p_1—校准加载液压作动筒工作腔中油压；p_2—预加载液压作动筒工作腔中油压；P—砝码压力

1. 动架

动架主要由左桥形架、右桥形架及附加装置组成，用于流量管、流量管安装架、发动机安装架、发动机在高空舱中的安装。左右桥形架上开有槽形安装孔用于固定发动机及其附属的各工艺支架。左、右桥形架均为焊接件，采用电弧焊连接。框架焊接完成后进行退火处理，消除应力后再进行精加工。动架上表面水平度要求在 1 m 范围内误差不超过 ±0.05 mm。除螺纹连接处和动架上表面外，其余的地方刷两遍防锈漆。安装时需将动架先电焊在静架及其支撑上，安装完其他测力装置及调整水平和各形位公差符合要求后再进行最终焊接。动架加工件及其安装后应在所有可达焊缝处进行 10% 的 X 射线检测。

2. 推力测量装置

推力测量装置主要由钢制杆件、推力传感器（250 kN、450 kN 两种力传感器，可根据被试发动机的不同推力测量范围进行换装）、温度传感器、传感器外罩、连杆外罩、安装架和安装座组成。主要用于台架推力测量。钢制杆件用于传递推力，外罩一层复合保温材料用于保证杆件在工作状态下温度保持在一恒定的范围内，使得杆件在试验环境不同的温度条件下由于温度所引起的变形量保持在最小或一定的范围内。

推力测量装置与动架需要同轴，在安装过程中要保证其轴线与动架轴线的同轴度误差不大于0.3 mm,并用不锈钢丝锁紧。推力测量装置必须进行铅封。

3. 推力校准装置

推力校准装置主要由全自动液压加载校准系统(图3.29中的16、17组件)、安装座、传感器外罩、力传感器(图3.29中的23组件)、温度传感器、耐热线缆等组成,主要用于实现台架推力校准的功能。钢制杆件(图3.29中连接26与23的拉杆以及连接23与5的拉杆)用于传递加载的校准力,外罩为复合保温材料。

推力校准装置与动架需要同轴,在安装过程中要保证其轴线与动架轴线的同轴度误差不大于0.3 mm,并用不锈钢丝锁紧。推力校准装置必须进行铅封。

4. 推力加载装置

推力加载装置主要由全自动液压加载校准系统(图3.29中的18、19组件)、力传感器(图3.29中的21、22组件)、温度传感器、传感器外罩、安装座、耐热电缆等组成。主要用于实现在发动机试验过程中对台架进行推力预加载的功能。

技术特性如下。

- 传感器内工作介质:空气;
- 液压加载器工作压力:5 MPa;
- 液压加载器内工作介质:YH-15液压油。

推力加载装置在安装前,所有零件的工作表面和螺纹表面用洗涤汽油洗净晾干后,在表面涂抹YH-15液压油再进行装配。

5. 温度补偿器梁

温度补偿器梁分为前、后温度补偿器梁,主要由连杆、管子等组成。温度补偿器梁主要用于实现由于舱温的变化引起的台架伸缩变形对推力影响的补偿。

6. 测力系统的弹性支撑

测力系统的弹性支撑包括四个弹簧片,单个弹簧片如图3.30所示。

弹簧片的强度取决于弹簧片材料中的额定应力,该应力受制于发动机安装架相对定架在锁定装置中的间隙范围(纵向)的挤压力和弹簧片的弯曲,以及横向中由于测力平台和高空舱平均温差引起的弹簧片的弯曲。弹簧片使用的材料为60Si2MnA。锻件表面不得出现裂纹、铸疤、细砂等制造缺陷,机械加工后不容许出现划伤、压伤等加工缺陷。

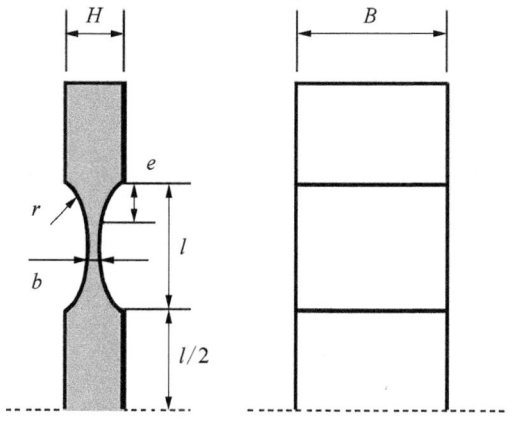

图3.30 气动平台弹性支撑的弹簧片

3.2.5 排气扩压器

排气扩压器与发动机喷管及其排出的高温燃气组成一套引射系统,是将发动机尾喷管排出的高温、高速燃气减速、增压、降温的设备,同时将这些燃气排出试验舱。高空模拟试验舱中的技术难点之一就是将发动机排出的巨大容积流量、低压的高温燃气增压排入大气。一般是设置一套效率较高、容量大、能力强的抽气系统,因此,采取各种措施来减少进入抽气系统燃气的容积流量,对缩减设备投资和试验费用都是有实际意义的。在高空模拟试验发动机排气流路中设置排气扩压器,就是减少进入抽气系统燃气容积流量的有效措施之一。排气扩压器将发动机排出的高速高温燃气流的部分动能转变为压力势能,提高燃气的密度。在同样的质量流量和温度条件下,容积流量随密度的增大成比例减少,排气扩压器的压力恢复系数越高,进入抽气系统的容积流量越小,抽气所需的增压比和容量越小,消耗功率也越少,可以认为它是抽气系统中的第一级"增压机",其动力源就是发动机本身。排气扩压器内气流流动示意图见图 3.31,发动机尾喷口与排气扩压器之间的距离为 s。

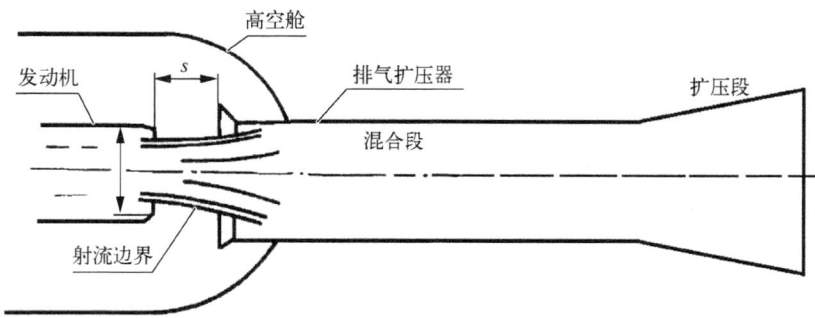

图 3.31 排气扩压器内气流流动示意图

排气扩压器工作效率主要用增压比来表征,而排气扩压器与试验舱内的匹配性主要由排气扩压器与发动机喷管的气动布局、冷却气流量决定。喷管出口高速燃气与低速冷却气在排气扩压器内进行掺混,使得气流沿着排气扩压器壁面形成回流区。在某些条件下,该回流区将会从排气扩压器内溢入试验舱,导致对试验舱、测试仪器设备和发动机产生不利的影响。

排气扩压器的作用主要由增压比体现,而增压比与发动机的功率状态、飞行马赫数、飞行高度、尾喷管形式、扩压器与尾喷管面积匹配性以及试验舱内冷却气流量等因素相关。一般发动机小飞行马赫数下,排气扩压器增压比为 1.1~1.3,在发动机排气膨胀比较高时,增压比可达 3~4,并出现"临界"现象。进行大涵道比涡扇发动机试验时,由于尾喷管排气膨胀比低,排气扩压器的增压作用较弱,增压比接近于 1。

排气扩压器按位置分为固定的和可移动的排气扩压器,按平直段面积分为定面积式和可变面积式排气扩压器。移动式排气扩压器主要指轴向可移动,以适应不同长度的发动机试验,可变面积式排气扩压器主要用来适应不同试验工况,提升排气扩压器的工作效率。

排气扩压器的设计必须按给定试验发动机并考虑试验舱的用途和试验设备抽气能力。作为高温工作部件,需重点考虑冷却措施,特别是矢量喷管发动机试验,确保工作可靠性和持久性,但对于大涵道比涡扇发动机因排气气流温度较小涵道比涡扇发动机低得多,在排气扩压器冷却措施设计方面无需考虑高效的冷却措施。

3.2.6 排气冷却器

排气冷却器的功用就是将发动机排出的高温、高速燃气冷却到抽气机或引射器或降噪设备允许的工作温度,并使燃气的容积流量尽可能降低到最小。

排气冷却通过直接换热与间接换热两种方式共同完成。间接换热主要用于燃气高温段降温;发动机排出的高温燃气,在冷却器内通过换热管金属管壁与冷却水进行间接热交换,将热量传递给冷却水,以降低燃气的温度;一般经过间接换热器后,燃气温度在200℃以下。

直接换热是在进行航空发动机试验时如起动不成功或开加力试验时,燃气中含有液态燃油所导致的。如果这些燃气不经除油处理而直接进入抽气机组,在压气机工作过程中随着燃气压力及温度的升高,可能发生爆炸造成严重的事故。高温燃气通过水冷却器间接换热后燃气温度(150~200℃)较低,但燃气温度仍然不能满足抽气机的温度要求(40~50℃以下),需进一步降温,若仍然采用间接换热,降温效果差,同时会增大压力损失。因此基于除油和降温效率、压力损失方面综合考虑,采用直接喷水冷却。

1. 间接换热器

航空发动机高空模拟试验时,发动机排出燃气温度很高,可达1 800℃;温度变化快、流速高。因此设计时需考虑以下因素:

(1) 换热部件具有高传热率;
(2) 合理组织冷却水流,保证水流畅通;无换热死角,无局部过热;
(3) 满足剧变温度下的热膨胀,减少构件的热应力;
(4) 与燃气接触的部件,要考虑高温燃气的腐蚀和燃气冲刷所产生的振动;
(5) 要考虑大型组合件的运输和现场组装;
(6) 考虑防爆要求。

主要技术指标以某高空舱为对象说明。排气冷却系统冷却器进口燃气温度1 800℃,降温至出口燃气温度200℃以下,承受300 kPa(绝压)爆炸压力,相对压力损失最大不超过15%。

间接换热采用换热管束叉排以交错流形式换热,冷却流程如图3.32所示。高空舱排气冷却器换热管束一般可分段,燃气依次通过并被冷却至要求温度。冷却水同时通过第一段与第二段换热管束,混合后再通过第三段管束,该布置每段第一排和最后一排管束温差一致,利于减小管束热应力。

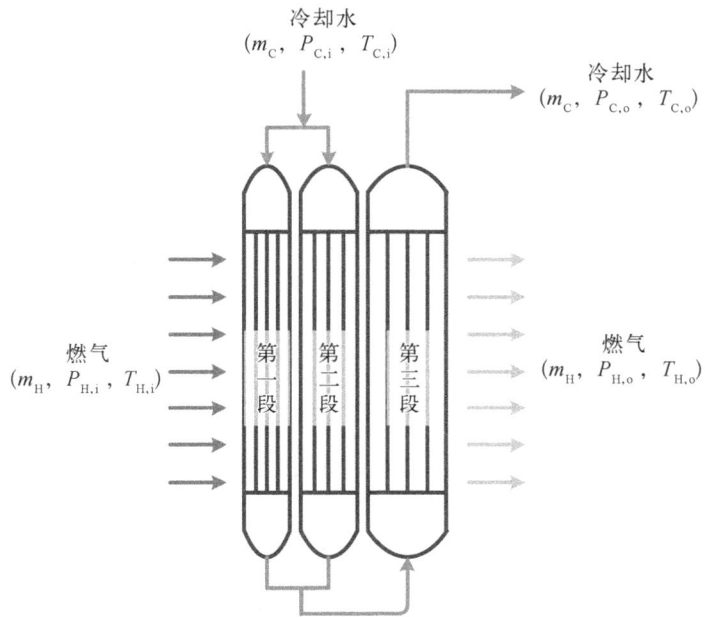

图3.32 换热管束冷却流程图

间接换热器由内外球壳、换热管束、水箱、隔热板等组成,其结构特点如下。

双层壳体:双层球壳,中间形成的水夹套保证燃气侧金属壁温处在较低水平,同时利用球体受力好的特点,使内层球体壁厚在外压作用下不至于过大,从而影响传热效果。

管束分为三组,两组管组进水,一组管组出水,三组管束采用不同管间距排列:燃气进口侧温度高,体积流量大,管间距大,出口侧温度低,体积流量变小,管间距小,从而有效降低燃气阻力。

前端(靠近高温燃气段)上水箱自由膨胀:上水箱Ⅰ与上水箱Ⅱ完全分离,Ⅰ段管束和Ⅱ段管束热膨胀互不影响,减少管板的受热不均匀性。

上水箱Ⅰ、Ⅱ采用浮动管箱:采用完全浮动结构,从而让管束可以自由热膨胀。

上水箱Ⅲ直接和内球壳焊接,内球壳上部设置多个出水口。

设置导水箱:将冷却水导流到右半球壳的最左侧进入夹套,避免夹套内出现死区,同时冷却水通过外球壳上的排孔可以更均匀地进入夹套。

设置集水箱:冷却水通过外球壳的排孔进入集水箱,让球夹套内的水流分布均匀。

内球燃气壁板设置为夹套隔板结构:燃气壁板分成多个流道,便于控制整个隔板面上水流的分布,避免死区,同时增强壁板承压和抗振动能力。燃气壁板单独供冷却水,保证燃气壁板在 1 800℃ 温度下安全工作。

2. 直接换热器与灭焰段

本设备的主要作用是除去可能夹带的游离态水,并防止偶然发生爆燃情况,并对燃气进行降温和清洗。主要通过水的蒸发,来降低来流燃气温度,同时清洁加力时未燃尽的燃油,直喷水经负压泵房抽走。燃气中携带游离水通过高效除沫器除去后,送至抽气机组。

某高空舱灭焰段主要技术指标为将来流燃气通过喷水降温至 40℃ 以下,高效除沫率 99% 以上。

灭焰段由壳体、喷水环、高效除沫器构成,主要结构特点如下:

燃气从锥形封头进入 DN10000 的筒体,截面设置四组环形喷管,喷管圆周设置许多喷嘴,燃气经过雾状水帘时进行喷水降温。筒体内装有高效除沫器,当液滴随气流进入高效叶片后,通过折流板片组成的弯道引起流体流动方向的急剧变化,使具有较大惯性的液滴与折流板碰撞而被附着在折流板表面,形成液膜,在收集区汇集成流,通过导流管流入设备底部,从而避免了与气流再次接触,实现气液的最终分离。

筒体采用不锈钢与碳钢复合板,折流板采用不锈钢板并分成多组进行加强。

3. 冷却水系统

排气扩压器水夹套间接换热采用软化水,进水温度≤30℃,压力 0.3~0.5 MPa,流量 16 000 m³/h;排气扩压器进口喷水降温采用软化水(pH 为 8.4~8.6,以 $CaCO_3$ 计硬度为 20~25 ppm[*]),进水温度≤30℃,压力 1.0~1.2 MPa,流量 0~100 m³/h,根据燃气降温要求采用阀门进行调节。

冷却器外夹套用水采用排气扩压器换热后的软化水,进水温度≤40℃,压力 0.3~0.5 MPa,流量 16 000 m³/h;冷却器内水冷壁冷却用水采用软化水,进水温度≤30℃,压力 0.3~0.5 MPa,流量约 2 000 m³/h。

灭焰段直接冷却用水采用软化水(pH 为 8.4~8.6,以 $CaCO_3$ 计硬度为 20~25 ppm),进水温度≤30℃,压力 1.0~1.2 MPa,流量根据燃气操作工况调节。

3.2.7 参数测量与数据采集、处理系统

参数测量与数据采集、处理系统是高空模拟试验舱必不可少的系统,承担着发动机试验中大部分参数的测量。图 3.33 为测试系统结构及数据流向图。测试系统包括稳态参数测量系统、动态参数测量系统、视频监控系统、网络系统、数据显示系统、数据同步系统,视频监控系统、数据采集及试验信息管理软件系统,以及配套的仪器仪表和传感器等。

---

[*] 1 ppm = 1×10^{-6}。

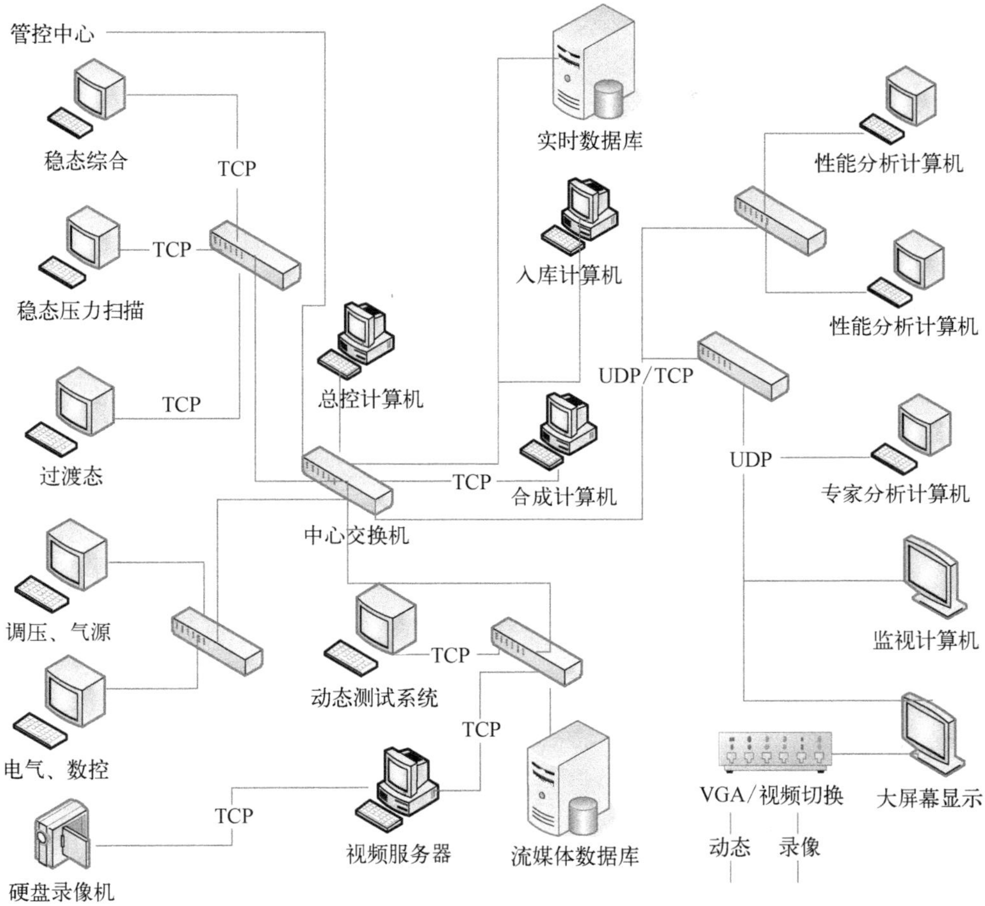

图 3.33　参数测量与数据采集、处理系统结构及数据流向

1. 稳态参数测量系统

稳态参数测量系统主要是对发动机和台架设备的压力、温度、转速、流量、面积、推力和湿度等参数的稳态/推力瞬变过程测量。测量结果主要用于发动机和设备性能的计算及安全状态的监控。

1) 稳态压力测量系统

气体压力测量设备主要用于发动机和设备管路中低于 850 psi* 的气体压力测量。其测量结果主要用于发动机和设备性能的计算,采样速率为 50 Hz/ch。

试验舱稳态压力测量系统组成如图 3.34 所示。稳态气体压力测量设备使用智能压力扫描系统。通过 100/1 000 Mbit/s 以太网及 TCP/IP 通信协议与主计算机进行通信,以便自动完成系统实时校准、压力数据采集、数据记录及显示。

---

* 1 psi = 1 lbf/in^2 = 6.894 76×10^3 Pa。

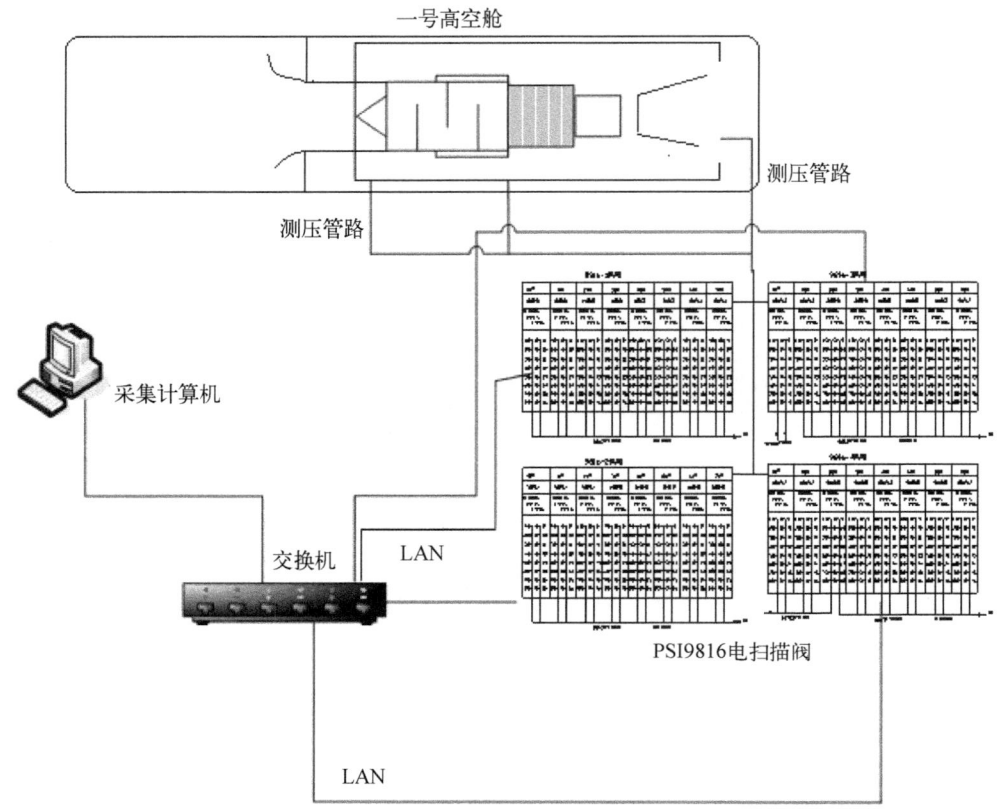

图 3.34 稳态压力测量系统组成简图

主要技术指标如下。
- 测量范围：±2.5~850 psi 压差；
- 测量精度：±0.05%(>2.5 psi 压差)，±0.15%(≤2.5 psi 压差)；
- 100 Hz 的工程单位转换率，50 Hz 的数据存盘速率；
- 温度补偿范围：0~50℃。

2) 稳态综合参数测量系统

稳态综合参数测量系统主要完成温度、液体压力、大量程气体压力、频率量、模拟量信号的测量。该系统测量与采集的重点参数包括转速、燃油流量、大气温度、湿度、燃油压力、燃油温度、起动电压、起动电流等，存盘速度为 50 Hz/ch。

稳态综合参数测量系统由 LXI 热电偶温度测量系统和 VXI 电信号测量系统组成，发动机试验时所有电压信号、频率信号、热电阻信号进入 VXI 测量系统，热电偶信号进入 LXI 系统(EX1048)。采集计算机通过对 VXI、LXI 系统的数据进行整合后存盘并通过 TCP/IP 协议将数据在网络中以 50 Hz/ch 速率向后端的总控计算机发送，总控计算机把所有采集系统的数据合成后发给后端的显示计算机、性能处理计算机、专家计算机、入库计算机。各个计算机根据需要对收到的数据进行相应的处理和显示。稳态综合测量系统组成见图3.35所示。

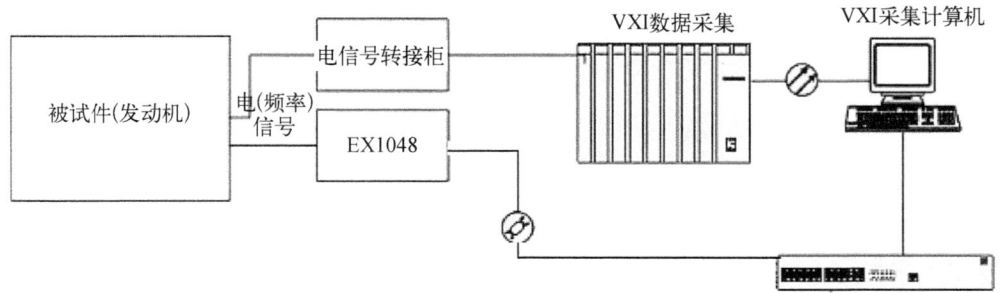

图3.35 稳态综合测量系统组成简图

主要技术指标如下。
- VXI热电阻测量精度优于0.4%满量程，VXI其他电信号测量精度优于0.1%满量程(不含传感器)，LXI热电偶温度测量系统测量精度优于0.5%满量程；
- 电信号测量范围：±3.9 mV ~ ±100 mV ~ ±1 V ~ ±16 V；
- 数据存盘速率：50 Hz/ch；
- 热电偶通道自带冷端补偿器；
- 系统抗干扰能力强，抗共模电压：±16 V，共模抑制比：优于-105 dB。

3) 安全参数监控系统

安全参数监控测量系统主要用于发动机安全参数监控，如温度、压力、流量、转速、推力等测量参数的采集和监控，采样速率为50 Hz/ch。

安全参数监控系统由VXI电信号采集系统和LXI热电偶温度测量系统组成。主要工作原理和技术指标与稳态综合参数测量系统一致，但通道数量相对较少。

2. 动态参数测试系统

动态参数采集子系统包括振动参数测量系统、动态信号测量系统。

振动信号测量系统包括动态测试仪和动态数据分析软件。具备数据的采集、传递、处理、显示、分析、存储等功能，主要技术指标如下。
- 采样频率：最高连续同步采样率不低于100 kS/s；
- 输入类型：AC/DC/Float/ICP；
- 系统精度：系统精度：24 bitA/D，带自校准电路；系统不确定度≤0.3%满量程；
- 动态范围：≥120 dB；
- 输入电压：±20 mV ~ ±20 V；
- 抗过载电压：不小于100 V；
- 抗共模干扰：≥200 V；

动态信号测量系统可用于动应力、脉动压力以及其他动态参数的测量。动态信号测量系统由动态测试仪、应变桥路调理模块、多通道采集板卡以及动态数据分析软件组成。具备数据的采集、传递、处理、显示、分析、存储等功能,主要技术指标如下。

- 系统可兼顾不同类型信号(应变、压力、振动等物理量和常规监测参数)的采集分析处理,通道数具有可扩展性;
- 系统精度:24 bitA/D,系统不确定度≤0.3%满量程;
- 采样率:采样率可通过软件设定,各通道连续同步采样率不低于100 kS/s;每通道或每板卡可设置独立的采样率,输入带宽不低于40 kHz;
- 抗过载电压:≥100 V;抗共模干扰:CMRR>90 dB(≤50 Hz);
- 信调放大倍数:≥1 000 可调,桥路激励电压2 V~15 V 可调,具有前置低通、抗混滤波,参数可设置;
- 量程:±20 mV~±20 V;输入阻抗:≥2 MΩ;温度漂移:<1 μV/℃。

3. 试验信息管理系统

试验信息管理系统是集成试验规划、试验准备、数据采集、数据存储、数据显示、数据转发、数据查询及数据处理的试验信息管理平台,它由试验数据采集,主控,试验数据显示,试验数据入库,试验数据转发软件模块以及数据库系统软件组成。试验信息管理系统的网络架构如图3.36所示。

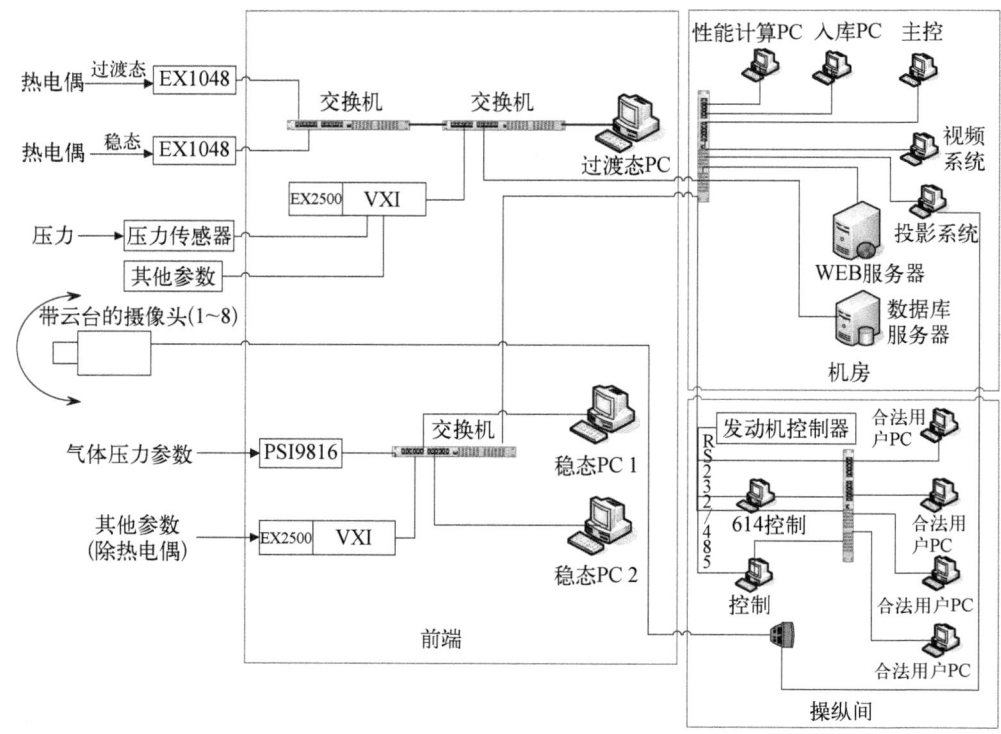

图3.36 硬件及网络构架布局图

试验信息管理系统功能模块主要包括试验管理模块、综合控制模块、试验数据管理模块、开放式数据分析模块、试验知识中心管理模块、数据接口管理模块、试验数据中心模块等 8 个模块，所有这些模块是架构在 MapleTr 基础运行平台上。试验信息管理系统组成如图 3.37 所示。

图 3.37　试验信息管理系统功能简图

试验采集过程中对稳态采集系统数据、安全监测系统数据、控制系统数据、视频监控系统数据进行发布。通过使用多屏显示硬件接口和软件工具实现试验信息的多屏幕显示。试验舱试验场地采用 UDP 发布，各个专业都能实时地接收数据，试验现场试验信息实时共享。试验信息发布系统负责按照不同用户对试验信息的需求，通过数据管理软件获取试验信息，并以曲线、图表、数字、图形、文档、视频等直观的方式向用户发布。试验信息发布系统支持试验信息的本地、远程发布。

4. 视频监视系统

视频监控系统用于监视和记录试验舱内被试发动机的工作状态和试验工况。在试验过程中该子系统对被试发动机的机匣、附件、喷口火焰及舱内主要设备进行全程监视和记录，其主要作用是为试验提供安全保障，同时也为故障的事后分析处理提供帮助。

视频监控系统可分为摄像、传输、控制、显示与记录四部分，主要由电动变焦镜头、摄像机、电动隔爆云台、防护罩、监听器、多功能解码器、视频分配器、液晶电视、系统主机（工控机带音、视频采集卡）、专用软件、显示器及电源组成。

整个系统以计算机为中心，图像数字处理为基础，利用图像数字处理技术将模拟视频、音频信号转化为数字信号，在计算机显示器上实时显示多路活动图像的同时,将各路视频、音频信号压缩于计算机硬盘内,在计算机上实现信号的监视、记录、回放。另外,摄像头输出的视频信号经视频分配器后还送到操纵间电视上进行监视。

3.2.8 飞行环境模拟系统

飞行环境模拟系统是高空台中模拟发动机空中工作状态与环境的关键试验设备。该系统通过传感器采集各种信息,经各类控制算法处理后发出控制指令至各执行机构,调节发动机进口压力温度及出口环境压力从而间接模拟发动机空中工作的高度、马赫数和环境条件。

高空模拟试验中,一般采用两路来自压气机组供出的不同温度的气流通过进气调节阀掺混实现发动机进口压力、温度的协同调节;发动机排出的高温燃气通过排气扩压器、排气冷却器、排气调节阀后经抽气机组增压排入大气,通过排气调节阀调节发动机出口环境压力。不同种类及作用的调节阀是进排气环境模拟系统的关键执行机构,开关或辅助调节的场合通常采用电动调节阀,重要调节场合均采用液动阀门。根据应用场合的不同,调节阀的主要类型主要包括套筒阀、蝶阀、轮盘式阀等。飞行环境模拟系统还包括压力、温度、转速等信号传感器、PLC 控制器以及 HMI 人机交互上位机等。典型飞行环境模拟系统设备组成见图 3.38。

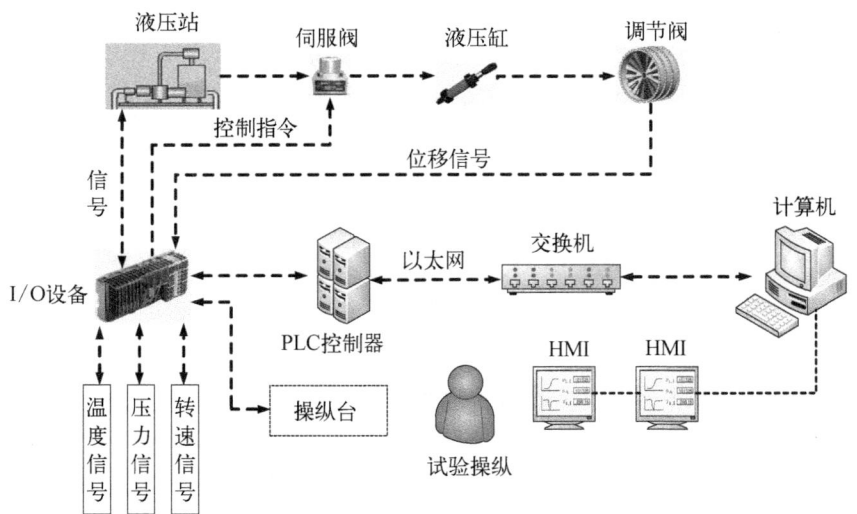

图 3.38 飞行环境模拟系统

飞行环境模拟系统具有结构庞大、非线性因素众多、子系统耦合关联程度高等典型特征,其直接进行发动机空中工作环境的模拟,若控制系统故障或操纵错误会影响发动机正常工作甚至造成严重危害,数字控制器必须具备很高的可靠性,系统典型子系统包括 PLC 控制系统和液压伺服位置控制系统。

1. PLC 控制系统

飞行环境模拟系统采用 PLC(programmable logic controller,可编程逻辑控制器)作为整个控制系统的大脑,高达 1GHz 的运算能力为各种复杂控制算法实现奠定了坚实的平台。一般情况下 PLC 系统采用冗余设计,以满足进、排气压力控制高的可靠性要求。系统设计时采用电源冗余、控制器冗余、通信网络冗余、上位机计算机冗余等手段实现 PLC 控制系统的热备冗余;主、备站 CPU 通过光纤通信反射内存实现数据同步,当主站故障时备站激活接管系统的控制,网络单点故障及单电源故障等均不影响系统的正常工作。冗余 PLC 控制系统充分保证了高空模拟试验安全正常进行。

2. 液压伺服位置控制系统

调节阀的调节特性直接决定了进、排气环境模拟的稳、动态调节品质。为满足发动机进排气环境模拟高品质调节要求,普遍采用液动调节阀作为控制系统的关键执行机构,典型调节阀液压伺服位置控制系统如图 3.39 所示。液压泵站为液动阀门提供能量源,伺服液压缸驱动阀门动作实现高精度位置控制,电液伺服阀作为系统的核心元件接收电信号输出相应流量实现液压缸的位置控制,通过微小的电信号控制大功率的液压系统。基于电液伺服阀的阀门系统实现了电与液压的结合,系统具有精度高、体积小、输出力矩大等优势,系统调试使用中应保证油液洁净,避免液压系统抗污染能力差、易泄漏等缺点影响系统的正常工作。

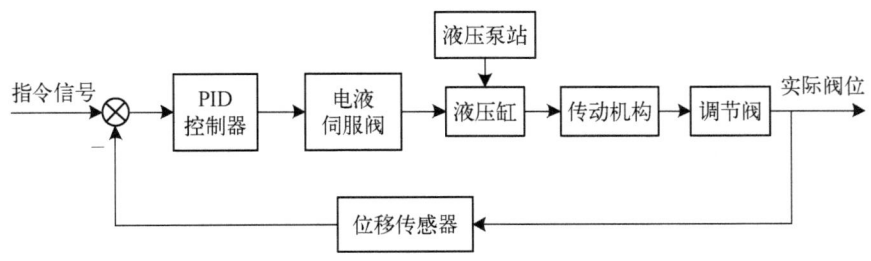

图 3.39　典型调节阀液压伺服位置控制系统

除上述典型子系统外,飞行环境模拟系统还包括温度、压力、转速等传感器作为系统输入,外部通信模块以实现与高空台其他设备的数据交互,上位机 HMI 实现系统的操纵、状态显示报警、数据记录及回放等功能。高空模拟试验中,飞行环境模拟系统通过试验人员操纵,实现发动机进、排气模拟环境的建立和退出以及不同高空模拟状态的切换;此外,系统的状态监测、容错功能保证了试验安全可靠的进行,在非严重故障下系统能自动进行容错处理,严重故障时通过状态监控及时报警,试验人员采取相应应急措施处理。飞行环境模拟系统作为高空台关键设备之一,实现了发动机飞行工作环境模拟,不仅需要满足发动机在稳态工作过程中的进排气调节,还要满足发动机在瞬态工作过程中的进排气调节要求,是高空模拟试验中极其重要的模拟调节系统。

3.2.9 电气系统

电气系统包括设备供/配电系统、台架电气控制电源、台架电气控制系统,以及排气冷却器测控系统。其中设备供/配电系统主要为设备运行所需低压动力配电;台架电气控制包括发动机起动、状态控制和试车工艺系统的电气控制,以满足发动机试验的工艺要求;排气冷却器测控系统完成对排气冷却器工作的控制与参数监控。

1. 设备供/配电系统

设备供/配电系统包含设备供配电、照明、数采/数控接地等。

设备供电形式为三相五线(TN-S)制,电压为AC380 V/220 V,频率50 Hz。一般配置一台变压器为试验舱低压试验设备提供动力负荷供电;另配置一台变压器为消防、照明等负荷供电。试验舱设备供配电系统采用放射式配电与树干式配电相结合的配电方式,采用固定分隔低压开关柜输出馈电回路,低压配电柜总体型式采用固定分隔开关柜,各馈线柜回路采用多功能单位固定分隔式结构,所有馈线断路器均要求在柜门采用旋转手柄操作,所有低压出线均在低压开关柜上安装数字式计量表,在就地配电箱上安装电源指示灯。低压配电系统在有户外配电装置的配电箱处及耐压水平较低的末端配电装置等处设置2~3级浪涌保护器,防止浪涌过电压对设备的损坏。

照明光源以LED泛光灯具为主,包括厂房照明和试验舱内照明,其中试验舱内照明需满足Ⅱ类B级防爆要求。

除厂房电气接地、防雷接地外,另需设置数采、数控系统接地,接地极设置于厂房外,接地电阻小于1 Ω,数采系统接地、数控系统接地不能与其他地线搭接。

2. 台架电气控制电源

台架电气控制电源系统包括台架不间断电源、发动机直流起动电源、直流控制电源、静止变频电源等。

台架不间断电源可满足断电后额定负载下连续供电不低于30 min,一般配置两台。其中试车台操纵台、进排气控制系统、电气控制系统、发动机控制系统直流电源等采用一台UPS电源供电。参数测量和数据采集、处理系统、性能处理机、专家计算机、监控电视等采用另一台UPS电源供电。各负荷由两台UPS配电箱分配馈给电能。

3. 台架电气控制系统

台架电气控制系统包含发动机电气控制系统和台架辅助系统的电气控制,是试车台的重要设备之一,主要用于保障发动机在高空舱台架上的启封/油封、冷运转、起动、正常运转以及发动机的燃油供给和试验舱工艺设备的运行,满足发动机的试车工艺要求以及试车前特殊的检查要求。选择以PLC控制系统为核心的硬件平台,配合软件的灵活性,方便满足不同发动机对试验任务的控制需求。典型台架电气控制系统如图3.40所示。

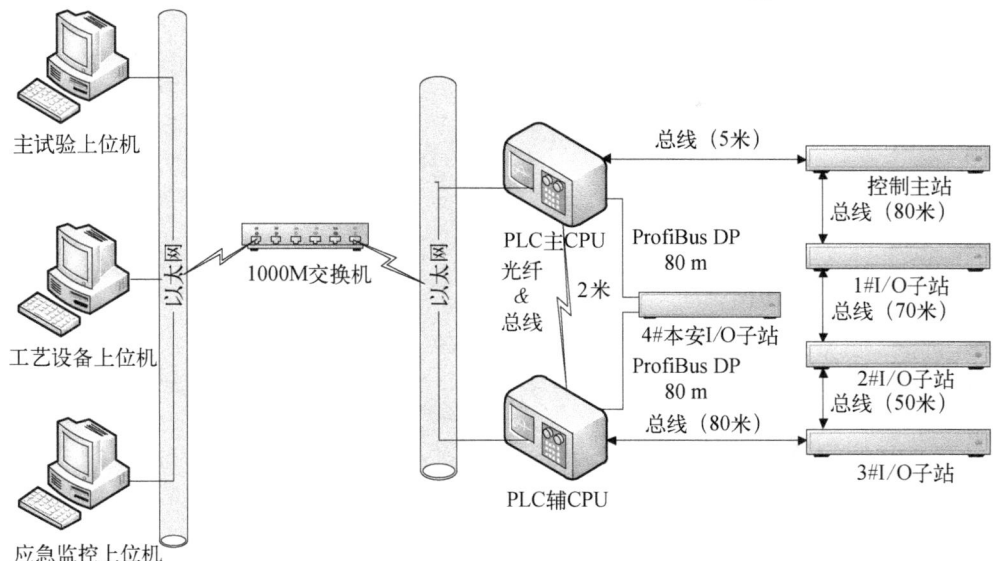

图 3.40 典型台架电气测控系统示意图

采用 PLC 控制系统,在功能上可以仅通过软件修改控制逻辑和配置操纵台电气控制系统参数,硬件连接上仅需改变发动机转接箱与发动机插头的对应关系就可以方便快捷地实现台架电气控制系统的重构。新系统可以根据发动机不同运行状态和相应信息通过软件及时做出分析判断和应急处理,并且易于排查台架电气系统可能出现的故障,可与工艺设备进行连锁控制,从而大幅增强了发动机试验的效率和安全性。

采用工业 PC 机加工业液晶触摸屏作为上位机人机对话界面,下位机采用分布式 I/O 站模式的可编程控制器(PLC)系统。

4. 排气冷却器测控系统

排气冷却器测控系统是排气冷却系统的核心部分,主要完成对整套设备运行状态的控制和各工作介质状态参数的监控。冷却器测控系统从设备功能上主要由三大部分构成:中央控制系统、监控设备和执行设备以及供电设备。硬件拓扑及各部分设备组成关系如图 3.41、图 3.42 所示。

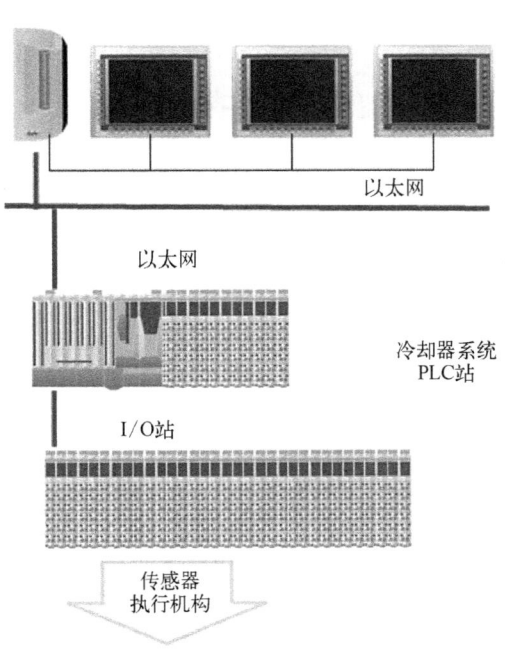

图 3.41 硬件拓扑图

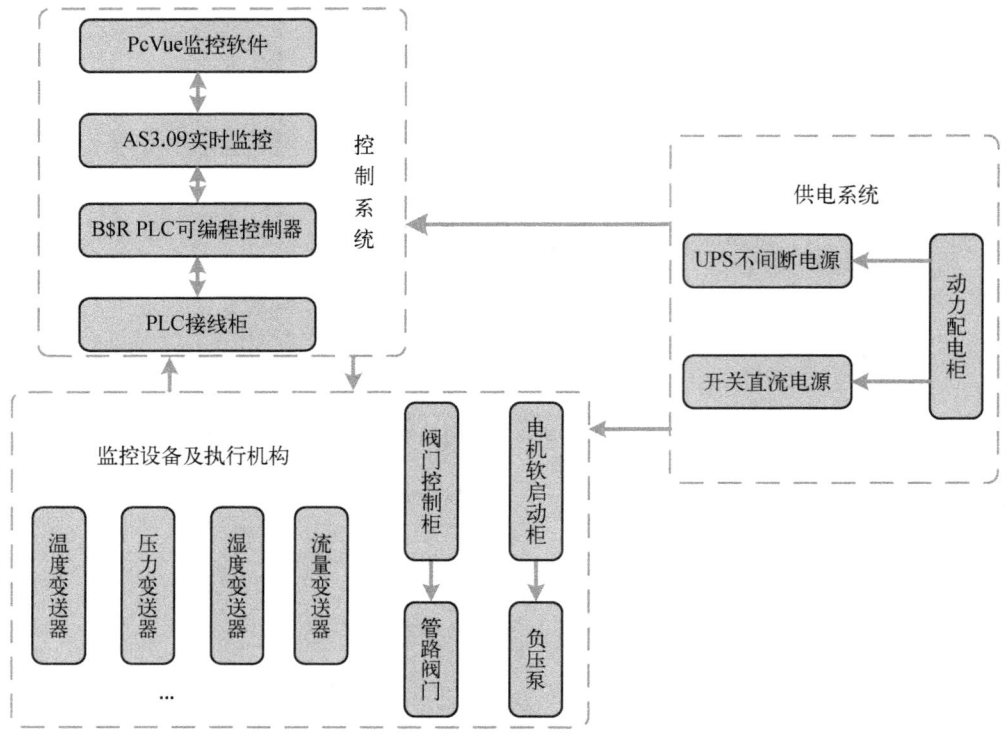

图 3.42　冷却器测控系统组成

从上图可见,控制系统使用可编程控制器(PLC)对整个试验舱的测点状态进行监控,主要由上位机监控软件 PcVue10.0、下位机软件 AS3.09、PLC 硬件设备以及 PLC 接线柜等几部分组成。操作者可通过上位机监控画面经过下位机与 PLC 控制器实时通信对各部分测点反馈显示并对执行机构进行控制。监控设备主要是各类传感器,包括温度传感器、压力传感器、湿度传感器、流量计以及阀位变送器等,实现对排气冷却器主体设备的燃气和管路冷却水的压力、温度等状态的监控功能。通过各设备之间的相互配合,排气冷却器测控系统最终实现现场信号的监测、现场阀门控制、数据的监视和控制等功能。

3.2.10　试车工艺系统

为满足发动机在试验舱进行试验及试车大纲规定,需要配备与飞机上相应的等效试验工艺系统,试验工艺系统主要包含:燃油系统、燃油加温、降温系统、油封系统、液压加载系统、空气起动系统、喷口标定系统、滑油系统、补氧供氮系统、电机冷却吹风系统、辅助空气系统、积液排污系统等。

1. 燃油系统

燃油系统的设置要与发动机燃油系统相适应,并满足试验大纲的要求。燃油系统的燃油来自专门的油库,其供油方法可用油泵供油、压缩空气油箱供油及高位油箱供油等。一般油泵供油和压缩空气油箱供油居多。回油靠重力经回油管流至油库的油罐内。

燃油系统中还包含燃油加载系统和起动机系统。燃油加载系统用于发动机作功率分出时,为机载燃油泵提供所要求压力和流量的燃油。起动系统用于为发动机燃油起动机提供满足其压力和流量需求的燃油。

系统主要由燃油滤清器、涡轮流量计、质量流量计、密度计、手动阀门、电动阀门、管路以及测控元件等组成。

燃油系统的主要指标如下。
- 常温最大供油流量:64 t/h;
- 流量测量精度:±0.5%;
- 最大供油压力:≥0.35 MPa;
- 起动机燃油流量:0~450 kg/h;
- 燃油颗粒度:不低于7级(GJB 420B - 2015)。

燃油系统的原理图见图3.43。

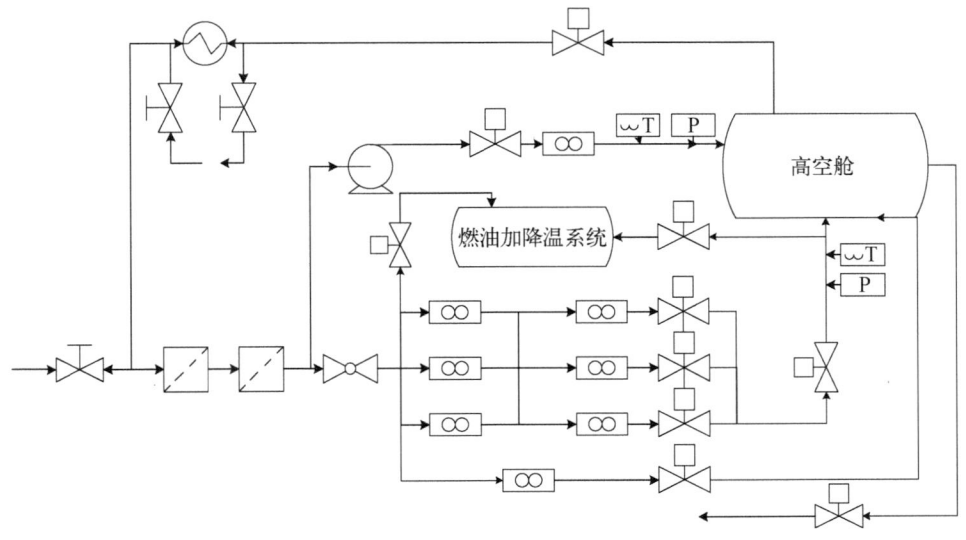

图3.43 燃油系统原理图

2. 燃油加温、降温系统

燃油加温、降温系统是航空发动机研制、定型等高空模拟试验中不可缺少的关键试验设备之一,也是严格按GJB 241A - 2010《航空涡轮喷气和涡轮风扇发动机通用规范》的规定进行发动机高温起动加速、加温加压、低温起动加速等试验的技术保障。

燃油加温、降温系统主要由燃油加温系统、燃油降温系统以及附属的燃油储存系统、燃油输入输出管线、氮气系统、冷却水系统等构成。系统的功能是为涡喷、涡扇发动机高空模拟试验舱内被试发动机提供满足试验需求的高低温燃油。系统原理图见图3.44。

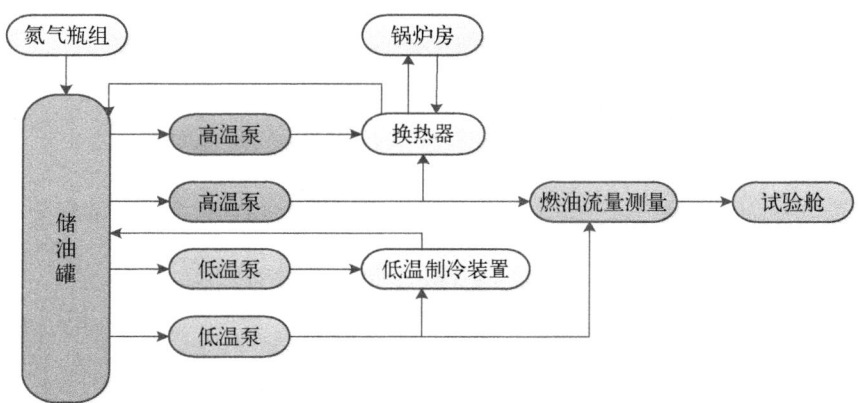

图 3.44 燃油加温、降温系统原理图

燃油加温、降温系统技术性能指标：

1) 燃油加温系统
- 高温燃油供油流量范围：0~24 t/h；
- 燃油流量可调,可调精度为2%；
- 燃油压力 0.1~0.3 MPa(绝压)；
- 燃油过滤精度：不低于7级(GJB 420B-2015)；
- 燃油加温的油温范围为常温~120℃,该范围内燃油温度无级可调；
- 满足发动机加温加压试验需求：油罐从空罐补油至10 m³(可用)和将燃油从常温加温至120℃的总时间不大于30 min；
- 发动机进口燃油温度的测控精度为±1.5℃。

2) 燃油降温系统
- 低温燃油供油流量范围：0~24 t/h；
- 燃油流量可调,可调精度为2%；
- 燃油压力：0.1~0.3 MPa(绝压)；
- 在4小时内将6.5吨航空煤油(RP-1或RP-3)从常温降到-40℃,在该范围内燃油温度无级可调；
- 燃油过滤精度：不低于7级(GJB 420B-2015)；
- 燃油降温的油温范围为常温~-40℃；
- 发动机进口燃油温度的测控精度为±1.5℃。

3）工艺流程简述

a）燃油储存系统

从油库来的燃油被送入储油罐备用,在试验过程中,通过从氮气系统补充氮气来稳定油罐压力,在充油过程中,则通过油罐顶部的压力调节的放空来稳定设备压力。

b）燃油加温系统

来自油库的航油先通过两台并联的燃油加热器,与饱和蒸汽进行间接换热,升温到约105℃后进入燃油罐。当储罐内液位到达要求,自动联锁切断进油阀门,然后启动高温油泵。储油罐里的航空煤油通过高温燃油循环泵增压后进入燃油加热器。在加热器里,航油与蒸汽继续换热。加热后的航油返回到储油罐,利用循环加热的方式,逐步将储油罐中的航油加热到120℃。在蒸汽管线上设置调节阀,联锁储油罐里的温度,根据罐内油温调节蒸气的流量,控制加热的温度。加热系统升温时间控制在0.5小时。

c）燃油降温系统

储油罐里的航空煤油,通过低温燃油循环泵增压后送入制冷机组,在制冷机组中航油温度降低,降温后航油返回到储油罐料。利用循环降温的方式,逐步将储油罐里的6.5吨航油在4小时内将温度降到-40℃（由于普通的航空煤油在-47℃左右会出现结晶,燃油流动特性会发生较大变化,会导致过滤器前后压差急剧上升,导致堵塞,所以在制冷机组选型及冷量计算时按-57℃设计,实际使用过程中降温极值为-40℃）。

3. 油封系统

油封系统用于对发动机进行内部油封时为发动机提供符合要求的洁净滑油。系统主要由油箱、齿轮泵、手动阀门、管路、电动阀门、加热元件以及测控元件等组成。为保证油封质量,油封系统应具有加热滑油消除滑油中水分的功能。油封系统通常设置为可移动式。

油封系统的主要技术指标如下。
- 工作介质：HP-8A或HP-8B；
- 供油压力：0.2~0.3 MPa；
- 过滤精度：5 μm；
- 加热温度：120℃。

油封系统的三维布置见图3.45。

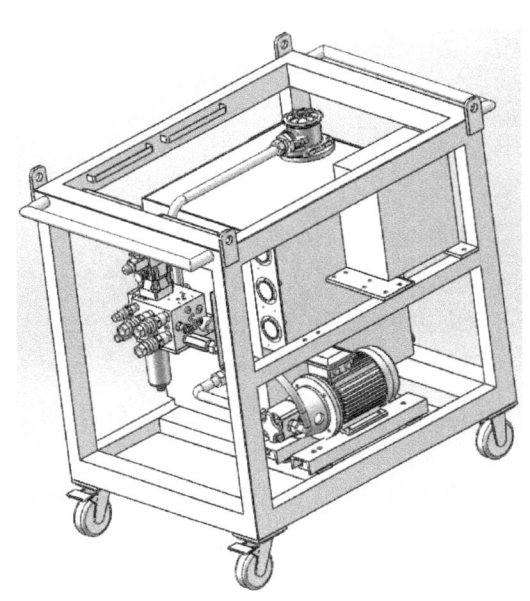

图3.45　油封系统三维布置图

4. 液压加载系统

飞行员在调整飞机飞行姿态、收放起落架等部件时需要利用液压驱动系统执行元件,液压系统的功率来源便是发动机。液压加载系统是为了模拟飞机液压泵工作,提取发动机功率并对液压系统内各参数进行测量,评测飞机液压泵在提取发动机部分功率后,对发动机性能指标及稳定性等的影响,它由供、回油管路、液压泵、测控系统、电液比例伺服阀、冷却系统五部分组成。其三维布置见图3.46。

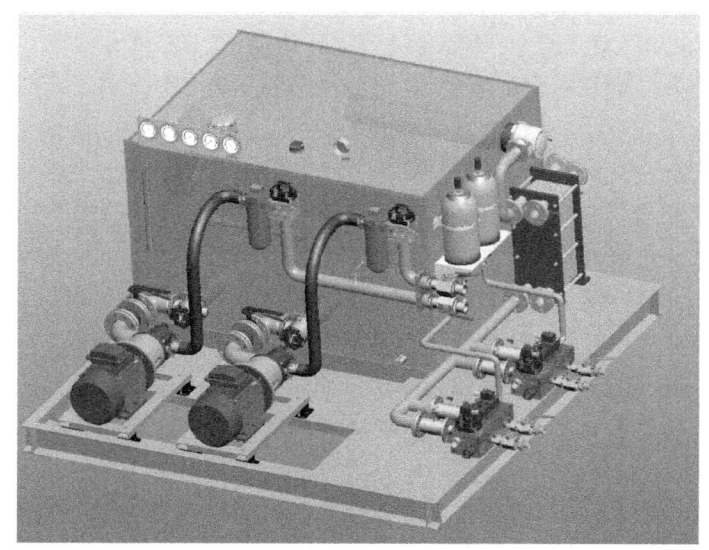

图 3.46　液压加载系统三维布置图

液压加载系统的主要技术指标如下。
- 工作介质: YH-12(或 YH-15)航空液压油;
- 泵进口最大工作压力: 1.0 MPa;
- 泵出口最大压力: 31.5 MPa;
- 供油温度: <60℃;
- 颗粒度: 不低于 7 级(GJB 420B-2015)。

液压加载试验要求液压泵在不同的工作流量下对发动机进行功率提取,且系统一直维持高压。传统液压泵加载设备利用多套节流喷嘴切换实现对流量的控制。在设备调试阶段需通过试验得出不同通径的节流喷嘴在工作压力下的流量特性;此种设计需投入大量时间及资金进行流量特性试验。为节约资金及调试时间,选用电液比例阀对液压泵高压出口管路进行流量调节。为保证液压加载系统工作范围足够宽广,设计多套流量调节管路,以适应不同流量范围的加载流量供应及准确测量。

5. 空气起动系统

航空发动机的起动机有电动起动机、燃气涡轮起动机和空气涡轮起动机三种,空气起动系统是为空气起动机所需气源的专用系统。该系统给起动机提供的压缩空气应满足发动机起动的空气流量、压力、温度及起动时间等要求。系统的气源来自试车台提供的储气罐。系统主要由手动阀门、电动阀门、调节阀、电磁阀、空气管路以及测控元件等组成。

系统主要技术指标如下。
- 介质：压缩空气；
- 起动机供气压力范围：0~0.5 MPa；
- 供气温度：常温；
- 过滤精度：5 μm。

空气起动系统原理见图3.47。

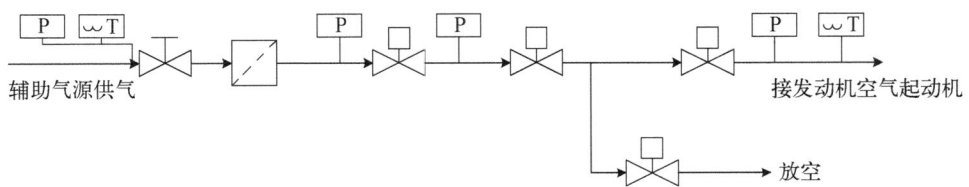

图 3.47　空气起动系统原理图

6. 喷口标定系统

喷口标定系统用于发动机试车时，通过地面设备为发动机尾喷口作动筒提供所要求压力和流量的燃油，对尾喷口截面积进行调整和标定。系统主要由油箱、燃油泵、阀门、管路以及测控元件等组成，系统一般采用可移动式。站体与管路系统通过金属软管连接。发动机叶片角标定系统也利用喷口标定系统工作。

喷口标定系统的主要技术指标如下。
- 工作介质：航空煤油；
- 供油温度：常温；
- 过滤精度：5 μm；
- 供油压力：3~6.3 MPa 可调。

喷口标定系统的原理见图3.48。

7. 滑油系统

滑油系统的主要功用是向发动机提供洁净的航空润滑油。滑油系统主要由油箱、增压泵、截止阀、管道及附件等组成。

滑油系统主要技术指标如下。
- 工作介质：航空滑油；
- 供油压力：0.1~0.3 MPa；
- 过滤精度：5 μm。

滑油系统原理见图3.49。

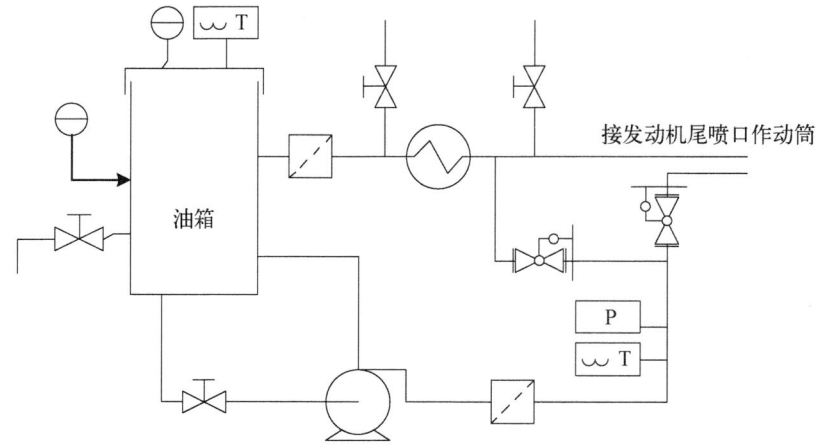

图 3.48 尾喷口标定系统原理图

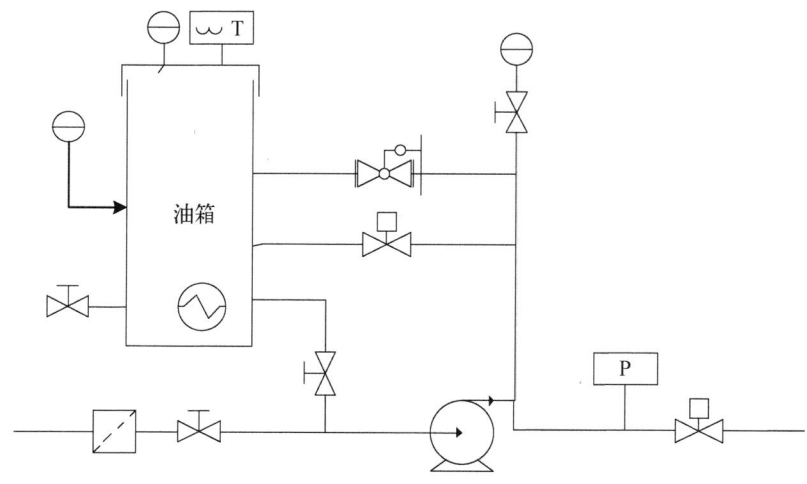

图 3.49 滑油系统原理图

8. 补氧供氮系统

补氧供氮系统主要为发动机在试验时提供符合要求的氧气或氮气。系统由氧气瓶、氮气瓶、减压阀、过滤器、手动阀门、电磁开关、空气管路以及压力传感器等仪器仪表组成。

系统主要技术指标如下。

1) 氮气系统指标
- 工作介质：工业一级氮(GB/T 8979-2008)；
- 供氮压力：0.7~1.0 MPa。

2) 氧气系统指标
- 工作介质：工业一级氧(GB/T 3863-2008)；

- 供氧压力：0.7~1.0 MPa。

补氧供氮系统原理见图3.50。

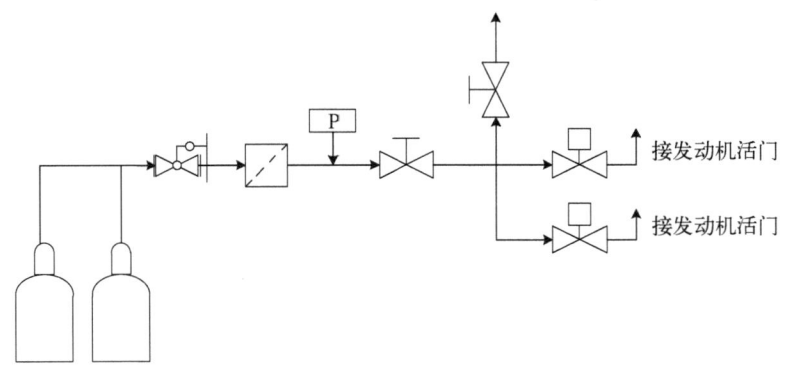

图3.50　补氧供氮系统原理图

9. 电机冷却吹风系统

电机冷却吹风系统主要为发动机的电机提供冷却风源。系统主要由鼓风机、截止阀、管道及附件等组成。

系统主要技术指标如下。

- 风压：5.3 kPa；
- 风量：3 000 m^3/h。

电机冷却吹风系统原理见图3.51。

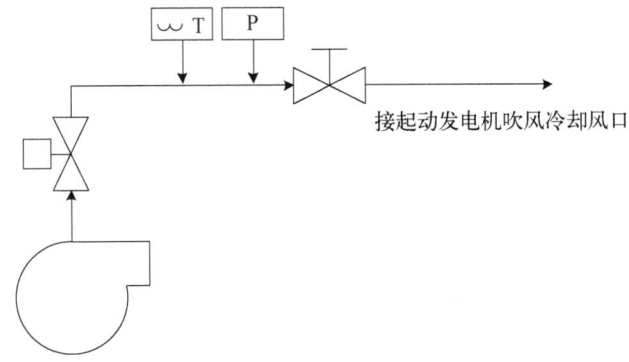

图3.51　电机冷却吹风系统原理图

10. 辅助空气系统

系统将气源厂房供来的压缩空气经过滤、减压后，分别送到试车间、工艺间等需用气的设备。系统主要由过滤器、手动阀门、电动阀门、空气管路以及压力、温度传感器等组成。

系统主要技术指标如下。

- 供气压力: 0.2~0.7 MPa。

辅助空气系统原理图 3.52。

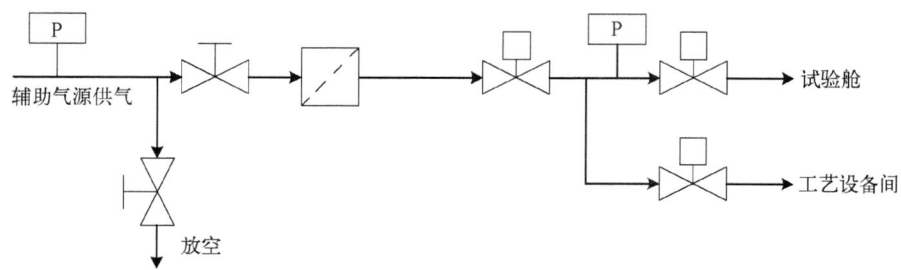

图 3.52　辅助空气系统原理图

11. 积液排污系统

积液排污系统主要是将发动机试验过程中产生的含油污染液体进行收集,并定期将所收集的污染液体送至专门的场所进行处理。系统主要由储液罐、手动阀、管道及附件等组成。

系统主要技术指标如下。

- 工作压力: 2.5~300 kPa;
- 工作温度: -20~60℃。

积液排污系统原理见图 3.53。

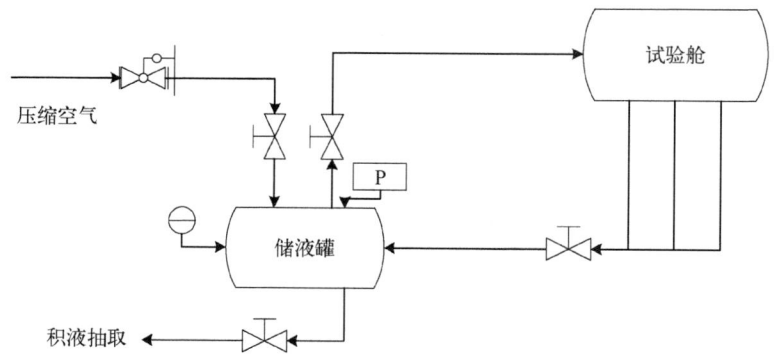

图 3.53　积液排污系统原理图

3.2.11　安全消防系统

试验舱在试验过程中为密闭环境,其中有燃油管道、滑油管道、测试设备、电气设备等,工作环境复杂,因此必须配备消防系统。地面检查试验过程中如果出现火情,可直接释放灭火剂进行灭火。如果在高空模拟试验过程中出现火情,立即关闭试验舱所有进气阀门和试验舱内的二股流阀门,采用窒息灭火的方式用抽气机组抽吸试验舱内的空气,如果火势仍不能控制,则释放灭火剂进行灭火。

试验舱的自动灭火系统一般采用七氟丙烷灭火系统,它具有清洁干净、无污染、无腐蚀、占地面积小等特点。该系统可以自动探测舱内火灾发生,自动地以全淹没方式喷射七氟丙烷实施灭火,也可在操纵台人工控制。试验舱气体灭火系统原理见图3.54。

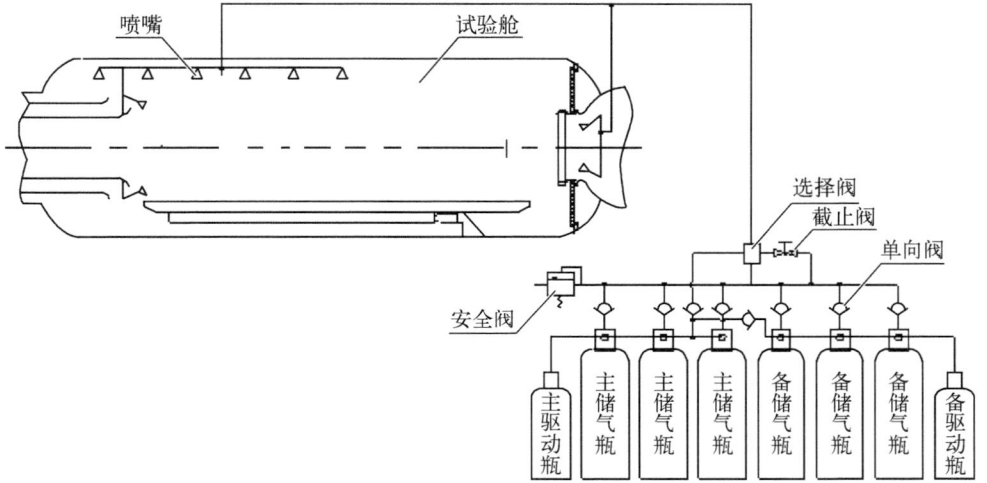

图3.54 试验舱气体灭火系统原理图

试验舱气体灭火系统主要由气体灭火控制器、固定灭火装置(储气瓶组、驱动瓶组、选择阀、安全阀)、七氟丙烷灭火剂及管网、喷嘴等组成。当试验舱内发生火灾时,灭火系统启动,灭火剂喷入舱内,液化的七氟丙烷气体喷放时气体体积急剧膨胀,同时吸收大量的热量,降低灭火现场(保护区)内的温度,并且通过高浓度的七氟丙烷气体稀释被保护空间的氧气含量,达到窒息灭火的效果。考虑到安全性及二次复燃的问题,备用灭火剂用量一般按100%设置。

灭火系统主要技术参数如下。
- 灭火剂设计浓度:36%;
- 灭火剂的浸渍时间≥3 min;
- 驱动瓶组:4×4 L;
- 工作电源:AC220 V(50 Hz),DC24 V;
- 使用环境温度:0~50℃。

3.2.12 进排气塔

进气塔由进气装置、消声设备、导向叶片等组成。进气塔主要用于为发动机提供均匀、稳定的气流并减小进气噪声。进气塔内墙饰面应考虑固化处理,防止脱层掉渣。

排气塔由冷却装置、消声设备等组成,设计时需考虑排气温度、气动载荷、隔声、高湿度和抗腐蚀等,并设有排气地漏(含沉淀池)。设计排气冷却装置采用二级引射排气方式,通过次流空气和冷却水对排气进行冷却,消声设备主要用于将燃气通过排气塔后产生的噪声降低。按 GB 12348-2008 中的规定进行噪声级测量,在试车台围护结构外 30 m 处要求不超过 70 dB。

进排气消声装置的主要功能是对从发动机和管路系统传出的噪声进气消声处理,使环境噪声保持在规定的范围之内,同时对空气进行过滤处理。

进气消声装置功能:① 过滤空气,阻挡杂物进入发动机和供气系统;② 消声,将从发动机和管路系统传出的噪声进行消声处理,使环境噪声保持在规定的范围之内。

放气消声装置用于放气塔压力调节时,将发动机试验时经混合器混合后多余的空气放出至大气环境时消声处理。

进气消声装置安装布局如图 3.55。外表面采用不锈钢材料,进气塔设有进气不锈钢丝网,丝网过滤精度 1 mm,丝网流阻计入消音装置许用最大压力损失之中;进气塔应设有隔声门。

排气、放气消声装置安装布局如图 3.56,表层材料采用不锈钢,放气塔应设有隔声门。

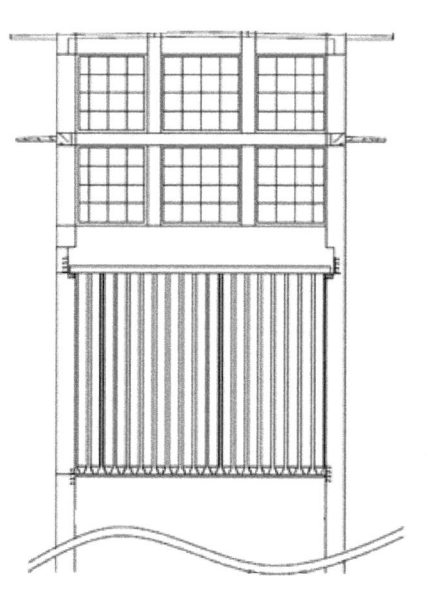

图 3.55 进气塔消声装置安装布局

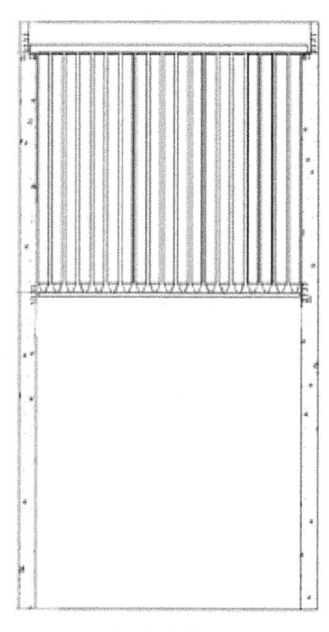

图 3.56 排气塔消声装置安装布局

3.3 涡轴、涡桨发动机高空模拟试车台

涡轴发动机是直升机或倾转旋翼机的动力装置,涡桨发动机则以螺旋桨旋转

时所产生的力来作为飞机前进推动力。涡轴、涡桨发动机的核心机基本就是一台涡喷发动机,但是核心机的燃气不是向后喷出产生推力,而是被用于驱动一个自由涡轮,后者再通过一根传动轴把动力传递给变速箱,最后驱动旋翼旋转产生升力或驱动螺旋桨产生拉力。

涡轴、涡桨发动机高空模拟试验均不带旋翼或螺旋桨,其高空模拟试车台与直连式涡喷、涡扇发动机高空模拟试车台相比主要区别在于其测量的是发动机产生的功率而不是推力,因此其在试验舱内需安装功率测量系统进行功率测量,其余试车台配置与涡喷、涡扇发动机高空模拟试车台相同。因此本节仅对有区别的地方进行阐述。

3.3.1 试验舱舱体

涡轴发动机是用于直升机的,一般装有自由涡轮,它与旋翼配合,构成了直升机的动力装置,涡桨发动机则以螺旋桨旋转时所产生的力来作为飞机前进的推进力。由于涡轴、涡桨发动机在飞机上的布局差异,因此其进排气方式较多。一些比较典型的涡轴、涡桨发动机进排气方式见表3.2所示。

表3.2 涡轴、涡桨发动机典型进气方式

对比内容	进排气及输出轴方式	典型发动机
进气方式	轴向进气	Makila、TV2-117、WZ6、Gnome
	侧向(环形)进气	TM333、MTR390、T700
排气方式	轴向排气	TM333、T700
	侧向排气	PT6、Gnome、TV2-117、Makila
输出轴方式	不带减速器的前输出轴	RTM322、T700
	带减速器的前输出轴	TM333、MTR390
	不带减速器的后输出轴	Makila、TV2-117、TV3-117
	带减速器的后输出轴	PT6、D-25V、Gnome

涡轴、涡桨发动机高空舱的试验台主要用于安装被试发动机、测量输出轴功率的(水力)测功器及飞轮和涡轴、涡桨发动机进排气装置,在模拟的高空工作条件下通过功率测量系统对涡桨发动机输出功率进行测量,而排气扩压器将发动机排出的高温高压燃气导入排气冷却系统。由于涡轴、涡桨发动机主要是输出功率,因此不需要测量发动机的推力,其试验舱内无推力测量台架。试验舱内一般设置有静架平台,用于发动机和功率测量设备的安装。

试验舱主要包括舱体、舱盖、开盖机构、静架平台、发动机安装架、进气流量管、封头及各种工艺开孔等。

由于要满足低温、强度和结果稳定性的要求,舱体采用厚度满足要求的低温合金钢卷制而成,舱体预留的长圆形舱孔作为试验件的拆装通道,并且根据实际需求在隔离位置预留通用类人孔，除此之外，舱体上还应预留大小不等，位置按需布置的各种工艺及测试管孔。

舱盖的开盖方式根据实际情况一般有两种：① 舱体的开盖方式在设计时采用了比较简单的舱顶开盖方式，舱顶开长圆孔，以满足最大被试发动机方便地吊装，舱盖采用长圆形法兰，采用快卸螺栓固定，由于该试验舱大部分时间处于负压工作状态，所以快卸螺栓并不需要全部拧上，根据试验需要，采用吊车将舱盖吊起打开或关闭；② 采用液压驱动或电气驱动，首先驱动机构将长圆形舱盖沿径向顶起，再使之沿预定轨道滑动至一定位置后打保险固定，待需要关闭舱盖时，再反之运行即可；试验舱设计可根据实际需要合理选择不同型式的开盖方式。另外在舱盖上设计有两个爆破窗，试验时万一舱内发生爆炸事故，该爆破窗可以保证安全卸压。

舱体一般由两个支座支撑，前支座为固定支座，采用改型的轻型鞍式支座结构，用螺栓与基础相连，固定支座承受整个试验主体设备的热应力、气动力、发动机推力及舱体的部分重力，材料采用低温低合金钢。后支座为滑动支座，由于只承受重力，故材料采用普通碳钢，其结构采用轻型鞍式支座。

高空舱两侧设计用于人员出入的人孔，高空舱壁不同位置上设计有观察窗，均采用双层石英玻璃，通过观察窗能观察到舱内 98% 的空间，在特殊情况下，也可作其他工艺孔用。

高空舱的工艺孔包括进水管、进油管、漏水管/漏油管/补氧工艺孔、二股流工艺孔、润滑油工艺孔、消防系统工艺孔、抽气补气孔、起动系统工艺孔、吹风冷却系统工艺孔等大小不等的工艺孔，可以根据发动机的安装位置及试验技术要求，合理地选择使用各类工艺孔。

封头处于高低温环境，且要承受排气扩压器的部分重力，故材料选用低温合金钢，前面与舱体焊接，后面与排气扩压器直管段用石棉绳通过滑动密封连接，采用这样的连接方式不仅可以消除排气扩压器的气动力和热应力对前后舱的影响，而且能保证密封性。

舱体的结构尺寸以满足各类被试发动机及其试验工艺系统合理布局为宜，涡轴、涡桨发动机的在试验舱内的安装如图 3.57、图 3.58 所示。

目前涡轴、涡桨发动机高空试验舱进行的试验一般为功率轴前输出轴、环形进气的涡轴发动机高空模拟试验，通常采用测功器布置在高空舱内、前舱作为稳压箱，该方式将测功器置于试验舱中，随着模拟发动机飞行条件的变化，测功器周围温度、压力随之变化。由于测功器有最低工作温度限制，即当进气温度低于一定温度后，因无法满足水力测功器最低工作温度致使发动机试验被迫中止。为满足测功器使用环境要求，保证试验顺利进行，通常有两种措施将发动机进气与测功器环境隔离。第一种是通过发动机进气蜗壳将进气来流与测功器所处环境隔开，测功器处于舱温环境中，可有效避免扭矩传感器在负温条件下的温漂问题。蜗壳进气

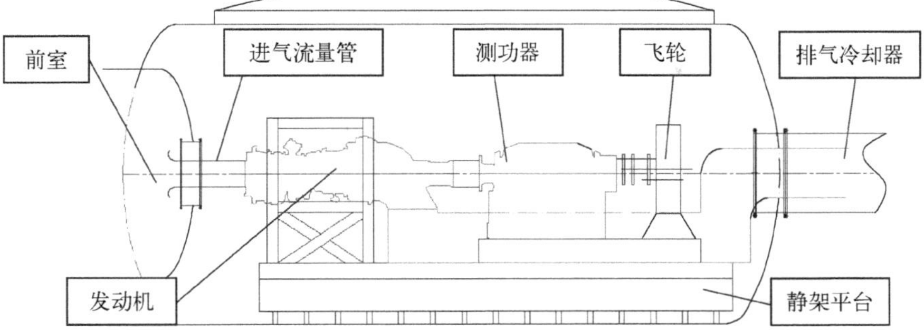

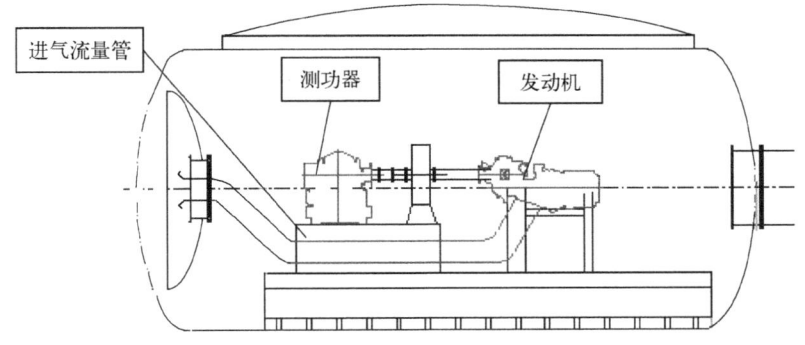

图 3.57　某涡轴发动机在试验舱内安装示意图

图 3.58　某涡桨发动机在试验舱内安装示意图

形式可有效扩大发动机进气温度范围,并保证扭矩测量的准确性,图 3.59 给出了蜗壳进气的舱内布局。第二种是将安装在试验舱内的水力测功器用隔离舱隔开,并往隔离舱内输送常温干燥空气,其布局见图 3.60。

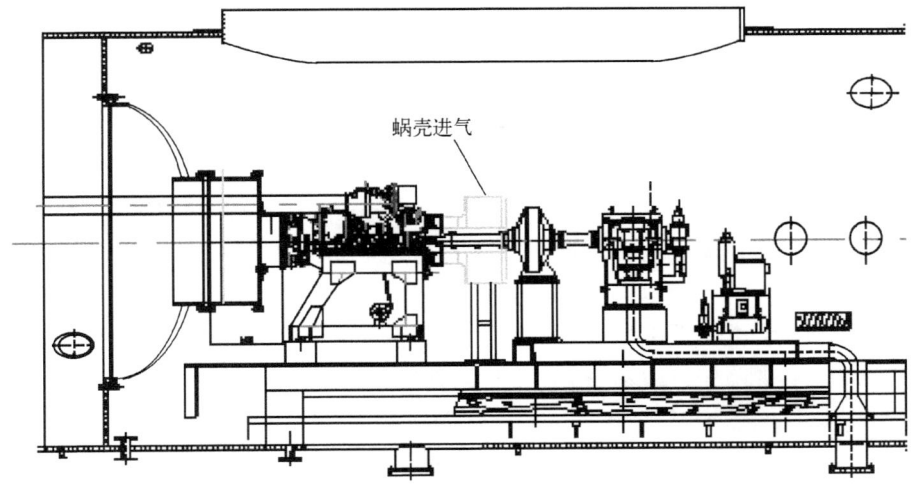

图 3.59　采用蜗壳进气形式的涡轴发动机在试验舱内安装示意图

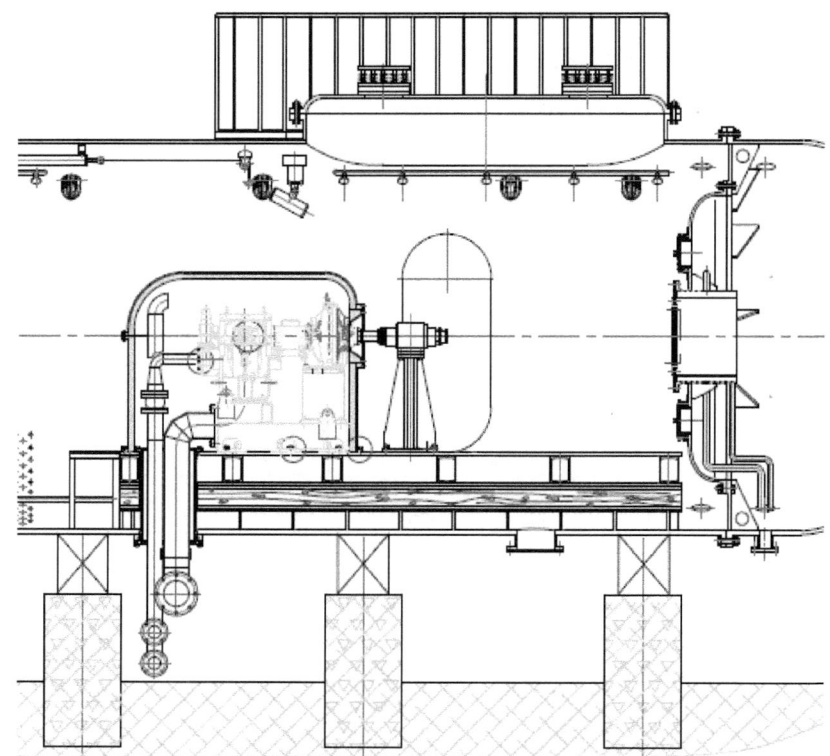

图 3.60　试验舱内带测功器隔离舱布局示意图

3.3.2　轴功率测量系统

轴功率测量系统是涡轴、涡桨发动机高空模拟试验的重要组成部分，是实现涡轴、涡桨发动机试验过程控制和数据传输采集的关键设备，它不仅能吸收发动机输出的功率，将发动机的输出功率转变为热量消耗掉，而且能实时测出发动机输出的扭矩与功率。

目前航空涡轴、涡桨发动机高空模拟试验在用的轴功率测量系统主要有水力测功器和电涡流测功器，电涡流测功器主要面向小功率涡轴、涡桨发动机试验，由于其自身体积随着发动机功率的增大也同比增大，不适用于高空模拟试验舱有限的安装空间，尤其不适用于航空涡轴、涡桨发动机加减速考核试验，适用范围较小，因此本书不再赘述。而水力测功器具有结构简单、布局紧凑、零部件使用寿命长等特点，适用于科研试验场所，尤其是国外水力测功器厂家针对航空涡轴、涡桨发动机试验有一套成熟、稳定的控制系统。故本小节主要针对在用水力测功器进行详细的介绍和说明。

某高速水力测功器主要由测功器本体及其配套动力单元、飞轮及其配套动力单元、联接轴、测量与控制系统以及配套的供排水系统、密封气系统和扭矩校准系统组成。

某型水力测功器主要技术指标如下。

- 扭矩测量精度：±2.2 N·m；
- 最大工作转速：30 000 r/min；
- 转速测量精度：±1 r/min；
- 工作环境温度：−23~60℃；
- 工作环境压力：0.047~0.101 MPa。

某水力测功器的工作特性曲线如图 3.61 所示。

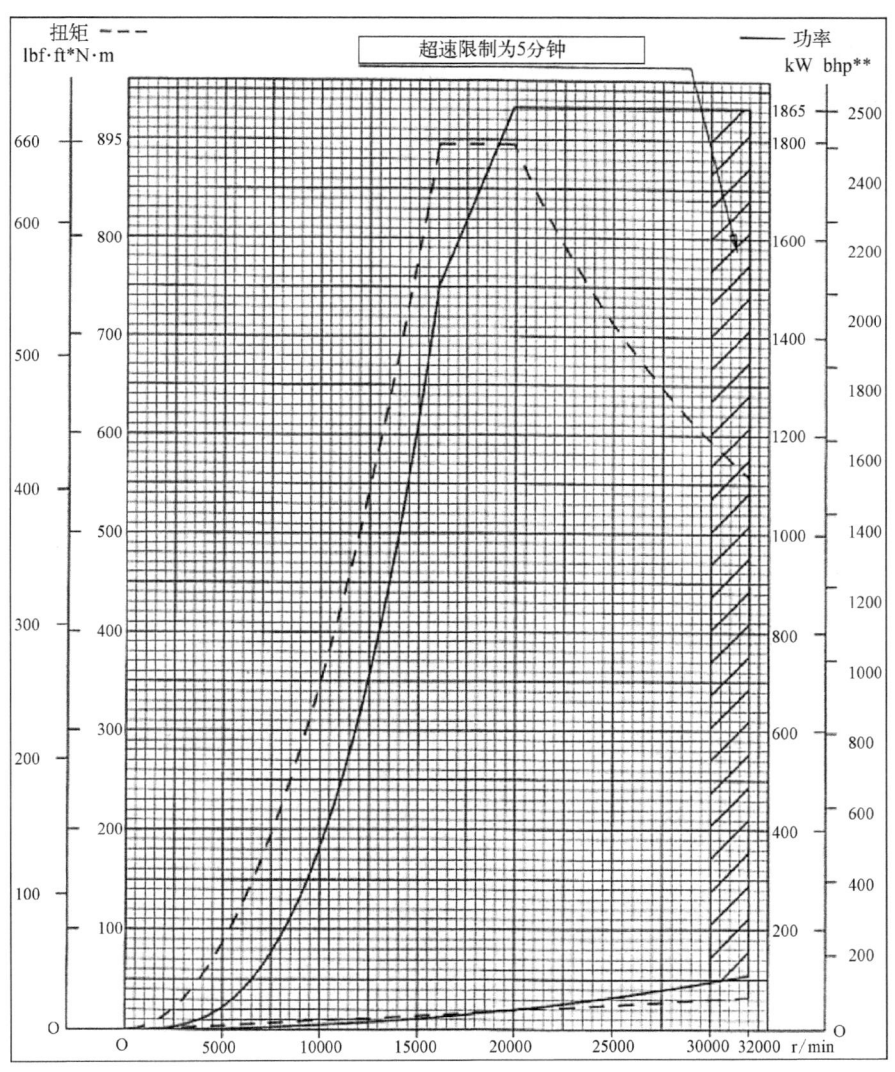

图 3.61 某水力测功器工作特性曲线

* 1 lbf·ft = 1.355 82 N·m。
** 1 bhp = 745.7 W。

水力测功器本体主要由转子和定子(外壳)两部分组成。它的基本原理是利用转子在充满水的定子中旋转所产生的摩擦阻力来吸收发动机功率,同时通过与可摆动的外壳相连的测力机构测出转矩,其内部结构见图 3.62 所示。

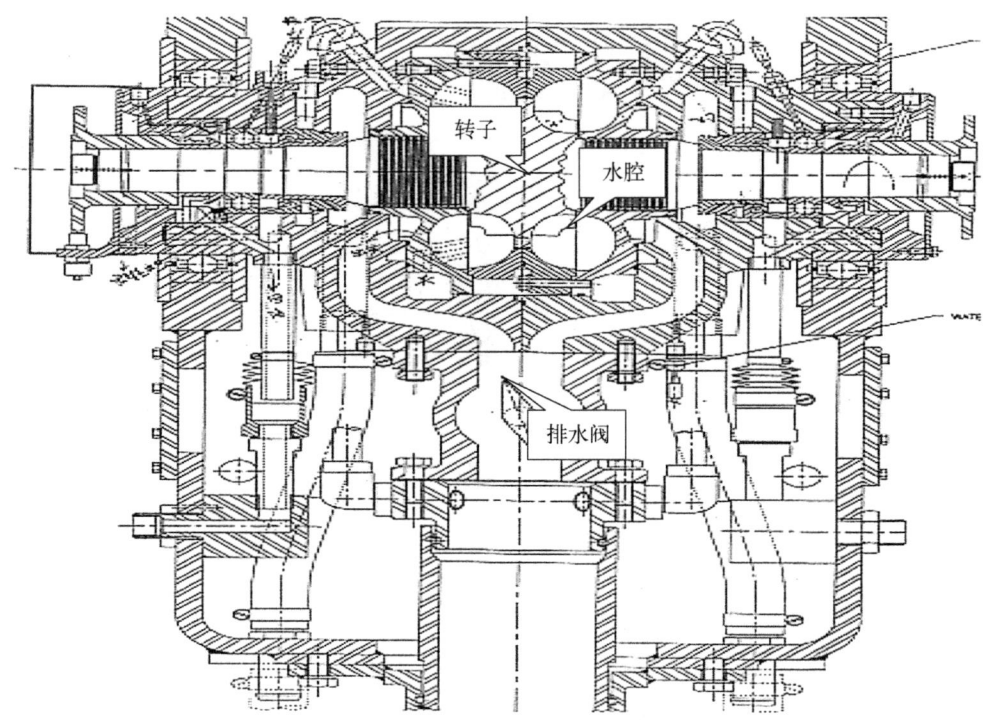

图 3.62　水力测功器内部结构示意图

1. 飞轮

飞轮主要是为了匹配试验发动机负载的转动惯量,如果转动惯量不匹配,将会影响到发动机加减速试验、起动试验、起动再起动试验结果的评定。一般可根据试验对象的需求更换不同转动惯量大小的飞轮。

2. 动力单元

动力单元主要为测功器本体和飞轮提供轴承润滑的动力。某水力测功器由于测功器本体和飞轮对冷却需求不一致,配备了两个液压站。为了适应高空工作环境同时保证液压油的润换效果,每个液压站还安装有电加热器。

3. 联轴器

联轴器是连接发动机和测功器的重要部件,某水力测功器采用浮动式联轴器,一端与测功器输出端采用法兰连接,另一端与发动机输出端采用花键连接。联轴器在设计时,除了考虑功率、转速和扭矩等基本参数外,还应考虑功率变化范围和时间、许用补偿量及联轴器的工作环境等因素。

4. 测量与控制系统

某水力测功器目前使用的控制系统是一种高性能的控制系统，主要用于燃气涡轮发动机试验。该控制器采用先进的动态控制运算法则，能够提供快速、精确的控制方法，并且内置了经过改良的控制板卡，具有较好的安全特性。采用最新一代的微控制器和分布式 I/O 技术提供最合适的控制，使控制和安装更加简单。

提供五种控制模式，主要为：恒转速控制模式；恒扭矩控制模式；开环控制模式（即阀位控制模式）；功率规律控制模式（即按规定的载荷谱进行转速控制模式）；飞行模拟控制模式（即按照飞行负载条件施加于发动机）。

5. 供水稳压系统

供水稳压系统是水力测功器最为重要的系统组成，其对供水压力要求较高，在试验过程中供水压力波动范围为±7 kPa（约 700 mm 水柱高度）。

为满足水力测功器用水需求，在高空舱厂房外设置一个储水罐。水泵将水直接注入储水罐中，在供水管路上有一旁路自动溢流阀控制储水罐的液位。供水压力要求为 0.345 MPa，将一储气罐与储水罐连通，储气罐内通过气泵供给压缩空气。此时供至水力测功器的水压为储水罐内水面位置与水力测功器进口水阀处高度差的液柱压力加上储气罐内的气压，在试验过程中应保证储气罐内压力恒定，若气体压力减小时要对储气罐适当补气。

6. 密封气系统

水力测功器转子与定子轴承处有滑油进行润滑，转子与定子之间有水进行功率消耗。因此必须提供密封气将滑油和水进行隔离。另外，轴承处滑油与外界的分隔也是采用气体进行密封。采用气体进行密封的优点是为了避免外界对转子的附加摩擦阻力，并保证良好的润滑。

7. 扭矩校准系统

水力测功器是一个扭矩测量装置，每年均要进行周期检定，以确定扭矩测量的基本误差和测量的稳定性，尤其是对高空模拟试验而言，其使用频率低，故每次试验前必须进行扭矩校准。扭矩校准系统包括校准臂、砝码和测量控制单元。砝码必须是经过检定合格的标准配重，校准过程中必须打开供水系统使测功器本体处于带压工作状态，且校准过程中要从零点到满量程进回程至少要两遍以上，以确保检定结果的准确性。

3.4　高空台主要配套设备

3.4.1　高空台供气设备

高空台供气设备主要由离心式或轴流式空气压气机组组成。压气机是航空涡轮发动机高空模拟试验设备的主要供气设备。压气机又有离心式、轴流式和活塞式等几种形式。对于某些具体的航空发动机高空模拟试验设备采用什么形式的供气设备,主要根据高空模拟试验设备的类型、功能和用途来确定。供气机组结构布局见图 3.63 所示。

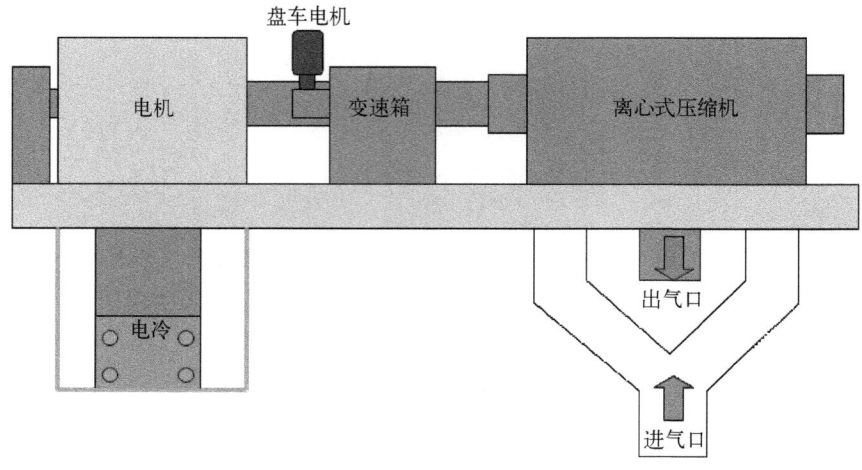

图 3.63 典型供气机组示意图

3.4.2 高空台抽气设备

高空台抽气设备的主要作用是将发动机排出的大流量的低压燃气进行增压后排入大气,从而能够创造出模拟飞机在空中飞行时的高度、速度等条件。

抽气系统主要包括压气机组,其他还包括润滑系统、水系统、空气系统、空气管网、排气及消音装置、辅助设施、自控系统、技术状态监测与故障诊断系统、变频系统、高低压配电系统等。

其中压气机组均为电机+变速箱+轴流压缩机型式,采用膜片联轴器连接。压气机选用下进气下出气方式。抽气压气机组结构布局见图 3.64。

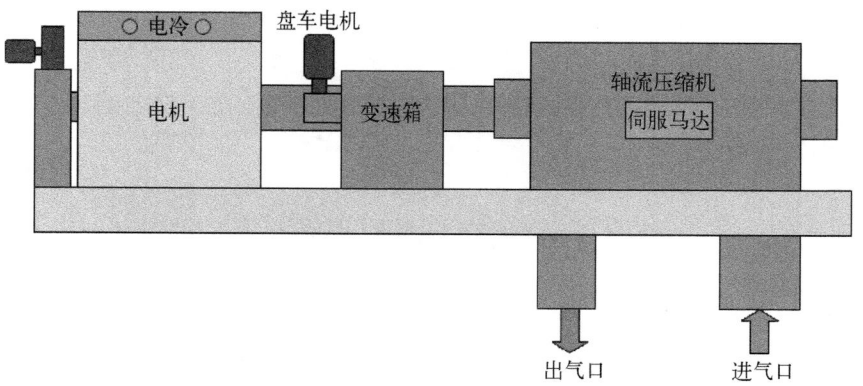

图 3.64 抽气压气机组结构布局

3.4.3 高空台加温设备

高空台加温设备指高空台空气加温系统中所采用的设备,它作为高空台重要的供气流程设备,主要用于当发动机高空模拟试验进口温度超过压气机供气温度以上时,通过天然气的燃烧,采用辐射-对流型圆筒立式炉结构的加温炉对压缩空气进行加温。加温炉工作原理图见图 3.65 所示。

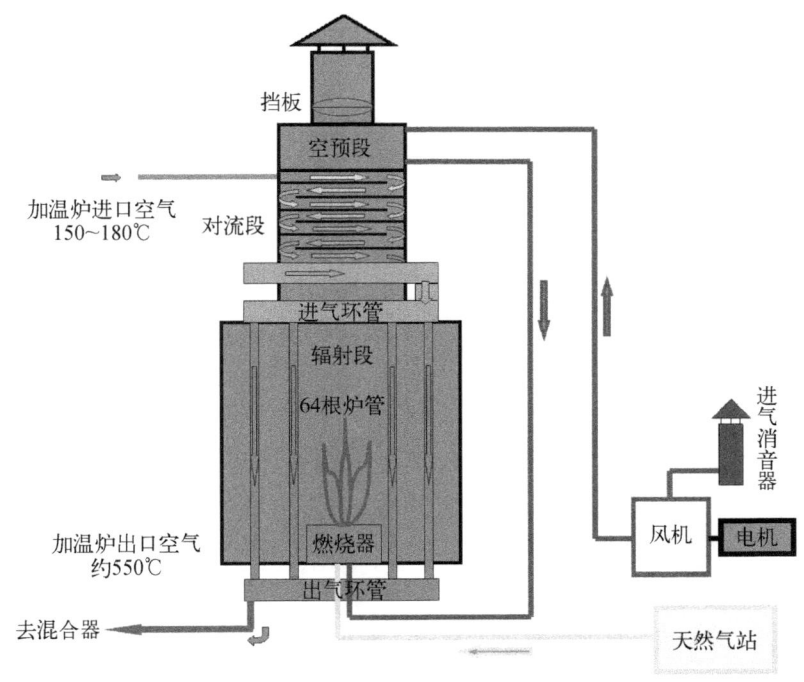

图 3.65 加温炉工作原理图

3.4.4 高空台降温设备

高空台降温设备指空气降温系统中所采用的诸多设备。空气降温系统对压缩空气进行干燥、除湿、除尘、降温处理后,再供给高空试验舱。分为主气路和冷源气路,主要由喷淋塔、硅胶干燥器、旋风除尘器、过滤器、冷水机组、膨胀涡轮等设备组成。降温系统工艺流程图见图 3.66 所示。

压缩空气降温的关键设备是膨胀涡轮,它利用压缩空气压力降低过程中分子能量变化引起温度下降的机理来制冷,是不发生制冷剂相变的制冷方式。压缩空气通过涡轮膨胀做功,涡轮发出的功由同轴的负载吸收。涡轮的主要特点是降温能力强、效率高、单机处理量大,适用于变工况工作。

影响涡轮出口温度的主要因素包括:
- 机组膨胀比,即进口压力与出口压力之比;

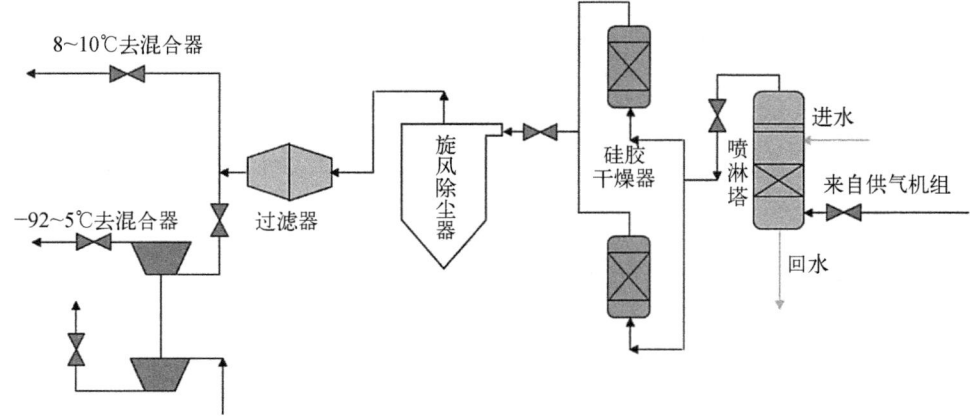

图 3.66　降温系统工艺流程图

- 涡轮进口温度；
- 压气机的压比（根据性能曲线调节压比）。

3.4.5　自然水系统

自然循环水系统采用敞开式一级水泵循环冷却流程：来自澄清水池的水进入循环水池，由泵房的水泵提升至气源系统冷却器及试验设备冷却器吸收热量后，热水通过水压差流到冷却塔喷淋冷却，冷却后的循环水流至冷却塔下部集水池，集水池的水再利用高低位差流回到循环水池，完成一个循环。

在试验中的含油水通过专门设计的含油泵抽至隔油池，将油过滤后，送回到循环水池；冷却塔下部集水池的水质通过旁滤系统来保证。自然水系统布局见图 3.67 所示。

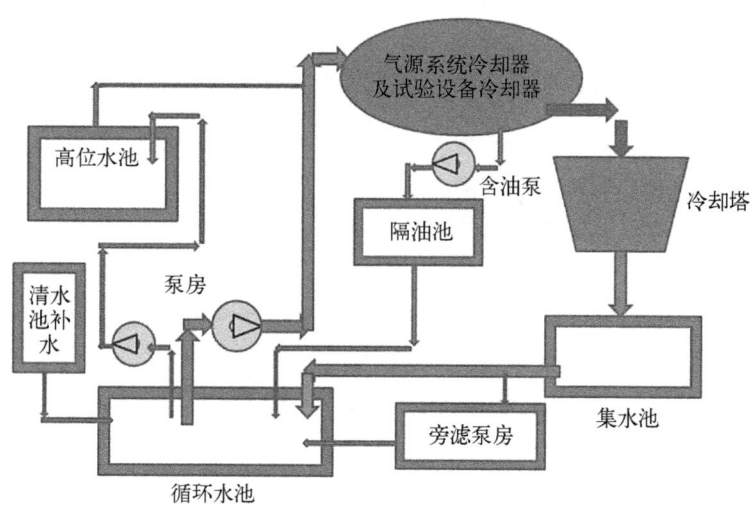

图 3.67　自然水系统布局

3.4.6 软化水系统

软化水系统采用敞开式二级水泵循环冷却流程：来自清水池的水经软化水制水站预处理后进入冷水池，由泵房的水泵提升至高空舱排气冷却器及试验设备吸收热量后，热水通过水压差流回到热水池，再由水泵将热水提升至冷却塔喷淋冷却，冷却后的循环水流至冷却塔下部集水池，利用高低位差再流回到冷水池，完成一个循环。软换水系统布局见图3.68所示。

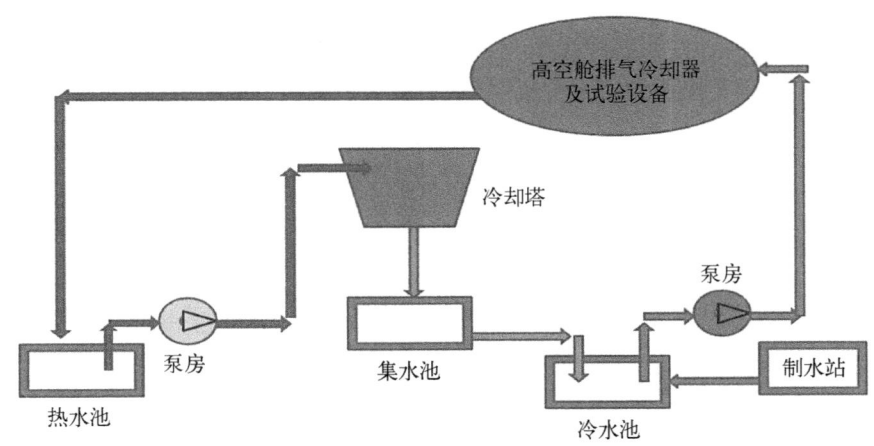

图 3.68 软化水系统布局

3.4.7 燃油系统

油库作为绵阳试验基地试验用航空燃油的供给中心，负责向试验基地各试验设备提供合格的喷气燃油。油库一般由几个埋地油罐组成，其中几个油罐为供油罐，另需设置回油罐。其工作原理是由油库内配备的螺杆式空气压气机提供压缩空气进入油罐内，利用压差原理将油罐内的油品通过输油管道供应给绵阳试验基地的各试验设备。

3.4.8 试验电站

试验电站是将工业电网的电能转送给高空台电力系统的设施，它是航空发动机高空模拟试验基地的重要组成部分之一。它能否安全、正常稳定地运行，直接影响着科研试验的整体进程。

某试验基地用电负荷属于二级重要电力负荷。220 kV 变电站规划有 220 kV 进线电源，都来自 500 kV 变电站，双线运行，一用一备。其主要为基地内大容量机组的拖动电机供电。

第 4 章
试验方法

航空发动机高空模拟试验方法设计,是一项复杂的系统工程,涉及的设备众多,试验前应详细分析发动机试验内容以及各试验设备运行搭配情况,为高质量完成试验奠定基础。本章主要从试验气动布局设计、发动机安装方法、试验流程设计、试验环境模拟以及试验仿真五个方面进行介绍,并给出了几个典型试验方法设计案例。

4.1 试验气动布局设计

直连式高空模拟试验舱,发动机进口采用进气工艺导管连接,尾喷口置于模拟飞行环境高度的高空舱内。进气气动布局主要考虑模拟飞行高度与飞行速度条件的准确性和可测试性,排气气动布局主要考虑飞行高度模拟的准确性和推力测量的准确性。进气工艺导管设计需考虑发动机进口来流均匀性、气动参数的可测试性和测试结果的准确性,如温度、压力、紊流度、马赫数和质量流量等。排气气动布局的关键在于:① 发动机尾喷口与排气扩压器的匹配性,如尾喷口面积与排气扩压器入口面积比、尾喷口与排气扩压器入口之间的间距;② 被试发动机在各种工况下(特别是加力接通工况)高空舱内气流温度,以防止高温气回流损伤测试管线等或其他设备。

4.1.1 进气气动布局设计

高空模拟试验任务之一是测试和评定航空发动机的高空性能。高空性能中最重要的一个参数是推力。发动机总推力是直接测量推力与进气动量和压差力的合力,其中进气动量与发动机吸气量密切相关,因而准确测量发动机吸气量较为重要。

流量管测量发动机进口空气流量,计算公式如下:

$$W_a = K \frac{P_t \cdot A \cdot q(\lambda)}{\sqrt{T}} \tag{4.1}$$

从式(4.1)中得知,要计算空气流量,需要测量截面的物理流通面积(A),测量截面的总压(P_t),测量截面的总温(T),用流量气动函数计算流量时的常数(K),为了得到$q(\lambda)$,还需测量截面的静压(P_s)。试验中为了模拟发动机飞行马赫数,应在流量管内测量发动机进口气流马赫数。为监视发动机进口气流脉动情况,还应测量发动机进口气流脉动。

中国航发四川燃气涡轮研究院的SB101、SB121采用双扭线流量管测量发动机空气流量,T102高空舱采用收敛型面流量管测量发动机空气流量。气流经过双扭线型面时,气流从水平流动方向转向收敛方向,会产生较大的径向分速度,经过收敛段后,气流的径向分速度需经过一定距离才能消失,如图4.1所示。考虑受气流径向分速度的影响,流量测量截面需设在收敛段后气流径向分速度消失的位置。

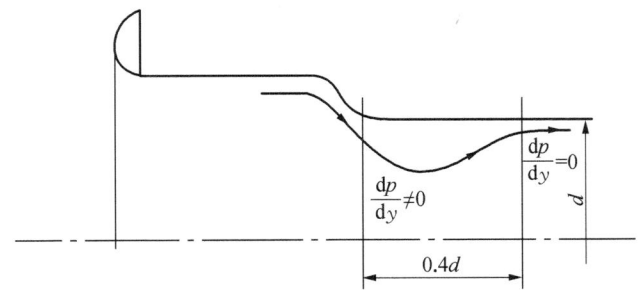

图 4.1　气流径向分速度的存在

比如某进口直径小于 1 米的某发动机,流量测量截面一般设置在流量管入口下游 0.3~0.4 倍管径处,在该截面,周向均布 4 个(孔径 0.5 mm),总压周向均布 4 支 7 点总压附面层耙;周向均布,附面层总压靶周向对称不少于 2 支,用于测取气流附面层,校准流量系数时使用。针对不同发动机,进气流量管可采用变径转接段,变径转接段置于流量管测量截面前,流量测量截面气流换算速度系数不应大于 0.7,且转接段做成扩散型时,扩张角或锥角应不大于 7°,也可以做成气流梯度连续的型面。

对于进口直径大于 1 米的发动机,图 4.2 给出了双扭线流量管的收敛曲面下游 0.2~0.9 倍发动机进口管径(D)位置气流径向速度分布,气流径向速度均在 0.6D 位置基本趋于消失,流量测量截面一般设置在流量管入口下游 0.6~0.7 倍管径处。

一般建议发动机安装截面应位于进气管道上不大于收敛曲线出口下游 0.6~1.3 倍发动机进口直径的位置。

某发动机试验与仿真的结果表明:随气流马赫数的增加,截面的附面层厚度减小,且呈指数关系递减,如图 4.3 所示;因此,发动机进口气流在 $Ma = 0.1 \sim 0.8$ 区间的流量系数 C^* 关系按图 4.3 评估。

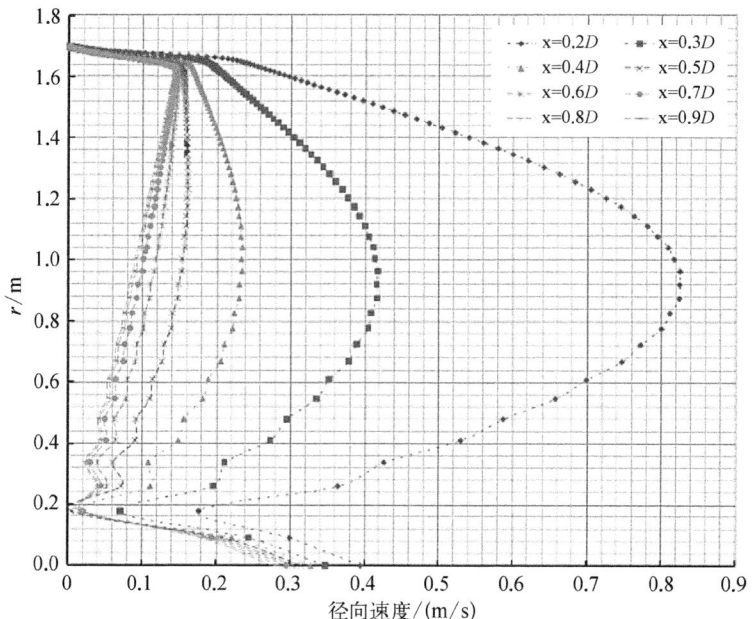

图 4.2 某发动机试验进气工艺导管双扭线出口截面径向速度分布

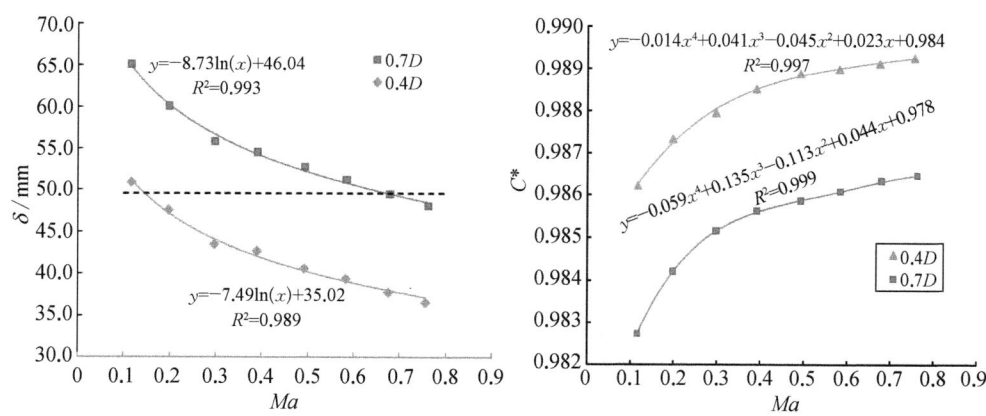

图 4.3 附面层随气流马赫数的关系

发动机在高空舱内试验的进气工艺导管由双扭线型面与流量管共同组成。发动机试验过程中流量管内气流会受到发动机第一级转子及进气帽罩的影响,在空气流量测量布局设计时,需考虑该因素对空气流量测量精度的影响。图 4.4 给出了美国航空航天局(National Aeronautics and Space Administration,NASA)利用虚拟仿真技术模拟高空舱内发动机试验中流量管内气流流动情况,从图上可以看出,第一级风扇转子和进气帽罩对气流有滞止作用,使得其附近的气流存在一定的压力梯度,因此建议空气流量测量截面应布置位置距进气帽罩不小于 $0.3D$(D 为流量管直径)。

图 4.4 NASA 虚拟现实模拟流量管内气流流动与仿真压力分布

考虑发动机进口气流脉动测量,需在发动机进口前 $0.3D\sim0.4D$ 区间设置总压和静压脉动测量截面。为修正因气流温度变化带来的流量测量截面面积变化影响,需在流量测量截面外壁面测量流量管壁面温度。

4.1.2 排气气动布局设计

排气扩压器与发动机喷管排出的高温燃气组成一套引射系统,是将高温高速燃气减速增压的设备,同时将燃气、高空舱内冷却气和漏气排出高空舱。排气扩压器与高空舱内的匹配性主要由排气扩压器与发动机喷管的气动布局、面积比、引射比决定。喷管出口高速燃气与低速冷却气在排气扩压器内进行掺混,使得气流沿着排气扩压器壁面形成回流区。在某些条件下,回流区从排气扩压器内溢入高空舱,对高空舱、测试仪器设备和发动机产生烧蚀等不利影响。轴对称喷管射流引射环形冷却气在排气扩压器内的流动情况如图 4.5 所示,矢量喷管射流引射环形次流冷却气在排气扩压器内的流动情况如图 4.6 示意。图 4.5 中部分次流流线在图中形成了一个封闭的环形回流区,回流区两端的壁面上分别形成前后速度滞止为零的滞止点。整个排气扩压器内气流由高速射流流动区、被引射次流流动区和气

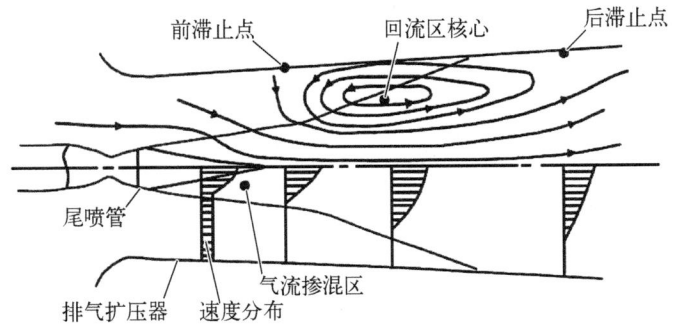

图 4.5 排气扩压器内气流流动示意

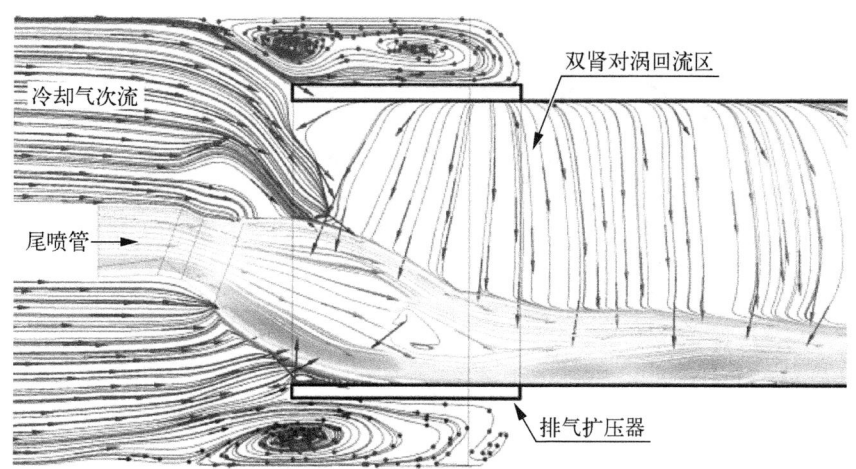

图 4.6　矢量喷管自由射流计算结果

流掺混区组成,高速气流在黏性剪切作用力下携带冷却气流进行掺混,混合过程中高速射流与冷却气进行能量交换,掺混气流温度和压力沿排气扩压器流动逐渐升高。图 4.6 中冷却气流在矢量引射气流作用下,在排气扩压器内形成双肾对涡回流区,射流直接冲击到扩压器壁面形成射流冲击区,冲击射流与环形冷却气在扩压器内掺混,掺混气流在双肾对涡流动下沿排气扩压器流动时温度和压力逐渐升高。

排气扩压器设计的一个重要指标是排气扩压器的临界膨胀比包线需涵盖被试发动机的喷管落压比包线。同时考虑发动机尾喷口面积与排气扩压器混合段面积匹配性和发动机喷管与排气扩压器相对位置匹配性,以将高温燃气引射排出高空舱、无燃气回流和适当增加排气扩压器增压比为目的,得到合理的气动设计结果。对矢量喷管发动机,需取喷管落压比区间计算得到自由射流条件下气流流动情况,根据高温燃气的引射排出设计排气扩压器混合段的内径,排气扩压器的长径比一般取 6~10。

矢量喷管试验中的燃气回流,同样是不允许出现的,一般适当增大引射比进行燃气回流抑制,同时在排气扩压器入口加装可更换隔板结构,排气扩压器入口矩形结构如图 4.7 所示。

高空舱内次流冷却气由于不再受排气扩压器内高强度燃气回流影响,在矢量喷管高速排气引射作用下,从高空舱经阻流隔板流入排气扩压器,并在此处与喷管射流和高温燃气回流开始掺混,图 4.8 所示的舱内次流流动矢量图对此给出了说明。相对常规排气扩压器入口结构,在相同引射比条件下,阻流隔板排气扩压器入口气流流动要产生较多的气流漩涡。漩涡极易受到发动机工作状态的影响流入高空舱内,使得高空舱内温度升高,特别是矢量喷管偏转背侧区域。通过调整引射

图 4.7 排气扩压器入口阻流隔板应用

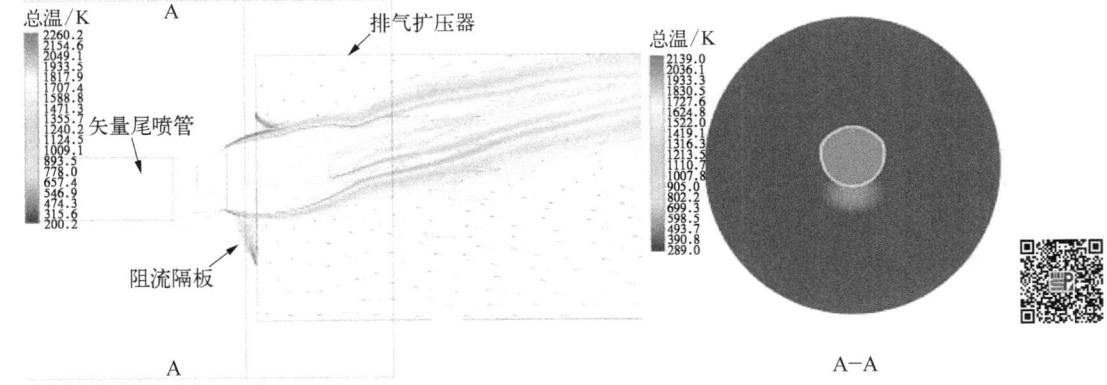

图 4.8 加装阻流隔板矢量喷管试验计算结果

比、适当的阻流隔板开孔面积和尾喷口距阻流隔板距离均可对排气扩压器内燃气回流进行控制。

本节主要以某型涡轴发动机高空台安装为例,介绍涡轴发动机安装情况。该型发动机为前输出、带自由涡轮式涡轴发动机。功率测量采用水力测功器,置于发动机进口前,通过连接轴与发动机相连。在高空舱布局有两种方案,分别如图 4.9 和图 4.11 所示,一是敞开进气分开排气;二是直连供气敞开排气。两种方式其发动机安装架,发动机与测功器安装方式及其位置均一致,主要差别在于进排气方式结构。

发动机在高空舱内的安装主要涉及:发动机与水力测功器连接;发动机与台架安装;发动机与水力测功器对中。

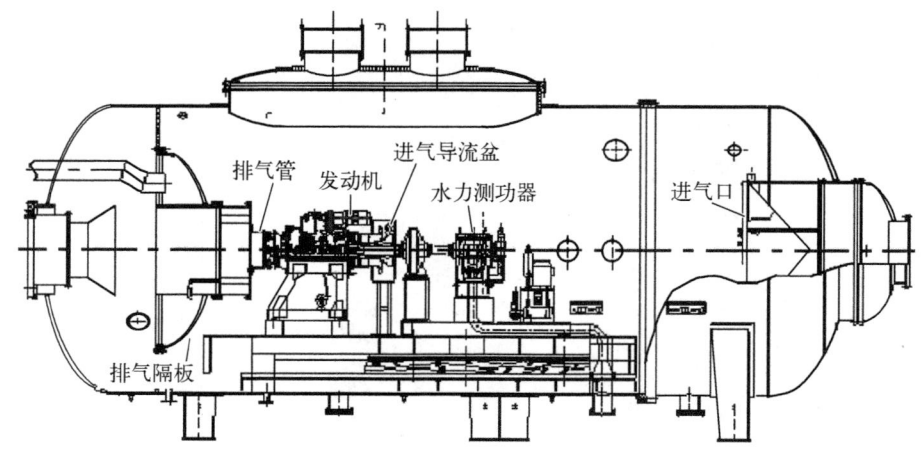

图 4.9 敞开进气分开排气布局

1）敞开式进气方式

如图 4.9 所示，该方式敞开进气，采用进气导流盆结构，分开排气，将发动机排气筒通过封板与前舱分开隔离。

由于涡轴排气速度较低、排气温度高，高空舱温度较高，由隔板和封头处向前舱辐射，造成高空舱内温度过高，甚至有可能影响涡轴发动机进口的温度场分布，此外由于发动机在试验过程中热端部件热辐射同样会使高空舱内温度升高，因此需对发动机外部和高空舱进行降温。涡轴发动机试验时采用的降温方式如图 4.10 所

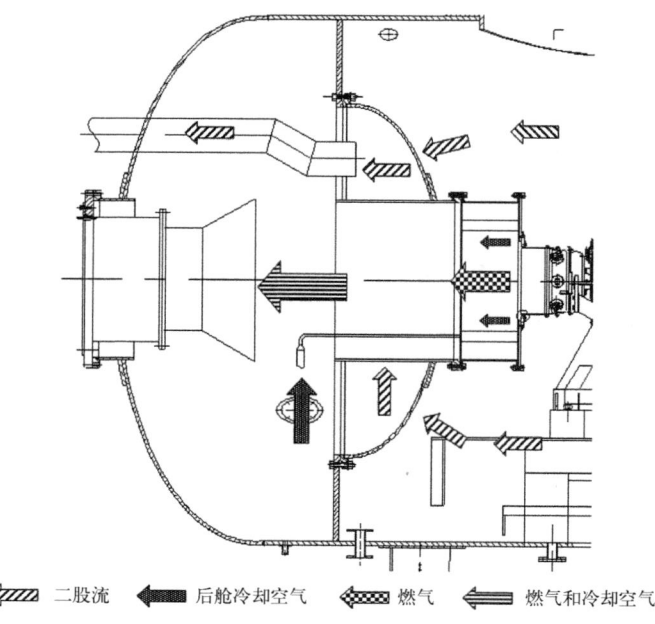

图 4.10 涡轴发动机排气示意图

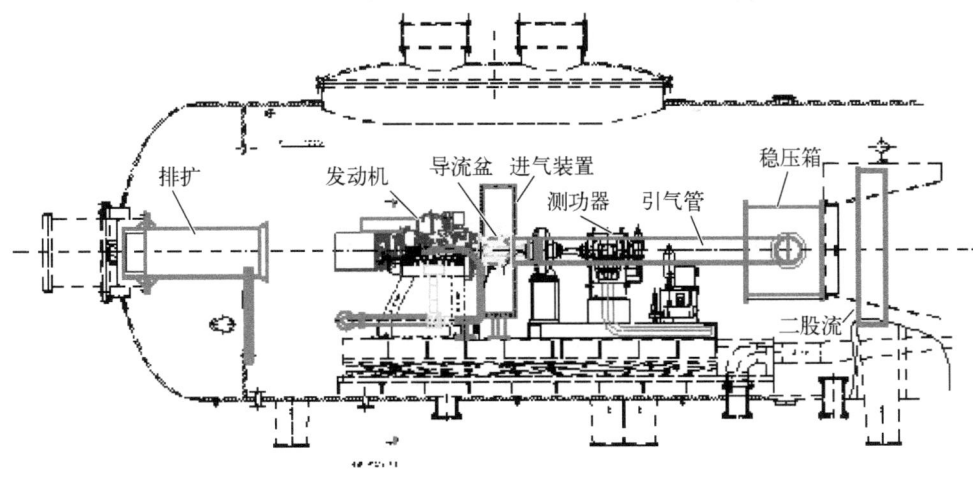

图 4.11 直连供气敞开排气

示。用于降低高空舱内环境温度的二股流冷却空气进入后舱封头后由管道输送至抽气总管排走,因此二股流流量的大小主要由高空舱内的环境温度确定,当高空舱内温度较高时,次流流量相应较大以防止由于舱温过高影响发动机的正常试验。

2) 直连进气方式

该方式是在发动机进口前设计进气装置(主要采用蜗壳结构),通过进气装置将进气来流与测功器所处环境隔开。从高空舱前室稳压箱通过进气导管绕过测功器后将进气供入进气稳压装置,再进入发动机。该方式的优点在于:测功器处于舱温约30℃的环境中,可有效避免扭矩传感器的负温条件下的温漂问题;降低了进气热惯性,极大地缩短了试验加降温调节时间,提升了试验效率。

该方式设计过程中重点关注:① 进气装置气动设计,发动机进口与测功器之间空间狭窄,保证发动机进口流场满足要求,进气装置设计难度大,需开展吹风验证;② 进气装置与发动机连接采用软连接结构,需保证装置的密封性,确保流量测量准确;③ 由于排气速度低,排气引射能力低,一般发动机尾喷管与排气扩压器入口的距离取1倍尾喷管直径。

4.2 发动机台架安装

随着航空发动机行业的快速发展,发动机型号及数量在逐年增加,配套的试验设备也在不断地新建。航空发动机高空模拟试车台承担着大量的航空发动机科研验证和考核鉴定试验任务。由于不同型号发动机在接口尺寸、进排气条件、结构强度等方面存在较大的差异,发动机在台架上的安装形式也各不相同,就是同一型号不同批次发动机对台架的安装要求也会随着研发进度而发生变化。在发动机试验过程中,发动机安装架及台架的受力变形情况非常复杂,并且不同台架的变形情况存在较大差异。目前,我国高空模拟试车台发动机安装架的设计方案,发动机在台架上的安装公差、台架变形及台架间隙控制都是参照原有地面试车台台架的使用经验来制定的。由于发动机台架安装技术复杂性与新建台架的先进性,原有的使用经验不一定完全适用。因此,需要开展发动机安装公差、台架变形及安装间隙对推力测量和试验安全的影响分析,得出安装公差、台架变形和安装间隙控制的准则。

4.2.1 推力台架安装公差控制

航空发动机推力测量台架是布置在高空舱中,用于固定发动机,实现发动机推力、空气流量等参数测量的重要设备。推力测量台架主要由动架、定架、弹簧片、推力测量与校准系统、发动机安装架等组成。航空发动机推力测量台架,按照弹性元件安装方式的不同,可分为支撑式台架和吊挂式台架,如图4.12所示。

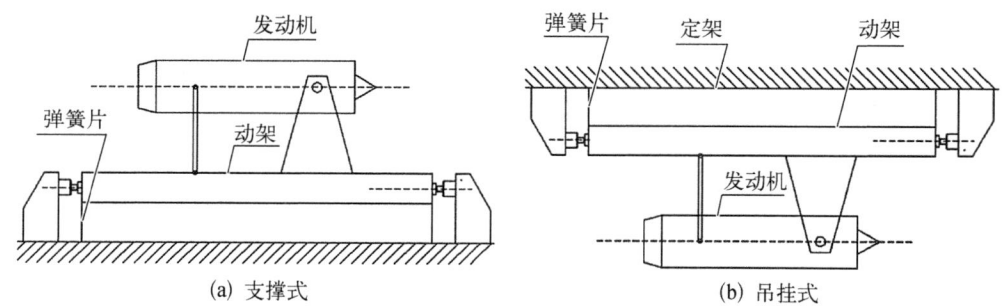

图4.12 支撑式与吊挂式台架发动机安装示意图

发动机在台架上的安装,在航空发动机高空模拟试验中占有非常重要的地位,安装质量对发动机的试验安全和重要性能参数(如推力、空气流量等)的测量有着很大的影响。航空发动机具有体积大、重量大、结构精度高、安装间隙小等特点,且高空舱内布置有各种工艺管路及测试管线,操作空间非常狭小,发动机安装轨迹复杂,使得高质量的发动机安装成为航空发动机高空模拟试验中的难点之一。发动机安装过程中,首先需要保证发动机与高空舱的轴心对准,这是发动机成功安装的必要条件,但在发动机安装过程中不可避免地会存在一定的位置公差,导致发动机试验过程中,其推力方向与高空舱中心轴线产生一定的偏移和夹角,使发动机产生推力偏心。发动机在台架上的安装公差主要包括以下两项:① 在发动机俯仰姿态的调整过程中,发动机中心轴线与高空舱中心轴线之间的夹角存在一定的安装公差;② 在发动机中心位置的调整过程中,发动机中心轴线与高空舱中心轴线之间的平行偏移存在一定的安装公差。为了保证试验过程中设备和发动机的安全以及推力测量的准确性,需将上述两项安装公差控制在一定范围内。

在单分量推力测量台架中,推力传感器位于台架水平面中心线上,只能测量沿中心线传递的推力。在发动机安装过程中,当发动机中心轴线与高空舱中心轴线之间的存在一定夹角时,实际推力方向与传感器形成偏角 α,见图4.13(a)所示,推力传感器测量值 $F_m = F\cos\alpha$,此时推力测量误差 $\Delta F = (1 - \cos\alpha)F$。当发动机中心轴线与高空舱中心轴线之间产生平行偏移时,见图4.13(b)所示,实际推力轴线与高空舱轴线存在一个偏移量,该偏移量会使会使台架产生额外的变形,从而影响推力测量精度,具体可见4.2.2小节。

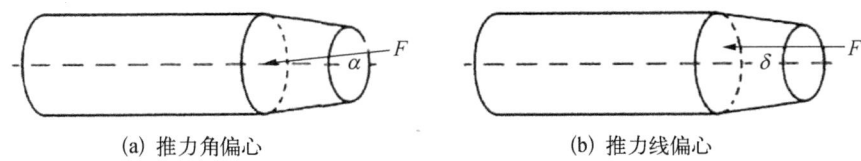

(a) 推力角偏心   (b) 推力线偏心

图4.13 推力偏心示意图

4.2.2 推力台架变形控制

台架的变形形式主要包括:① 台架在自身重力作用下产生的变形;② 台架在主推力作用下产生向前的位移;③ 台架在俯仰力矩作用下产生的翻转变形;④ 台架在侧向力作用下产生的扭转变形。

1. 台架在重力作用下的变形

由于动架本身长度和重量的原因,推力测量台架在自身重力作用下会产生弯曲变形。为了更好地研究动架在外力作用下的各种变形,必须先研究一下动架在自身重力的作用发生的变形。图4.14是动架只受重力作用下的弯曲变形图,从图4.14中可以看出,推力测量台架在自身重力作用下使得中心下降,两头上翘,同时可以说明动架上表面并非绝对的水平面。而动架上表面通常会作为设备安装的参考平面,其水平度需控制在一定的范围。按照使用经验及设计加工要求,动架上表面水平度最大不超过 0.08/1 000(在任意方向上)。

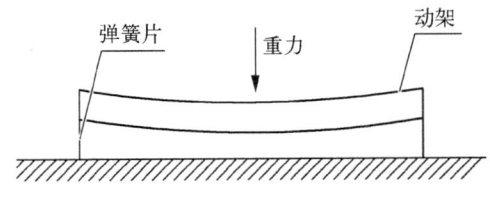

图4.14 推力测量台架重力作用下变形图

2. 台架在轴向推力作用下的变形

在发动机试验过程中,台架在受到轴向推力作用时,动架、弹簧片及相关组件都会产生复杂的变形。发动机试验过程中推力在试验台架上的传递路线是:发动机产生的推力通过主辅安装节传递到动架上,动架在推力作用下产生微小变形,将推力传递到推力传感器上。如果在推力作用下动架位移量过大,一方面会影响推力测量精度,同时会影响到台架的工作安全。利用仿真软件对某推力测量台架进行变形仿真分析。图4.15为推力测量台架在轴向力作用下时,台架位移及变形量情况。由图 4.15 可见台架在自身重力、轴向力及各种反作用力的共同作用下发生了复杂的变形和位移。为了减小弹簧片变形修正引起的测量推力误差,从而降低飞行推力的总误差,需要控制动架的变形量。根据台架的设计要求以及推力测量精度的要求,动架最大位移量应小于 3 mm。

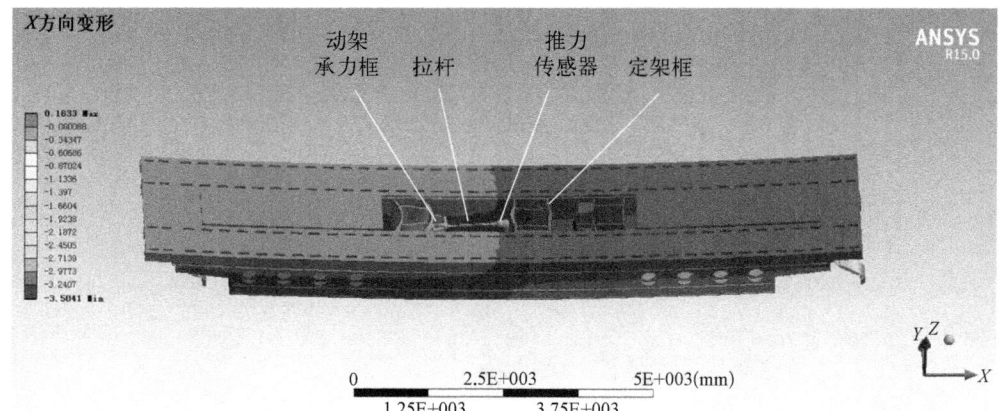

图 4.15　推力测量台架在轴向力作用下的变形情况

3. 台架在俯仰力矩作用下产生的变形

台架产生翻转变形的原因主要有两方面:一方面是由于发动机推力轴线与动架水平轴线存在高度差,在发动机试验过程中,发动机产生的推力对动架产生一个弯矩使动架向前翻转。另一方面,发动机喷口下偏时,发动机推力在垂直方向上有向上的分力,该分力也会使动架向前翻转,台架翻转变形形式如图 4.16 所示。

发动机试车台架产生翻转变形时,发动机推力在垂直方向上有向下的分量,该分量使得弹簧片受到压力增加,其稳定性系数减小,使得发动机工作传感器测量值增大,如果不作修正,发动机测量推力会偏大。台架稳定性系数修正方法如下:

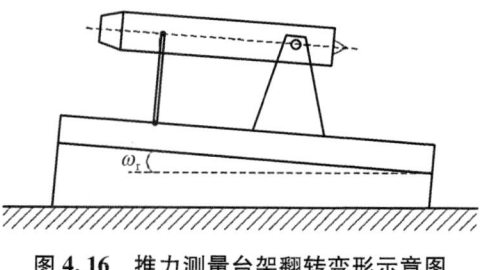

图 4.16　推力测量台架翻转变形示意图

稳定性系数误差修正公式为

$$F_{\text{fk}} = \frac{(K_\text{f} - K_\text{j})\delta}{\cos(\omega_\text{r})} \quad (4.2)$$

式中 K_f 为发动机试验时的台架稳定系数:

$$K_\text{f} = \left| \frac{F_\text{f}\sin(\omega_\text{r})}{g}\beta_1 \right| + K_\text{j} \quad (4.3)$$

式中，F_f 为发动机推力；K_j 为现场平行校准反算得到的台架稳定性系数：

$$K_j = \frac{F_{sd} - F_m}{\delta} \tag{4.4}$$

上述公式中 δ 为台架向前的位移，可根据位移与校准力的关系式得到；ω_r 为如图 4.16 所示的翻转角；g 为重力加速度；β_1 为质量影响稳定性系数的系数，在线性范围内是由弹簧片特性确定的常数，可以通过试验或仿真获取；F_{sd} 和 F_m 分别是校准时的加载力和工作传感器的测量力。

4. 台架在侧向力作用下产生的变形

理论上，非矢量发动机试验过程中不会产生侧向推力。但由于实际安装过程中产生的误差、发动机加工误差或者气动角与机械角存在的偏差等因素，导致实际推力轴线与理论轴线存在偏角，从而产生侧向力。在侧向力作用下，台架就会发生扭转变形（见图 4.17）。如图 4.17 所示，当动架发生扭转变形时，弹簧片也会随之发生扭转。

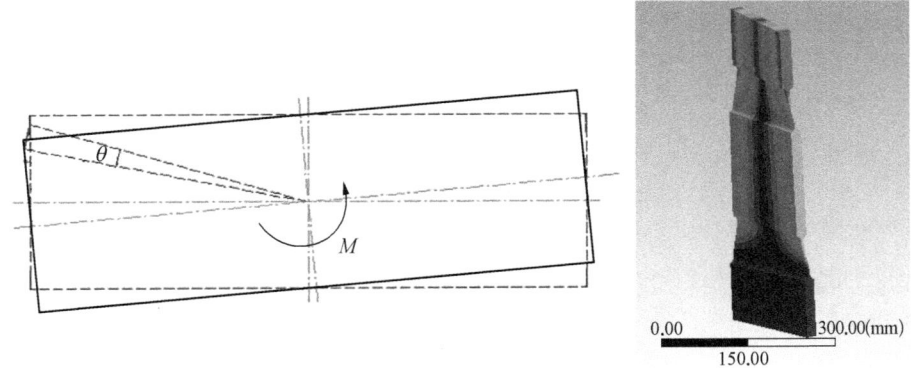

图 4.17 推力测量台架扭转变形示意图

上文谈到台架变形对推力测量误差的影响，常常需要与推力台架的校准联系到一起。推力台架在发动机推力作用下时，台架弹簧片产生变形，从而对台架产生与推力方向相反的阻力，使得作用在工作推力传感器上的力值小于发动机实际推力值。为了准确地测量出发动机的真实推力，需通过现场校准来消除弹簧片对台架的阻力对推力测量的影响。根据标准力施加位置的不同，发动机轴向试车台推力测量系统校准的方法，通常可分为两种：平行加载校准方法和中心加载校准方法。

由于中心校准比较难实现，推力台架实际使用过程中通常用平行校准来代替中心校准。而平行校准时通过校准装置产生的标准力没有加载在发动机中心线上，没有完全模拟发动机试验时推力的传递路径。校准时台架受力变形情况与发动机真实试验时台架受力变形情况不相同，由此产生的弹簧片位移值也不同。因此,发动机试车时通过台架推力测量系统测得的发动机推力值就不等于发动机的真实推力值,从而产生了台架推力测量的附加系统误差。而这个附加系统误差是不能通过平行校准来消除的,需尽量减少附加系统误差对推力测量精度的影响。

从以上论述可知,只有轴向变形可以通过平行校准进行部分修正,翻转变形和扭转变形无法通过平行校准进行修正,所以后两种台架变形需要尽量减少。

4.2.3 推力台架间隙控制

台架间隙控制主要包括:① 锁紧装置与动架之间的间隙控制;② 流量管篦齿间隙控制;③ 工作推力传感器安装间隙控制。

1. 锁紧装置与动架之间的间隙控制

如图4.18所示,每个单方向推力台架一般都设有4个动架锁紧装置,分别位于4个弹簧片附近,用于约束动架的前后位移量。该装置通常设计有挡板和高强度螺杆,螺杆端面与动架端面之间的间隙可以调节。动架锁紧装置在没有发动机试验时用于固定台架,此时,螺杆端面与动架端面之间的间隙为零,动架处于静止状态,使弹簧片不受动载荷的作用,提高弹簧片抗疲劳能力,从而延长弹簧片的使用寿命。在发动机试验过程中,为了使动架在发动机推力作用下,能自由的运动,并且在热辐射作用下,动架具有一定的热胀冷缩空间,需要松开动架锁紧装置,使螺杆端面与动架端面之间存在一定的间隙。另外,在发动机试验过程中可能产生爆燃、喘振等特殊情况,为了避免发动机、试验台架及其他设备承受过大的冲击,需要通过锁紧装置对动架的位移量进行限制,从而对台架进行有效防护。综合考虑台架推力测量要求和意外情况防护要求,发动机试验过程中,锁紧装置与动架之间的间隙一般需控制在5~10 mm左右。

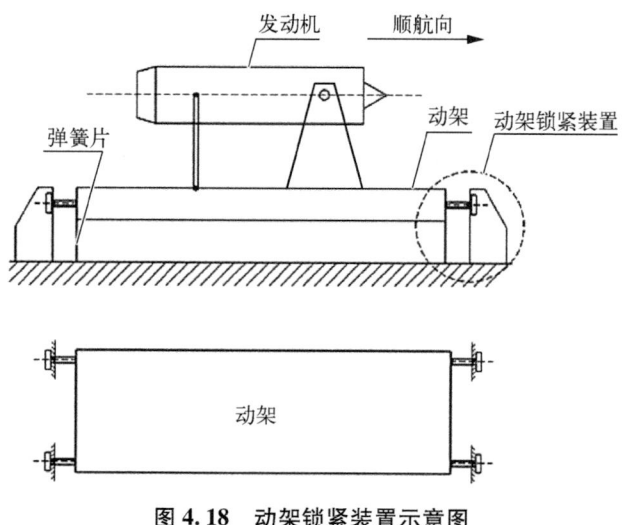

图4.18 动架锁紧装置示意图

2. 流量管篦齿间隙控制

篦齿封严结构是一种高效的非接触式密封装置,广泛地应用于航空燃气涡轮发动机密封机构设计中。在航空发动机直连式高空模拟试验中,为了准确地测量发动机推力,动架与定架之间不能采用刚性连接,因此,发动机流量管导流盆(安装在定架上)与流量管直管段(安装在动架上)之间通常采用篦齿连接的方式来进行物理隔离。

在篦齿装置的设计与安装过程中,篦齿间隙大小的控制,需综合考虑气体泄漏量和结构变形。篦齿间隙主要分为径向间隙和轴向间隙,篦齿径向间隙主要用于吸收流量管在推力作用下垂直方向上的耦合变形、流量管直管段径向的热变形以及导流盆在气流压力、温度作用下径向的变形。篦齿轴向间隙主要用于吸收流量管在推力作用下轴向的变形、流量管直管段轴向的热变形以及导流盆在气流压力、温度作用下轴向的变形。

如图 4.19 所示,假设篦齿轴向间隙为 L_z,流量管前端面在推力作用下轴向的变形量为 ΔL_{z1},流量管前端面在温度作用下轴向的膨胀量为 ΔL_{z2},导流盆在气流压力、温度作用下轴向的变形为 ΔL_{z3}。则篦齿轴向间隙最小控制值的计算公式如下:

$$L_z > \Delta L_{z1} + \Delta L_{z2} + \Delta L_{z3} \tag{4.5}$$

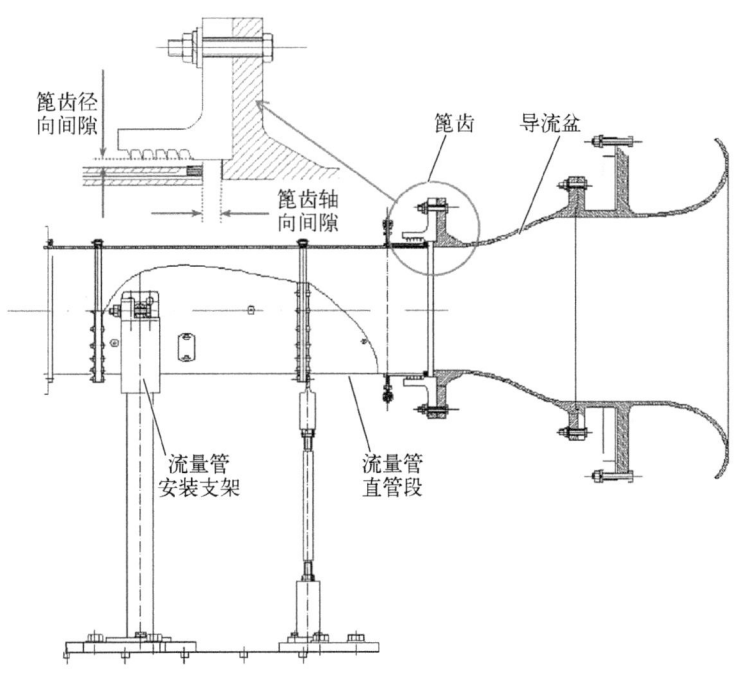

图 4.19 流量管篦齿结构示意图

假设篦齿径向间隙为 L_j,流量管前端面在推力作用下垂直方向上的耦合变形量为 ΔL_{j1},流量管前端面在温度作用下径向的膨胀量为 ΔL_{j2},导流盆在气流压力、温度作用下径向的变形为 ΔL_{j3}。则篦齿径向间隙最小控制值的计算公式如下：

$$L_j > \Delta L_{j1} + \Delta L_{j2} + \Delta L_{j3} \quad (4.6)$$

3. 工作推力传感器安装间隙控制

根据推力测量台架结构型式的不同，推力传感器的工作模式有受拉和受压两种，受拉方式没有安装间隙。推力传感器受压的工作模式，通常是将传感器安装在动架前端的定架上，动架在推力作用下向前产生位移，使推力传感器受压，从而测出发动机传递到动架上的力。在工作推力传感器安装过程中需要控制工作推力传感器与动架前端面之间的间隙。同时工作推力传感器可通过保温的方式使传感器尽量保持在温差变化较小的环境中，可有效避免推力传感器的温度变化较大条件下的温漂问题、金属弹性变形。

受压工作模式的推力传感器在台架上的安装情况如图 4.20 所示，工作推力传感器与动架前端面的安装间隙是通过调节螺杆进行调整的。安装过程中首先将调节螺杆旋入推力传感器，工作推力传感器在定架上固定好后，在调节螺杆与动架前端面之间放置一个 0.01 mm 厚的垫片，再将调节螺杆缓慢旋出，直至螺杆端面与垫片刚好接触上，并将垫片取出。此时，工作推力传感器与动架前端面之间的间隙约为 0.01 mm。

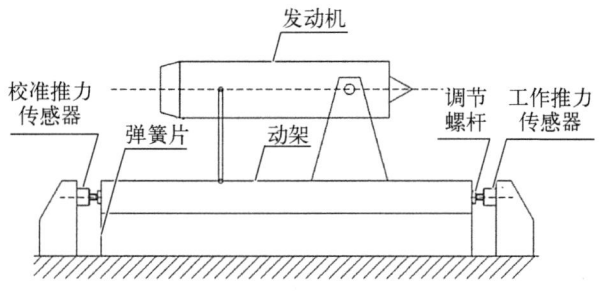

图 4.20 推力传感器安装示意图

4.2.4 涡轴发动机与水力测功器联接轴

发动机与测功器联接轴采用浮动轴结构型式如图 4.21，轴一侧与测功器通过

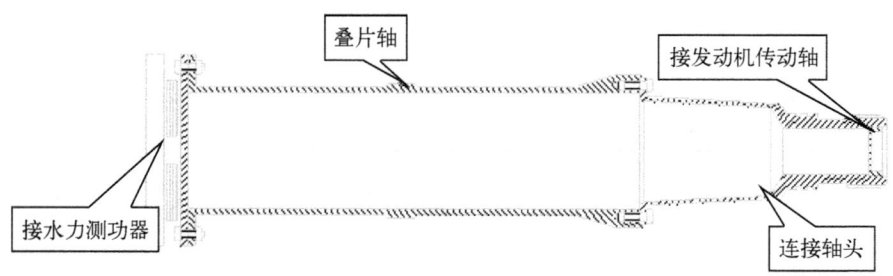

图 4.21 水力测功器与发动机联接轴

法兰相连,另一侧连接轴头为花键结构,插入动力涡轮输出轴花键接口。该轴连接轴头与叠片轴之间用螺栓紧固,通过叠片消除轴向间隙和减小振动传递。

4.2.5 涡轴发动机安装架

涡轴发动机安装架主要起到固定发动机的功能。发动机安装架见图4.22所示。通过主支点一端锁死,另一端预留不低于2 mm的热间隙,使发动机在垂直于发动机中心轴线的水平面内可径向移动,消除发动机工作过程中的主支点处径向热膨胀。辅助支点在发动机轴向一个自由度内可自由滑动,消除发动机在工作过程中的轴向热膨胀。

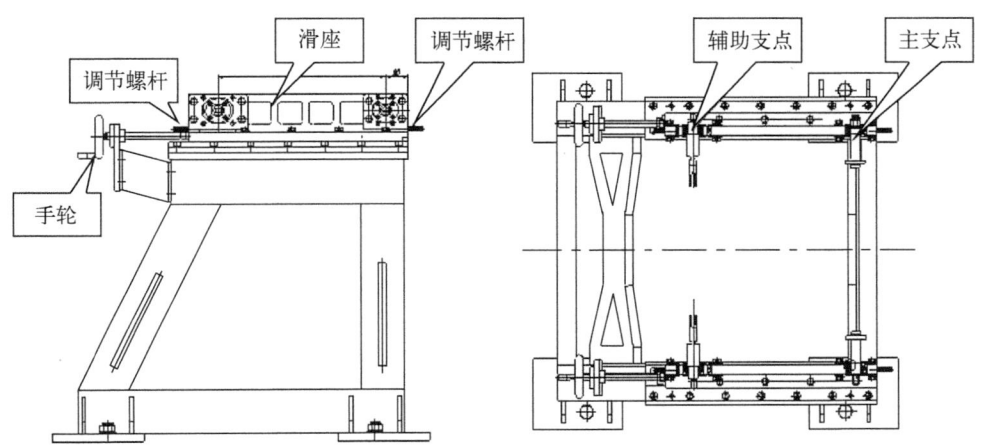

图4.22 涡轴发动机安装架

发动机安装架主、辅支点4个位置均可旋转调节螺杆从而调整发动机4个支点,使发动机水平安装于安装架上,见图4.23所示。辅助安装节安装完成后,位置

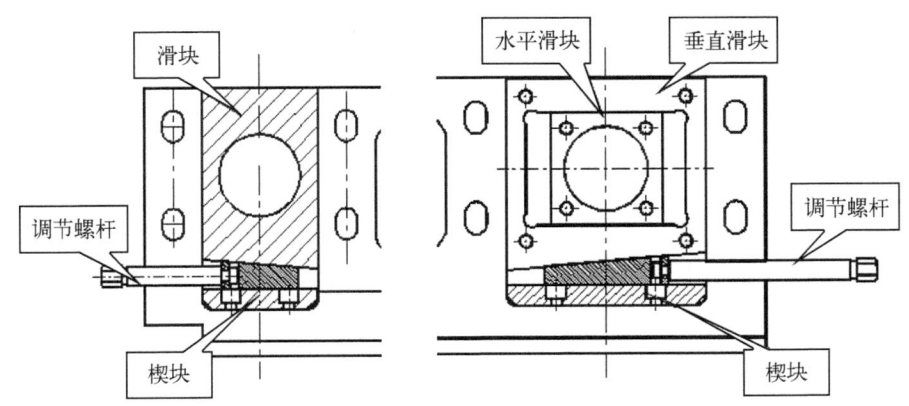

图4.23 涡轴发动机主、辅支点调节结构

可调整,调整完毕后辅助安装节可径向、轴向摆动,为活动支点。

4.2.6　涡轴发动机与水力测功器对中

涡轴发动机动力输出轴与水力测功器轴通过联接轴连接一起高速运转,因此发动机与水力测功器轴的安装要求很高,发动机与水力测功器的同轴度要求在 0.05 mm 以内,两轴端面跳动量、径向跳动量均要求在 0.05 mm 以内,因此发动机安装架各零件之间的安装间隙需控制在较低水平,防止发动机固定不可靠而引起振动增大。

发动机从运输箱吊出后首先安装在发动机安装架上,通过调整主辅支点处的调节螺杆,使发动机水平地固定在安装架上。然后通过在发动机安装架前安装两个千分表,使发动机同步地向前移动以调整发动机至水力测功器的距离满足联接轴的安装要求。通过在发动机动力输出轴工装上的千分表与水力测功器轴旋转测定其同轴度是否满足要求,最后通过激光对中仪进行检查微调,使发动机动力输出轴与水力测功器轴的同轴度满足要求。

调整完成后,通过发动机安装架上的手轮将发动机同步地向后移动至能够安装导流盆、联接轴的位置,然后再同步地将发动机移动至调整完成后的位置检查发动机动力输出轴与水力测功器轴之间的同轴度、端面跳动量、径向跳动量是否满足要求。连续三次满足要求后,方可安装连接轴与进气装置。

4.3　试验流程方法设计

在直连式高空台上,通过前室和流量管向被试航空发动机供入所要求的空气,发动机与流量管之间的气动截面称之为 AIP 气动界面。在高空台通过模拟该 AIP 气动界面所拥有的气动参数和图谱实现航空发动机的飞行高度和飞行马赫数的模拟,完成从风扇或低压压气机进口到尾喷管出口的内部气流流动的一系列验证,一般不模拟飞行时的发动机外部气流流动,进行高空模拟试验的发动机不带飞机进气道。也就是说,这种试验只在发动机进口模拟与飞行高度和飞行马赫数对应的进气总压和总温,高空舱内压力则保持与这一飞行高度的大气压力相等,因而可用于分析研究标准大气和非标准大气各种飞行条件下发动机进口截面到尾喷管出口整个发动机内部的气动、热力过程,鉴定发动机附件和系统在不同飞行环境条件下的工作可靠性,研究和考核各种飞行条件下的发动机结构完整性,但不能精确地模拟发动机在飞机上的安装条件,特别是外部散热条件以及由于飞机机动飞行带来的过载和瞬变条件。

高空台试验流程与方法的设计是基于设备的特点与发动机的需求,以较高的效率以及较小的能源消耗为前提,以规范的手段制定设备运行方法。此外高空台的试验流程还与配套系统(如供抽气机组、空气处理装置、管道的走向等)的能力有关,在进行试验流程方法设计时,需要进行综合考虑。

本节将分别阐述发动机的需求、高空台试验的模拟参数、空气流路原理、流程设计以及典型试验方法设计。

4.3.1 发动机的需求

目前多数航空发动机可以在地面到 25 km、速度从 0~2.5 倍声速飞行范围内使用。这个可满足规定的功能、性能和耐久性要求的工作范围叫作发动机飞行工作包线,它是发动机全部稳态和瞬态的工作极限,是由发动机高空小表速气动与燃烧稳定边界、绝对高度、高空高速风扇和压气机气动稳定边界以及加力燃烧室高压稳定燃烧边界、中低空高速发动机强度与热负荷边界等所组成的发动机工作范围。简而言之,就是由气动、热力极限和附件与系统工作极限以及机械极限所规定的工作包线极限值。工作包线一般用飞行高度和飞行马赫数表示。

当航空发动机在一定的高度上,以一定的马赫数飞行时,我们把发动机进气道远前方的来流称为自由流,该自由流的静压、静温即为当地海拔高度上的大气压力、大气温度。自由流总压、总温则是自由流静压、静温参数和马赫数的函数。

按照气体动力学基本原理,飞行状态(高度 H 和飞行马赫数 Ma),可用气流总压(P_1)和总温(T_1)来表示,高度可用高空气压(P_h)来代表。在直连式高空模拟试验中,只要发动机进口气流的总压和总温模拟给定飞行状态下的总温和总压,即可模拟给定飞行进气状态,发动机的飞行高度通过模拟相应高度下的排气环境压力实现。

因此发动机包线内的飞行高度和飞行马赫数即可转化为进入发动机气流的总压、总温以及所在高度的大气压力,即转化为发动机进口总压、总温以及排气环境压力。当然,由于进气道的缘故,发动机进气总压还需考虑进气道总压恢复系数。

由此可见对航空发动机来说,它在某一个确定的高度上,可以保持水平飞行的速度是有一定范围的。以速度作为横坐标,以高度作为纵坐标,把各个高度下的速度上限和下限画出来,这样就构成了其飞行工作包线。确定工作包线后,发动机的所能承受的自由流温度和压力极值就可以确定下来。图 4.24、图 4.25 即为某高空舱和发动机的典型工作包线。

现有军用战斗机动力一般飞行高度不高于 20 km,飞行马赫数不高于 2.0。其包线内进口温度范围为-60~250℃、进口压力范围为 5~300 kPa、环境压力范围为 2.5~100 kPa,空气流量不高于 300 kg/s。

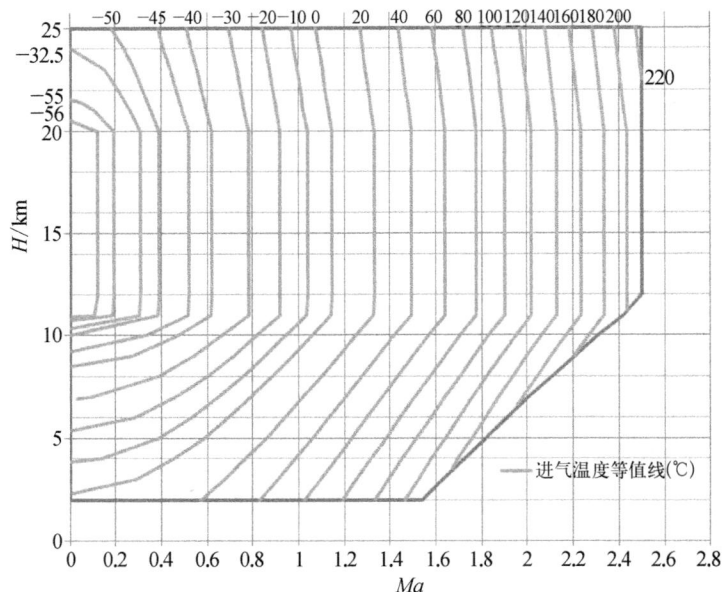

图 4.24　发动机包线内等温线

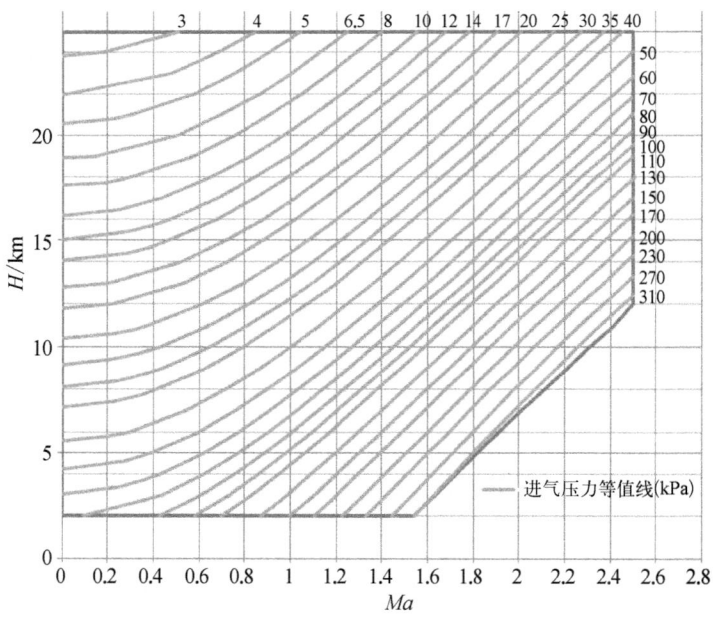

图 4.25　发动机包线内等压线

4.3.2　高空模拟试验的模拟参数

为了调试和检验航空发动机在这些高空飞行状态下的各种工作特性,首先需要高空模拟试车台能够逼真地建立起航空发动机空中飞行状态下的进排气环境,其次通过发动机试验获取得到发动机的相关特性。针对某航空发动机的高空模拟试车台试验包线就是指能够逼真地建立起该航空发动机空中进排气环境的(速度-高度)范围。要通过航空发动机高空模拟试验得到发动机全部工作包线范围内的工作特性，则高空模拟试车台的试验包线必须能覆盖该发动机的飞行工作包线。

航空发动机高空试验模拟参数：发动机进气总温、发动机进气总压以及发动机排气环境压力。试验时发动机的外部环境温度不真实模拟，仅通过控制高空舱内次流流量保证在安全范围内(不超过120℃)。发动机进排气流场品质和模拟偏差依据 GJB 4879 执行。

4.3.3 空气流路原理

高空台空气流路包括供气系统、空气处理系统、空气管网系统、高空舱主体设备，以及抽气系统。空气流路原理见图4.26。

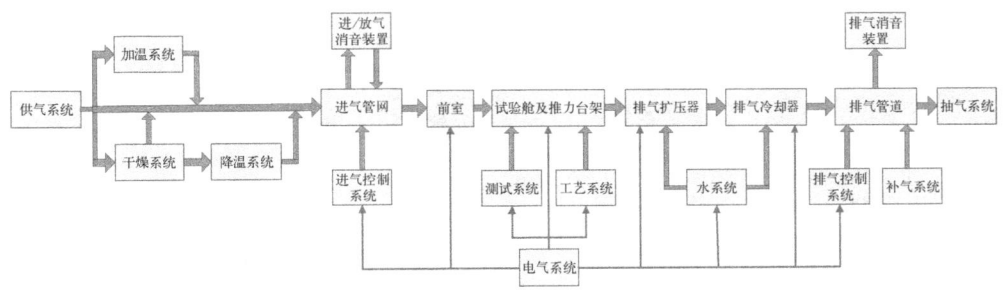

图4.26 空气流路原理图

高空台主要试验流程：供气机组对空气增压，经空气处理系统后得到所需温度的压缩空气，通过管道进入高空试验舱中的发动机，在空气管网系统中通过阀门改变流阻实现进入发动机内空气压力的调节。发动机排出的高温燃气通过冷却器降温后经抽气管道进入抽气机组，增压后排至大气，同样经过空气管网系统中的阀门改变流阻来实现高空舱内压力调节。

供气系统包括供气压气机组及配套系统、管道以及测控系统组成。现有某高空台使用供气压气机组的压比在2.8~3.5。多台机组可以并联供气，也可串联供气(总增压比可达10以上)。

空气处理系统包括加温、降温和干燥系统。其中加温系统可将机组供气温度加温至500℃以上；干燥系统对机组出口气流除湿，露点温度可降至-38℃以下，同时可将气流温度降至约10℃；降温系统是通过膨胀涡轮降温，可将气流降温至约-90℃。

抽气系统包括抽气机组及配套系统、管道以及测控系统。现有某高空台使用抽气机组的增压比最高可达9左右，多台机组可以并联抽气，也可串联抽气(总增压比可达50以上)。

4.3.4 流程设计

综合考虑发动机需求和高空台流路原理,确定高空台典型试验流程见表4.1。

表 4.1 典型试验流程

序号	试验流程	功能
1	大气进气-直排大气	用于地面检查试验,进行发动机和相关设备高空试验前功能检查
2	大气进气-机组抽气	主要用于高空校准试验,以及进气总压 90 kPa 以下的非标准天状态试验
3	机组供气-机组抽气	主要用于进气总温在 40~150℃、气流总压力 350 kPa 以下、高度不超过 25 km 的试验
4	低温供气-机组抽气	主要用于进气总温在-65~10℃、气流压力约为 120 kPa 以下、高度不超过 25 km 的试验
5	高温供气-机组抽气	主要用于进气总温在 150~350℃、气流总压 350 kPa 以下、高度不超过 25 km 的试验
6	高温中压供气-机组抽气	主要用于进气总温在 40~350℃、气流总压 350 kPa 以上、高度不超过 25 km 的试验

注:另外还需满足发动机"三高"起动试验,即具备等冲压起动试验能力、发动机冷/热浸试验能力。

高空台的典型试验流程是通过多种工艺流程的不同组合,达到该流程试验的能力。具体工艺流程如下:

1) 进气工艺流程
- 机组供气工艺流程;
- 干燥供气工艺流程;
- 低温供气工艺流程;
- 高温供气工艺流程;
- 大气进气工艺流程。

2) 排气工艺流程
- 直排大气工艺流程;
- 机组抽气工艺流程。

3) 其他流程
- 二股流供气工艺流程;
- 旁路抽气工艺流程;
- 附面层抽除流程;
- 机组舱内供气工艺流程。

1. 进气工艺流程

1) 压气机组供气工艺流程

压气机组供气工艺流程是指空气通过压气机组后(可通过机组后冷调节供气温度),不通过空气处理系统,供至高空舱前室。

以现有某高空台为例,根据压缩机组能力,机组经后冷调节后供气温度下限值:冬天为30℃左右,夏天为40℃左右;供气温度上限值:最高约为200℃。考虑一定的沿程温度损失、热惯性及试验经济性,低压供气工艺流程发动机进口温度范围为40~150℃。该工艺流程关键参数设置如下。

(1) 管道压力参数:最高压力不超过300 kPa,一般较发动机进口压力高50 kPa左右,同时需要注意调节阀门的开度范围和该压力下管道允许的流速不应超限;

(2) 发动机进口压力参数:根据发动机的需求,压力在10~270 kPa范围内;

(3) 发动机进口温度参数:40~150℃范围内;

(4) 发动机进口空气流量决定投入供气机组的数量。

2) 干燥供气工艺流程

干燥供气工艺流程是指空气通过压气机组后(通过机组后冷调节供气温度达到最低值),经过干燥系统处理,供至高空舱前室。干燥供气工艺流程的主要作用是与低温供气工艺流程同时供气,调节发动机进口所需温度。

以现有某高空台为例,干燥供气温度全年稳定在10℃左右。该工艺流程关键参数设置如下。

(1) 管道压力参数:一般在120~200 kPa,略高于发动机进口压力,同时需要注意调节阀门的开度范围和该压力下管道允许的流速不应超限;

(2) 发动机进口压力参数:根据发动机的需求,压力在10~110 kPa范围内;

(3) 发动机进口温度参数:10℃左右;

(4) 发动机进口空气流量决定投入供气机组和干燥系统的数量。

3) 低温供气工艺流程

低温供气工艺流程是指空气通过压气机组后(通过机组后冷调节供气温度达到最低值),通过干燥系统处理、膨胀涡轮降温,经管道供高空台前室。低温供气工艺流程的主要作用是与干燥供气工艺流程同时供气,调节发动机进口所需温度。

以现有某高空台为例,经膨胀涡轮降温后的气流温度最低可降至约-90℃,试验时与干燥供气流程同时供气,干燥气与负温气掺混以达到要求的气流温度,该温度范围在-70~10℃。该工艺流程关键参数设置如下。

(1) 管道压力参数:一般在120 kPa左右(该压力由膨胀涡轮出口压力决定);

(2) 发动机进口压力参数:根据发动机的需求,压力在10~100 kPa范围内;

(3) 发动机进口温度参数:-65~10℃范围内;

(4) 发动机进口空气流量决定投入供气机组、干燥系统和降温系统的数量。

4) 高温供气工艺流程

高温供气工艺流程是指空气通过压气机组后,通过加温系统升温,经管道供入高空舱前室。高温供气工艺流程一般与压气机组供气工艺流程同时使用,以便于调节发动机进口所需温度。

以现有某高空台为例,经加温炉升温后的气流温度最高可达约 550℃,试验时与压气机组供气流程同时供气,高温气与压气机组供气掺混以达到所有的气流温度,该温度范围在 150~350℃。该工艺流程关键参数设置如下。

(1) 管道压力参数:最高压力不超过 300 kPa,一般较发动机进口压力高 50 kPa 左右,同时需要注意调节阀门的开度范围和该压力下管道允许的流速不应超限;

(2) 发动机进口压力参数:根据发动机的需求,压力在 10~270 kPa 范围内;

(3) 发动机进口温度参数:150~350℃ 范围内;

(4) 发动机进口空气流量决定投入供气机组和加温炉的数量。

5) 大气进气工艺流程

大气进气工艺流程相对较简单,不动用高空台配套系统,全开连接进气塔和前室连接管道的截止阀,其流程与地面试车台相似,但压力损失相对地面试车台较大。

2. 排气工艺流程

1) 抽气机组抽气工艺流程

发动机排出高温燃气经排气扩压器、排气冷却器后(此时燃气温度≤40℃),进入抽气机组。通过调节连接试验舱与抽气总管上的阀门开度保证舱内压力在 2.5~90 kPa。根据一级抽气总管压力,决定抽气机级数。根据抽气容积流量,决定抽气机的台数。

2) 一级并联抽气工艺流程

对于一级并联抽气工艺流程,抽气总管压力范围 12~40 kPa(由抽气机组压比确定)的高空试验,根据发动机排出的燃气流量确定抽气机组的数量。

3) 二级串并联抽气工艺流程

通过机组的串并联实现二级抽气流程,抽气总管压力 2.5~12 kPa(抽气机组串联抽气)的高空试验,根据发动机排出的燃气流量确定一级抽气机组的数量。二级抽气机组数量由流量匹配与压比匹配决定,与抽气机组的性能相关。

4) 直排大气工艺流程

直排大气工艺流程相对较简单,不动用高空台配套系统,全开连接试验舱和排气连接管道的截止阀,其流程与地面试车台相似,但压力损失相对地面试车台较大。

3. 其他工艺流程

其他工艺流程包括二股流供气工艺流程、旁路抽气工艺流程和压气机组舱内供气工艺流程。其中二股流供气工艺流程在所有典型试验流程中均投入工作,旁路抽气和压气机组舱内供气工艺流程在部分试验科目时使用,主要是"三高"起动试验。

1) 二股流供气工艺流程

高空舱冷却吹风管路(二股流),连接在进气塔与高空舱,通过调节该管道上的阀门开度调节二股流流量,在不改变高空舱内压力情况下,保证高空舱内温度不超温(不超过 120℃),确保发动机和设备安全。

2）旁路抽气工艺流程

连接前室与抽气总管的管道,用于发动机"三高"起动(高寒、高温和高原起动)时,建立等冲压状态(即发动机进口压力与试验舱压力相等)、辅助调节 P_0 压力等功能。

3）压气机组向舱内供气工艺流程

将供气管道与高空舱连接,用于高/低温起动试验时发动机保温。

4.3.5 典型试验方法设计

通过上述介绍高空模拟试验典型工艺流程,结合发动机的典型试验科目,设计试验方法。

1. 进气畸变试验

1）试验要求

根据 GJB 4879 要求"在进气压力畸变条件下,验证发动机稳态和瞬态工作稳定性,评定发动机抗进气畸变能力。测定飞机系统引气、功率分出和排气喷口反压等对发动机进气畸变容限的影响。"

试验主要内容如下:

(1) 在规定的试验点和进气畸变指数条件下,进行发动机稳态工作和瞬态工作试验;

(2) 在规定的试验点和发动机工作状态下,操纵进气畸变模拟装置,逐步增大发动机进气畸变指数,直到发动机渐近进入不稳定工作状态,获得发动机进气畸变容限;

(3) 在飞机系统引气和功率分出情况下,重复上述试验,测定引气和功率分出对发动机稳定工作能力的影响;

(4) 在进气压力畸变条件下,发动机稳态的稳定工作时间不低于 3 min;

(5) 在发动机进口安装进气畸变模拟装置,如采用可移动插板模拟进气畸变,应按 GJB/Z 224-2005 要求在发动机进气道安装可移动插板作动装置,并在发动机进气气动测量界面处安装测量装置,测量进气畸变指数;如采用畸变模拟板模拟进气畸变,应按照 GJB/Z 64A-2004 要求在发动机进气道安装畸变模拟板;

(6) 按照发动机型号规范或 GJB 4879 等要求,建立畸变模拟装置前的进气总压;

(7) 选取安全的飞行状态和发动机工作状态起动发动机,逐步建立试验所要求的模拟飞行状态和发动机工作状态进行试验。注意发动机转速上升过程中不进入喘振区,试验过程中瞬态系统连续采集,并注意监视共同工作线的移动轨迹和安全参数。

发动机进口总压、总温以及排气环境压力与要求模拟的条件一致,通过控制高空舱内二股流流量保证环境温度在安全范围内(不超过120℃)。发动机进排气流场品质和模拟偏差依据 GJB 4879 执行。

2）试验方法

根据试验点参数,如某型发动机试验点 11 km 高度、马赫数 0.8,确定高空模拟试验参数如下:

(1) 发动机进口总压为 34.5 kPa;

(2) 发动机进气温度 -28.6℃;

(3) 发动机排气环境压力 22.6 kPa;

(4) 供气主管道压力 120 kPa(由降温设备决定);

(5) 抽气主管道压力 18 kPa(通过高空舱后排气扩压器、排气冷却器以及相关管路的总压力损失确定)。

通过以上参数,结合 4.3.4 小节内容,确定采用压气机机组供气一一级抽气流程进行试验。供气机组的供、抽气流量需大于发动机进气流量。试验步骤如下:

(1) 调节发动机进口总压和排气环境压力,发动机采用类似风车起动的方法进行起动;

(2) 发动机按程序暖机;

(3) 按试验大纲的要求,调节发动机进气总温、总压和排气环境压力,建立试验要求的飞行状态;若进气总温调节范围较大,将进气总压和排气环境压力设置在发动机能长时间稳定工作的压力范围内,逐渐完成温度调节,并在温度调节的过程中适当调整进气压力和温度;待温度接近试验飞行状态要求的温度时,再调节进气总压和排气环境温度至模拟飞行状态要求值;

(4) 调整油门杆至规定的发动机状态,按规定调整引气和功率分出条件设置,根据移动插板吹风试验结果调整初始插入幅度,然后按照先大后小的原则逐渐调整插板插入幅度,增加插入深度至发动机失稳后,插板迅速退回至零位;待发动机重新稳定后,插板移动至发动机失稳前插板稳定位置,若发动机在 3 min 内稳定工作就算稳态工况,并记录稳态数据;

(5) 使发动机运转在允许发动机长时间停留的状态(视情选择);

(6) 调节发动机进气总温、总压和排气环境压力处于合适的状态;

(7) 收油门杆至发动机慢车状态,稳定运转至少 1 min 后调节进气总压和排气环境压力,使发动机进气总压接近外界大气压力,且进排气压差达到 5 kPa 以内;

(8) 发动机停车。

2. 性能试验试验方法

1）试验要求

性能试验是在模拟规定的飞行条件下,测取发动机稳态高度速度特性、温度特性和节流特性,评定其与研制总要求、型号规范规定值的符合性,验证和完善发动机稳态性能数字计算机程序;测定飞机系统引气和功率分出对稳态性能的影响。

发动机进口总压、总温以及排气环境压力与要求模拟的条件一致,通过控制高空舱内次流流量保证环境温度在安全范围内(不超过120℃)。发动机进排气流场品质和模拟偏差依据 GJB 4879 执行。

2) 试验方法

根据试验点参数,如某型发动机试验点 11 km 高度、马赫数 2.0,确定高空模拟试验参数如下:

(1) 发动机进气总压为 164 kPa;

(2) 发动机进气温度 117℃;

(3) 发动机排气环境压力 22.6 kPa;

(4) 供气主管道压力 200 kPa(要求高于发动机进气压力约 50 kPa);

(5) 抽气主管道压力 18 kPa(通过高空舱后排气扩压器、排气冷却器以及相关管路的总压力损失确定)。

通过以上参数,结合 4.3.4 小节内容,确定采用压气机机组供气——级抽气流程进行试验。供气机组的供、抽气流量需大于发动机进气流量。试验流程如下:

(1) 调节发动机进口总压和排气环境压力,发动机采用类似风车起动的方法进行起动;

(2) 发动机按程序暖机;

(3) 按试验大纲的要求,调节发动机进气总温、总压和排气环境压力,建立试验要求的飞行状态。若进气总温调节范围较大,将进气总压和排气环境压力设置在发动机能长时间稳定工作的压力范围内,逐渐完成温度调节,并在温度调节的过程中适当调整进气压力和温度。待温度接近试验飞行状态要求的温度时,再调节进气总压和排气环境温度至模拟飞行状态要求值;

(4) 收油门杆至发动机慢车状态,按试验大纲的要求进行高空性能测定内容。试验时从慢车状态开始,逐渐增加发动机状态至规定状态;录取发动机稳态性能的工作状态应不少于型号规范规定的主要工作状态,发动机在各工作状态稳定工作不少于 3 min;按要求决定是录取进程或者回程性能数据;引气和功率分出条件设置遵循无引气无功率分出、有引气无功率分出或无引气有功率分出、有引气有功率分出的顺序;

(5) 使发动机运转在允许发动机长时间停留的状态(视情选择),稳定运转不得少于 1 min;

(6) 调节发动机进气总温、总压和排气环境压力处于合适的状态;

(7) 收油门杆至发动机慢车状态,稳定运转至少 1 min 后调节进气总压和排气环境压力,使发动机进气总压接近外界大气压力,且进排气压差达到 5 kPa 以内;

(8) 发动机停车。

3. 空中起动试验

1) 试验要求

试验目的对发动机空中起动功能、起动包线、起动时间以及起动过程工作质量进行评定。

试验内容包括:

(1) 按规定的起动方式,分别在有和没有功率分出与引气条件下进行空中起动试验,发动机功率分出载荷模拟装机条件下的实际载荷;

(2) 对于有自动起动功能的发动机,应采取不移动油门杆停车,验证发动机空中起动和恢复到原有状态的能力,停车的油门杆位置应包括慢车、最大连续、中间和最大状态四个位置;

(3) 对于风车起动和辅助起动,应在发动机达到稳定风车状态或规定的转速下进行空中起动;

(4) 每次空中起动后,发动机应在慢车或规定状态运转 3 min;

(5) 每个试验点至少进行三次起动。

2) 试验方法

根据试验点参数,如某型发动机试验点 5 km 高度、500 km/h 表速,确定高空模拟试验参数如下:

(1) 发动机进气总压为 66 kPa;

(2) 发动机进气温度-2℃;

(3) 发动机排气环境压力 54 kPa;

(4) 供气主管道压力 120 kPa(根据降温系统的出口压力确定);

(5) 抽气主管道压力 30 kPa(通过抽气机组压比、高空舱后排气扩压器、排气冷却器以及相关管路的总压力损失确定)。

通过以上参数,结合 4.3.4 小节内容,确定采用低温供气-机组一级抽气流程进行试验。供气机组的供、抽气流量需大于发动机进气流量。试验流程如下:

(1) 调节发动机进口总压和排气环境压力,发动机采用类似风车起动的方法进行起动;

(2) 发动机暖机;

(3) 按试验大纲的要求,调节发动机进气总温、总压和排气环境压力,建立空中风车起动要求的飞行状态;

(4) 收油门杆至发动机慢车状态;

(5) 发动机停车,停车前发动机在慢车状态按要求稳定运转足够时间;

(6) 待发动机达到稳定风车转速或试验大纲规定的空中风车起动条件后,执行发动机空中风车起动程序;

(7) 若起动成功,发动机在慢车状态按要求稳定运转足够时间后停车,待发动机转子转速达到稳定风车转速后,执行(6)条;若起动不成功而停车,待发动机转子转速达到稳定风车转速后起动发动机;

(8) 重复(7)条;若起动不成功或 3 次起动没有均成功,采用类似风车起动的

方法起动发动机到慢车状态,执行(9)条至(11)条;

(9) 使发动机运转在慢车状态按要求稳定运转足够时间;

(10) 调节发动机进气总温、总压和排气环境压力处于合适的状态;

(11) 发动机停车。

4. 高原起动试验

1) 试验要求

试验目的是对发动机起动高度、起动时间以及起动过程工作质量进行评定。

试验内容包括:

(1) 按规定的起动方式,分别在有和没有功率分出与引气条件下进行高原起动试验,发动机功率分出载荷模拟装机条件下的实际载荷;

(2) 高原起动应分别验证标准天、高温天和低温天的起动功能;

(3) 每次空中起动后,发动机应在慢车或规定状态运转 3 min;

(4) 每个试验点至少进行三次起动。

2) 试验方法

根据试验点参数,如某型发动机在 4 km 高原起动,确定高空台模拟参数如下:

(1) 发动机进气总压为 62 kPa;

(2) 发动机进气温度 -11℃;

(3) 发动机排气环境压力 62 kPa;

(4) 供气主管道压力 120 kPa(根据降温系统的出口压力确定);

(5) 抽气主管道压力 30 kPa(通过抽气机组压比、高空舱后排气扩压器、排气冷却器以及相关管路的总压力损失确定)。

通过以上参数,结合 4.3.4 小节内容,确定采用低温供气-机组一级抽气流程进行试验。供气机组的供、抽气流量需大于发动机进气流量。试验流程如下:

(1) 调节发动机进口总压和排气环境压力,发动机采用类似风车起动的方法进行起动;

(2) 发动机暖机;

(3) 发动机在允许长时间停留的低状态按试验大纲的要求,调节发动机进气总温、总压和排气环境压力,建立高原起动要求的飞行状态;

(4) 收油门杆至发动机慢车状态;

(5) 发动机停车;

(6) 待发动机达到规定的高原起动条件后,执行发动机高原起动程序;

(7) 若起动成功,重复(5)条至(6)条;若起动不成功,提高发动机进气总压,在风车转速约为 25% 的状态下对发动机冷吹 1 min 以上,按试验大纲的要求建立飞行状态,执行(6)条;

(8) 重复(7)条;

(9) 若最后 1 次起动不成功或 3 次起动没有均成功,重复(1)条、(2)条后执行(10)条至(13)条;

(10) 使发动机运转在允许发动机长时间停留的状态,稳定运转不得少于 1 min;

(11) 调节发动机进气总温、总压和排气环境压力处于合适的状态;

(12) 收油门杆至发动机慢车状态,稳定运转至少 1 min 后调节进气总压和排气环境压力,使发动机进气总压接近外界大气压力,且进排气压差达到 5 kPa 以内;

(13) 发动机停车。

注意:发动机起动过程中注意监视发动机进气压力和排气压力,视情手动干预调节进气压力或排气压力。

4.4　航空发动机空中工作环境模拟方法

飞机在高空飞行时,环境压力变化、环境温度变化、发动机功率分出大小、引气量、燃油温度变化等均会对航空发动机的功能和性能产生较大的影响,并可能造成发动机工作不稳定。为了在高空台更加逼真地模拟航空发动机在飞行中的实际工况,对发动机功能和性能进行有效评定,需要对发动机在飞行中的实际工况模拟方法进行深入研究和不断发展。本节重点介绍了进、排气环境模拟、发动机功率分出模拟和引气模拟、燃油温度模拟三个方面的模拟方法。其中,进、排气环境模拟是通过进、排气环境模拟控制系统对来自供气系统不同压力、温度的气流进行调节后供至发动机,模拟发动机进口总温、总压,并通过控制高空舱的压力变化来模拟飞行高度。发动机功率分出和引气模拟是通过液压泵、燃油增压泵、发电机以及引气设备模拟发动机功率分出和引气过程。燃油温度模拟试验是利用燃油加、降温设备,实现向发动机供给常温油或高/低温燃油。

4.4.1　进排气环境模拟

1. 进、排气环境模拟控制系统概述

进、排气环境模拟控制系统是高空台的核心设备,该系统通过准确模拟发动机高度、马赫数等飞行条件,从而对航空发动机的各项功能、性能做出考核和评定。进、排气环境模拟控制系统主要由进气温度压力控制系统和排气压力控制系统组成。进气温度压力控制系统分为 Pb 系统和 Pc 系统,Pb 系统不仅保证供气机组背压使机组在稳定的工作区间,还为 Pc 系统提供稳定的进口压力;Pc 系统通过对不同温度、压力的气体掺混调节(或直接调节)模拟发动机高空模拟试验进气总压和总温的变化;排气控制(Pd 系统)系统通过对高空舱压力进行实时调节,保证飞行高度的准确性。高空台原理示意图见图 4.27。

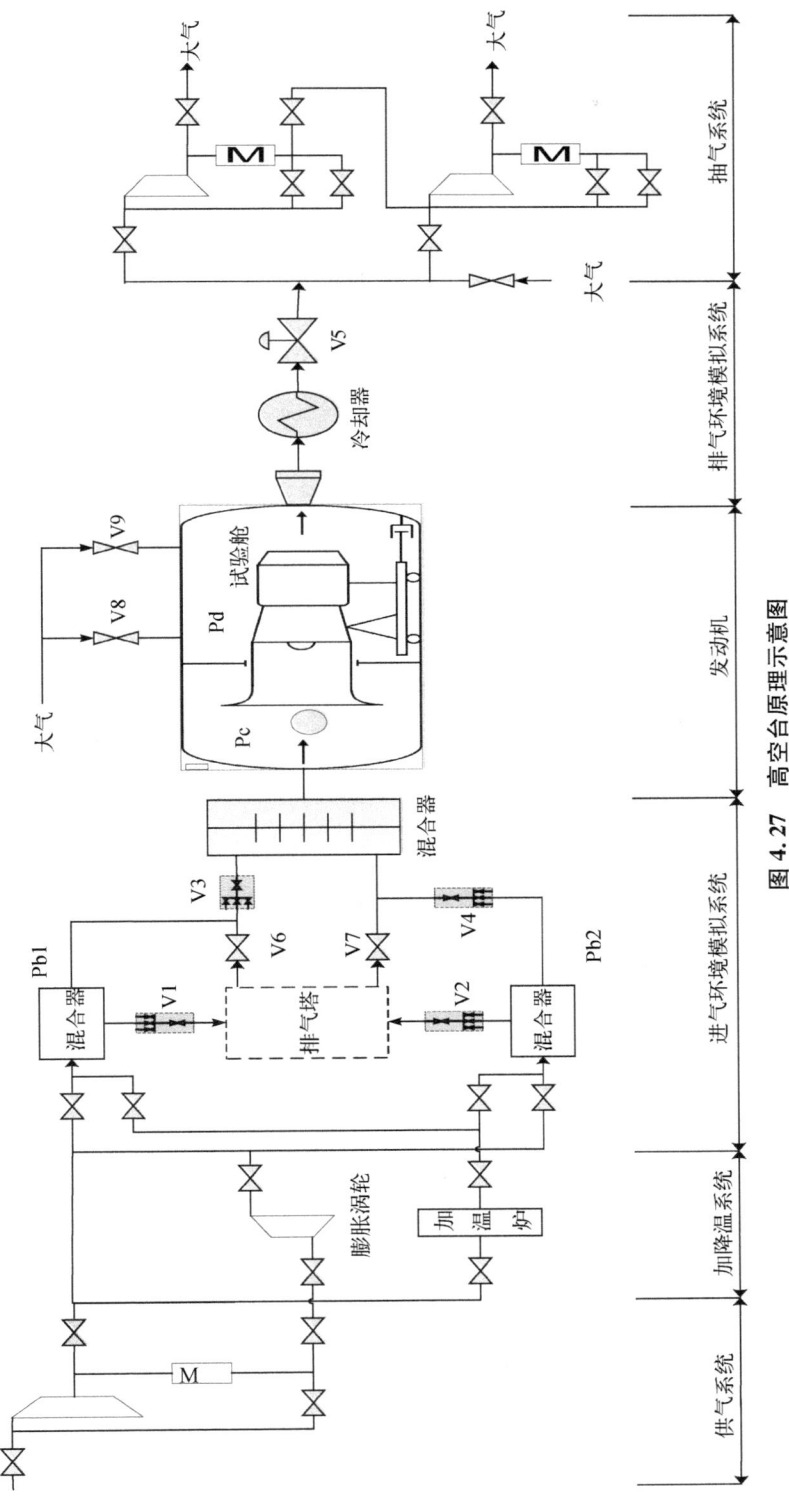

图 4.27 高空台原理示意图

工程技术人员针对航空发动机典型试验科目和复杂的试验工况,研发了一系列先进控制技术,最具代表性的技术包括压力高精度稳态控制技术、变 PID 参数控制技术、进气主动抗扰技术等。试验时,进、排气环境模拟控制系统根据总体提出的进、排气参数模拟要求,选择适当的控制方法和试验流程进行稳态、推力瞬变调节,保证发动机高空模拟试验的顺利进行。

进、排气环境模拟控制系统一般由 PLC 控制器、操纵台、调节阀、液压站、伺服阀和液压缸等设备组成。进、排气环境模拟控制系统控制结构组成示意图如图 4.28 所示。

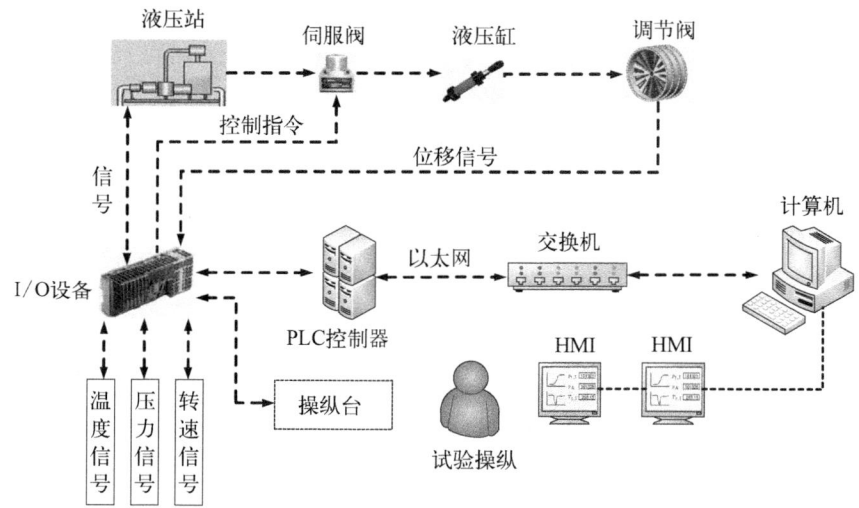

图 4.28 进、排气环境模拟控制系统控制结构组成示意图

2. 进、排气环境模拟控制系统调节原则

高空舱设计中由于工艺及建设的需要,整个空气管路设计复杂,高空试验中从供气机组出口至发动机进口、发动机出口至抽气机组进口均形成了大的气流通腔,各压力子系统相互连接,相互之间会产生较强的扰动及耦合。发动机试验时进气总压与环境静压间也存在一定耦合,耦合度与发动机类型及试验状态有关,典型的大涵道比发动机低转速状态试验时,进气压力与排气压力耦合度高,对进排气压力高精度稳态控制产生较大影响。两路供气时发动机进口压力控制和温度控制也会产生强烈耦合,很大程度上增加了进口压力温度的协同控制难度。另外,进排气环境模拟控制系统非线性特征明显,包括了机械、液压及气动等多方面的非线性因素。阀门的摩擦特性、死区特性及非线性流量特性,空气管路中的气流掺混、管道传热、排气扩压器增压等都使得系统表现出很强的非线性特征,这些因素都增加了进排气环境模拟控制系统压力温度的调节难度。

高空模拟试验中进、排气环境模拟时应充分考虑上述被控对象特征,优化相应

的试验流程及进排气控制方法,根据理论分析及经验积累,进排气环境模拟时应遵循以下调节原则:

(1) 试验中保持供抽气及加降温设备运行状态不变的原则。

进排气系统非线性特征明显,试验中保持供抽气及加降温设备运行状态不变可消除该部分设备非线性对系统带来的干扰。如试验中保持供气及加降温设备状态不变,高空试验舱两路供气可提供流量、温度固定的气流,通过调节阀即可完成 P_c/T_c 系统的调节。试验中遵循该原则,不仅可以减少设备对控制带来的不利影响,也有利于机组安全稳定地工作。

(2) 试验中遵循各容腔单一控制的原则。

高空模拟试验中从供气到高空试验舱,发动机排气至抽气形成了大的气流通路,控制系统将通路划分为多个压力/温度控制单元,为了减少各子系统之间的相互干扰对调节阀的影响,进排气控制中应遵循各容腔单一调节的原则。如供气混合器 P_b 系统和发动机进口压力 P_c 系统容腔相通,通常只有压力临界时才能靠气动分界面隔开,因此整个试验中 P_b、P_c 系统应遵循独立调节的原则,条件允许时保持气流临界或超临界状态。

3. 高空模拟试验典型试验科目控制方法

高空台试验设备结构复杂、非线性因素较多、各子系统间耦合关联程度高,发动机飞行环境模拟的控制过程是一个典型的多变量、非线性、强耦合的复杂过程,尤其是高空模拟试验对发动机进排气环境参数的调节品质和控制精度要求较高,各个试验设备必须联动快速响应才能满足试验要求。目前已搭建完成的进排气环境模拟控制系统原理框架如图 4.29 所示。

在该控制技术结构原理框架下,根据高空台稳态、推力瞬变和惯性起动等典型试验科目和试验要求,衍生发展并形成了一系列关键控制技术,主要有:压力高精度稳态控制技术、变 PID 参数控制技术、大流量发动机推力瞬变控制技术等。

1) 发动机稳态试验控制技术

针对原有常规闭环压力 PID 控制在试验中出现系统响应慢、稳态残差无法快速消除的问题,开展了压力高精度稳态控制技术研究,以提升控制系统稳态性能。在串级控制系统中外环为压力负反馈控制回路,内环为调节阀阀位控制回路,在内环中实际阀位信号通过阀位变送器引入到电液伺服阀中形成差动式连接硬件闭环。主控制器的输入信号为控制系统压力设定值与现场压力反馈值之差,其输出信号作为内环控制回路的设定值,实际阀位信号经伺服阀非线性补偿模块修正后与内环设定值进行比较,并由副控制器控制阀位,如图 4.30 所示。

在串级控制系统中,高精度位置随动控制模块与伺服阀非线性补偿模块相结合的副控制器实现阀位的快速"粗调"和准确定位,基于数字 PID 的主控制器以压力为被控量在快速消除扰动的同时实现压力的"细调"。相对于单回路反馈

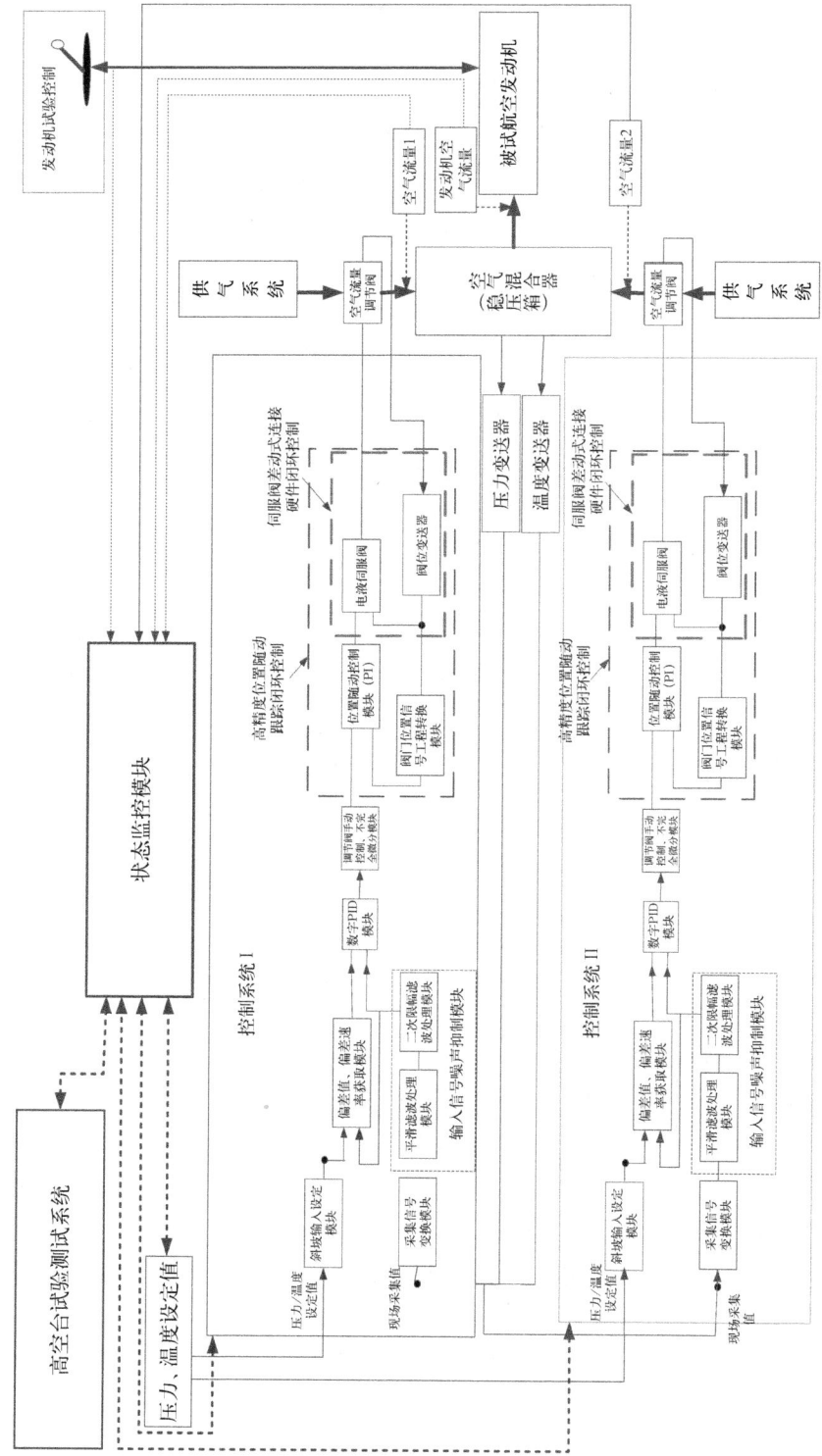

图 4.29 进排气环境模拟控制系统原理框架图

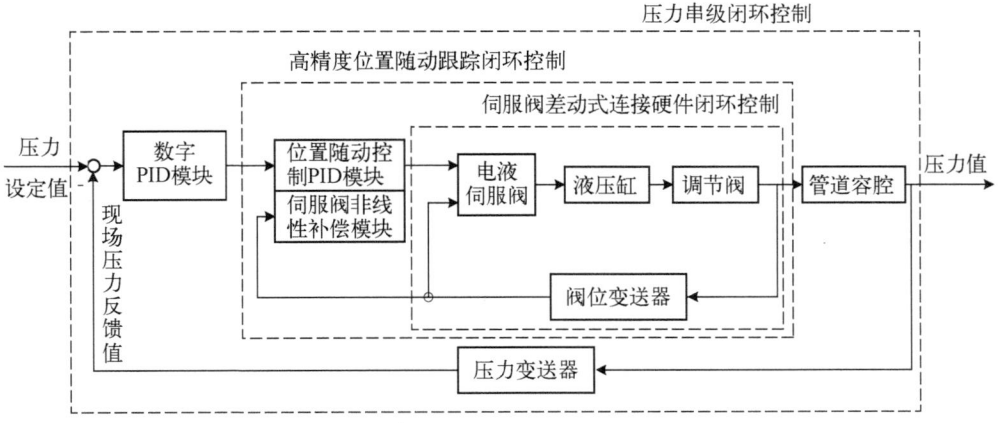

图 4.30 串级控制系统原理示意图

控制系统,串级控制系统在结构上增加了一个副回路,提高了系统的稳态特性,并改善了系统的动态性能,增强了系统的抗干扰能力,且使系统具备一定的自适应能力。

2) 推力瞬变试验控制技术

a) 变 PID 参数控制技术

针对发动机推力瞬变试验具有典型的时变、大惯性、大延迟等显著非线性特征,线性 PID 控制器无法根据工况变化自动调整控制参数,且被控对象非线性特征越显著时控制质量越差的特点,设计了变 PID 参数控制技术。变 PID 参数控制器结构组成及工作原理如图 4.31 所示。"跟踪微分器(tracking diffrentiator,TD)"能够对设定值信号、反馈测量值信号进行有效滤波并合理提取其微分信号,有效地将设定值信号及反馈测量信号安排成连续且光滑的过渡过程,解决了微分信号难以提取的工程问题。控制器能够根据被控对象的非线性特征主动调整控制参数,以

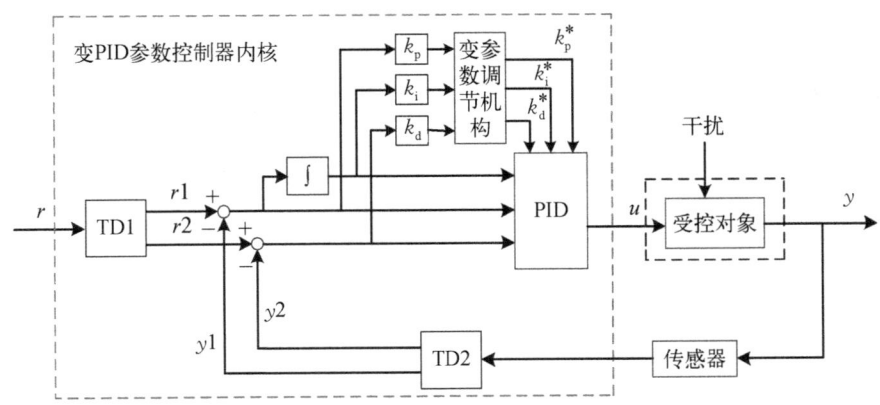

图 4.31 变 PID 参数控制原理框图

满足系统"大误差大增益,小误差小增益"的智能化控制需求。

b) 主动抗扰控制技术

在推力瞬变高空模拟试验中(如最大状态到慢车状态),发动机流量将随状态的改变而剧烈变化,致使发动机进口压力严重偏离设定值而无法满足发动机推力瞬变考核要求,因此设计了进气主动抗扰控制技术。在推力瞬变试验中将发动机流量作为进气控制系统的干扰因素,当扰动出现时控制器自动判断将调节阀切换至手动模式,在开环状态下使调节阀以指定的速率调节到指定位置,当扰动结束后再自动切换至闭环控制进行压力的精确调节。具体技术方案如图4.32所示。

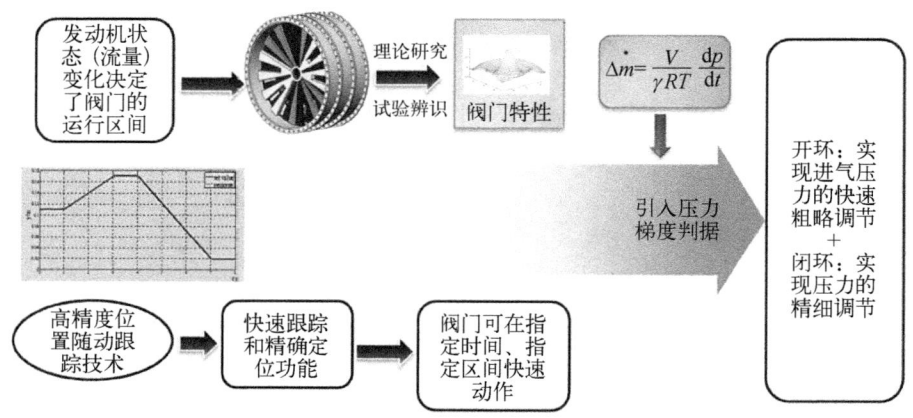

图 4.32　进气主动抗扰控制技术流程图

发动机状态变化时,由转速-流量特性可解算出流量变化,根据调节阀的特性在该状态下能够计算出进气系统调节阀的移动区间,即发动机状态变化决定了调节阀的开度变化。对于特定型号发动机其转速流量特性具有一定的时间特性,据此给定调节阀开环运行的控制速率。高精度位置随动跟踪技术为实现调节阀快速跟踪和精确定位奠定了技术基础,调节阀的运行区间和开环控制速率保证了控制系统的补偿力度。以进气压力梯度作为开环和闭环控制投入的判断依据,调节阀开环状态下在规定时间、规定区间快速动作以实现进气压力的快速粗略调节,反馈作用时由串级闭环控制实现进气压力的精细调节,提高了前室压力控制精度,缩短了调节时间,提升了推力瞬变主动抗扰能力。

4. 高空模拟试验典型进、排气环境模拟调节流程

高空模拟试验需动用大量设备,需多个系统的协同合作,进、排气环境模拟控制系统作为其中的一个重要环节贯穿了高空模拟试验的全流程,主要包括供、抽气机组并入管网、发动机起动、发动机模拟高空飞行状态的建立与调节以及进、排气环境模拟设备退出等环节。

1) 供、抽气机组并入管网

机组并网是高空模拟试验的首要步骤,进排气环境模拟控制系统需调节供气压力、抽气压力保证机组安全运行,加降温设备根据试验要求对供气进行预降温或升温处理;机组并网前,进、排气系统一般将 Pb 系统放气阀、Pm 系统补气阀手动预开至一定阀位,保证机组并入管网时与大气形成气流通路;并网过程中,当压力接近压力自动调节设定值时,可将 Pb、Pm 无扰动地切换至自动状态,Pb 供气压力、Pm 抽气压力可进行闭环的自动调节。

2) 发动机高空状态下起动

机组并网后进、排气系统即可建立发动机高空飞行状态,根据试验要求发动机进行工艺起动或风车起动。进排气系统首先建立发动机模拟飞行高度,手动调节排气调节阀降低高空舱环境静压,当静压接近自动调节设定值时可无扰动地切换至 Pd 自动调节状态;然后手动调节进气调节阀建立进口压力并切换至自动状态,通过 Pc 压力调节建立发动机等冲压或风车起动状态;当 Pc/Pd 系统调节完毕进入自动状态后发动机即可根据程序进行起动。当机组供气温度超出发动机起动允许进口温度范围时,一般采用大气进气建立发动机进口压力,待发动机顺利起动后将大气进气切换为机组供气。

3) 发动机高空飞行状态的建立与调节

发动机起动后即可根据试验科目需求进行规定的高空试验内容,飞行状态的建立和调节伴随着整个发动机高空模拟试验全过程。通常为进排气控制系统建立发动机所需的飞行状态,发动机再进行该状态的规定试验科目。当机组供气温度流量满足试验需求时,保持供抽气机组及加降温设备状态不变,通过进、排气调节发动机进口总温总压及环境压力;高空模拟试验点切换时,若机组流量或供气温度不满足要求时,发动机工作保持稳定安全状态不变,待机组及调温设备完成调整后再建立新的发动机高空飞行状态。

4) 进、排气环境模拟设备退出

发动机高空模拟试验结束后需退出高空模拟状态,恢复至发动机前后直通大气状态。当发动机停车后,首先关闭进气阀门,抽真空将管路燃油混合余气抽除干净后,关闭排气阀门至高空舱内压力逐渐升至大气压状态,打开高空舱前后直通大气阀门完成设备退出。低温试验结束后,为了防止管网内部直接大气结冰,需调节发动机进口温度达5℃以上后退出高空模拟试验状态,试验舱内与环境温差较大时需通入干燥高温气,直至舱内环境温度高于大气温度,如试验舱内温度低于大气温度严禁通入大气,防止大气中水分凝露。

4.4.2 发动机功率分出和引气模拟

作为飞机的动力装置,发动机涡轮发出的功,不仅仅用于驱动风扇/压气机和自身的附件系统,还要分出一部分功率供飞机使用;同时,还需要从发动机风扇、压气机引出一部分空气供飞机座舱内环境调节和飞机飞行控制使用。由于功率分出和引气对发动机功能和性能有影响,并可能造成发动机工作不稳定,国军标明确要求考核飞机系统引气和功率分出对发动机高空性能和功能的影响(见 GJB 241A-2010 第 4.4.1.3 小节和第 4.4.2.3 小节)。

1. 发动机功率分出模拟

发动机功率分出主要通过液压泵、燃油增压泵、交/直流发电机进行,它们安装在发动机附件机匣或飞机附件机匣上,由发动机高压转子经齿轮传动系统驱动。

液压泵提供高压油源,为飞机机翼舵面作动、起落架收放等提供动力;燃油增压泵提高从飞机油箱输送来的燃油的压力,保证在高空飞行条件下,发动机燃油泵进口压力在规定范围内;发电机提供飞机雷达、座舱设备等电气设备用电。

1) 液压泵加载

液压泵的功率由其流量 Q 和增压值 ΔP 确定,因此在试验中,只需要控制其流量和进出口压力即可模拟要求的功率。

试验时,在发动机起动前启动台架液压泵加载设备(见第 3.2.10 小节),通过调节加载设备的供油管路阀门,控制液压泵进口压力在其正常工作要求范围内,加载设备的回油管路和旁路阀门全开,向液压泵供入小量的液压油,同时使液压泵处于不增压工作状态,避免液压泵干磨和消耗发动机功率;发动机起动后,在需要进行液压加载的工作状态,调节加载设备的回油管路和旁路阀门,先将液压泵的流量调至要求值,再调节出口压力达到要求值;加载检查结束后,将液压泵出口卸压。

第三代及以前的战斗机,一般单台液压泵即可满足飞机的需要;而新一代战斗机对超声速高机动性设计的要求,舵面气动受力更高,往往需要两台液压泵提供油源。

2) 燃油增压泵加载

燃油增压泵的功率同样由其流量和增压值确定,因此在试验中也通过控制其流量和出口压力来模拟要求的功率,其控制和调节与液压泵加载类似。燃油增压泵加载设备见第 3.2.10 小节。

由于发动机加力状态的燃油消耗量很大,因此燃油增压泵的供油能力也需要与之匹配,如某型泵在发动机最大状态时,具有流量 ≥31 000 L/h 的供油能力。

3) 电机加载

发动机的供电输出,二代机以前主要采用电压 30 V 左右的直流供电,三代机发动机由于用电量增大,同时采用 115 V 交流和 30 V 直流供电,而新一代发动机将会采用 270 V 高压直流供电,以保证飞机的巨大用电量。

电机加载模拟由台架电机加载设备进行。试验中,通过调整加载设备发热电阻的阻值,改变发电电流来调节发电机输出功率。

新一代发动机的发电机功率较大,可能要采用燃油进行冷却;针对这一要求,台架上还需要配备满足电机冷却需求的压力、流量的燃油冷却系统。燃油系统需要在发动机起动前起动并向发电机供冷却燃油。

2. 飞机系统引气

飞机系统引气,主要用于在高空飞行条件下座舱、客舱的环境控制,一方面保证舱内压力不会太低(如客机一般保证客舱压力不低于 70 kPa),一方面供乘员呼吸所用。

飞机引气模拟的台架设备比较简单,其由外部引气管、截止阀、温度压力测点、当量喷嘴等组成,见图 4.33。由于发动机的引气压力比较高(一般从压气机引气),而引气直接排至高空舱内,当量喷嘴通常处于超临界状态,通过测量当量喷嘴前的总压、总温,并根据喷嘴的直径就可计算获得引气流量。

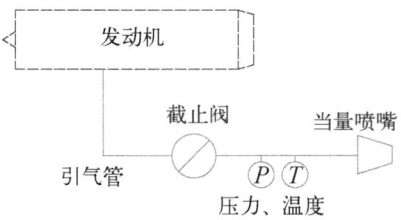

图 4.33 引气装置示意图

发动机通常只规定在地面最大状态下的引气量,并由此确定台架引气装置的当量喷嘴直径;高空模拟试验时的引气量由引气压力、温度和当量喷嘴直径控制,一般不进行调节。

对于高空模拟试验中进行功率分出和引气的模拟,发动机方会根据发动机状态和试验科目,规定不同试验情况下的分出功率要求。表 4.2 是某型发动机的加载要求。

表 4.2 某型发动机加载要求

试 验 项 目	液 压 泵	直流电机	燃油增压泵
高空校准(中间及以上状态)	270±10 L/min	240^{+20}_{-20} A	≥31 000 L/h
高空性能、功能(中间及以上状态)	270±10 L/min	24 A	≥31 000 L/h
高空性能(慢车状态)	200±10 L/min	240^{+20}_{-20} 24 A	≥20 000 L/h
推力瞬变、加力通断	200±10 L/min	24 A	≥20 000 L/h
空中起动	10±10 L/min(液压泵卸荷)	—	—

(1) 空中起动试验:一般只要求液压泵加载和引气,且加载功率很小或不加载;空中起动试验前,在规定的发动机转速状态打开引气阀,并将液压泵加载要求的流量,起动过程中不调整加载量、不关闭引气。

(2) 性能和功能试验:当发动机中间及以上状态工作时,一般要求进行最大功率分出和引气;试验中,先进行不引气/加载情况下的发动机性能和功能试验,然后逐项进行液压泵加载、燃油增压泵加载、电机加载、引气,检查功率分出和引气对发动机性能、功能的影响,检查完成后,加载设备卸载,关闭引气。

(3) 推力瞬变、加力通断等试验:加载功率一般较性能/功能试验要求略低;发动机在中间状态完成加载和引气,然后进行推力瞬变或加力通断试验,试验完成后卸载并关闭引气。

4.4.3 发动机进口燃油温度模拟

1. 试验要求

发动机在地面台架进行试验时,进口燃油的温度一般为常温,但是按照国军标的要求,发动机应具有在极高和极低的燃油温度条件下工作的能力。

GJB 241-1987 第 4.6.4.1 小节规定,发动机在进行高/低温起动试验时,应分别供给发动机 93℃ 和 -54℃ 的燃油,GJB 241A-2010 第 3.8.1 小节规定燃油温度应满足规定的最高和最低要求(60℃ 和 -54℃);GJB 241A 第 3.7.3.1.3.3 小节要求,发动机具有在不低于 93℃ 的燃油温度条件下连续工作的能力。

2. 燃油温度模拟试验设备

为了满足发动机试验对进口燃油温度的要求,高空台建设了燃油加、降温设备(具体见第 3.2.10 小节),试验中通过切换燃油供油系统阀门,实现向发动机供给常温油或高/低温燃油。

3. 燃油温度模拟试验方法

(1) 当试验对燃油温度有要求时,将燃油加、降温设备的燃油储油罐内的燃油加温或降温至比要求的温度稍高(高温油)或稍低(低温油),试验当天试验前还需要对油温进行适当调整;进行低温供油试验时,为避免燃油低温析蜡造成燃油供油系统油滤堵塞,需要在试验前将油滤拆除;

(2) 试验时,发动机在常温燃油供油条件下进行起动,在发动机可长时间工作的转速状态调节进气温度至试验要求的温度范围,然后切换到高/低温燃油供油,并工作至燃油进口温度达到要求的范围内(由于燃油系统管路较长,为加快燃油切换,有时需要将发动机推至大状态,如加力状态,以快速消耗掉管路内的常温燃油);

(3) 如进行高/低温起动试验,则将发动机按规程停车,并准备进行起动试验;其他试验,则将发动机进出口压力调节至规定飞行状态,并将发动机调节至要求的转速状态,进行非常温燃油条件下的试验考核;

(4) 试验点完成后,调节燃油供油管路阀门,切换回常温燃油供油,并工作至发动机进口燃油温度接近常温。

4.5 试验仿真

4.5.1 进、排气控制仿真

进排气环境模拟控制系统是大型复杂控制系统,在系统设计和调试过程中存在极大难度和风险。在先进控制技术应用和升级时,若直接在真实高空模拟试验中调试验证,试验风险高且耗费巨大,通过建模仿真可大大加速系统设计和开发过程、提高设计效率、大幅缩短控制系统建设周期。通过对控制系统中关键设备进行机理分析和理论建模,深入研究被控对象的特性和本质,获得较为精确的数学模型,并以此为基础构建高空台进排气调节系统数字仿真平台和半物理仿真平台,为控制系统设计和发动机虚拟试验提供仿真平台。

1. 数字仿真

在控制系统可行性论证阶段引入数字建模与仿真技术,通过对系统中关键设备进行数学抽象建立仿真模型以揭示调节对象的特性和本质,为进排气环境模拟控制系统的设计打下坚实的基础。建立的高空台设备仿真模型可以在控制系统设计过程中对系统多种设计方案进行有效对比检验,为技术决策提供依据,有效规避设计风险、提高设计效率、大幅缩短控制系统建设周期。

在数值建模基础上针对高空台进排气环境模拟控制系统进行数字仿真平台设计,结合 MATLAB/Simulink 软件模块化建模的特点对系统中各个子模块进行建模,构建全数字仿真试验平台,如图 4.34 所示。该仿真平台主要包括以下几个部分:大气环境模型、发动机简化模型、Pb1 和 Pb2 子系统、Pc 子系统、Pd 子系统、Pm 子系统等。控制系统全数字仿真平台的建立为发动机全流程虚拟仿真试验的开展奠定了基础,为发动机高空模拟试验提供了纯数字仿真平台。

利用数字仿真平台进行仿真,可为后续新建高空台建设提供理论依据,指导控制系统方案设计和设备选型。

2. 半物理仿真

半物理仿真又称硬件在环仿真或半实物仿真,利用仿真模型代替部分实物或硬件进行系统的实时仿真。将半物理仿真技术应用于进排气控制系统中具有以下优势:

(1) 半物理仿真技术可为系统技术决策提供依据。通过仿真手段可直接指导新型高空台控制系统设计、建设和调试,有效规避设计风险、提高设计效率;

(2) 半物理仿真技术可为先进控制技术和新型动力试验方法提供高效的设计和验证平台。构建系统仿真平台,在其基础上摸索和开发通用控制技术和试验技术,有效缩短研制周期,降低试验风险,提高试验效率。

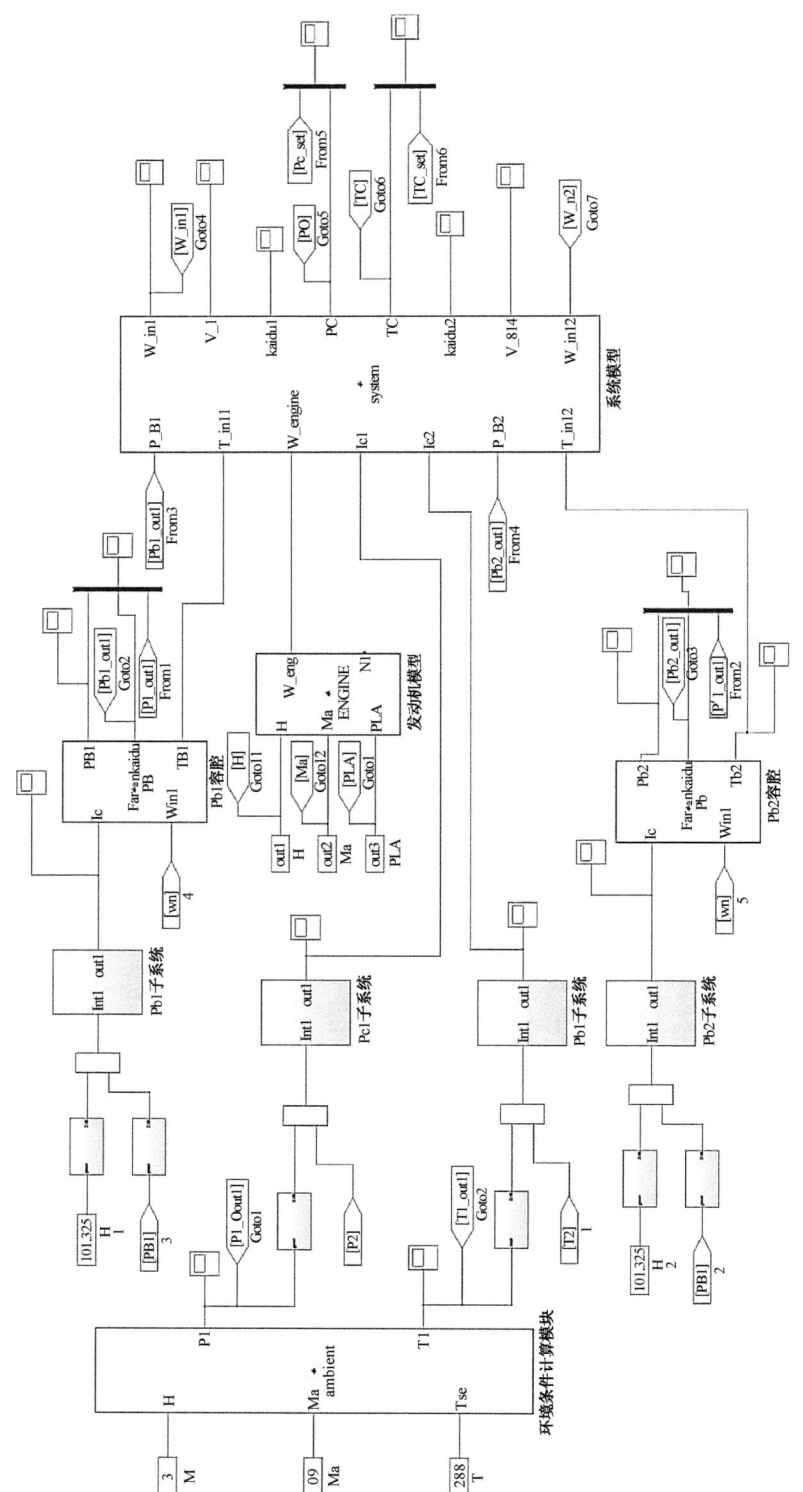

图 4.34 飞行环境模拟系统数字仿真平台

根据高空台的结构特点,将飞行环境模拟半物理仿真系统分为四个压力自动控制子系统:进气阀前压力自动控制系统(Pb1 系统、Pb2 系统),发动机进气压力自动控制系统(Pc 系统)、排气环境压力自动控制系统(Pd 系统)等。半物理仿真系统的物理部分主要包括 PLC 控制器、仿真计算机、交换机、I/O 设备、调节阀、液压缸、伺服阀和液压站等。数学模型包括发动机简化模型、管路容腔压力和温度模型、调节阀空气流量模型、供气和抽气机组流量模型等。飞行环境模拟系统半物理仿真平台的原理如图 4.35 所示。

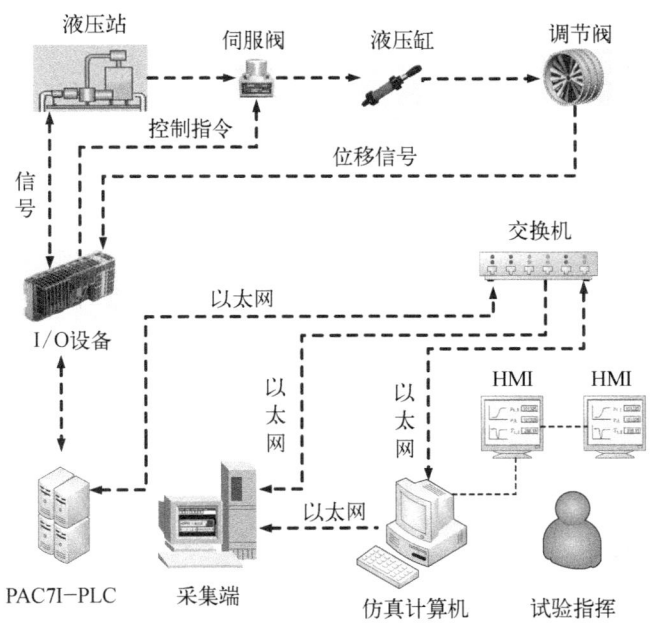

图 4.35　飞行环境模拟系统半物理仿真原理图

半物理仿真系统中的数学模型被植入到数字仿真计算机中,与系统控制软件一起组成半物理仿真的软件系统,用于完成系统仿真模型的实时计算,形成硬件设备的被控制指令。仿真计算机和 PLC 之间利用以太网和网络交换机进行通信。在上位机系统输入相应各子系统压力自动控制指令,通过以太网和交换机发送到 PLC,在 PLC 中根据控制指令、仿真初值、发动机状态、调节阀开度及边界条件等计算各管道容腔的流入、流出空气质量流量,并根据控制规律计算调节阀开关控制指令,通过 I/O 设备将控制信号传送到伺服阀,进而实现调节阀的阀位控制。仿真系统不仅可以发送相应的被控制量指令,还可以接收来自物理部件的实时反馈信息。仿真结果和各种运行参数均可以在终端显示器和触摸屏上进行实时动态显示,以便直观地了解仿真结果和系统运行状态。图 4.36 为半物理仿真界面图,图 4.37 为半物理仿真系统 Pb1 压力仿真曲线与实际曲线对比结果。

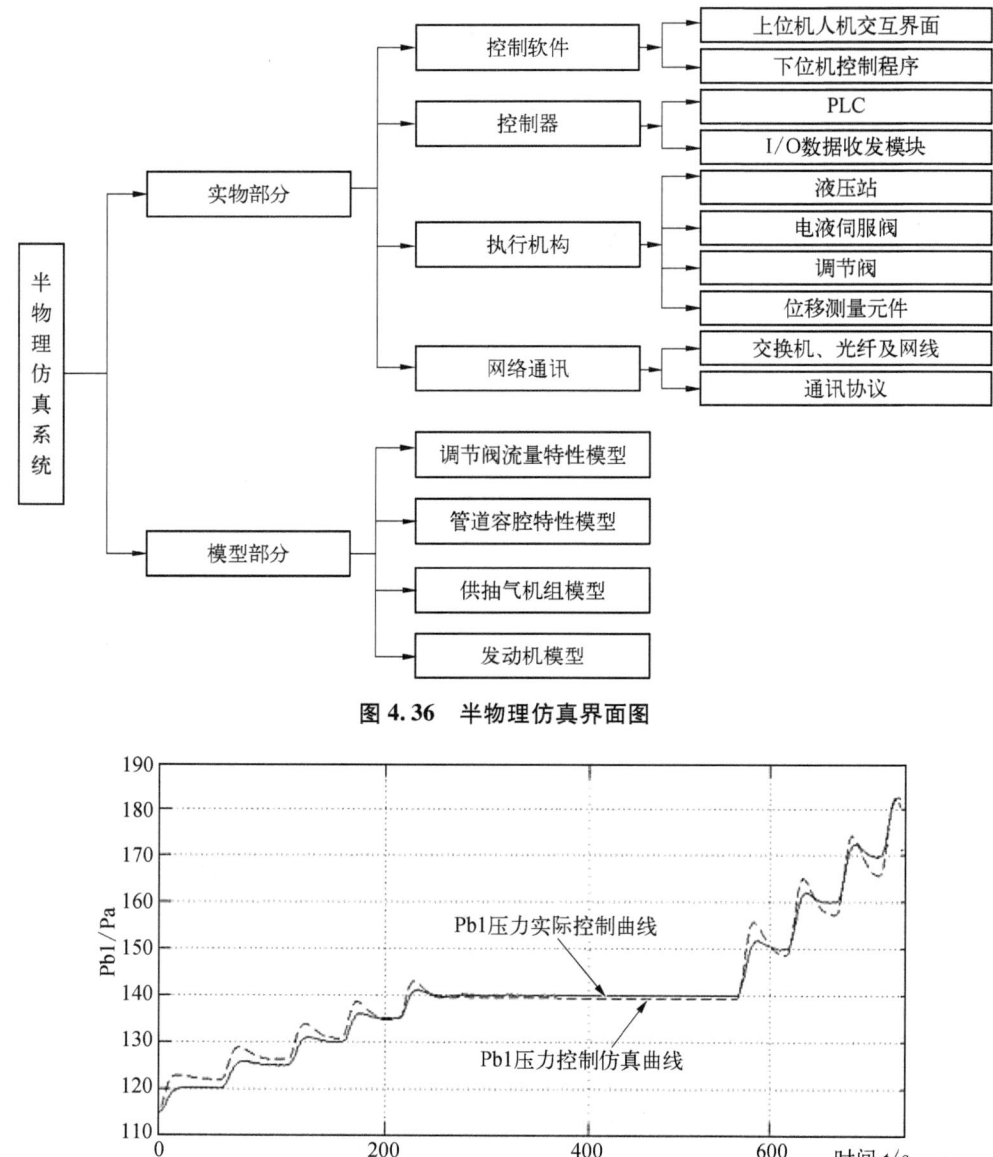

图 4.36 半物理仿真界面图

图 4.37 半物理仿真系统 Pb1 压力仿真曲线与实际曲线对比结果

通过半物理仿真技术,一系列控制方法如高精度随动跟踪技术、进气主动抗扰控制技术、变参数控制技术等在半物理仿真台上进行了开发和有效验证,大幅缩短了控制方法的研制周期。同时,通过半物理仿真技术验证了某些新型动力试验中控制系统能力和试验流程的合理性。如首次开展大涵道比发动机高空模拟试验前,通过仿真预先演练了该型发动机在大流量试验点控制系统运行情况,仿真结果与真实试验结果基本吻合,有效保证了试验的顺利进行。图 4.38 为通过半物理仿真平台完成了变参数控制技术开发效果图,该技术有效提升了系统对非线性调节对象的适应能力,一定程度上改善了系统的动态调节品质。

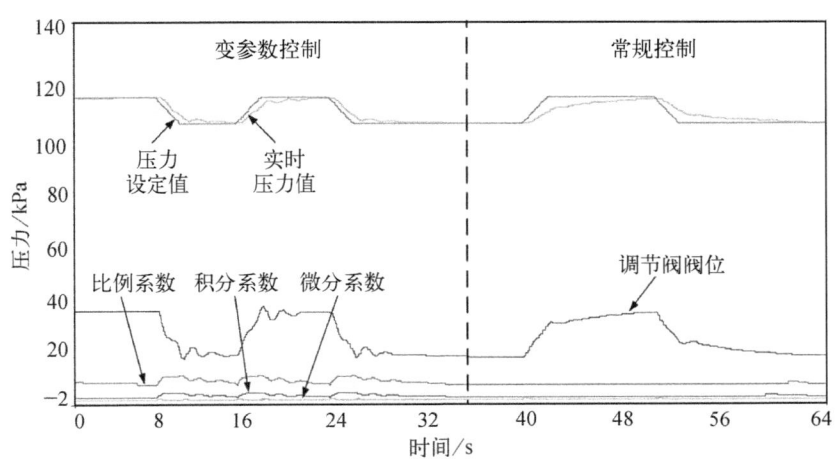

图 4.38 变参数控制技术仿真效果图

4.5.2 推力测量系统虚拟仿真

多年来虚拟仿真技术作为一门多学科的综合性技术,它以控制论、系统论、相似原理和信息技术为基础,以计算机和专用设备为工具,利用系统模型对实际的或设想的系统进行仿真。研究人员可在虚拟环境中"使用"和"调试"系统,让研究者能提前了解设备的使用情况,及时发现问题,制定合理的设计方案。

航空发动机试验测试系统是一个高度复杂的系统,影响参数测量结果的因素众多,测试系统的精度不仅与传感器精度、采集设备精度有关,还与测量设备(如推力台架、燃油管路、空气流量管等)的系统特性密切相关。通过建立系统仿真模型,探究系统的特性和本质,可为整套测试系统的优化设计提供理论指导,避免设计或操作方法的不合理,影响测量结果的精度及有效性。下面将以推力测量台架的仿真为例来说明虚拟仿真对试验测试的促进作用。

发动机推力是航空发动机设计与研制中非常重要的性能参数,而航空发动机推力台架是推力测量系统中的关键组成部分。推力测量的精度与推力台架的力学特性密切相关。

为了更好地掌握推力测量台架的力学特性及其对推力测量的影响机理,根据推力台架工程图纸与实际情况,建立某推力测量台架的三维仿真模型(图 4.39)。将推力台架系统模型接入仿真平台进行仿真,并通过试验测试结果对模型进行校核,提高仿真的逼真度。使得仿真结果能更全面、更具体地反映推力台架实际工作状态。

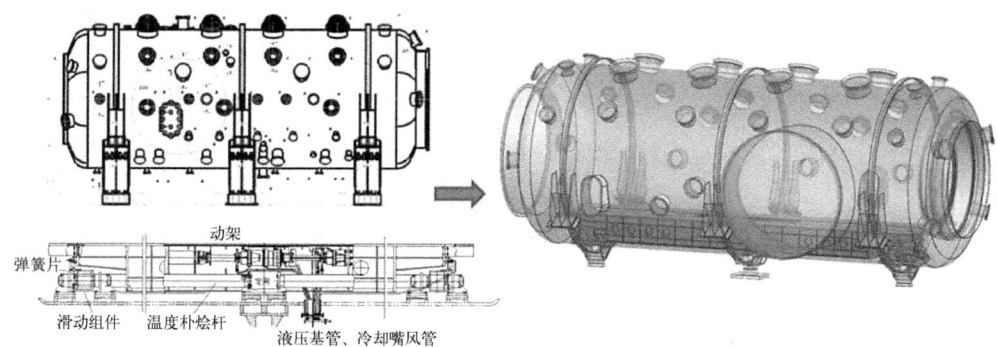

图 4.39 推力台架三维仿真模型

1. 台架稳定性系数仿真与分析

台架稳定性系数是当台架处于自由状态下时,动架向前移动 1 mm 所需的拉力值,它反映的是动架在推力作用下的灵活程度,其大小主要取决于弹簧片的抗弯刚度和动架的安装形式。图 4.40 为空台架时,动架位移与拉力关系的仿真结果。通过最小二乘法对拉力与动架位移进行线性拟合得到此时台架的稳定性系数为 252.8 N/mm。

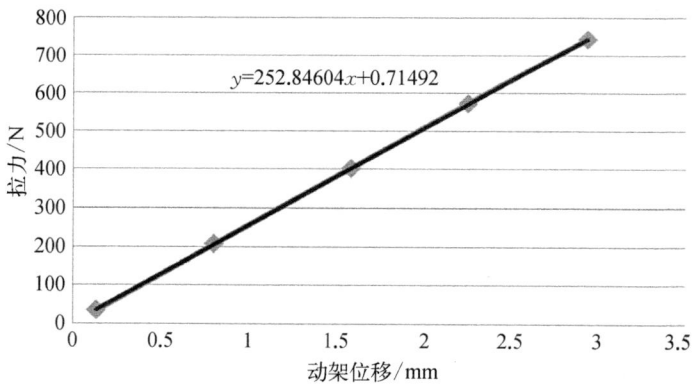

图 4.40 动架位移与拉力的关系

此外,动架及安装在动架上设备的质量对推力测量台架稳定性系数大小的影响很大。为分析动架及安装在动架上的设备质量对稳定性系数的影响,采用仿真软件对某航空发动机推力测量台架的稳定性系数进行仿真分析。推力台架在自由状态时,通过改变台架重力的大小,仿真计算出在不同重力作用下台架受力变形情况,掌握动架及安装在动架上设备的重量对推力台架稳定性系数的影响规律。图 4.41 为通过仿真、经典公式计算和实际测量得到的台架稳定性系数与重力的关系,结果显示,台架重力的增加会使台架稳定性系数降低,总重在一定范围内变化时,台架稳定性系数与台架总重量成反比例关系。

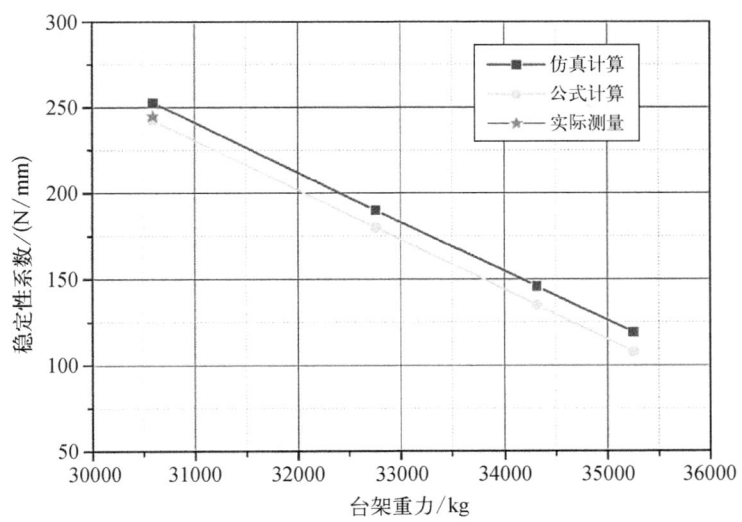

图 4.41　安装在动架上设备的重量对推力台架稳定性系数的关系

2. 台架位移仿真与实测

在推力或校准力的作用下,工作传感器、定架框、拉杆、拉杆安装框、台架、弹簧片发生变形,从而使得推力台架产生一定的前倾位移量,同时在垂直方向上产生一个向下的耦合位移量。某航空发动机推力测量台架(空台架)在平行加载 220 kN 时,台架位移及变形量如图 4.42 所示。

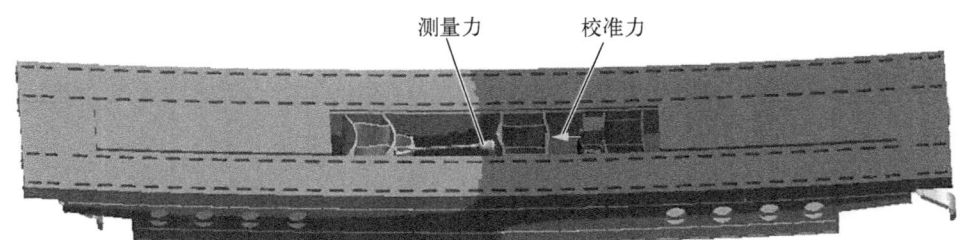

图 4.42　平行校准时台架位移及变形情况

由图 4.42 可见台架在重力、校准力及各种反作用力的共同作用下发生了复杂的变形和位移。台架 X 轴方向上的位移量主要来源于工作传感器拉杆安装架、工作传感器拉杆、定架框及工作传感器,与校准传感器拉杆安装架、校准传感器拉杆、校准传感器及校准作动筒无关。

图 4.43 为推力测量台架在平行校准过程中,动架位移量与校准力的关系以及校准推力与测量推力的关系。由图 4.43 可见,推力台架模型仿真与实测结果非常吻合,比较真实地反映了推力台架力学特性。且动架位移与校准力拟合曲线的线性度很好,因此可以认为,动架的位移是由各部件的弹性变形引起的。

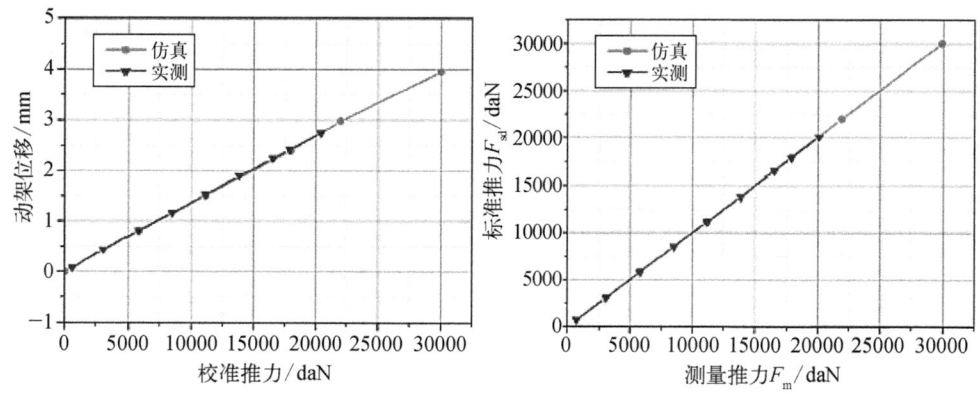

图 4.43　主要力学参数的仿真结果与实测结果

3. 平行校准与中心校准对比仿真分析

在发动机试验过程中,发动机产生的推力通过主辅支点安装节传递到动架平面,再通过支撑动架的弹簧片产生位移作用到工作推力传感器上,其传递路线如图4.44 所示。

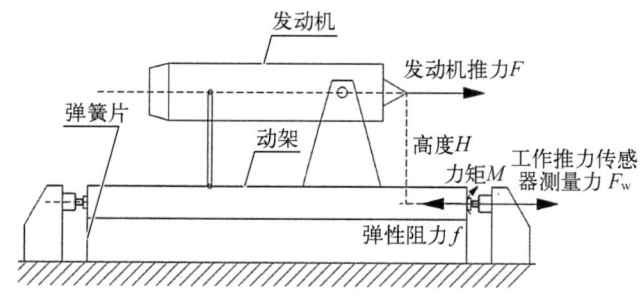

图 4.44　发动机推力传递路线图

在测力过程中由于弹簧片及连接管线弹性阻力 f 的存在,并且发动机推力 F 和工作推力传感器不在同一轴线上(有一高度差 H),使得工作推力传感器测量力 F_m 不等于发动机推力 F。在系统处于平衡状态时,可得到力和力矩的平衡方程:

$$F_m = F - f \tag{4.7}$$

$$M = F \cdot H \tag{4.8}$$

在受到弹性阻力 f 和力矩 M 作用影响下,工作推力传感器测量力 F_m 不能正确客观地反映出发动机的推力 F。因此,需通过校准对这些影响因素进行修正,目前常用的校准方法是平行加载校准。

平行校准时通过校准装置产生的标准力没有加载在发动机中心线上,没有完全模拟发动机试验时的工作状态。校准时台架受力变形情况与发动机试验时台架受力变形情况不相同,由此产生的弹簧片位移值也不同。因此,发动机试车时弹簧片对台架的阻力与校准时弹簧片对台架的阻力也有差异。发动机试车时通过台架推力测量系统测得的发动机推力值就不等于发动机的真实推力值,从而产生了台架推力测量的附加系统误差。而这个附加系统误差是不能通过校准装置的校准消除的,需对这个附加系统误差进行修正。因此,分别对平行校准和中心校准时推力传感器及弹簧片受力情况进行仿真分析,其结果见表 4.3 和表 4.4。表中 F_{sd} 为校准力,F_m 为工作推力传感器测量力,f_1、f_2、f_3、f_4 分别为四个弹簧片对台架的阻力。四个弹簧片位置的定义如图 4.45 所示。

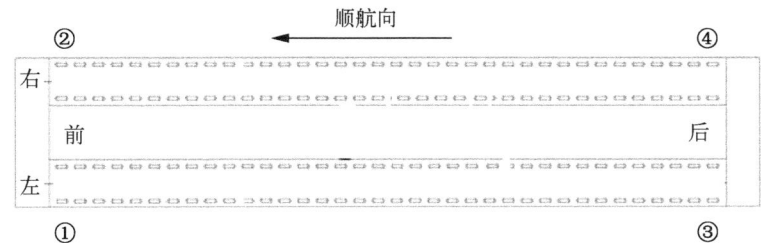

图 4.45 四个弹簧片位置定义

根据表 4.3 的结果可以得到平行校准时的推力拟合系数,可用公式(4.9)表示:

$$F = 1.00199F_m + 6.75021 \tag{4.9}$$

表 4.3 平行校准时推力传感器及弹簧片受力情况

F_{sd}/N	F_m/N	f_1/N	f_2/N	f_3/N	f_4/N
58 039	57 917.8	63.1	62.9	-2.8	-1.9
111 851	111 621.8	89.4	88.7	24.4	26.5
179 488	179 123.1	122.6	121.2	58.7	62.2
220 000	219 554.2	142.4	140.5	79.3	83.5
300 000	299 398	180.6	177.7	119.1	124.6

通过对比分析表 4.3 与表 4.4 的结果可以看出,在中心校准时工作推力传感器测量值小于平行校准。因此,用平行校准结果推算发动机推力会使得推力传感器测量值比发动机真实推力值小。例如:当发动机真实推力为 300 000 N 时,根据公式(4.3)得到的推力传感器指示值为 299 922 N,该指示值比真实推力值小 78 N。非原位校准偏差主要来源于台架受力情况不同导致其在原位校准即发动机试验时弹簧片变形量不一样。

表 4.4　原位校准时推力传感器及弹簧片受力情况

F_{sd}/N	F_m/N	f_1/N	f_2/N	f_3/N	f_4/N
58 039	57 903	53.0	52.9	14.2	15.5
111 851	111 590	46.9	46.6	80.3	83.2
179 488	179 080	7.8	7.4	194.6	199.8
220 000	219 500	−32.4	−32.6	279.4	286.1
300 000	299 320	−147.6	−147	480.3	490.4

4. 台架模态仿真分析

通过对推力台架进行模态仿真,获得了台架的固有频率和相应的模态振型,初步掌握了台架本身具有的动态特性及其对推力测量的影响。图 4.46 为推力台架一阶模态振动形式,其振动频率为 7.9Hz,振型是动架与舱体的轴向振动。这种振动形式主要是弹簧片发生周期性轴向变形,从而使动架产生一个沿轴向周期性变化的位移。该位移量通过推力传感器拉杆反映到测量推力值上,使得测量推力值产生一个相应的波动量。从仿真结果可以看出,当动架发生轴向振动时,工作推力传感器与加载推力传感器变形的趋势刚好相反(即工作推力传感器力值增大时,加载推力传感器力值减小)。影响该模态振动的因素有:弹簧片轴向刚度、推力传感器及拉杆系轴向刚度、舱体轴向刚度以及舱体与大地之间的连接刚度。

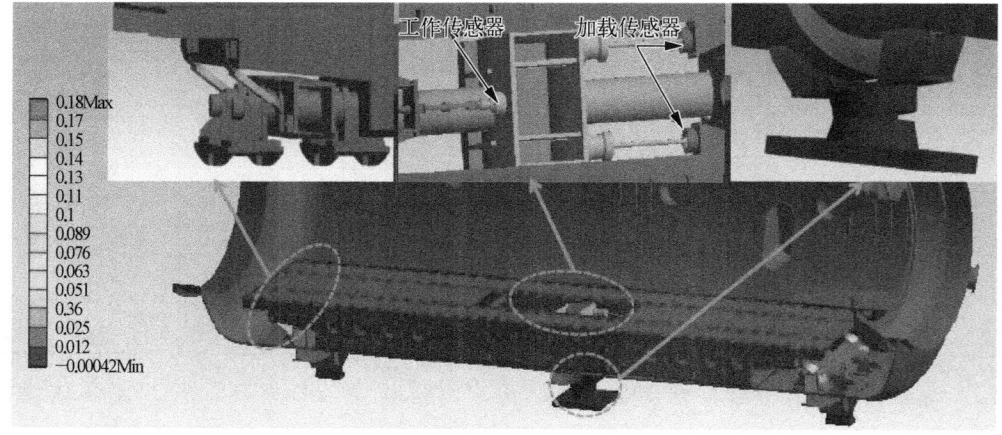

图 4.46　推力台架一阶模态振型

4.5.3　发动机仿真

利用计算机求解发动机气动热力学过程的数学模型,进行发动机特性仿真的方法广泛用于发动机设计和试验。高空模拟试验通过在地面模拟发动机空中工作条件来研究发动机空中工作特性,试验设备建设投入很大,试验费用昂贵且具有高风险,尤其是在发动机工作极限点和设备试验包线边界点上。利用发动机数学模型,对发动机在试验条件下的工作特性进行研究,不仅能优化和减少发动机研制进程中的高空试验内容、优化组合试验流程和试验方案、建立试验性能分析评定方法,而且能在试验时为及时分析试验数据、判别试验的有效性、监控发动机和试验设备的健康状况提供重要参考,从而降低了发动机研制成本和试验风险。因此,发动机仿真一直是发动机高空模拟试验技术的重点研究方向。

1. 国内外发动机仿真技术发展概况

从20世纪90年代开始,美国AEDC开始将发动机仿真技术逐渐应用到发动机试验中,主要用于试验数据分析,AEDC的试验飞行模拟试验设备每年采集超过1万小时的试验数据,90年代以前,人工数据分析需要耗费数周,采用基于模型的数据分析软件,使得AEDC具备了实时在线自动数据分析和传感器故障诊断的能力,能够满足试验现场决策的需要[23,24]。此外还通过结合发动机仿真模型和高空试验舱全三维计算流体动力学(Computional Fluid Dynamics,CFD)仿真模型进行高空试验舱的结构优化,评估冷却气流在高空试验舱内的分布情况,分析排气扩压器在低高度条件下的工作性能,以及发动机燃气产生的热传导和热辐射对高空试验舱的影响。利用仿真模型,在试验规划阶段通过优化设计确定合适的排气扩压器,避免通过增大冷却气流量来控制舱温和排扩燃气回流效应,影响推力测量系统的准确性[2]。2005年,AEDC的试车台部署了一套实时故障诊断系统RTEDS,其中包括发动机试验数据有效性验证和设备健康状态监控。AEDC基于小涵道比双转子涡扇发动机试验历史数据建立了发动机仿真模型,通过模型对发动机涡轮进口温度测量值进行修正,并对故障参数进行自动隔离。同时根据试验数据不断修正模型,提高了预测精度,降低了误报率[25]。

2009年德国MTU公司将其自研的发动机仿真模型与高空试验舱仿真程序进行了集成,集成后的仿真系统可以针对不同类型的发动机和高空试验舱开展仿真计算,并针对一个新建的海平面试车台和一台推力等级为500 kN涡扇发动机进行了气动布局优化设计[26]。

我国从20世纪80年代开始研究和发展发动机仿真技术,通过引进和跟踪国外技术,相关高校和科研院所分别基于面向对象编程技术和组态建模技术,开发了一系列发动机仿真软件,例如南京航空航天大学的ACMP、北京航空航天大学的CANSS,此外还包括基于商业软件集成的仿真软件,例如西北工业大学在iSIGHT上集成发动机仿真模型。总的来看,国内在发动机仿真技术方面基本实现了面向对象/组态的通用建模仿真,但与国外仍存在较大差距,尤其是在过渡态特性仿真、多学科融合、大规模并行计算、体系架构和交互技术方面。由于缺乏统筹和商业化途径,相关高校和单位未能形成优势互补和资源共享,在一定程度上阻碍了发动机仿真软件的推广应用和发展,没有形成类似 NPSS 和 GasTurb 的成熟软件产品。

2. 发动机面向对象和组态建模方法

面向对象的发动机建模方法主要是将发动机部件进行封装,通过部件接口与外界通信,各部件通过连接器进行数据交互。与传统面向过程的建模方法不同,面向对象部件各自独立,部件特性或算法改变不影响其他部件的参数变量,参数传递通过标准接口和连接器实现,扩展方便,更易于实现分布式并行计算,不同部件可以采用不同维度的仿真计算,便于实现多学科多维度的仿真计算[3]。组态建模继承了面向对象建模的模块化和封装理念,将发动机部件模型的连接、参数设置、算法选择等交互功能进一步封装为可视化的组件,通过在软件界面上的拖放操作实现任意类型发动机的模型构建,便于用户对模型进行动态调整。组态建模比面向对象建模具有更好的灵活性和通用性,更适用于研究对象经常变化的应用场景[4]。图 4.47 为典型发动机部件级模型的类结构示意图。

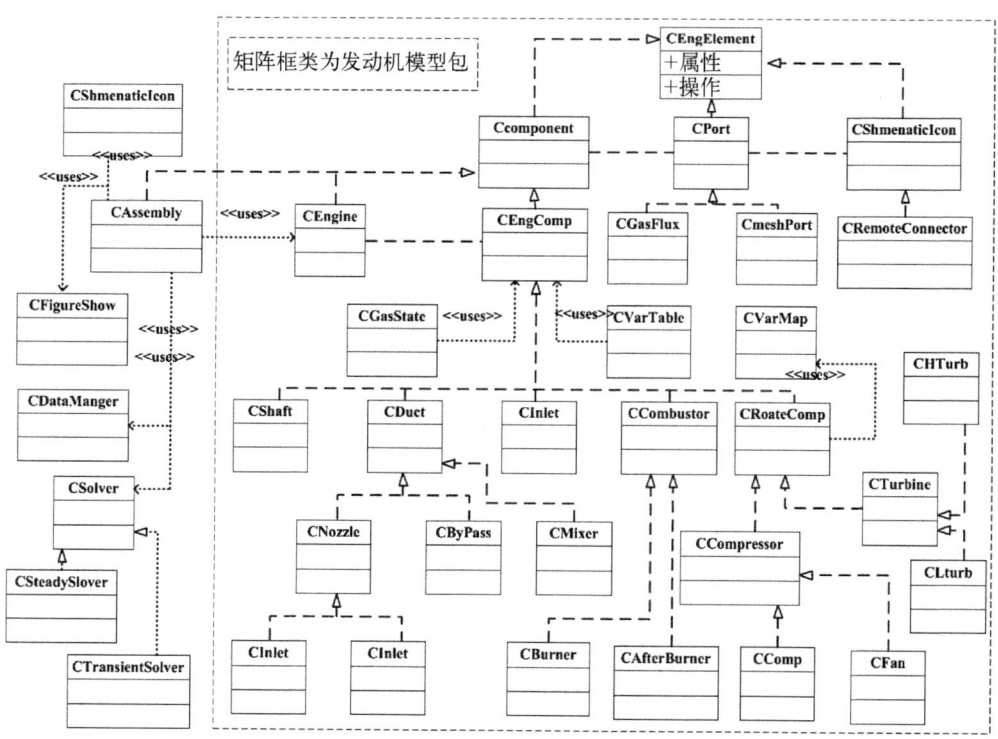

图 4.47 发动机部件模型类图

无论是面向对象建模还是组态建模,在构建完发动机各部件模型关联关系后,需要通过部件的共同工作条件和控制方案建立发动机共同工作方程组,发动机稳态工作点的求解就转换为求解非线性隐式方程组的数学问题。以混合排气涡扇发动机为例,其仿真模型原理图参见图4.48,可建立如下方程组:

$$\begin{cases} \eta_{mL} N_{LT} - N_F = 0 \\ \eta_{mH} N_{HT} - N_C = 0 \\ W_{g4, \text{giv}} - W_{g4, \text{giv}, m} = 0 \\ W_{g42, r} - W_{g42, rm} = 0 \\ P_{s6l} - P_{s16} = 0 \\ W_{g8, j} - W_{g7} = 0 \end{cases} \quad (4.10)$$

式(4.10)中,η 为机械效率;N 为轴功率;W_g 为燃气流量;P_s 为静压。式(4.10)没有直接解,一般通过迭代得到计算结果。在确定共同工作点时应先选择 m 个试取参数的试取值 $X_i(i=0,1,\cdots,m)$。在第一次试取条件下,不可能使检查方程得到满足,因此产生 m 个残量。如果残量 $z_i \neq 0(i=0,1,\cdots,m)$ 就应重新试取 $x_i(i=0,1,\cdots,m)$,重新进行计算求出一组新的 $z_i(i=1,\cdots,m)$ 如此反复进行,直到满足收敛条件 $|z_i| \leq \varepsilon(i=1,\cdots,m)$ 为止。确定共同工作点,就是求出使得 $Z=0$ 的 X 向量,即求解方程组:

$$F(X) = 0 \quad (4.11)$$

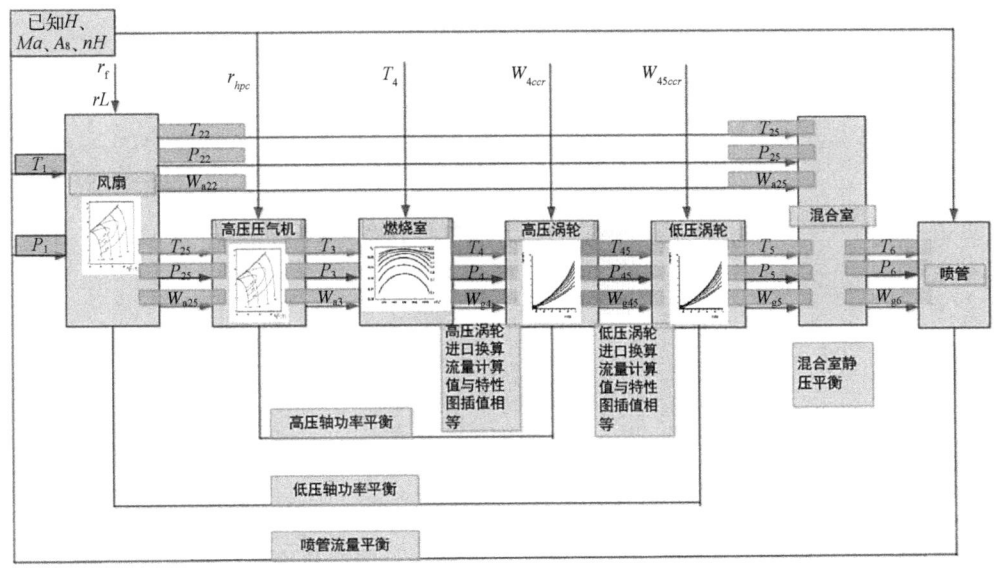

图 4.48　混合排气涡扇发动机仿真模型原理图

一般求解多元非线性方程组的方法是把它们转换为线性方程组,再直接求解多元非线性方程组。实际上由于原方程组是非线性的,所以一次计算不会使残量

$Z = 0$,而要反复进行迭代,最后才能求得满意结果。

常用的平衡方程组求解方法主要有 Newton-Raphsion 法、Broyden 法、拟牛顿法和 $N+1$ 点残量法等,现在一般结合其他优化算法综合运用(例如人工智能算法),以提高算法性能。

3. 发动机仿真技术在高空模拟试验中的应用

1) 进排气控制优化

在进行高空模拟试验时,航空发动机被安装在高空舱中,航空发动机的进口连接进气稳压室出口,航空发动机尾喷管排出的气体直接排到高空舱排气扩压器中,因此航空发动机对高空台直接相关的量是航空发动机的进口空气流量和尾喷管的排气温度。因此可以把航空发动机模型简化为进口空气流量和排气温度分别关于高度、马赫数、油门杆角度的函数关系,可以建立发动机简化模型。通过输入飞行高度、飞行马赫数以及油门杆角度,模型的输出为发动机空气流量来实现进排气控制系统的模型优化和设备调试。

2) 发动机气路参数故障诊断

基于发动机模型的综合故障诊断方法在发动机试验和控制系统中已经得到了广泛应用,由于发动机气路性能故障是渐进发展的,因此可以利用气路测量参数与模型计算结果的偏差量来监控发动机或测试系统的故障,当某个参数的偏差量在允许范围内,则可认为发动机或测试系统处于正常工作状态,否则判定该参数处于故障状态,再结合故障库完成故障类型的确定。由于发动机性能退化等因素影响,模型的精度将会影响故障诊断的准确率,因此一般采用自适应模型,利用测量数据对部件特性进行修正,根据测量结果、自适应模型和基线模型结果对比分析偏离设计状态的程度是否在允许范围内,如图 4.49 所示。

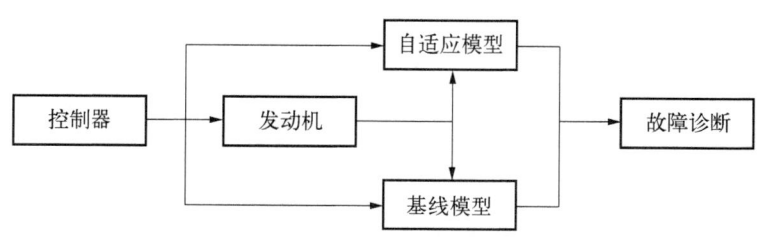

图 4.49 自适应故障诊断模型

3) 试验方案设计与结果评估

高空模拟试验前,需要根据发动机在工作包线范围的工作特性参数确定可试范围、试验点选取、试验方案和流程设计等工作。尤其是试验流程的优化工作,通过发动机仿真模型和设备仿真模型的联合运行,可以实现试验过程中设备调节和发动机状态调节方案的优化,以便实现试验安全和成本的最优化。

试验过程中和试验结束后,可以根据试验数据完成仿真模型的修正,并根据优化后的模型仿真结果对试验结果进行评估,及时验证试验结果的有效性,以确定是否存在试验内容需要进行重复验证。

此外在高空台虚拟试验中也需要发动机仿真模型与高空台试验设备仿真模型联合运行,主要用于试验人员的培训、试验演练以及参观演示等工作。

第 5 章
试验测试

鉴于高空模拟试验在发动机研制中所发挥的重大作用，其试验测试数据质量既受到高空台的重视也为型号设计单位所关注，无论是型号发动机试验还是预先研究，没有质量的数据比没有数据还糟糕。自有高空台以来，"测试准确"就一直受到高空模拟试验工作者的重视，在高空模拟试验的所有阶段，始终坚持试验数据的高质量，以提高试验数据的准确度为目的进行了一系列的研究、实践工作。这些研究、实践涉及测试方法、测试布局、仪器仪表、测试系统、校准检验、数据共享等方面。

高空模拟试验需要提供推力/功率、燃油流量、进气流量、转速、温度、压力、湿度、位移/角度/面积参数，通常被称为高空舱的"八大参数"。这些参数中推力/功率、燃油流量、进气流量是主要的性能参数。这些参数是试验状态建立、状态监测、性能评估、设计改型的重要依据[27]。

发动机试验时测试环境恶劣，像振动、热、冷以及大量电磁噪声等都会影响参与试验的测试系统，超高精密的测量设备经常失效，因此，应当使用正好满足测试需求的、高可靠性的、低成本的测试方案。

5.1 高空模拟试验主要性能参数测量

GJB 241A-2010《航空涡轮喷气和涡轮风扇发动机通用规范》和 GJB 242A-2018《航空涡轮螺桨和涡轮轴发动机通用规范》规定了对所有发动机和附件的校准、试验和验证，其报告中的稳态数据精度应在以下范围内[7,8]：

（1）转子转速：最大状态测量值的±0.2%；

（2）测量推力：最小加力状态及以上各状态为测量值的±0.5%（检验试车为±1.0%），中间状态及其以下状态为中间状态测量值的±0.5%（检验试车为中间状态测量值的±1.0%）；

（3）测量功率：中间状态及其以上状态下为测量值的±0.5%（检验试车为±1.0%），中间状态及其以下状态为中间状态测量值的±0.5%（检验试车为中间状态测量值的±1.0%）；

（4）燃油流量：中间状态及其以上状态为测量值的±0.5%，中间状态及其以下状态为中间状态测量值的±0.5%；

（5）空气质量流量：中间状态及其以上状态下为测量值的±0.5%（检验试车为±1.0%），中间状态及其以下状态为中间状态测量值的±0.5%（检验试车为±1.0%）；

（6）温度：200℃以下，±1.0℃；200～800℃，±3.0℃；800℃以上，±4.0℃；

（7）其他数据：最大状态测得值的±2.0%。

瞬态数据的精度和相应的仪表校准方法应提交使用部门批准，并写入试验报告。所有仪表和设备应进行校准，以保证所要求的精度。

5.1.1 全流程参数测量

全流程参数主要包括气流流通通道内的压力、温度参数，测量布局是由发动机结构决定的，双转子分开排气涡扇发动机试验全流程测量截面如图5.1所示。0截面：发动机远前方未受扰动截面，主要测量大气温度、大气压力。1截面：进气道与发动机的交界面，主要测量总温、总压和静压，目的是计算发动机的空气质量流量。1A截面：发动机内涵进口截面。2截面：风扇（低压压气机）进口截面，主要测量总压、总温，目的是计算进气道总压恢复系数。2B截面：风扇（低压压气机）出口截面，主要测量总压、总温，目的是计算风扇增压比和效率。3截面：高压压气机出口（主燃烧室进口）截面，测量总压、总温，目的是计算高压压气机增压比和效率。4截面：主燃烧室出口（高压涡轮进口）截面，测量总压、总温，计算燃烧效率和总压恢复系数；测得主燃烧室出口温度场后，可计算出用来衡量燃烧室出口温度场的技术指标：温度分布系数、径向温度不均匀系数。4B截面：高压涡轮出口（低压涡轮进口）截面，主要测量总压、总温，计算高压涡轮落压比和效率。5截面：低压涡轮出口截面，主要测量总压、总温，计算低压涡轮落压比和效率。6截面：混合器出口（加力燃烧室进口）截面，主要测量总压、总温，用于计算压力场、温度场平均值。7截面：尾喷管进口截面，测量总压、总温，目的是计算加力燃烧室总压恢复系数以及温度分布。8截面：尾喷口喉道截面。9截面：尾喷管出口截面，测量总压、总温，目的是计算喷管的落压比。11截面：发动机外涵进口截面。12截面：第1压气机进口截面的外涵部分（仅在与截面2有区别时使用）；13截面：风扇出口截面的外涵部分；

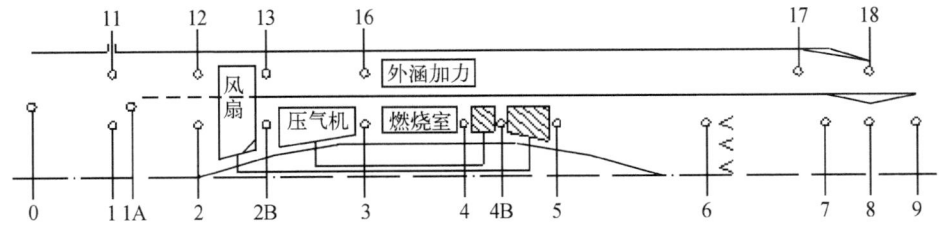

图5.1 双转子分开排气涡扇发动机试验全流程测量截面

16截面：外涵出口截面；17截面：外涵喷管进口截面；18截面：外涵喷管喉道截面。

发动机在正常使用过程中，气路部件例如风扇、压气机承受高速气流冲刷、高速旋转离心力载荷，燃烧室、涡轮等热端部件受到高速、高温、高压燃气的冲蚀。在交变热应力、高速旋转离心力、蠕变等耦合环境因素综合作用下，发动机性能会逐渐退化，导致发动机气路部件流通能力、效率降低。部件性能优劣、衰退及试验故障都会通过转子转速、温度、压力、燃油流量等相关参数反映出来。例如压气机或风扇的故障，会引起增压能力和绝热效率的改变；涡轮故障会引起涡轮导向器有效面积和涡轮膨胀效率的改变。

高空模拟试验的发动机除双转子分开排气涡扇发动机外还有单转子涡轮喷气发动机、双转子涡轮喷气发动机、单转子涡轮螺旋桨和涡轮轴发动机、自由涡轮螺旋桨和涡轮轴发动机、双转子混合排气涡轮风扇发动机、双转子外涵加力涡轮风扇发动机、三转子涡轮风扇发动机、带核心机驱动风扇的双转子混合排气涡轮风扇发动机、双转子自由涡轮螺旋桨和涡轮轴发动机，这些发动机的全流程测量截面划分如图5.2所示。

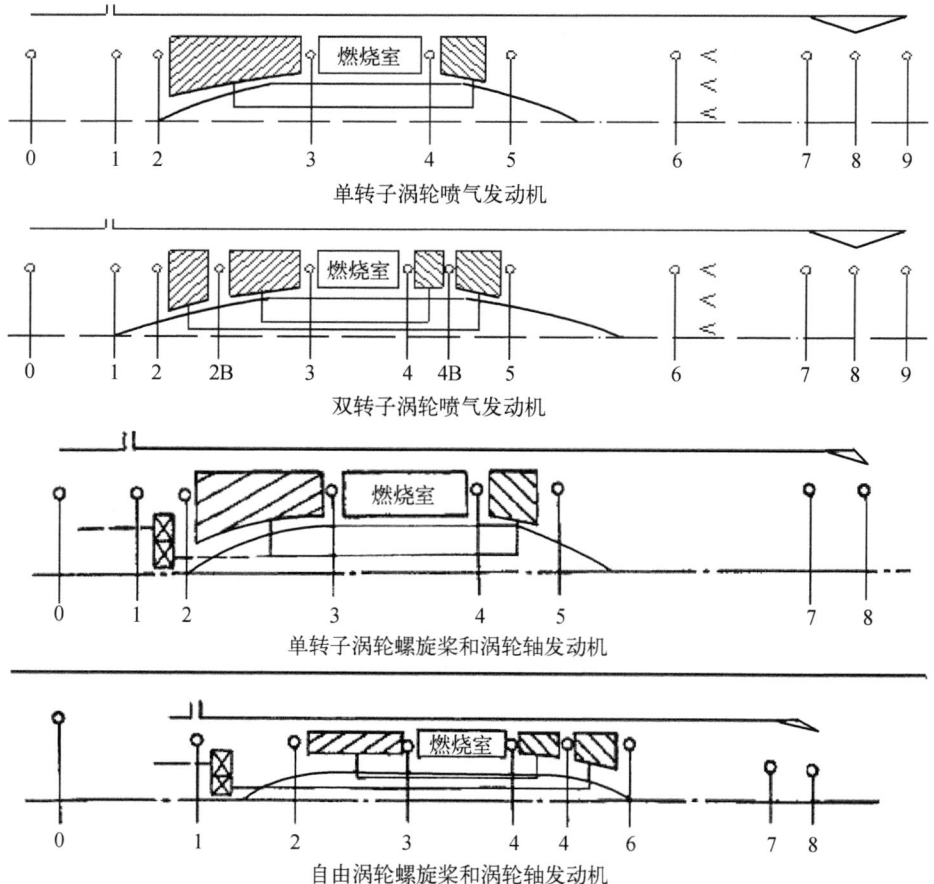

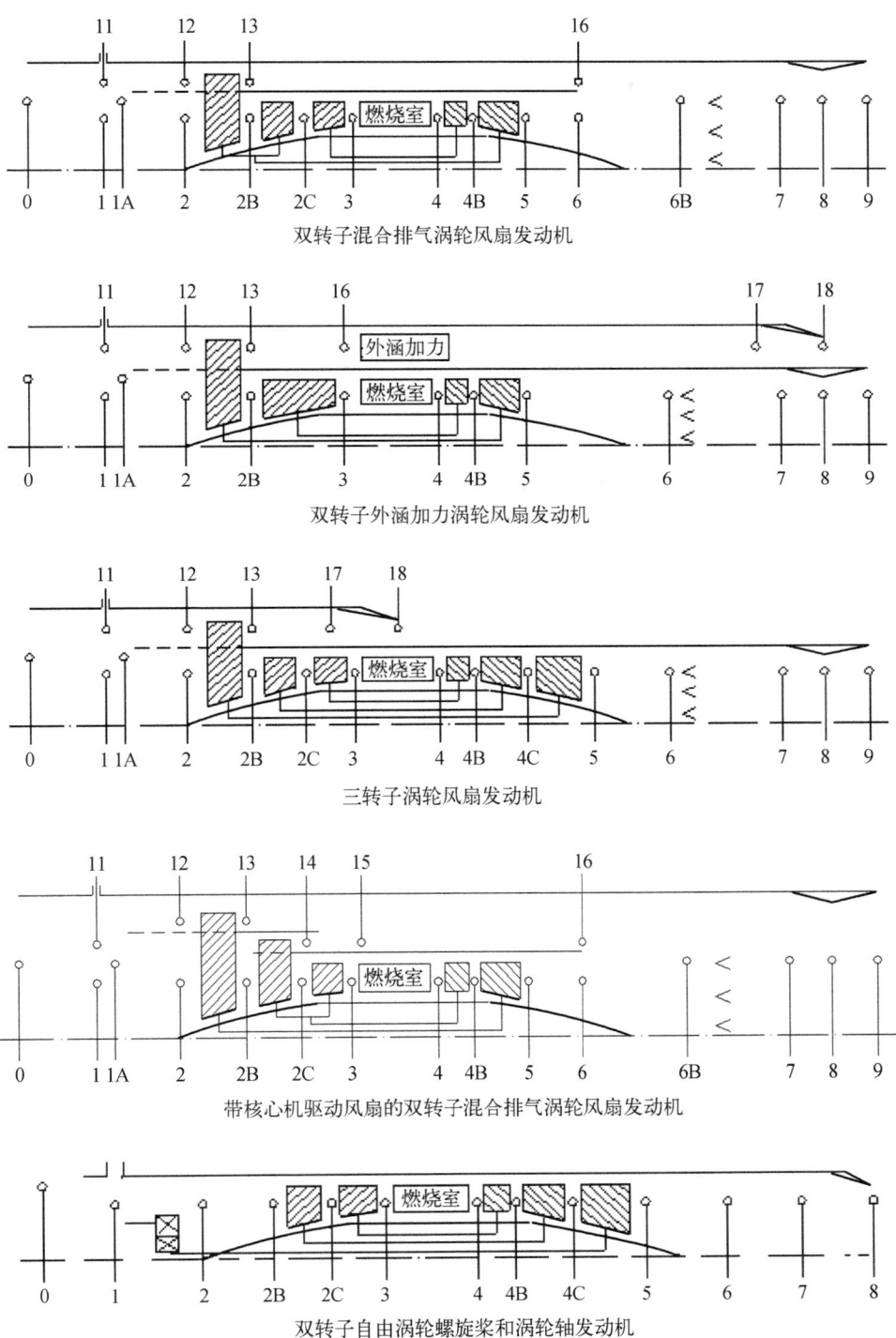

图 5.2　其他结构发动机试验全流程测量截面划分简图[28]

5.1.2 空气质量流量测量

航空发动机,除组合动力的火箭发动机以外,工作时都要吸入空气。以空气为工质是航空发动机区别于火箭发动机的主要特征,也是其工作效率通常高于火箭发动机的主要原因。直连式高空舱发动机吸入的空气是由气源系统供给的,吸入空气的压力和温度是由进气控制系统按模拟高度和飞行马赫数控制的,具体吸入量由被试发动机决定。因此进气流量供给设备除测量功能外还要兼顾发动机进气温度场、压力场、速度场供给需求,同时满足推力测量的软连接要求和流量测量的密封连接要求。在高空模拟试验中采用量程自动切换的方法,扩大流量管的适用范围,使发动机在模拟飞行包线范围内都有较高的测量精度。

目前,国内外发动机研制机构采用多种方式并存的形式开展发动机空气质量流量的测量技术研究,主要有空气质量流量管和文丘里管测量方法。现有的国内高空舱多采用空气质量流量管进行测量,国外大多数高空舱采用的也是空气质量流量管,有些车台也采用文氏管,比如 AEDC 的 C1、C2、T-3 试验舱以及普拉特·惠特尼(Pratt & Whitney)公司的 X-208、X-209、X-217 等试验舱[29]。

1. 空气质量流量测量布局

在直连式高空舱中,空气质量流量管是空气质量流量测量装置,其布局与前室结构、推力测量原理和被试发动机种类等因素有关,在航空发动机试验中,测量发动机进口空气质量流量应用最广泛的是双扭线流量管法。双扭线流量管与发动机在高空舱内的安装布局如图 5.3 所示,导流盆安装在前舱内,导流盆前面是防尘网。导流盆后面就是空气质量流量管,空气质量流量管后面是发动机,空气质量流量管和发动机都安装在高空舱的后舱内。

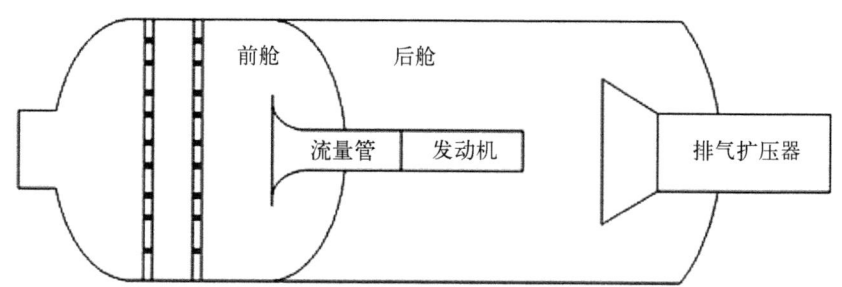

图 5.3 流量管与发动机在高空舱内的安装

如图 5.4 所示的双扭线型面结构称为"喇叭口"或称"导流盆",它的作用有:① 在发动机运转时测量发动机吸入的空气质量流量;② 在发动机进口形成流线接近平行的均匀流场。

空气从大气环境或大直径稳压段被吸向进口流量管,这相当于从无穷大的截面积收敛至直管段,因而空气加速,管截面速度场比较均匀。它的结构简单,只要

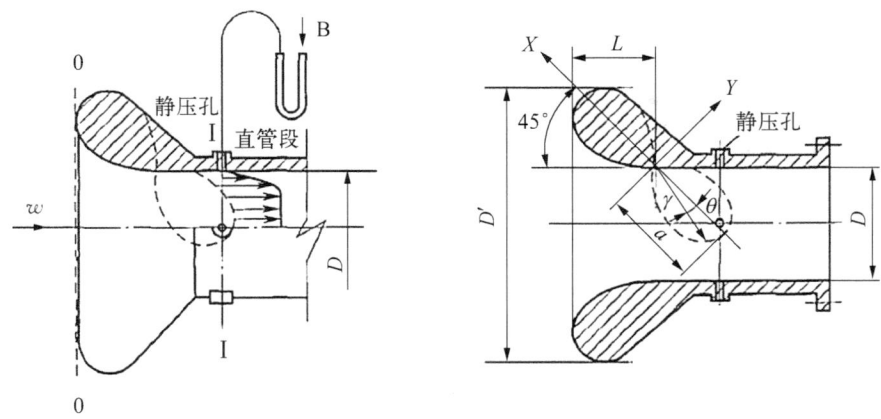

图 5.4 流量管型面图[30]

配套的仪器精度有保证,就能获得满意的流量测量数据。

双扭线型面极坐标方程为

$$r^2 = a^2 \cos 2\theta \tag{5.1}$$

式中,a 取 $(0.6~0.8)D$,单位为 m;θ 取 $0°~45°$。

图 5.4 中 $L = (0.7~0.9)D'$,$D' = (1.85~2.13)D$;直管段管壁在坐标原点处与双扭线相交。

在实际应用中为了方便安装和适应多型发动机试验的需求,一般情况下还需要有可换段、转接段,如图 5.5 所示。

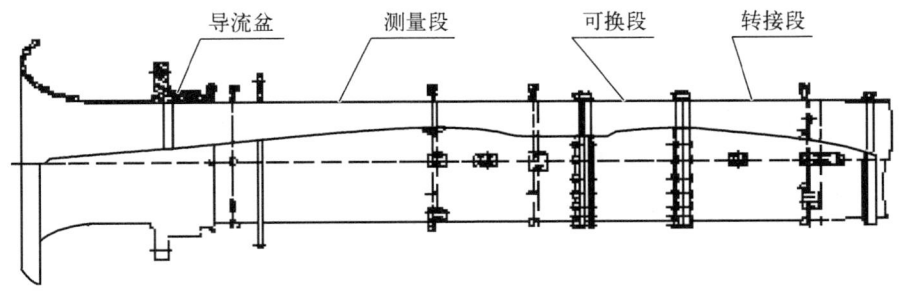

图 5.5 流量管结构简图

一般流量管的长度为发动机进口直径的 4~5 倍,在流量测量截面设计总压、总温安装座及壁面静压测量接嘴。为了保证推力测量,测量段与进气导流装置之间采用篦齿连接。

进气导流除双扭线导流装置外,还有渐收线,渐收曲线流量管与发动机在高空舱内的安装示意如图 5.6 所示。

试验时气流经过双扭线导流盆或渐收段导流后加速进入测量段,在测量段的

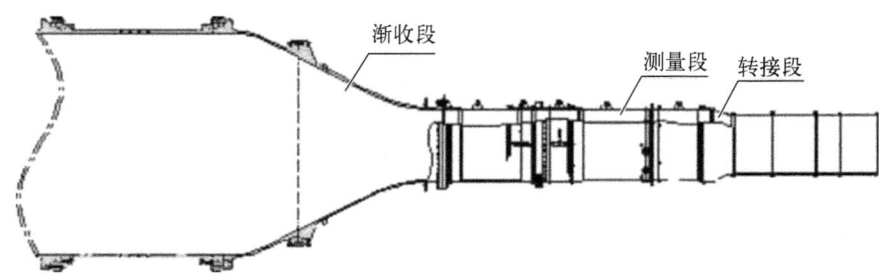

图 5.6　渐收线流量管结构简图

合适位置布置总压测量截面、静压测量截面和总温测量截面。如图 5.7 所示,某型发动机试验用的流量管的总压测量截面和静压测量截面在收敛段后 $1D$ 位置,通常称之为 M 截面,总温测量截面在 M 截面后 $0.23D$ 位置,"D" 为流量管的内径。

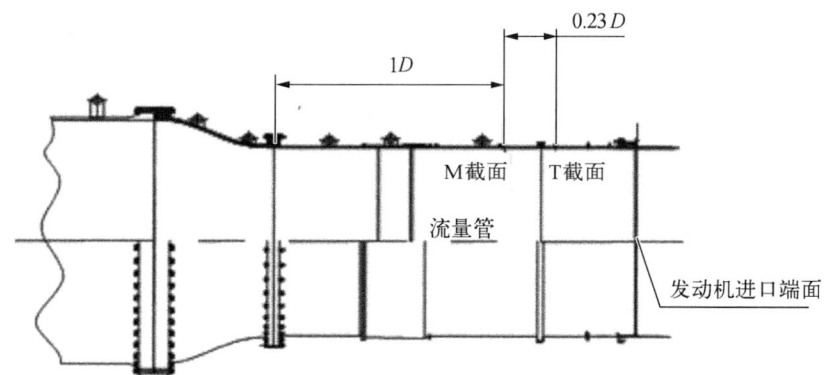

图 5.7　总压测点、静压测点和总温测点布置简图

2. 流量积分测量法

高空舱试验时,通常使用流量系数法和积分法来确定发动机空气质量流量。流量管设计通常考虑了这两种方案的测量布局,在进气流量的实际测量中,一般是采用压力探针测量进气管内气流的总压,测量壁面静压作为截面静压,由总压、静压和总温计算出空气质量流量。

流量积分测量法是把测量截面按照一定的规则划分成 N 个微元面积 dS,测定每个微元上的压力、温度,计算每个微元通过的空气质量流量:

$$dW_{a,i} = \frac{K_{s,i} q(\lambda_{s,i}) P_{t,s,i} dS_i}{\sqrt{T_{t,s,i}}} = \frac{K_{s,i} y(\lambda_{s,i}) P_{s,s,i} dS_i}{\sqrt{T_{t,s,i}}} \tag{5.2}$$

式中,$K_{s,i} = \sqrt{\dfrac{k_{s,i}}{R_{s,i}} \left(\dfrac{2}{k_{s,i}+1}\right)^{\frac{k_{s,i}+1}{k_{s,i}-1}}}$。

总空气质量流量 W_a:

$$W_{a} = \int dW_{a,i} = \int \frac{K_{s,i}q(\lambda_{s,i})P_{t,s,i}}{\sqrt{T_{t,s,i}}} dS_{s,i} = \int \frac{K_{s,i}y(\lambda_{s,i})P_{s,s,i}}{\sqrt{T_{t,s,i}}} dS_{s,i} \quad (5.3)$$

流量管内气体速度场、温度场、压力场并不均匀,尤其是在径向上有较大梯度。按等环面对截面进行 N 等份划分,每个环面面积为 $\Delta S_i = S/N$;在各个环面几何中心布置多个总温、总压测点,用它们的平均值作为环面的总压、总温值。则空气质量流量 W_a 积分公式可写成微分形式:

$$W_{a} = \sum_{i=1}^{N} \Delta W_{a,i} = \sum_{i=1}^{N} \frac{K_{s,i}q(\lambda_{s,i})P_{t,s,i}}{\sqrt{T_{t,s,i}}} \Delta S_i = \sum_{i=1}^{N} \frac{K_{s,i}y(\lambda_{s,i})P_{s,s,i}}{\sqrt{T_{t,s,i}}} \Delta S_i \quad (5.4)$$

图 5.8 给出了示例,即用三支多点测量耙等环面测量环形流道参数的测点布局。

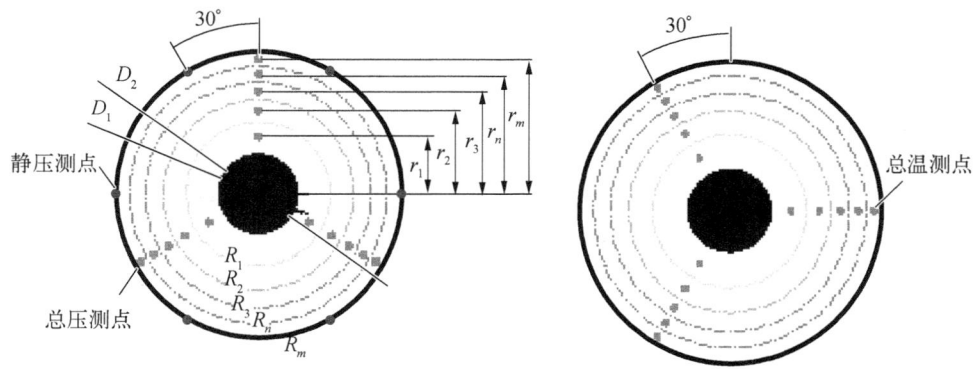

图 5.8 流通截面为环形区域的三支测耙等环面均布示意

图 5.8 中各环分界面距流道中心的距离计算公式:

$$R_n = \frac{1}{2}\sqrt{\frac{n}{N}(D_2^2 - D_1^2) + D_1^2} \quad (5.5)$$

式中,R_n 为各环分界面距流道中心的距离;N 为等环面划分的数量;n 为从流道中心开始的第 n 个环面;D_2 为均分流道的外直径;D_1 为均分流道的内直径。

图 5.8 中各测点距流道中心的距离计算公式:

$$r_n = \sqrt{\frac{(2n-1)(D_2^2 - D_1^2) + 2ND_1^2}{8N}} \quad (5.6)$$

图 5.8 中空气的流通截面是圆 D_1 与圆 D_2 间的环形区域,这种流道分布多见于发动机内部流道,如风扇、压气机、涡轮等测量截面。发动机进气流量管流通截面通常为圆形区域,在式(5.6)中令 D_1 为零即可计算各流量环分界面的半径和各

测点距流道中心的距离。依照上述布局规律用三支多点测量耙可以把一圆形测量截面划分为 11 个等环面,参见图 5.9。

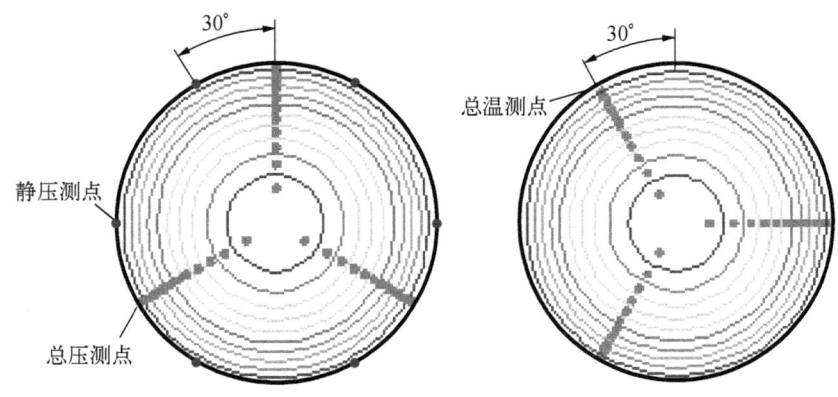

图 5.9　三支 11 点耙的等环面均布

用于流量计算的静压测点要与总压测点在同一测量截面,应当适当远离总压测量耙。在布置静压测点时应当注意,总压测量截面并不在总压测量座的中心位置,而是在总压测量耙引压口的位置,因此静压测点应当和总压测量耙引压口齐平,同样在布置总压测量耙时应当把总压测量耙引压口布置在 M 截面上,而不是把总压测量耙的安装座布置在 M 截面上。总温测量截面按等环面积布置测点,可安排在总压测量截面之后 $0.23D$ 处,这个间距可根据测耙尾迹长度和流量管的绝热情况作综合考虑。

为了降低总压测量耙对静压测量的影响,静压测点与总压测点在周向上错开一定角度,该角度与总压耙数量、壁面静压的测点数量有关。总温测量截面在总压测量截面后,为降低总压测耙尾流的影响,总温测耙与总压测耙在周向上错开一定角度,如图 5.9 所示,30° 的偏置比较适合 3 支总压测耙和 3 支总温测耙的布局。

通过试验仿真可以给出,某试验状态下进气流量测量截面气体流速与距离管壁的距离的关系,如图 5.10 所示。

流量管内速度场最大的不均匀是沿直径方向的不均匀,从图 5.10 中可以看出中心流速度高,壁面流速为零,在壁面和中心流之间的附面层内流速

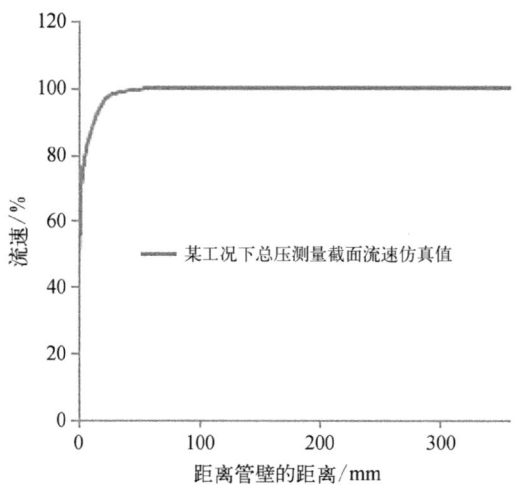

图 5.10　某试验状态总压测量截面流速仿真曲线

变化剧烈，需要细分测量。因此，增加等环面的数量，再截掉测量耙在中心区域内的测点，可以增加附面层区域内的测点，从而提高流量测量精度，如图 5.11 所示。

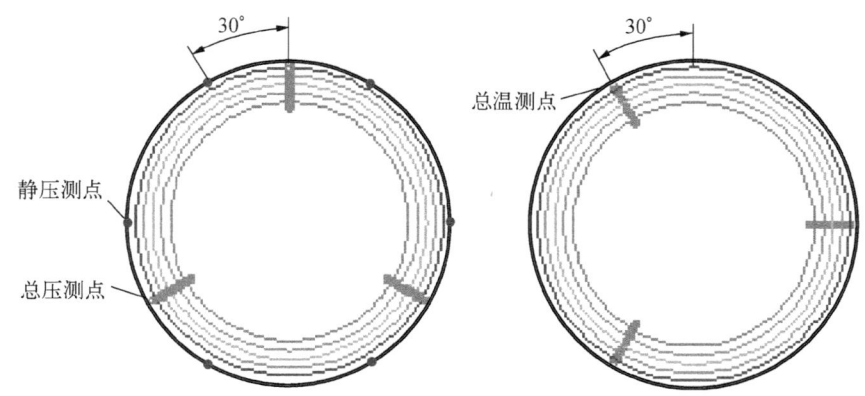

图 5.11　三支 11 点截 5 点测耙的等环面均布

图 5.11 的方案是把图 5.9 中的 11 点测量耙中心的 5 个测点截掉，保留外围的 6 个测点，计算空气质量流量时再把截掉的 5 个测点补回去计算总流量。采用截短耙在降低测量复杂度的同时，因其长度相对较短，可以降低测耙强度设计的难度。

通过专用的附面层测量耙可以进一步精细化测量附面层内压力，附面层测耙的测点通常是等间距分布。过去附面层压力测耙通常采用扁口的引压嘴，现在的研究表明圆形的细小的引压嘴能更好地测量附面层压力。附面层厚度受流量管内马赫数、压力和温度的影响，随模拟状态和发动机状态的改变而变化，把压力附面层测点和压力截面的总压测点结合到一支测耙上，有利于保持测量的准确性和一致性。

随着试验仿真技术的不断发展，现在可以不再是简单地按照等环面布局或者是等间距布局，而是根据试验仿真结果布置测点，用尽量少的测点实现更准确地测量，如图 5.12 所示。

图 5.12 中，下标 s 表示静压，下标 t 表示总压，下标第一位数字编号为测量耙的编号，下标"_"后第一位数字编号为该耙上的测点编号。S 表示面积，S 后下标表示面积区域编号。图 5.12 所示方案在流道中心布置一测点，壁面布置 C 个壁面静压测点，用 N 支有 M 个测点的测量耙，把测量截面分成 $M+1$ 个

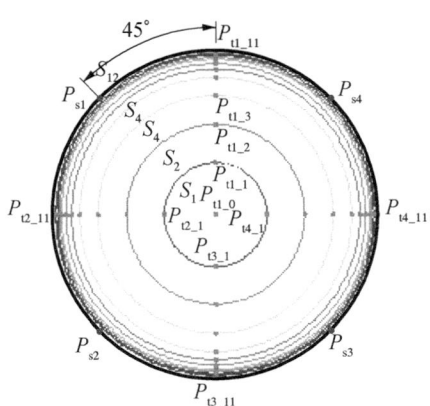

图 5.12　某流量管进气总压测点布局图

环形或圆形的测量区域，每个区域内的总压计算公式为

$$\overline{P_{t,j}} = \begin{cases} \dfrac{\sum\limits_{i=1}^{N}(P_{ti\_j-1}+P_{ti\_j})}{2N}, & j \in (2,M) \\[2mm] \dfrac{NP_{t0}+\sum\limits_{i=1}^{N}(P_{ti\_j})}{2N}, & j=1 \\[2mm] \dfrac{\sum\limits_{k=1}^{C}P_{sk}+\sum\limits_{i=1}^{N}P_{ti\_j}}{C+N}, & j=M+1 \end{cases} \quad (5.7)$$

式中，P_{sk} 为第 k 个壁面静压测点，共有 c 个；$j=1$ 为中心圆形区域，$j=M+1$ 是靠近壁面的环形区域，$j \in (2,M)$ 为中间的环形区域。

$$\overline{P_s} = \frac{\sum\limits_{k=1}^{C}P_{sk}}{C} \quad (5.8)$$

$$W_a = \sum_{j=1}^{M+1}\Delta W_{a,j} = \sum_{j=1}^{M+1}\frac{\overline{K_j q(\lambda_j)P_{t,j}}}{\sqrt{\overline{T_{t,j}}}}S_j \quad (5.9)$$

3. 流量系数测量法

流量系数法测量流量管主流区的总温、总压，根据流量系数确定空气质量流量，计算公式为

$$W_a = C_B m F_B \frac{P_t}{\sqrt{T_t}}\left(\frac{\kappa+1}{2}\right)^{\frac{1}{\kappa-1}}\left(\frac{\kappa+1}{\kappa-1}\right)^{\frac{1}{2}}\left[\left(\frac{P_s}{P_t}\right)^{\frac{2}{\kappa}}-\left(\frac{P_s}{P_t}\right)^{\frac{\kappa-1}{\kappa}}\right]^{\frac{1}{2}} \quad (5.10)$$

式中，C_B 为流量系数（由附面层厚度决定）；F_B 为流量测量截面面积，m^2；P_t 为中心气流平均总压，Pa；P_s 为气流静压，Pa；T_t 为中心气流平均总温，K；κ 为绝热指数；$m = \sqrt{\dfrac{\kappa}{R}\left(\dfrac{2}{\kappa+1}\right)^{\frac{\kappa+1}{\kappa-1}}}$；$R$ 为气体常数。

为简便计算，常利用气动函数来计算空气质量流量。根据测量的气流总压 P_t 和静压 P_s，求出 $\pi(\lambda) = \dfrac{P_s}{P_t}$，再由 $\pi(\lambda)$ 查到对应的流量函数，则流经流量管的气体流量计算式为

$$q_{\mathrm{m}} = C_{\mathrm{B}} \frac{m F_{\mathrm{B}} P_{\mathrm{t}} q(\lambda)}{\sqrt{T_{\mathrm{t}}}} \qquad (5.11)$$

式中,流量系数 C_{B} 可以根据校准或直接测量附面层厚度获得。

4. 流量管内压力测量

1) 总压测量

总压探针不敏感角大小与其设计有关系。在测量总压时需要考虑气流与总压探针之间的角度,超过不敏感角的范围,应考虑附加误差的影响。在流道内布局总压测量受感部时,应当使取压管及其滞止保护罩正对气流。引压管的容腔效应会使压力信号的变化延迟,因此,动态压力测量要把转换器布置在取压管口附近,稳态压力测量可以用引压管将压力引到发动机外进行转换。

任何插入气流的探针都会在某种程度上对气流产生干扰,对流道产生堵塞效应,这会使压力测量产生附加误差。值得注意的是,在管道内部测量静压时,堵塞效应使静压降低,而在自由射流状态则使静压上升。

取压管之间和取压管与支杆之间的相互干扰。取压管间的距离、取压管长度等参数都应该予以考虑,过密集或过短会使测量结果产生附加误差。

测量耙对发动机内流场的干扰,是否会对发动机的工作状态产生影响,如果有影响,测到的结果与没有测量耙时发动机在该位置的实际压力会有差异,应考虑这种影响造成的附加误差。

关于动态压力测量受感部设计,动态压力受感部至传感器之间的容腔应足够小,使整个动态压力测量系统的动态响应足够。否则将会产生附加动态测量误差。

2) 静压测量

由于静压测量孔在测量静压时孔口处会产生流线状态,因此测量获得的并非是理想的静压。被测量流体雷诺数的不同、马赫数的不同均对测量会产生影响。理想状态,静压测量孔应垂直气流流动方向,孔口没有毛刺并保持锐边,静压孔的加工质量偏离理想状态会对静压测量结果产生影响。

静压孔位置设计应考虑避开可能影响附近流线的干扰,这些干扰可能影响静压测量。静压测量孔上游应避免有突起、支板等改变气流方向的扰流件。当然,如果静压孔测量位置处有漩涡,那测量的压力可能偏离静压较远。

如果使用皮托静压管测量静压,静压孔距离头部和尾部的距离都会对静压测量产生影响,应该通过校准分析其影响并进行修正。

3) 稳态压力测量

稳态压力测量系统采用气压或液压引压管将压力信号从传感器传输到测量设备,壁面稳态静压测量的引压管应与壁面垂直安装,并经一定的弯曲后引出,引压管的长度和直径将根据安装限制和数据响应要求具体设计,稳态压力测量把测量设备与被测介质分开,有很好的安装灵活性。发动机内的大部分部件都可以在装配过程中通过部分拆卸安装测量仪表。引压管被连接到静压或总压传感器并引出到测量设备的安装位置,这样就可以使用更大且更稳定的测量系统,而且必要时可以使用空调机柜增强测量设备的耐久性和数据的准确度。

4) 瞬态压力测量

瞬态压力测量设计时主要考虑的因素是引压管引起的压力信号畸变。对于喘振/失速、燃烧室或加力燃烧室不稳定性或者控制系统响应这样的瞬变事件,需要通过长度较短(约10 cm)的引压管实现高达100 Hz或者更高的频率响应。瞬态压力测量与计算压力在波形上有显著的差异,导致差异的原因通常有两个,第一是计算误差,第二是测量误差,在瞬态测量中系统响应是导致波形差异的主要原因,系统响应主要由引压管的长度、直径、直径比等决定。

5. 流量管内总温测量

温度测量方法可分为接触式测温和非接触式测温。接触式测温方法可分为膨胀式测温、电量式测温和接触式光电、热色测温三大类。接触式测温法在测量时需要与被测物体或介质充分接触,测量的是被测对象和传感器的平衡温度。非接触测温方法不需要与被测对象接触,因而不会干扰温度场,动态响应特性较好,但是会受到被测对象表面状态或测量介质物性参数的影响,主要包括辐射式测温、光谱法测温、激光干涉式测温以及声波测温方法等。

常用的接触式测温受感部有热电偶温度受感部、热电阻温度受感部和石英晶体温度受感部。

1) 热电偶温度受感部

目前,试验舱发动机温度受感部使用最多的是热电偶。发动机热电偶温度受感部多数是用来测量高速气流、高温气流及高温高速气流,因此,其外形结构与常用的热电偶相比,有其自身的特点,而且对于不同的被测对象其外形结构也是不相同的。

滞止型热电偶温度受感部一般用于气流温度测量,在高速气流测量中,必须用滞止型热电偶受感部进行测量,提高复温系数,从而减小速度对气流总温测量的影响。

多点式温度受感部使用的场合比较多,有的是为了通过多点温度测量求得平均温度,有的是为了同时进行温度显示与温度控制,有的是为了测量温度场。多点式温度受感部主要有耙式和梳状两种结构型式。耙式结构受感部一般配装在位移机构上,用于测量某截面温度场。现在,高空舱试验中为获取发动机各截面温度场主要采用梳状温度受感部。

裸露式温度受感部的测量端直接暴露于气流中,其最大特点是温度响应速度快,因此,一般常用于快速测温和动态测温的场合,主要应用于某些部件试验,常见的有燃烧室出口温度测量的高温水冷热电偶。

气体流道温度一般选用热电偶测量,用于发动机的热电偶有多种类型,见表

5.1。在这些类型中,T型、K型、E型和S型热电偶使用最为广泛。

表 5.1 发动机试验常用热电偶及其特性

类型	材料	等级	使用温度范围/℃	允许偏差/℃
S	铂铑10-铂	I	0~1 600	±1 或 ±[1+(t-1 100)×0.003]
		II	0~1 600	±1.5 或±0.25%|t|
B	铂铑30-铂铑6	I	600~1 700	±1 或 ±[1+(t-1 100)×0.003]
		II	600~1 700	±1.5 或±0.25%|t|
R	铂铑13-铂	I	0~1 100	±1
			1 100~1 600	±[1+(t-1 100)×0.003]
		II	0~600	±1.5
			600~1 600	±0.25%t
K	镍铬-镍硅	I	-40~1 000	±1.5 或±0.4%|t|
		II	-40~1 200	±2.5 或±0.75%|t|
N	镍铬硅-镍硅	I	-40~1 100	±1.5 或±0.004|t|
		II	-40~1 300	±2.5 或±0.75%|t|
E	镍铬-康铜	I	-40~800	±1.5 或±0.004|t|
		II	-40~900	±2.5 或±0.75%|t|
J	铁-康铜	I	-40~750	±1.5 或±0.004|t|
		II	-40~750	±2.5 或±0.75%|t|
T	铜-康铜	I	-40~350	±0.5 或±0.004|t|
		II	-40~350	±1 或±0.75%|t|

2) 热电阻温度受感部

航空专用的热电阻温度受感部根据具体测量对象和条件,外形结构也各不相同,有裸露式、滞止式和铠装式等多种型式。现最常用的是铠装式热电阻温度受感部,见表 5.2。

表 5.2 发动机试验常用铠装式热电阻及特性表

型号	R_0/Ω	温度范围/℃	最大允许误差
Pt50	50.00×(1±0.05%)	-200~850	±(0.15+2×10^{-3}|t|)(A级)
Pt100	100.0×(1±0.05%)		
Cu50	50.00×(1±0.1%)	-50~150	±(0.3+6×10^{-3}|t|)
Cu100	100.0×(1±0.1%)		

注:t 为被测温度。

目前铂热电阻 Pt100 使用最为广泛。

3) 石英晶体温度受感部

石英晶体温度受感部是把石英晶体加工成音叉结构,根据音叉振动频率和温度间良好的线性关系,来测量温度的受感部,其测量精度较高。HTS-206 在-40~85℃范围内温度分辨率可达 0.002℃。

6. 流量管校准

流量管的校准通常有两种方法。一种是通过测量附面层厚度,计算得到流量系数;另一种是通过对比标准流量装置和流量管的中心流量,计算得到流量管的流量系数。小尺寸流量管尺寸效应显著,附面层厚度的测量精度对流量系数的影响明显,同时,可以找到流量相当的标准装置。所以,对小尺寸流量管常采用标准流量装置比对校准获得流量系数。对于尺寸较大的流量管,难以找到大流量节流装置进行比对校准,同时,通过测量附面层厚度计算流量系数的方法也可获得足够的精度,所以,对大尺寸流量管常采用测量附面层厚度获得流量系数。

引入附面层位移厚度后的流通面积计算公式为

$$F_B^* = \frac{\pi}{4}(D - 2\delta^*)^2 = \frac{\pi}{4}D^2\left(1 - \frac{2\delta^*}{D}\right)^2 \tag{5.12}$$

由式(5.12)推导出流量系数的计算公式为

$$C_B = \left(1 - \frac{2\delta^*}{D}\right)^2 \tag{5.13}$$

式中,δ^* 为附面层位移厚度;D 为流量管直径。

由式(5.13)可知,流量系数的确定主要在于确定附面层位移厚度 δ^*。按照附面层原理,附面层厚度 δ 与附面层位移厚度 δ^* 可用下式表示:

$$\delta^* = \int_0^d \left(1 - \frac{w_y}{w}\right)dy = \delta - \int_0^d \frac{w_y}{w}dy \tag{5.14}$$

式中,w 为管截面中心流体速度;w_y 为附面层内流体速度,它是一个变量,即 $w_y = f(y)$;y 为离管壁的距离。在管壁处 $y=0$,在附面层边界 $y=\delta$。

所以比值 $\frac{w_y}{w}$ 也就是附面层中的速度分布,在进口流量管常用的雷诺数范围内,它服从七分之一方规律,即

$$\frac{w_y}{w} = \left(\frac{y}{\delta}\right)^{1/7} \tag{5.15}$$

将式(5.15)代入式(5.14),得

$$\delta^* = \delta - \int_0^\delta \left(\frac{y}{\delta}\right)^{1/7} dy = \delta - \frac{1}{\delta^{1/7}} \times \frac{7}{8} y^{8/7} \bigg|_0^\delta = \delta - \frac{7}{8}\delta^{\left(\frac{8}{7}-\frac{1}{7}\right)} = \frac{1}{8}\delta \quad (5.16)$$

可见,只要通过试验测得附面层厚度δ,就可以根据式(5.16)求得流量系数C_B。

根据附面层定义,把$v_i = 0.99v$(v为通道截面中心流体速度)的那个点作为该截面附面层外边界,而从外边界到通道壁面的径向垂直距离定为附面层厚度。只要用附面层探针测出区内的总压,并从壁面静压孔得到静压,就可方便地求得附面层厚度δ。

使用探针对附面层厚度进行测量是目前常用的一种测量方法。可以通过对探针在该气体流速下可能产生的位移进行分析,根据实际的工作经验,设计制作附面层探针。为了避免探针几何结构对总压测量值的影响,需要对探针测压孔的孔径、形状、测点间距、长度和支杆厚度进行合理的取值。

当然,流量管的附面层厚度在整个流量测量范围内会有变化,因此必须在整个流量测量范围内选取几个点测定附面层厚度,以确定流量系数的变化趋势。附面层厚度δ越薄,管径的修正量越小,流量系数C_B也就越接近于1。

流量喷嘴串联校准的方法有供气和抽气两种,供气方法流量管校准装置安装布局如图5.13所示。为保证流量管进口流场与高空模拟试验时发动机进口流场的一致性,专门设计稳压箱。流量管安装在稳压箱出口,流量管进口的篦齿连接段被包含在稳压箱内。根据流量喷嘴的流量作为基准校准流量管流量,得出流量系数。

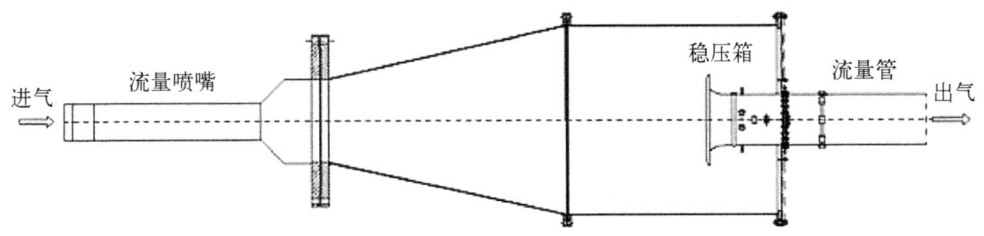

图5.13 流量管校准装置示意图

由此获得的流量系数不仅仅表征了由气流黏性附面层带来的影响,从理论上分析,只要校准试验时与真实高空模拟试验条件和测量环境保持一致,那么这个系数就涵盖了整个流量测量系统的测量误差,也包括上面提到的几何尺寸带来的静压测量误差和测量设备的误差,其测量精度可由校准试验结果直接给出,分析表明其精度较高。图5.14为某发动机流量管空气质量流量测量校准曲线。

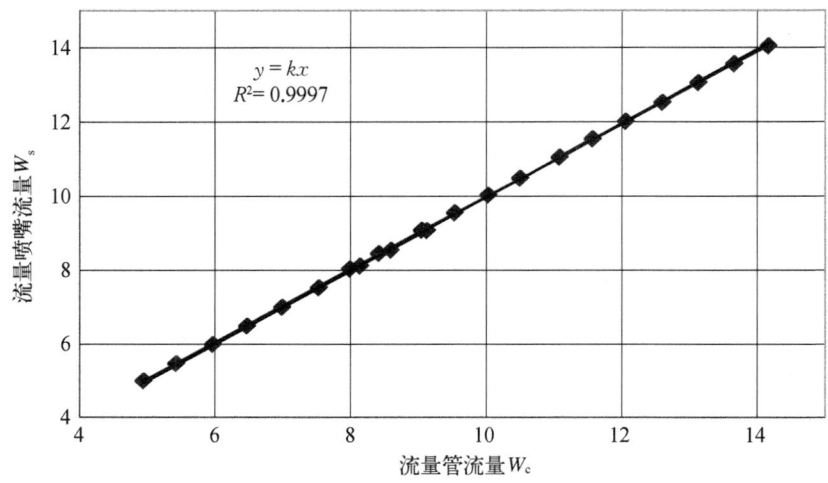

图 5.14 流量管流量校准曲线

7. 流量管内温度测量校准

温度受感部设计要综合考虑有限空间对受感部尺寸的限制、强度准则、受感部最佳的气动特征以满足所需要的测量精度。在航空领域中,热电偶是应用最广的温度受感部,与其他受感部相比,热电偶有尺寸小、耐高温、易于制造及成本低的优点。

1) 误差分析

影响热电偶温度受感部设计的最重要的气动和热力因素有以下几点。

a) 速度误差

温度受感部测量高速气流温度,气体不是绝热静止的,因此,显示温度 T_g 总是低于气流总温 T_0。温度受感部对气流总温的恢复特性可以用恢复系数 r 表示:

$$r = \frac{T_g - T_s}{T_0 - T_s} \tag{5.17}$$

根据气动和热力学分析,可以推导出标定过程中 r 为

$$r = 1 - \frac{T_0 - T_g}{T_0}\left[\frac{2}{(k-1)Ma^2} + 1\right] \tag{5.18}$$

则修正后的总温为

$$T_0 = \frac{0.2Ma^2 + 1}{0.2Ma^2 r + 1} T_g \tag{5.19}$$

式中,T_s 为气流静温(K);Ma 为气流马赫数。

受感部的结构型式对 r 值影响较大,如裸露式热电偶比滞止式热电偶的 r 值

小。裸露式热电偶 r 的推荐值为：导线与气流垂直时 $r=0.68$；导线与气流平行时 $r=0.86$。滞止式受感部的 r 值会大大提高。

b) 传导误差

温度传感器在测量高温气流温度时，一般支座温度都低于测量端温度，热量从高温的测量端向低温的支座传导，结果使传感器的指示温度 T_j 低于气流的有效温度 T_g，导热误差 δ_c 表示为

$$\delta_c = T_g - T_j = \frac{T_g - T_d}{\mathrm{ch}\left[L\left(\dfrac{\alpha P}{D\lambda}\right)^{0.5}\right]} \tag{5.20}$$

式中，T_d 为支座温度（K）；L 为浸入长度（m）；D 为偶丝直径（m）；α 为对流热系数；P 为热电偶截面周长（m）；λ 为热电偶轴向导热系数；符号 ch 表示双曲余弦函数。

由式（5.20）可知，减小导热误差的途径有：① 减小 (T_g-T_d)；② 增加 L/D；③ 增加对流热系数 α；④ 减小热电偶偶丝的导热系数 λ。

c) 辐射误差

辐射误差主要是热电偶接点向外壳辐射引起的，减小辐射误差的方法有：① 采用带屏蔽罩热电偶；② 减小热电偶偶丝和屏蔽罩黑度。

2）受感部校准

温度受感部校准方法有以下两种。

a) 静态标定

温度传感器都是按照传感器本身的测温原理从而确定校准方法的，其校准方法可参照各种有关的国家检定规程及国家标准。受感部的静态温度标定有助于减小测量误差。由于精确标定已组装的受感部是有困难的，因此，必须采取措施尽可能单独标定热电偶接点，且在受感部装配过程中不会因弯曲或硬焊工艺改变静态标定数据。

b) 动态校准

动态温度校准装置主体由热校准风洞和常温校准风洞组成。热校准风洞主要用于温度传感器的动态响应特性、导热误差和辐射误差的校准；常温校准风洞主要用于速度误差的校准。

典型的校准试验台原理如图 5.15 所示。

试验选在大气温度气流中进行，标定时，基准热电偶（T_t）放置在试验台稳流室中，被试受感部则放在马赫数可变的喷嘴出口。气流马赫数

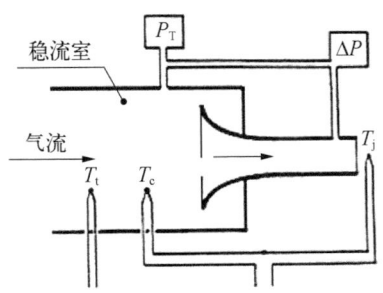

图 5.15　校准试验台原理图

由校准风洞采集来流总压(稳压室内总压)和静压(喷管壁面静压)计算(ΔP)所得。由于电压差较小,通常采用差压法来测量恢复系数,即恢复系数由电压差法测量稳压室内总温电偶(T_e)和被校电偶(T_j)的压差来确定。受校准试验设备尺寸和吹风能力的限制,总温恢复系数通常是单点逐一校准的,多点耙在校准时被校点温度较低,而枝干在常温环境下温度较高,枝干对测点的传热误差就会影响总温恢复系数的测定结果。因此,在有条件时应当同时进行整支总温测量耙的校准。

3) 高空舱进行总温恢复系数在线校准

a) 在线校准原理

考虑到前室与流量管温度测量 T 截面间距较近,常温进气试验时前室中心流与流量管中心流温度损失小(辐射、换热),且前室流速很低,提出在前室中心流区域使用高精度热电偶测量的温度作为流量管进气总温 T^* 的基准值,在发动机试验条件先原位测定流量管总温受感部的恢复系数。安装布局如图 5.16 所示。

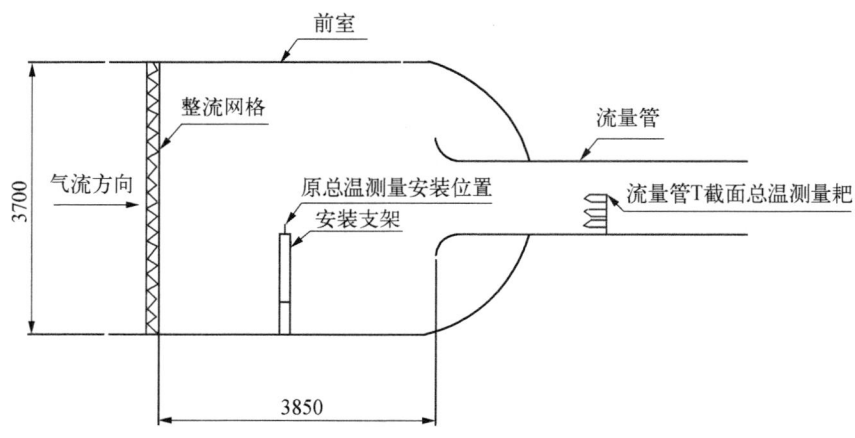

图 5.16　高空舱进气总温恢复系数测量布局图(单位: mm)

如图 5.16 所示,被校测量耙校准时的安装和气流马赫数与工作状态一致,这种原位、发动机在线的校准结果,具有较高的使用价值。在大气进气试验时,流量管内外温差小,被校受感部的传热误差小,可以认为流量管内总温与前室总温测量结果的偏差,就是总温恢复系数引入的偏差。因此,在高空舱发动机试验中搭车进行各试验状态下热电偶总温恢复系数的原位校准,有较高的精度和较高的经济价值。

b) 试验结果处理

将前室测量总温受感部、一只高精度温度计和流量管 T 截面热电偶测耙放在一起,用高精度温度计对热电偶和热电阻测温通道进行静态校准,得出两者与标准温度计的差值,作为其测量的系统误差:

$$\Delta T = T_{校} - T_{参} \tag{5.21}$$

(1) 热电偶的总温恢复系数的计算。

根据前室气流总温 T_0、流量管 T 截面主流道温度测点处气流的有效温度 T_r、马赫数 Ma 分别计算出热电偶各主流区测点在各试验状态下的总温恢复系数,得

$$r = 1 - \frac{T_0 - T_r + \Delta T}{T_0}\left[\frac{2}{(k-1)Ma^2} + 1\right] \quad (5.22)$$

$$T^* = \frac{0.2Ma^2 + 1}{0.2Ma^2 r + 1}T_r \quad (5.23)$$

试验方案在多型发动机试验中得到实施和验证,在某型发动机试验中流量管内马赫数分别为 0.427、0.454、0.467 时某总温测量受感部的总温恢复系数为 0.892、0.894 和 0.893。将其用于该受感部另一次试验的进气总温测量修正中,流量管内马赫数为 0.47,直接测量的总温为 8.08℃,修正后的总温值为 9.21℃,修正量达 1.13℃。

(2) 校准数据处理软件。

编制校准软件可使总温恢复系数 r 计算方便快捷,提高效率,降低人为误差。数据处理流程为:读取数据,根据参数名称自动分类,测量参数有效性确认,计算马赫数,自动选定稳定状态,稳态数据自动拟合求出总温恢复系数 r 系数。

(3) 在线校准规程。

发动机进口温度的总温恢复系数测定是长期的、必不可少的一项工作,为了保证总温恢复系数测定结果正确,需规范其测定方法、步骤以及试验结果处理方法。

利用高空舱进行总温恢复系数测定的方案是合理可行的,通过多次试验验证和试验结果的对比分析,证明试验结果是真实可信的。另外,试验结果也表明现使用的发动机进口温度受感部结构型式虽一致,但加工、偶丝批次的不同导致总温恢复系数也有所差异,因此新加工受感部都需要完成总温恢复系数的测定工作。

c) 温度受感部使用与检查

(1) 使用前,应对受感部外观、焊接点、绝缘性以及偶丝电阻进行检查,并做好检查详细记录;

(2) 受感部安装时,应检查各测点的顺序号、安装角度和安装位置是否正确;

(3) 试验用的受感部,每次试验完成后,应将受感部使用时数、出现的问题认真、详细地填写在履历本上;

(4) 应严格按照履历本的要求对受感部进行探伤检查,合格后方可继续使用。

5.1.3 推力测量

推力是发动机设计与研制中最重要的性能参数之一,也是发动机高空模拟试验中最为复杂的间接测量参数,准确测量推力和修正模拟偏差等因素对发动机推

力测量结果的影响是高空模拟试验技术研究中的重要内容[31]。在航空发动机高空舱性能试验中,首要考核和评定的性能参数就是发动机推力,它等于发动机总推力与动量阻力之差。由于高空舱试验中通过模拟发动机内流来获取发动机的工作特性,而发动机高空模拟试验时的环境条件与真实飞行时的环境条件不完全相同,所以在高空舱试验中发动机推力受到许多因素的影响。要准确确定高空舱试验中发动机的推力,必须对测得的推力进行修正,包括发动机推力测量修正项中的次流作用力和高空舱真空度作用力。有3种推力测量方法,分别是:

(1)通过测量推力台架的反作用力,由受力平衡原理测量推力;

(2)测量尾喷管流场、几何参数和尾喷管处环境参数由动量守恒定理计算得到推力;

(3)测量发动机工作参数,由部件性能模型计算推力。

这3种方法各有优缺点,高空舱通常是通过测力台架来测量发动机推力的。

1. 高空舱推力测量系统

如图5.17所示,某高空舱推力测量系统是个典型的机械液压测控系统,主要组成包括动架、工作推力传感器、推力预载传感器、推力校准传感器、推力预载油缸、推力校准油缸、推力加载液压站、推力测控系统、推力测控电脑、推力测控软件、动架位移传感器、动架振动传感器、油压传感器、加载控制阀等。该系统具备推力测量、推力加载控制、推力自动校准控制、校准结果自动处理、传感器及台架校准结果趋势分析、推力测量台架测控系统状态监控等功能。液压加载校准控制系统原理参见图5.18,液压自动加载校准控制流程参见图5.19。

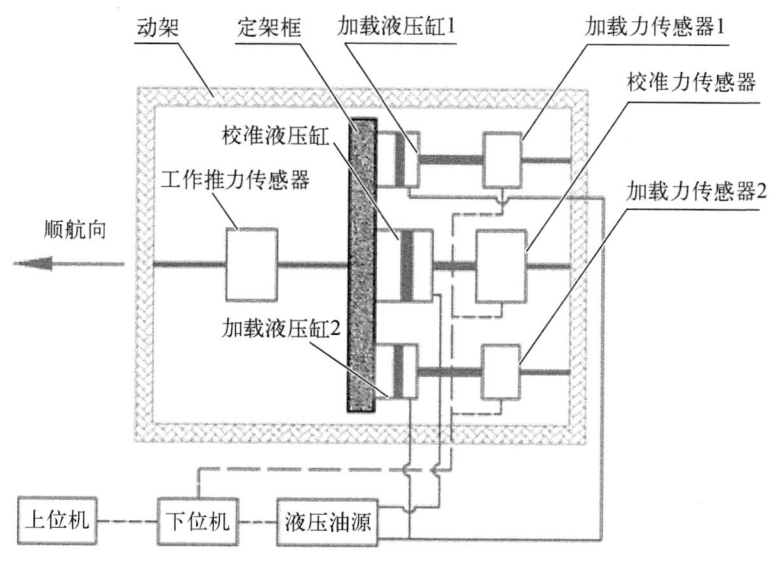

图 5.17　某推力测量台架系统简图

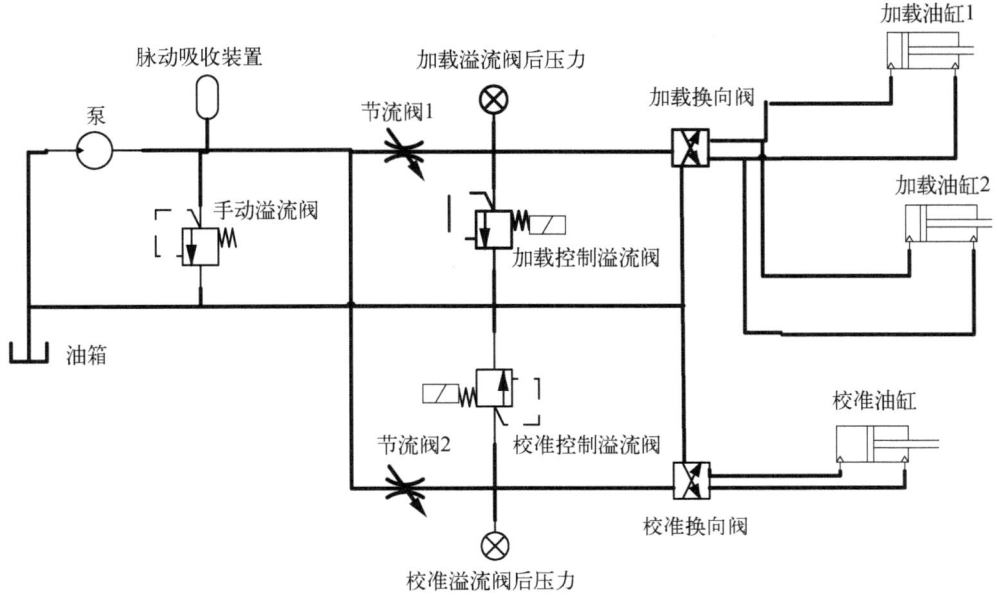

图 5.18　液压加载校准控制系统原理图

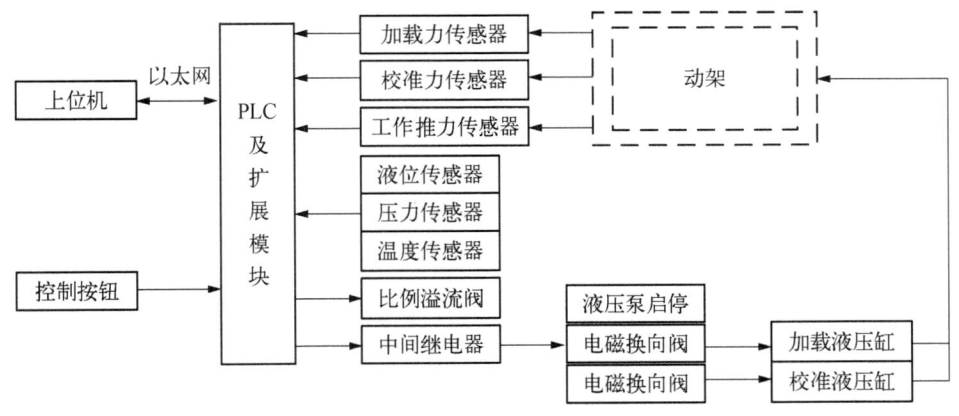

图 5.19　液压自动加载校准控制框图

如图 5.18 所示，油泵提供一定流量的压力油源，手动溢流阀用于恒定系统压力，某推力测量台架通常设置为 9 MPa。脉动吸收装置类似于小惯性的蓄能器，用于吸收泵工作时的脉动压力。节流阀 1 用于限制加载回路的供油量。加载控制溢流阀是电动控制的溢流压力阀，用于控制加载油缸内压力大小，进而控制加载力。加载换向阀用于控制加载油缸活塞的运动方向。

如图 5.19 所示，进入推力测量控制器的信号有：与动架连接的力传感器信号，液压系统的液位传感器、压力传感器、温度传感器信号，以及控制按钮信号及上位机的以太网数据。该推力测量控制器输出的控制信号主要有比例溢流阀控制信号、电磁换向阀控制信号、液压泵启停控制信号。加载力和校准力都是通过比例溢流阀控制实现。加载时首先根据活塞面积和加载力计算液压缸压力,再根据比例溢流阀的"电流-压力"关系,开环给出比例溢流阀的驱动电流,试验过程中驱动电流保持恒定。只有在自动校准过程中才引入了校准传感器的测量值进行"前馈+反馈"的复合控制。

2. 推力测量系统受力分析

某高空台推力测量系统由动架、推力预载、推力现场校准、推力测量、附加阻力测量等多个子系统组成,舱内推力测量系统力学分析模型如图 5.20 所示。发动机安装在动架平台上,动架由四个弹簧片支撑。工作推力传感器一端通过传力杆连接到动架上,另一端固定在静架框上。加载传感器一端固定在动架上,另一端通过传力杆与固定在静架框上的液压活塞相连。发动机通过篦齿密封段与前室收敛段出口连接,篦齿密封段在保证气密性的同时实现与前室的非接触连接,无附加阻力。通过排气扩压器收集发动机喷出的高温气体,发动机与排气扩压器间无机械连接,无附件阻力。使用金属软管连接发动机与舱内的各种管路,使用柔韧性较好的测控管线连接发动机,减少附加阻力。

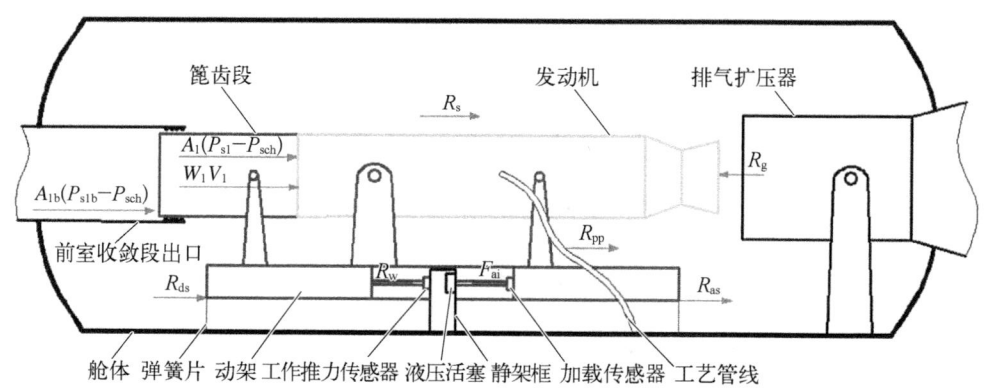

图 5.20 某高空舱推力测量系统力学分析模型

试验时发动机推力通过发动机安装架传递到动架上,发动机进口气流和外部气流作用到发动机上产生气动阻力。弹簧片、工艺管线会产生与变形方向相反的阻力,工艺管线还会产生一些因供油、供气、引油、引气产生的阻力。由图 5.20 可得,稳态情况下动架的受力平衡方程为

$$R_g + F_{aj} = W_1 V_1 + A_{1b}(p_{s1b} - p_{sch}) + A_1(p_{s1} - p_{sch}) + R_s + R_{pp} + R_{ds} + R_{as} + R_w$$
(5.24)

通常情况下,因弹簧片、测量管线、工艺管线连接和吹风、供油等条件产生的附加阻力有两个分量,一个是常数[式(5.25)中的 b_1],另一个是与台架位移有关的

变形阻力[式(5.25)中的 $k_1 F_w$]。弹簧片变形阻力与其轴向变形量和稳定性系数有关,轴向变形有热变形和力变形。热变形引入的阻力很难补偿,某高空台推力测量系统,通过设置温度补偿杆来补偿动架的热伸长量,从而减小弹簧片的热致轴向变形量。试验时发动机推力作用在主支点上,主支点与工作传感器有高度差,这个高度差与发动机推力一起使动架产生俯仰力矩,动架通过前弹簧片的支撑力和后弹簧片的拉力产生方向相反的俯仰力矩使动架保持平衡。弹簧片的稳定性系数与其受力有关,前弹簧片受压稳定性系数减小,后弹簧片受拉稳定性系数增大,前后弹簧片结构、尺寸、材料相同,在工作范围内弹簧片受力对稳定性系数的影响呈线性,前后4个弹簧片的总稳定性系数不变。因此,发动机轴向推力的变化不会改变弹簧片总的稳定性系数,稳定性系数由现场校准和质量补偿得到。变形阻力与工作传感器测量推力呈线性关系,可以用工作传感器测量值进行补偿,补偿系数由发动机上台后的现场校准得到。

定义因弹簧片(R_{ds}、R_{as})、测量管线和工艺管线连接以及传感器吹风和供油(R_{pp})等条件产生的附加阻力为 R_{dr},可得

$$R_{dr} = R_{pp} + R_{ds} + R_{as} = (k_1 F_w + b_1) + k_{ds} y_{ds} + k_{as} y_{as} \tag{5.25}$$

测量推力 R_m 为

$$R_m = F_w - F_{aj} + R_{dr} \tag{5.26}$$

可得通过现场校准后的推力稳态测量模型为

$$R_{ms}(t) = (1 + k_1) F_w(t) + b_1 - F_{aj}(t) + k_{ds}(t) y_{ds}(t) + k_{as}(t) y_{as}(t) \tag{5.27}$$

3. 进气阻力测量

定义因进气冲量、流量管(篦齿密封处)管壁环面压差、发动机进排气压差和二股流吹风等引起的阻力为气动阻力 R_{ad},可得

$$R_{ad} = W_1 V_1 + A_{1b}(p_{s1b} - p_{sch}) + A_1(p_{s1} - p_{sch}) \tag{5.28}$$

式中,$W_1 V_1$ 为空气动量阻力,发动机进气流量和流速可以根据5.1.2小节描述的方法测量得到;$A_1(p_{s1} - p_{sch})$ 为发动机静压差阻力,通过测量发动机进口截面静压、舱压和发动机进口面积得到。某高空舱进口壁面静压通常为6点壁面静压的平均值,测量截面距发动机进口为 $0.15D$,舱压为高空舱内的平均压力;$A_{1b}(p_{s1b} - p_{sch})$ 为篦齿端面阻力,是篦齿端面压力和舱压的压差作用在篦齿端面上产生的阻力,试验时,通过测量篦齿端面压力与舱内环境压力,两者之间的压力差乘以篦齿端面面积就可以得到篦齿端面阻力,测点布局如图5.21所示。

如图5.21可见篦齿端面压力测点是布置在篦齿处,流量管端面上的压力测点有总压分量。在装配公差、热变形、受力变形的共同影响下,试验时篦齿轴向间隙

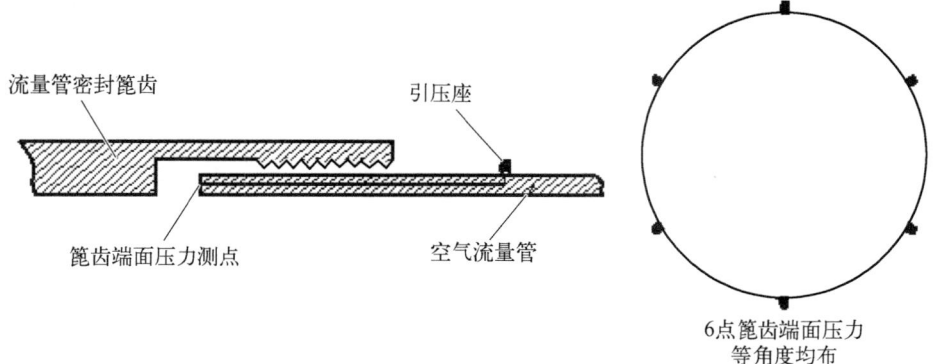

图 5.21　篦齿端面压力测点布局

和径向间隙不均匀,使篦齿端面压力不均匀,因此试验时测量 6 点篦齿端面压力,式(5.28)中的篦齿端面压力(P_{s1b})是 6 点压力的平均值。

4. 次流阻力测量

在高空舱试验中,必须向高空舱内引入适量的空气,用以冷却发动机外壁和大量的测量传感器与测量控制管线。而高空舱内冷却空气的流动就会通过对发动机外壁、测量管线以及测力系统的作用而作用于发动机推力测量系统,这就是高空舱内的次流作用力(R_s)。另外,高空舱内根据发动机飞行高度模拟的需要和要求,使高空舱内存在一定的真空度,高空舱内外压差作用于推力测量预载系统从而作用于发动机推力测量系统,这就是高空舱内的真空度作用力。次流流动和高空舱内外压差对发动机测量推力影响的作用机理有本质的差异。次流作用力的根源在于冷却空气在高空舱内流动的动量损失。当发动机在高空舱内进行试验时,冷却空气在发动机外壁与高空舱内壁之间逆发动机航向流动,从而使得发动机外壁、高空舱内壁、舱内发动机支架、电气、测量、工艺管线等不可避免地阻碍了冷却空气的流动,给冷却气流施加了一个顺航向的力。由牛顿第三定律可知,冷却空气流也给这些障碍物施加了一个等值的反方向作用力(逆航向),但这之中只有部分力传到了测力台架上,如给发动机外壁的反作用力、与动架相连的管线的反作用力,即只有一部分"动量阻力"对发动机台架测力系统的测量结果有影响,这就是对发动机台架测力系统产生影响的次流作用力。从流体动力学可知,次流作用力与次流在特征截面上的动压头成正比,并且该力只在有冷却空气流动的情况下才存在,因而是一个动态的力。由于舱内支架、管线等阻碍了冷却空气的流动,冷却气流对发动机外壁、高空舱内壁、支架管线等有等值的反作用力,其中部分传递到发动机测力系统上,这就形成了次流对测力系统的作用力。从流体动力学可知,对给定的流动几何通道来说,流体流动的动量损失与特征截面的动压头有关:

$$\Delta R = \xi \cdot \frac{1}{2}\rho_{sch}V_{sch}^2 = \frac{\xi R_{air}}{2A_{sch}^2} \cdot \frac{T_{ch}}{P_{sch}} \cdot W_{sch}^2 \approx \text{const} \cdot \frac{W_{919}^2 \cdot T_{ch}}{P_{sch}} \quad (5.29)$$

$$R_s = C_{\Delta R} \cdot \Delta R \approx \text{const} \cdot \frac{T_{ch}}{P_{sch}} \cdot W_{919}^2 \quad (5.30)$$

$$K_{st} = \frac{R_s \cdot P_{sch}}{W_{919}^2 \cdot T_{ch}} \quad (5.31)$$

式中,W_{919} 为次流流量;P_{sch}、T_{ch} 为舱压、舱温。

可见,对给定的发动机与高空舱而言,次流综合影响系数 K_{st} 近似为一个常数,而高空舱内压力、温度和冷却空气质量流量又可以较为准确地进行测量,因而就可以简单快速而又准确地计算次流作用力了。下面是以前的确定方法:

$$W_{cl}^2 = (\rho_{919}A_{919}V_{919})^2 = 2\rho_{919}A_{919}^2\left(\frac{1}{2}\rho_{919}V_{919}^2\right) \approx 2\rho_{919}A_{919}^2\Delta P_{919} \quad (5.32)$$

$$\Delta P_{919} = P_{t919} - P_{s919} \quad (5.33)$$

$$R_s = f(P_{sch}, T_{sch}, \rho_{919})A_{919}^2\Delta P_{919} \quad (5.34)$$

确定次流作用力系数较为烦琐,因为它是一个随高空舱内压力和冷却空气调节阀前气流密度变化而改变的量(高空舱内气流温度一般保持在 80℃ 左右),因此必须对不同高度和不同调节阀开度情况下的次流作用力及其作用力系数进行校准。

有的高空舱是通过杠杆系统对推力台架进行加载的,舱内外压差作用到杠杆系统上,产生附加阻力,需要补偿。部分高空舱的推力测量系统中没有穿舱部件,没有这部分附加阻力,不需要补偿。

5. 推力测量系统建模

推力瞬变试验要求准确测量发动机的动态推力,因此有必要建立动态模型进行分析。经仿真研究,动架本体轴向刚度远大于静架框、推力传感器、推力传感器安装拉杆及拉杆安装框所构成的连接刚度;动架本体质量远大于这些连接部件的质量;所以,可将其简化为弹簧振子系统,如图 5.22 所示[32]。

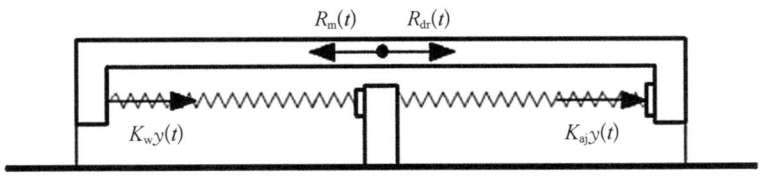

图 5.22 动架的简化系统模型

把动架、发动机及发动机安装支架等简化为集中质量的振子,把工作传感器、工作传感器拉杆及拉杆安装架简化为弹簧简称工作传感器侧弹簧,把加载油缸、加载拉杆、加载传感器及加载传感器安装架简化为弹簧简称加载侧弹簧。可得二阶简化模型为

$$R_\mathrm{m}(t) - R_\mathrm{dr}(t) = m\frac{\mathrm{d}^2 y(t)}{\mathrm{d}t^2} + c\frac{\mathrm{d}y(t)}{\mathrm{d}t} + k_\mathrm{w}y(t) + k_\mathrm{aj}y(t) \qquad (5.35)$$

由式(5.35)可知,作用到动架上的测量推力 $R_\mathrm{m}(t)$ 要"消耗"在 4 部分:

(1) 使质量 m 产生加速度,即 $m\dfrac{\mathrm{d}^2 y(t)}{\mathrm{d}t^2}$;

(2) 克服运动时,与运动方向相反和速度成正比的运动阻尼力,即 $c\dfrac{\mathrm{d}y(t)}{\mathrm{d}t}$;

(3) 克服弹簧刚度 k 而变形的变形力,即 $k_\mathrm{w}y(t) + k_\mathrm{aj}y(t)$;

(4) 克服弹簧片和工艺管线变形等的变形力,即 $R_\mathrm{dr}(t)$。

式(5.35)可变形为

$$\frac{\omega^2}{k}[R_\mathrm{m}(t) - R_\mathrm{dr}(t)] = \frac{\mathrm{d}^2 y(t)}{\mathrm{d}t^2} + 2\xi\omega\frac{\mathrm{d}y(t)}{\mathrm{d}t} + \omega^2 y(t) \qquad (5.36)$$

式中,$\omega = \sqrt{\dfrac{k_\mathrm{w} + k_\mathrm{aj}}{m}}$ 为系统固有频率;$\xi = \dfrac{c}{2\sqrt{m(k_\mathrm{w} + k_\mathrm{aj})}}$ 为阻尼系数。

如图 5.23 所示工作传感器串联在工作传感器侧等效弹簧中,工作传感器侧等效弹簧施加给动架的力等于静架框施加给工作传感器的力,该力正好被工作传感器直接测得,即有

$$k_\mathrm{w}y(t) = F_\mathrm{w}(t) \qquad (5.37)$$

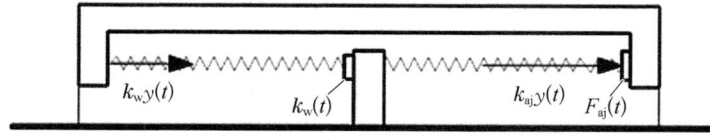

图 5.23 传感器测量值与等效弹簧力的关系

同理加载传感器串联在加载传感器侧等效弹簧中,加载传感器侧等效弹簧施加给动架的力,等于加载传感器侧等效弹簧施加给加载传感器的力,该力也正好被加载传感器直接测得,即有

$$k_\mathrm{aj}y(t) = -F_\mathrm{aj}(t) \qquad (5.38)$$

则式(5.35)变形为

$$R_m(t) = m\frac{d^2 y(t)}{dt^2} + c\frac{dy(t)}{dt} + \left[F_w(t) - F_{aj}(t) + R_{dr}(t)\right] \quad (5.39)$$

式(5.39)可变形为

$$R_m(t) = ma(t) + cv(t) + \left[F_w(t) - F_{aj}(t) + R_{dr}(t)\right] \quad (5.40)$$

6. 瞬态推力测量方法

任何测量系统都有延迟和误差,快速度和高精度是一对矛盾的指标,依赖一种方法往往不能满足要求。针对发动机瞬态测量对速度的高要求,研究推力瞬态测量方法,针对发动机稳态测量对精度的高要求,研究推力稳态测量方法,再将两种方法的结果有机融合起来,就能实现台架推力快速度而又高精度的测量。推力测量台架测量的主要瞬态变量是动态响应。推力测量台架相对来说质量巨大(发动机、进气道和发动机架),具有支撑结构提供的固有阻尼以及本身的固有弹簧常数,主要受负荷链和测力传感器限制。系统的固有频率应当足够高,阻尼必须足够低,瞬态推力测量才不会受到特别大的影响。

1) 推力瞬态测量原理

根据动态模型可知台架推力瞬态测量面临两个问题:第一,用式(5.27)获得推力瞬态值存在原理误差,需要补偿后才能得到推力瞬态测量值;第二,用式(5.40)获得的推力推值中包含舱体和动架振动的影响,需要扣除振动影响值后才能得到推力瞬态测量值。

台架测量推力首先作用到动架上,一部分表现为动架加速度分力,一部分表现为动架的运动阻尼分力,剩下一部分作用到传感器上。传感器上的力被传感器直接测得,由动态建模可知,如果通过加速度测量和速度测量,计算得到加速度分力和运动阻尼分力,并通过工作传感器测量推力实时计算变形阻力,就能按照式(5.40)计算推力瞬态测量值了。

试验台振动是普遍存在的现象,静架框在轴向上周期摆动,这种摆动主动改变了推力传感器的受力大小。舱体摆动产生的力,首先作用到推力传感器上,再表现为动架加速度分力和动架的运动阻尼分力。作用到传感器上的振动力被传感器直接测得,如果通过加速度测量和速度测量,计算得到加速度分力和运动阻尼分力,就能从传感器测量力中扣除加速度分力和运动阻尼分力,即从传感器测量力中扣除舱体振动引入的力。同时通过工作传感器测量推力实时计算变形阻力。这就是在舱体和动架振动情况下,快速获得台架测量推力,实现其瞬态测量的原理。

可见,从推力瞬态测量原理误差和舱体振动影响这两个方面考虑,推力瞬态测量都需要测量加速度分力和运动阻尼分力。同样如果引入了加速度分力和运动阻尼分力就能解决这两个问题,从而实现推力的瞬态测量。

2) 推力瞬态测量方案

目前已经获得了 $F_w(t)$、$F_{aj}(t)$ 和 $y(t)$，通过试验或理论计算的手段可以获取 c、$R_{dr}(t)$ 和 m。在理论上虽然通过对位移 $y(t)$ 进行一阶导可以得到速度，二阶导可以得到加速度，但其精度受位移测量的分辨率、延迟时间、采样率、采样时间控制精度等影响。因此，通常情况下实际测量的加速度和速度比计算值更容易满足精度要求。在工程应用中还需要实时测量动架的 $a(t)$ 和 $v(t)$ 才能得到更高精度的推力瞬态测量结果。

3) 推力瞬态测量仿真

因弹簧片和工艺管线等变形阻力 $R_{dr}(t)$ 较小且与 $F_w(t)$ 呈线性关系，可以通过现场校准获得，为简化计算，仿真时假设 $R_{dr}(t)=0$。试验中在排气扩压器、二股流、冷却水等外部激励及舱体本身激励的作用下，某高空舱测力响应总是在不停地振动，将系统简化后得简化模型如图 5.24 所示。利用 Simulink 建立系统的动态模型。

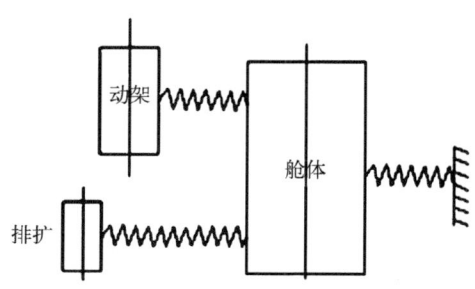

图 5.24 推力测量系统轴向振动简化模型

利用该模型对理想的推力突增和突降过程进行推力瞬态测量仿真，结果如图 5.25 所示。

图 5.25 中，蓝色曲线为发动机推力模拟值，该信号 1 秒位置突增至 1 000 daN，2 秒位置突降至 0 daN（与红色曲线完全重合，被红色曲线覆盖）。

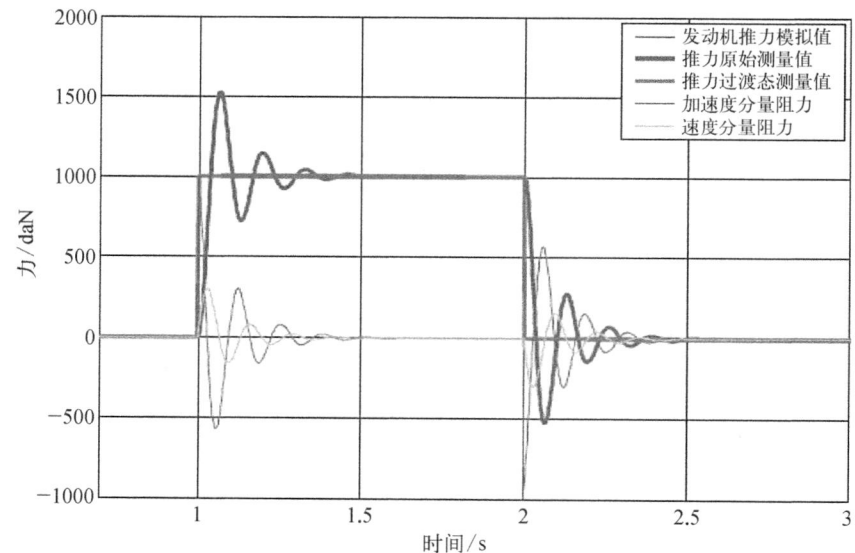

图 5.25 推力瞬态测量及阻力分量阶跃仿真

粉红色曲线为推力原始测量值,将常用的数据处理方法即式(5.27)获得的推力称之为推力原始测量值,在该过程中推力原始测量值,伴随发动机推力模拟值有较大的超调振荡,下降过程与上升过程相似。

绿色曲线为加速度分量阻力,在推力突增时,加速度阻力分量达到最大,随着动架前移逐渐减小,当动架超过平衡位置后,其值在负方向上逐渐增大,跟随动架加速度的周期性变化而变化。

浅蓝色曲线为速度分量阻力,跟随动架速度的周期性变化而变化。

红色曲线为推力过渡态测量值,是综合考虑了加速度分量阻力和速度分量阻力的推力瞬态测量值,可以看出理论上推力瞬态测量值与发动机推力模拟值间没有延迟,没有偏差。

7. 稳态推力测量方法

推力瞬态获取方法可以快速反映测量推力的变化,但同时还引入了测量参数 $a(t)$、$v(t)$ 和系统参数 m、c,尤其是 c 只能结合剪铁丝试验数据估算,其误差较大,故推力瞬态测量结果精度不能满足发动机推力稳态评价的要求,因此需要研究推力稳态测量技术。瞬态推力测量方法将在下一节给出。

试验时在气流、发动机、冷却水、声波等扰动源的扰动下动架会有轻微的振动,其测量推力、加速度、速度、位移都是处在快速的变化过程中。在这些参数的波动量中既有发动机推力(测量推力)变化带来的也有舱体振动带来的。舱体振动导致的各参数的波动是交变量,平均值为零,工作传感器和加载传感器测量值相位相反峰值相等。发动机推力或气动力引起的变化是相对低频的,推力原始测量值平均值不为零,具有明显的直流分量。这两者具有不同特性。

如果对式(5.40)两边都进行低通滤波,对某频率以上信号进行衰减,式(5.40)变形为

$$R'_m(t) = ma'(t) + cv'(t) + [F'_w(t) - F'_{aj}(t) + R'_{dr}(t)] \tag{5.41}$$

式中,上标"'"表示滤波后的值。

因为式(5.40)中的 $ma(t)$ 和 $cv(t)$ 都是截止频率以上的交变信号,其在低通滤波后波动量会被大幅衰减。衰减程度与滤波器特性密切相关,本方案计划将其衰减到 0.1% 以下,使其对稳态测量精度的影响可以忽略不计,即滤波后的 $ma'(t) \approx 0$,$cv'(t) \approx 0$。在低频段式(5.41)可简化为

$$R'_m(t) = F'_w(t) - F'_{aj}(t) + R'_{dr}(t) \tag{5.42}$$

式(5.42)与推力稳态测量公式(5.27)一致,即通过对 $F_w(t)$、$F_{aj}(t)$ 与 $R_{dr}(t)$ 信号进行滤波就可以获得推力稳态值。由式(5.25)可知 $R_{dr}(t)$ 可由 $F_w(t)$ 计算得到,因此需要滤波处理的数据只有 $F_w(t)$ 和 $F_{aj}(t)$。

对稳态推力测量而言,动架加速度附加力、运动阻尼附加力都是干扰噪声,通过滤波可以消除或减弱这些干扰噪声,从而在原始信号中,获取我们希望得到的稳态推力值。设计较好的低通滤波器除了能消除或减弱干扰,同样具有恰当的通过能力。

数字滤波器的传递函数为

$$H(z) = \frac{B(z)}{A(z)} = \frac{b_1 + b_2 z^{-1} + b_3 z^{-2} + \cdots + b_{(N+1)} z^{-N}}{1 + a_2 z^{-1} + a_3 z^{-2} + \cdots + a_{(N+1)} z^{-N}} \quad (5.43)$$

在实时计算时的计算公式为

$$\begin{aligned} y(K) = {} & b_1 x(K) + b_2 x(K-1) + b_3 x(K-2) + \cdots + b_{N+1} x(K-N) \\ & - [a_2 y(K-1) + a_3 y(K-2) + \cdots + a_{N+1} y(K-N)] \end{aligned} \quad (5.44)$$

在工程实践中常用的有切比雪夫滤波器、贝塞尔滤波器、巴特沃思滤波器等,利用 MATLAB 进行这 3 种滤波器的初始设计,并根据滤波效果和实时计算量进行优化选择。滤波器的阶次越高实时计算量越大,因此在性能相当的情况下,应当选择阶次较低的滤波器。初步设计的巴特沃思滤波器为四阶,切比雪夫滤波器和贝塞尔滤波器都是三阶。

由图 5.26 可见切比雪夫滤波器比贝塞尔滤波器低通性能更好,且下降得更快,在截止频率以上就达到了 -60 dB。

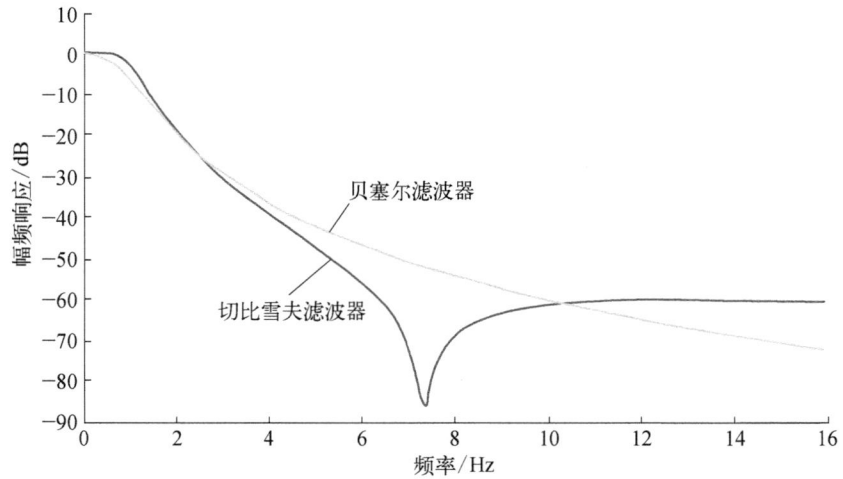

图 5.26　切比雪夫和贝塞尔滤波器幅频响应对比

通过阶跃信号响应可以直观地测量上升时间、超调量、响应时间、最终稳定值,如图 5.27 所示。

综合考虑高频抑制、低频通过、延迟时间、超调量、上升时间等指标,优选初步设计的切比雪夫滤波器进行工程实践。

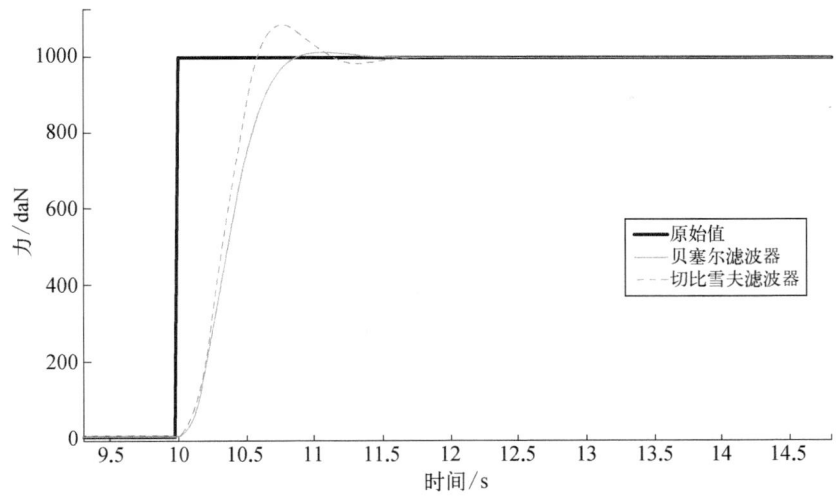

图 5.27　输入正阶跃信号比较切比雪夫滤波器和贝塞尔滤波器的阶跃响应特性

根据卡尔曼滤波原理,需要建立系统状态方程和观测方程。
状态方程:

$$X(k) = AX(k-1) + \Gamma W(k-1) \tag{5.45}$$

观测方程:

$$Z(k) = HX(k) + V(k) \tag{5.46}$$

式中,$X(k)$ 为系统在 k 时刻的状态;A 为状态转移矩阵;Γ 为噪声驱动矩阵;W 为过程扰动;$Z(k)$ 是在 k 时刻的观测信号;H 为观测矩阵;V 为观测噪声。

卡尔曼滤波稳态推力测量中有两种应用方式:① 把包括推力台架、传感器在内的整个系统看作一个测量设备,不分析其内部原理,称为简化模型;② 根据推力测量原理,建立包括动架位移、动架速度、动架加速度等参数的详细状态方程,称为详细模型。

8. 推力现场校准

1) 稳态推力测量现场校准

推力现场校准是在被试发动机管线连接后并处于供油、供水、关舱状态下给动架施加一个标准力(模拟发动机推力),看推力测量结果,并对其进行校准的工作,具有较高的实用意义。可获得动架位移引入的管线反力系数、弹簧片反力系数,并获得供油、供水等阻力分量的补偿数据。式(5.25)中的 $R_{pp}+R_{ds}+R_{as}$ 分量,在动架的工作范围内该分量与台架位移呈线性关系,台架位移与工作传感器测量值成线性关系,因此有

$$R_{pp} + R_{ds} + R_{as} = k_1 F_w + b_1 \tag{5.47}$$

$$R_{\mathrm{m}} = F_{\mathrm{w}} - F_{\mathrm{aj}} + R_{\mathrm{pp}} + R_{\mathrm{ds}} + R_{\mathrm{as}} = F_{\mathrm{w}} - F_{\mathrm{aj}} + k_1 F_{\mathrm{w}} + b_1 = (1 + k_1) F_{\mathrm{w}} + b_1 - F_{\mathrm{aj}}$$
(5.48)

式中，$1+k_1$ 为一次项修正系数；b_1 为零次项修正系数。都由现场校准得到。

通过式(5.48)也可见台架现场校准结果的一次项系数应当略大于1，通过这个物理特性，可以检验台架是否有碰磨和牵扯（超范围的），检验现场校准结果是否有效，还可以通过该系数的变化的历史趋势监测弹簧片和测量传感器等部件工作性能的衰变。

台架加载是通过液压或砝码杠杆给动架施加一个与发动机推力同方向的力。其作用有两个，第一是使动架在这个试验过程中始终保持向前移动的趋势，第二个是使工作力传感器工作在精度较高的范围内。随着测量传感器及信号处理与转换系统精度的逐渐提高，第二个作用的需求逐渐降低。高空模拟试验时，发动机状态、模拟高度、模拟马赫数、舱内二股流等试验条件的改变和调整都会引起动架受力的变化，影响动架位移趋势。例如在风车起动时就是负推力，在某些大马赫数的试验点上发动机状态的升高和降低就会引起推力正负的交替变化。如果没有加载力，动架就会向后（逆航向）移动。向后移动会影响测量精度，引发试验事故。推力测量系统由舱体、弹簧片、动架、力传感器等部件组成，在移动趋势反向（向后移动）时必然存在非线性区间影响测量精度。靠加载力压紧工作力传感器的高空舱动架向后移动就会与工作力传感器分离，撞上台架的限位机构，产生振动和过大的变形，在测量数据错误的同时可能引起发动机、舱体、动架、流量管等设备损坏和连接管线的断裂，靠拉杆连接动架和工作力传感器的高空舱，动架向后移动会使工作传感器和连接拉杆工作在受压状态，连接拉杆较长、较细，压断和压弯的风险很高。因此，高空模拟试验时需要加载系统给动架施加一个预载力，使动架在整个试验过程中始终保持向前的位移趋势。

校准时通过改变校准活塞两边压差，从而改变校准传感器测到的拉力，该力由动架传递到工作力传感器上，动架在校准传感器和工作传感器的共同作用下处于平衡状态。在校准过程中随校准力的增加，动架位移增加，在工作范围内，动架位移与校准力成比例变化。试验时除推力传感器外，连接动架和定架的还有弹簧片、测量管线、发动机工艺管线，在工作范围内这些连接部件的反作用力与相对位移成比例。因此，在发动机安装上台架后，通过校准传感器测量值校准工作传感器测量值，系数补偿的是动架的反作用力。台架现场校准1次项应略大于1，常数项接近0，通过现场校准系数统计可以掌握推力测量系统的健康状态。

2) 瞬态推力测量特性检验

发动机试验检验环境最为真实，是最终的检验手段，也是最终的应用环境，但发动机试验时推力并不能实现真正的瞬变，也无法得到一个真正稳定的瞬变推力，也就无法检验瞬态推力测量特性。推力阶跃试验正好弥补了发动机试验检验的不足,可以用于评价推力瞬态测量特性,并给出具体的指标。通常可以通过液压卸载,推板断裂或拉杆断裂等方法来实现推力的阶跃突变,从而检验推力测量的瞬态特性。对测得的响应进行分析可得到台架的固有频率和阻尼比数据。检查记录的力随时间变化的轨迹可得固有频率,取两个连续振幅的比值的自然对数可算出阻尼比 h:

$$\delta = 2\pi\sqrt{1 - h^2} \quad (5.49)$$

式中, δ 为两个连续振幅比值的自然对数。

一旦求出了固有频率和阻尼系数,二阶系统的动态响应就可以表示为

$$振幅比 = \frac{1}{\sqrt{(1 - \beta^2)^2 + (2h\beta)^2}} \quad (5.50)$$

$$相位 = \tan^{-1}\left(-\frac{2h\beta}{1 - \beta^2}\right) \quad (5.51)$$

式中, β 为工作频率/固有频率。

初步设计的切比雪夫滤波器和贝塞尔滤波器都能起到较好的高频抑制和低频通过作用,通过正弦、阶跃和斜坡信号检验表明初步设计的切比雪夫滤波器更加适合。三阶切比雪夫滤波器,其主要指标为:台架固有频率信号通过量小于 0.04%,通频带信号的衰减量小于 0.04%,具有非常好的低通高阻性能,其低频衰减引起的推力稳态测量误差可以忽略不计。

利用负阶跃试验检验推力稳态测量方案,结果显示各项指标与理论设计相符。某发动机试验结果表明,稳态测量推力在发动机推力瞬变过程中无明显滞后,在发动机稳态过程中不受台架振动影响,在发动机转速摆动过程中可以反映推力的摆动现象。

5.1.4 功率测量

涡轴、涡桨等以轴功率输出为主的航空发动机或燃气轮机试验时,功率是主要的性能测量参数。功率是扭矩和转速的乘积,转速测量在 5.2.1 小节中详细介绍,这里主要介绍扭矩的测量方法。

扭矩测量方法主要有两类:第一类是直接在传输扭矩的轴上安装扭矩传感器进行测量;第二类是在扭矩的反作用力臂上安装力传感器,通过测量力和力臂的长度计算扭矩。

在扭矩输出轴工作时,在扭矩的作用下产生变形,其变形量大小与所传递的扭矩成比例关系。在输出轴上合理布置应变片能测得其应变量,通过校准得到应变

量与扭矩的关系。扭矩传感器通常需要断开输出轴,安装扭矩传感器。扭矩传感器通过法兰和输出轴连接,航空发动机转速较高,连接法兰和轴在高速旋转时与空气产生摩擦会消耗部分功率,这部分功率没有传递到扭矩传感器上,需要补偿。扭矩传感器的应变片安装在高速旋转轴上的,其信号需要通过滑环或遥测技术传递出来。

高空舱除采用扭矩传感器外还经常采用反作用力方法测量扭矩。试验时发动机的输出功率通常需要被水力测功器、电涡流测功器、发动机等装置吸收。旋转轴和静止件间是力矩平衡的,反作用力方法就是通过测量静止件上的反作用力矩来测量发动机扭矩。反作用力臂和测量传感器给测量计外壳提供反作用力矩用于抵消发动机的扭矩。

5.1.5 矢量推力测量

推力矢量技术可极大地提升作战飞机的性能、效率和战场生存能力,矢量推力已成为第四代战斗机动力的标准配置,相应地就对发动机矢量推力特性的准确测量与评估提出了迫切要求,而这正是我国矢量推力发动机试验测试的一个关键的瓶颈问题。矢量推力发动机试验主要的技术难点包括以下几方面:

(1) 矢量发动机试验时需要若干测力传感器同时测量并计算,试验设备环境复杂,涉及高温、高压、高速气流,又有众多管道相连,包括供油管路、测量、控制线缆等,系统复杂,机构多,对安装要求较高,试验台架的设计制造和安装调试有较大难度;

(2) 试验参数测量受到的干扰因素众多,各测量传感器的测量结果会相互影响,对于应变式传感器来说,载荷的匹配性非常重要,合适的载荷量程可以提高整个传感器的精度,而不匹配的载荷要求,会使传感器的测量精度成倍地降低,甚至降低一个数量级;同时试验过程中发动机温度、振动都会对系统的准确测量造成严重影响;

(3) 整套测试系统的校准难度大,校准不仅涉及单个传感器的校准,还要求整个系统全部连接起来进行系统校准,附属系统及连接管道的存在对于系统的校准将是一个难度非常高的技术问题,必须通过机械结构设计、校准数据处理、多变量参数修正等多种方法加以处理。

1. 航空发动机试验矢量力参数定义

主要的矢量力参数定义包括矢量力的三分力、力矩及矢量力的作用点。

1) 三分力定义

矢量力基本概念如图 5.28 所示,空间内任意一个矢量力在三维坐标系中,可分解为三个分力,用直角坐标表示为 F_x、F_y、F_z,用球坐标表示为 F、α、φ。

以发动机的中心轴线作为 x 轴,定义顺航向为 x 轴的正方向,即沿着发动机产

生主推力的方向为 x 轴正方向。垂直向上为 y 轴正向，依右手定则定义顺航向右侧为 z 轴正向。F_x 为主推力，F_y 为垂直方向上的分力，F_z 为侧向分力，这三个分力是主要测量参数也是研究的重点。

如图 5.28 所示，F 为矢量力的大小，α 为矢量角即矢量力与发动机轴线（x 轴）的夹角，φ 为矢量力在 yOz 平面上的投影与 y 轴的夹角。球坐标和直角坐标表示参数的相互转换关系为

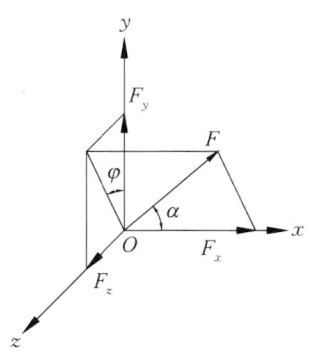

$$F = \sqrt{F_x^2 + F_y^2 + F_z^2} \tag{5.52}$$

图 5.28　矢量力直角坐标与球面坐标定义

$$\alpha = \arctan\left(\frac{\sqrt{F_y^2 + F_z^2}}{F_x}\right) \tag{5.53}$$

$$\varphi = \begin{cases} \arctan\left(\dfrac{F_z}{F_y}\right), & F_y \geqslant 0 \text{ 且 } F_z \geqslant 0 \\ 2\pi + \arctan\left(\dfrac{F_z}{F_y}\right), & F_y \geqslant 0 \text{ 且 } F_z < 0 \\ \pi + \arctan\left(\dfrac{F_z}{F_y}\right), & F_y < 0 \end{cases} \tag{5.54}$$

在 y 轴方向上还有重力的作用，定义为 Mg。

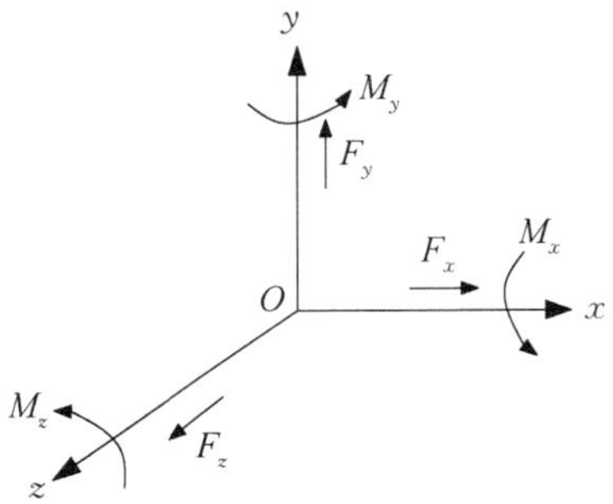

2) 矢量力力矩定义

如图 5.29 所示定义：按右手定则定义力矩，M_x 为滚转力矩即绕 x 轴旋转的力矩，M_y 为偏航力矩即绕 y 轴旋转的力矩，M_z 为俯仰力矩即绕 z 轴旋转的力矩。

3) 矢量力作用点定义

如图 5.30 所示，在三分力坐标的基础上结合 T112 台架结构定义：O 点为发动机辅助支点截面与发动机中心轴线的交点。$Y'O'Z'$ 为矢量力 $\vec{F}$ 作用点所在平面，X_{-F}、Y_{-F}、Z_{-F} 分别是矢量力作用点在 $O\text{-}xyz$ 坐标系内的坐标。$Y''O''Z''$ 为重力 Mg 作用点所在平面，X_{-Mg}、Z_{-Mg} 分别是重力作用点在 $O\text{-}xyz$ 坐标系内的坐标。

图 5.29　矢量力三分力与力矩定义

2. 测量原理

动架在空间力系作用下要保持平衡的基本条件是：在直角坐标系中各力在 x、y、z 轴上投影的代数为零，各力对 3 个坐标轴产生力矩、力矩的代数和为零，即有

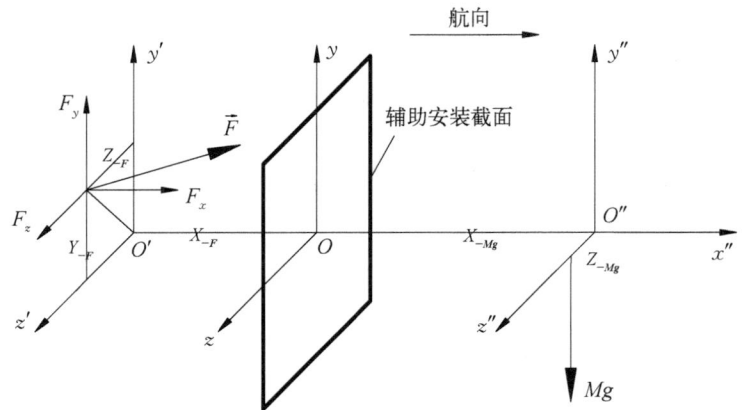

图 5.30 矢量力与重力作用点的定义

$$\begin{cases} \sum F_x = 0 \\ \sum F_y = 0 \\ \sum F_z = 0 \end{cases} \begin{cases} \sum M_x = 0 \\ \sum M_y = 0 \\ \sum M_z = 0 \end{cases} \quad (5.55)$$

试验时动架受到发动机矢量力、重力和万向节组作用力,动架在这 3 个力系的作用下保持平衡满足式(5.55)。可以假设重力是固定不变的,在试验前就可以测出重力的有关参数。利用力传感器测量万向节组的作用力,通过式(5.56)可以计算发动机的矢量力,这就是矢量力测量的基本原理。

动架在发动机矢量推力力矩、重力力矩、初始安装力矩、万向节反作用力矩的作用下合力矩为零满足式(5.55)。在假设安装力矩不变的前提下,可以通过传感器测量万向节上的作用力和重力并结合物理结构计算矢量力力矩。结合力矩、分力和物理结构可以计算矢量力和重力的作用点。

3. 三向力测量方法

试验时发动机作用在动架上的矢量力通过 6 个测力组件传递给定架,根据静力学平衡原理,6 个测力组件受到的合力即为发动机矢量力,每个测力组件所受到的力都可以分解到 x、y、z 三个方向上,由此可以建立矢量推力理论测量模型如图 5.31 所示。

矢量推力发动机试验时,动架受到发动机矢量力、重力和测力组件组的反作用力,并在这 3 个力系的作用下保持平衡,根据动架三个方向受力和为零的基本法则可得发动机的三向力为

$$\begin{cases} F_x = F_{x1-x} + F_{x2-x} + F_{y1-x} + F_{y2-x} + F_{y3-x} + F_{z1-x} \\ F_y = F_{x1-y} + F_{x2-y} + F_{y1-y} + F_{y2-y} + F_{y3-y} + F_{z1-y} - Mg \\ F_z = F_{x1-z} + F_{x2-z} + F_{y1-z} + F_{y2-z} + F_{y3-z} + F_{z1-z} \end{cases} \quad (5.56)$$

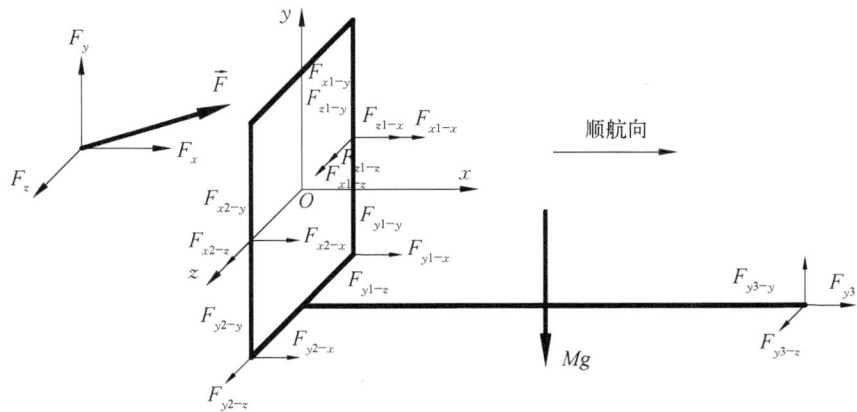

图 5.31　矢量推力理想测量模型

式中，Mg 为动架及动架上安装物的重力，在一次试验中，重力的大小和重心位置可视为常数。

式(5.56)是矢量力理想的测量模型，基于该模型实现矢量推力测量需在每个测量组件上布置 1 个三分量推力传感器，直接测量式(5.56)中的 18 个分量，减去重力就能得出发动机的三分力。但由于目前三分量推力传感器除轴向精度较高外，其他方向测量精度通常都不高。因此，当前使用 6 支三分量传感器直接测量并不能提高合成矢量力的精度。另外，由于叉簧具有轴向刚度高、其他方向刚度非常低的特点，在一定条件下叉簧在其他方向所承受的力是较小的，并且可以通过校准进行修正。因此，在实际测量系统中，每个测力组件只在轴向上安装了一支拉压推力传感器，只能感知测力组件传递的轴向力，无法感知测力组件传递的侧向力。即在式(5.56)中所需要的 18 个测量值中只有 6 个测力组件的轴向力是由工作传感器实际测量的，这 6 个参数分别是：F_{x1-x}、F_{x2-x}、F_{y1-y}、F_{y2-y}、F_{y3-y}、F_{z1-z}。

在测量以上 6 个参数的基础上，目前通常使用的三分力测量模型见式(5.57)所示，该模型称为一阶无耦合模型，该模型没有考虑各方向之间的耦合关系，其测量精度较低。

$$\vec{F} = \begin{bmatrix} F_x \\ F_y \\ F_z \end{bmatrix} = \begin{bmatrix} k_{11} & k_{12} & 0 & 0 & 0 & 0 \\ 0 & 0 & k_{23} & k_{24} & k_{25} & 0 \\ 0 & 0 & 0 & 0 & 0 & k_{36} \end{bmatrix} \begin{bmatrix} F_{x1-x} \\ F_{x2-x} \\ F_{y1-y} \\ F_{y2-y} \\ F_{y3-y} \\ F_{z1-z} \end{bmatrix} + \begin{bmatrix} b_x \\ b_y \\ b_z \end{bmatrix} \quad (5.57)$$

可简写为 $\vec{F} = [F]_{3\times1} = [K]_{3\times6}[f]_{6\times1} + [B]_{3\times1}$，其中 $[K]$ 和 $[B]$ 是系数矩阵，需通过

校准得到。

如果考虑三分力与测量力之间一次耦合项的影响,忽略二次耦合项及更高阶耦合项的影响,三分力测量模型可表示为式(5.58),该模型称为一阶耦合模型。

$$\vec{F} = \begin{bmatrix} F_x \\ F_y \\ F_z \end{bmatrix} = \begin{bmatrix} k_{11} & k_{12} & k_{13} & k_{14} & k_{15} & k_{16} \\ k_{21} & k_{22} & k_{23} & k_{24} & k_{25} & k_{26} \\ k_{31} & k_{32} & k_{33} & k_{34} & k_{35} & k_{36} \end{bmatrix} \begin{bmatrix} F_{x1-x} \\ F_{x2-x} \\ F_{y1-y} \\ F_{y2-y} \\ F_{y3-y} \\ F_{z1-z} \end{bmatrix} + \begin{bmatrix} b_1 \\ b_2 \\ b_3 \end{bmatrix} \quad (5.58)$$

可简写为 $\vec{F} = [F]_{3\times 1} = [K]_{3\times 6}[f]_{6\times 1} + [B]_{3\times 1}$,此处 $[K]$ 矩阵与一阶无耦合模型中的区别是矩阵中没有固定为 0 的系数。

当用二阶函数描述该系统时,三分力可以由式(5.59)确定,该模型称为二阶耦合模型。

$$\vec{F} = \begin{bmatrix} F_x \\ F_y \\ F_z \end{bmatrix} = \begin{bmatrix} k_{x1} & k_{x2} & \cdots & k_{x6} & k_{x7} & k_{x8} & \cdots & k_{x27} \\ k_{y1} & k_{y2} & \cdots & k_{y6} & k_{y7} & k_{y8} & \cdots & k_{y27} \\ k_{z1} & k_{z2} & \cdots & k_{z6} & k_{z7} & k_{z8} & \cdots & k_{z27} \end{bmatrix} \begin{bmatrix} F_{x1} \\ F_{x2} \\ \vdots \\ F_{z1} \\ F_{x1}F_{x1} \\ F_{x1}F_{x2} \\ \vdots \\ F_{z1}F_{z1} \end{bmatrix} + \begin{bmatrix} b_1 \\ b_2 \\ b_3 \end{bmatrix}$$

$$(5.59)$$

可简写为 $\vec{F} = [F]_{3\times 1} = [K]_{3\times 27}[f]_{27\times 1} + [B]_{3\times 1}$,$[K]$ 矩阵中包含一阶耦合系数和二阶耦合系数。

在得到三分力(F_x、F_y、F_z)的基础上,利用直角坐标与球坐标的转换方法,即可得到矢量力大小的计算公式[式(5.60)]、矢量角的计算公式[式(5.61)]和方位角的计算公式[式(5.62)]。

$$|F| = \sqrt{F_x^2 + F_y^2 + F_z^2} \quad (5.60)$$

$$\alpha = a\cos\left(\frac{F_x}{\sqrt{F_x^2 + F_y^2 + F_z^2}}\right) \quad (5.61)$$

$$\varphi = \begin{cases} \dfrac{\pi}{2} + a\sin\left(\dfrac{F_y}{\sqrt{F_y^2 + F_z^2}}\right), & F_z \geqslant 0 \\ \dfrac{3\pi}{2} - a\sin\left(\dfrac{F_y}{\sqrt{F_y^2 + F_z^2}}\right), & F_z < 0 \end{cases} \quad (5.62)$$

两种表示方法的侧重点不同,球坐标有利于描述发动机的总推力和矢量角,直角坐标有利于指导台架测量和校准工作。

4. 力矩测量方法

力矩测量需结合三分力的测量结果与测力传感器之间的相对位置得到,根据矢量推力测量台架的实际布局,如图 5.32 所示,定义:l_1 是力传感器 F_{y1} 与 F_{y2} 的中心间距;l_2 是力传感器 F_{x1} 与 F_{x2} 的中心间距;l_3 是 F_{y3} 与力传感器 F_{y1}、F_{y2} 安装平面的间距。

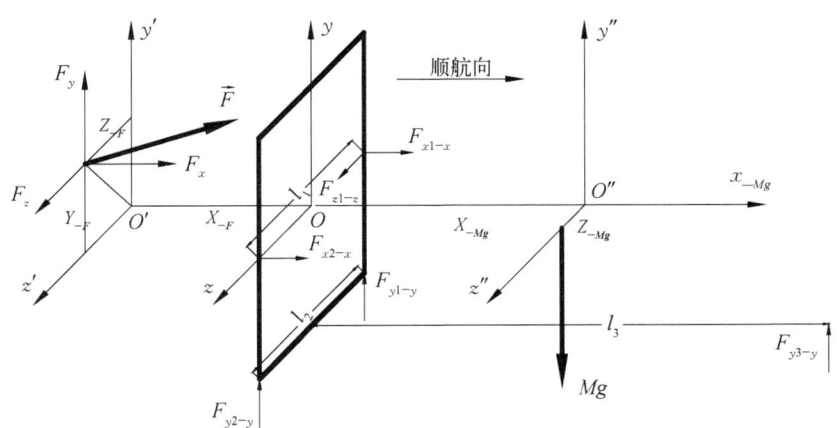

图 5.32 力矩测量模型结构尺寸示意图

根据力矩平衡原理,动架在发动机矢量力矩、重力力矩、测力组件反力矩的作用下合力矩为零,力矩测量模型可表示为式(5.63):

$$\begin{cases} \sum M_{xi} = (F_{y1} - F_{y2})\dfrac{l_1}{2} + M_g Z_{-Mg} - (F_y Z_{-F} - F_z Y_{-F}) + M_{x00} = 0 \\ \sum M_{yi} = (F_{x2} - F_{x1})\dfrac{l_2}{2} + F_x Z_{-F} + F_z X_{-F} + M_{y00} = 0 \\ \sum M_{zi} = F_{y3} l_3 - M_g X_{-Mg} - F_x Y_{-F} - F_y X_{-F} + M_{z00} = 0 \end{cases} \quad (5.63)$$

在安装发动机前发动机重力矩、发动机矢量力矩都为 0,此时只有原始力矩,原始力矩主要是由动架、流量管、发动机支架、工艺管线的质量及其分布产生的。原始力矩的计算方法可用式(5.64)表示:

$$\begin{cases} M_{x00} = -(F_{y100} - F_{y200})\dfrac{l_1}{2} \\ M_{y00} = -(F_{x200} - F_{x100})\dfrac{l_2}{2} \\ M_{z00} = -F_{y300}l_3 \end{cases} \tag{5.64}$$

台架安装发动机后,其质量在矢量台上会产生力矩。在发动机起动前发动机矢量力矩为0,此时只有零点力矩,零点力矩是在原始力矩的基础上增加了发动机重力力矩后得到的,因此,发动机重力力矩可用式(5.65)表示:

$$\begin{cases} M_g Z_{-Mg} = M_{x0} - M_{x00} = [(F_{y10} - F_{y100}) - (F_{y20} - F_{y200})]\dfrac{l_1}{2} \\ 0 = M_{y0} - M_{y00} = [(F_{x20} - F_{x200}) - (F_{x10} - F_{x100})]\dfrac{l_2}{2} \\ M_g X_{-Mg} = M_{z0} - M_{z00} = (F_{y30} - F_{y300})l_3 \end{cases} \tag{5.65}$$

发动机试验过程中,在发动机矢量力矩、台架原始力矩、发动机质量力矩和各测力组件反力矩的作用下处于力矩平衡状态,因此,发动机矢量力矩计算模型可表示为式(5.66):

$$\begin{cases} M_x = (F_{y1} - F_{y2})\dfrac{l_1}{2} - M_g Z_{Mg} - M_{x00} = [(F_{y1} - F_{y10}) - (F_{y2} - F_{y20})]\dfrac{l_1}{2} \\ M_y = (F_{x2} - F_{x1})\dfrac{l_2}{2} - M_{y00} = [(F_{x2} - F_{x20}) - (F_{x1} - F_{x10})]\dfrac{l_2}{2} \\ M_z = F_{y3}l_3 - M_g X_{-Mg} - M_{z00} = (F_{y3} - F_{y30})l_3 \end{cases}$$

$$\tag{5.66}$$

5. 校准方法

在试验台架上进行矢量推力校准是检验测量方法、提高测量精度的重要工作,美国在矢量推力校准方面开展了大量的研究和实践工作。推力预载法与分段校准法结合使用,就能比较显著地改善测量结果的不确定度,其直接测量参数的不确定度可以得到较大改善。矢量推力校准是用已知的标准力模拟发动机矢量力作用到台架上,观察各传感器的测量值,归纳总结各传感器的测量值与标准力间的关系。在发动机试验时使用获得的关系和各传感器的测量值计算发动机的矢量力。这种关系与动架框、叉簧柔性件、传感器、发动机及发动机支架的刚度有关,与矢量力的大小、方向、作用位置和传递路线有关,与试验发动机的质量和质量分布等因素有关。这种关系主要包含叉簧柔性件的反力系数和工艺管线的反力系数,这两个系数的不确定度主要由关键因素模拟是否准确和校准结果不确定度是否良好决定。

常用的校准方法有传感器原位校准、单向力分别加载校准和空间矢量力加载校准3种,下文分别介绍比较。

1) 传感器原位校准

图 5.33 是传感器原位校准示意图,传感器原位校准是在被试发动机台架上安装后,在工作传感器的轴线上施加作用力的校准方法,分为台架轴向校准、台架垂向校准和台架侧向校准 3 种基本模式。

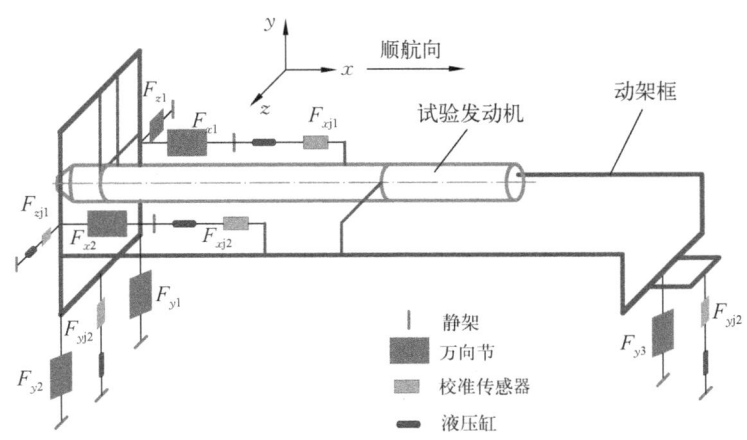

图 5.33 传感器原位校准简图

台架轴向校准时通过与 F_{xj1} 力传感器和 F_{xj2} 力传感器串联的液压缸施加标准轴向力,并通过 F_{xj1} 和 F_{xj2} 力传感器测量轴向标准力。轴向力与发动机主推力轴线水平同高,动架的各种变形和旋转与发动机试验时一致,传感器间的互扰情况基本一致,是在发动机管线连接并处于近似工作状态下进行的校准工作,可以获得部分管线的反力系数,具有较高的实用意义。因台架轴向校准时校准力没有通过发动机及其安装支架,只获得了动架位移引入的管线反力系数,试验时发动机在轴线上的绝对位移大于动架位移,而大出的这部分位移所产生的反作用力是没有被校准的。

台架侧向校准是在 F_{z1} 传感器的对面用液压缸给动架施加侧向力,并用与其串联的标准传感器测量侧向力值,液压缸作用力被对面的测量传感器抵消,不能产生偏航力矩,F_{x1} 和 F_{x2} 不会像受到发动机侧向力那样一个增大、一个减小,动架位移和旋转与真实发动机试验差异较大,对检查传感器互扰和测量管线侧向反力系数意义不大。

台架垂向校准是在动架的前端和后端各连接一个液压缸,模拟试验时发动机垂向推力在前后垂向传感器上的分配关系,可以模拟矢量发动机在垂向推力作用下动架的变形和旋转,从而检查在垂向力作用下各传感器间的互扰并测得管线垂向部分反力系数。与台架轴向校准一样,该系数只包含动架位移部分,不包含发动机比动架大出的那部分位移所引入的影响。

2）单向力分别加载校准

图 5.34 为单向力分别加载校准简图，单向力分别加载校准使用模型发动机模拟真实发动机的质量、质量分布、外廓尺寸、机匣刚度及其辅助支点、主支点的连接刚度。在模拟发动机矢量力作用点上通过液压缸的拉或压施加标准力，分为轴向原位校准、垂向原位校准和侧向原位校准。力的大小由串联在液压缸上的标准传感器测量，通过增加机械结构强度，把力的方向变化限制在一定范围内，认为其角度不受变形影响。

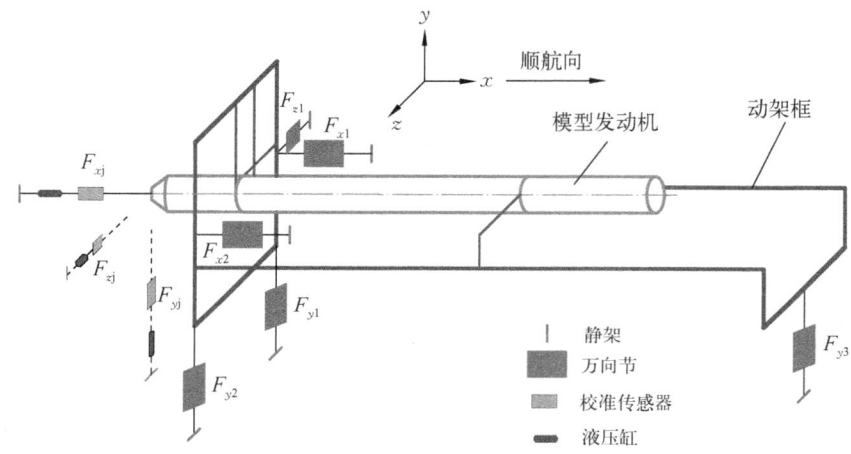

图 5.34　单向力分别加载校准简图

3）空间矢量力加载校准

空间矢量力加载校准是在单向力分别加载校准的基础上，改进矢量力的施加方法和测量方法，如图 5.35 所示。

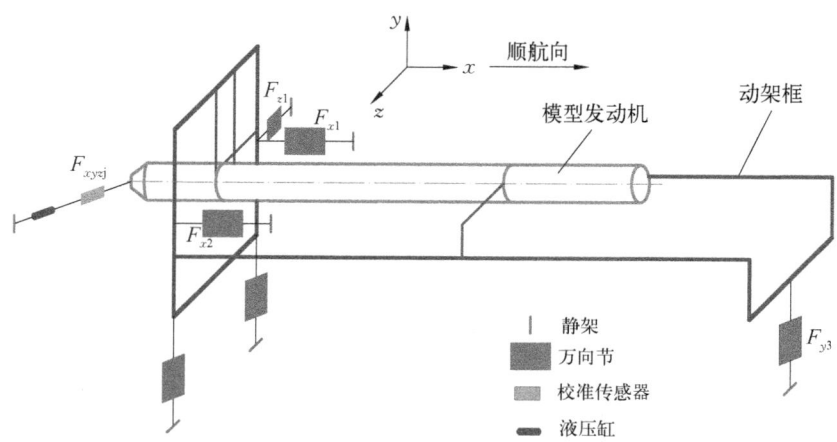

图 5.35　空间矢量力校准简图

通过液压缸在不同方向上施加空间矢量力,矢量力作用在模型发动机力的作用点上。用标准传感器测量空间矢量力大小,用三坐标测量仪测量空间矢量力的方向。空间矢量力的施加和测量都很困难,有效的方法和成功的应用还未见报道,本书设计了一套空间矢量力施加、测量和解耦技术的校准方法,在某支撑式矢量台上进行了实践验证,其工作点的涵盖情况见图5.36所示。红色点表示空间矢量力校准状态点,其他颜色的点是单方向加载校准的状态点。可见,空间矢量力加载校准在工作空间的覆盖率上显然高于单向加载校准,且更贴近于矢量发动机试验时矢量力的实际状态。

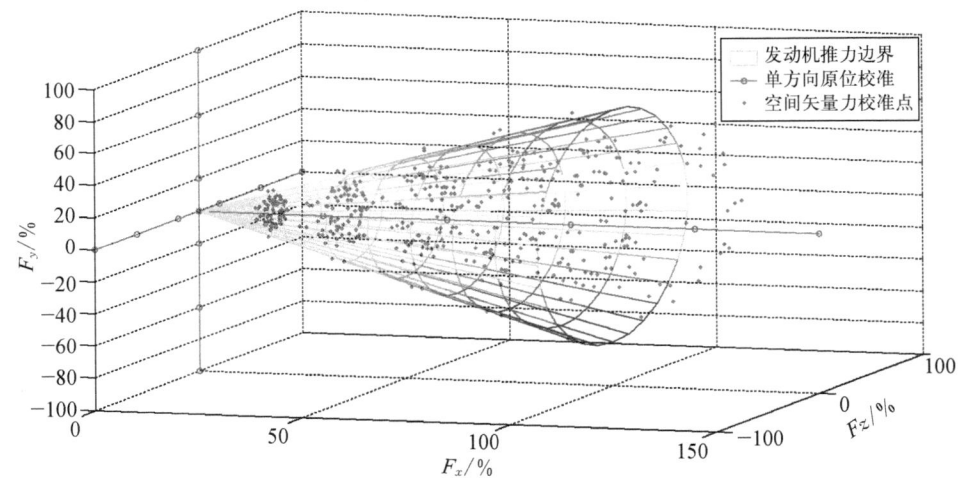

图 5.36　空间矢量力校准装置工作点分布

4)矢量推力校准方法对比分析

表5.3为三种校准方法的对比情况,空间矢量力原位加载校准和单向力原位分别加载校准都模拟了矢量力的传递路线,发动机的机匣刚度及其安装支架的连接刚度,发动机质量和质量分布。而空间矢量力校准还模拟了矢量力的大小和方向,矢量力的工作范围与发动机试验一致,较好地再现了发动机、动架及测力组件在发动机矢量力作用下的位移和变形,其校准结果能得到各测力组件的反力系数和耦合关系。在发动机供油、供气状态下开展的台架轴向推力校准能得到主推力方向的发动机管线反力系数。前垂、后垂同时加载模拟发动机垂向力分配的台架垂向校准可以反映发动机管线的垂向反力系数。

因此,空间矢量力加载校准系数是传感器原位校准的基础,试验前的传感器原位校准在该基础系数上增加真实管线的反力系数,能进一步减少测量误差。

表 5.3　三种校准方式影响项目的模拟及检验情况对比

影 响 分 项	传感器原位校准	单向加载校准	空间矢量力加载校准
发动机矢量力偏转角	有较大偏差	只有 0°和 90°两个点	包含发动机矢量偏转角的变化范围
发动机矢量力方位角	有较大偏差	只有 0°、90°、180°和 270°四个点	包含发动机矢量偏斜角的变化范围
矢量力的传递路线	未检验	可以模拟	可以模拟
发动机与动架的连接刚度	未检验	可以模拟	可以模拟
发动机质量及分布	相同	可以模拟	可以模拟
发动机管线及供油供气情况	模拟程度较好	有较大偏差	有较大偏差
测力组件的耦合情况	未检验	部分检验	完全检验

5.1.6　燃油流量测量

燃油流量是评定发动机稳态性能的主要参数,国军标要求在发动机中间及以下状态测量精度优于中间状态的 0.5%,中间以上状态测量精度优于测量值的 0.5%。随着海拔高度和天气状况的变化,地面大气压力、温度都会有显著变化,当地大气条件直接影响航空发动机的起动性能。为保证航空飞机具有全天候升空能力,必须制定合理的起动供油规律。高空舱是调试、测试航空发动机高空工作功能、性能的大型地面设备,在模拟飞行包线范围内,可以准确模拟不同高度下标准天和非标准天的大气条件。因此可以通过高空舱调试检验发动机在不同机场、不同天气条件下的起动特性。燃油流量是起动控制的主要控制量,高空舱起动燃油流量测量数据是调整供油规律的直接比照。在起动过程中发动机参数变化迅速,燃油流量调整速度快,要求燃油流量测量系统具有较好的动态特性。因此,高空舱燃油流量测量系统必须同时具备较好的快速性和稳定性。

1. 高空舱燃油流量测量系统

高空舱是可以试验多种型号发动机的通用试车台,其燃油流量范围宽,为保证测量精度,采用不同量程的质量流量计和涡轮流量计,进行分段组合测量,如图 5.37 所示。

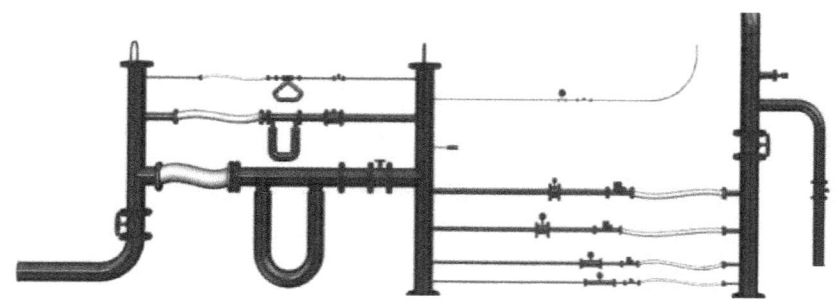

图 5.37　高空舱燃油流量测量系统布局图

试验时随着发动机燃油流量的变化,通过控制管路电磁阀来实现不同量程流量计的组合和切换,在每个状态都使用最优的流量计,每个流量计都工作在最优的范围内。质量流量计和涡轮流量计输出的频率信号进入数字频率测量仪,密度计输出的密度信号经测量转换后进入电压测量设备,最后基于质量流量计信号和涡轮流量计信号进行发动机工作模式识别,设计优选算法燃油流量测量系统在发动机瞬态自动输出涡轮流量计的测量结果,在发动机稳定状态自动输出质量流量计的测量结果。利用质量流量计高精度和涡轮流量计快速度的优点得到准确而又快速的燃油流量。同时两种流量计的测量结果互为备份,据此开展状态监控工作。

2. 燃油流量测量系统建模

1) 燃油计量活门流量模型

发动机通过恒压差活门控制计量活门前后的压力差保持定值,同时通过电液伺服阀或快速阀等执行元件调整燃油计量活门开口的大小来控制流量。因此,通过计量活门的流量与活门开度成正比;但在实际的起动和推力瞬变等流量剧烈变化的工况下,受系统压力不足和恒压差活门运动滞后的影响,计量活门前后的压差并不恒定;为保证燃油调节器在特定的流量区域有足够的分辨精度,活门窗口通常设计成三角形、梯形等变径窗口[33]。在非燃油加降温试验时燃油温度变化不大,可以忽略燃油密度变化的影响;发动机燃油流量模型可简化为

$$\begin{cases} Wf_1(t) = k_1 A(t) \sqrt{P_{zh}(t) - P_z(t)} \\ A(t) = f[\theta(t)] \end{cases} \tag{5.67}$$

式中,$Wf_1(t)$ 为发动机给定燃油流量;k_1 为修正系数,由稳态燃油流量辨识得到;$A(t)$ 为计量活门开口面积;$\theta(t)$ 为计量活门开度;$P_{zh}(t)$ 为计量活门前压力;$P_z(t)$ 为计量活门后压力。

试验时燃油流量除受计量活门前、后压力和角位移测量结果影响外,还受到活门变形、燃油密度、燃油黏度等因素的影响,所以由式(5.67)计算的结果精度不高。但燃油计量活门是燃油流量调节的执行机构,离发动机燃烧室近,其动态特性、可靠性较好[34],在台架测量燃油流量出现故障时可以作为衡量其动态测量特性的信号。

2) 涡轮流量计模型

在涡轮流量计的测量范围内,每转扇出的流体体积相等,在旋转时转数与扇出的体积成正比,故而转速与体积流量、等效面积成比例,转速与磁电转换器所产生的脉冲频率成比例。故涡轮流量计的特性方程式为

$$\begin{cases} Wf_2(t) = k_2 n(t) \\ Wf_2(t) = c\sqrt{P_1(t) - P_2(t)} \end{cases} \tag{5.68}$$

式中,k_2 为涡轮流量计流量与转速之间的转换系数,由校准试验得到;$Wf_2(t)$ 为涡轮流量计流量;c 为涡轮流量计的流量压差系数,可以由稳态试验数据辨识得到;$P_1(t)$ 为涡轮流量计前压力;$P_2(t)$ 为涡轮流量计后压力。

用试验的方法辨识得到了某一涡轮流量计的压差系数 c,如图 5.38 所示,燃油流量在测量范围内变化时压差系数基本保持不变,该试验结果证明了式(5.68)的正确性。

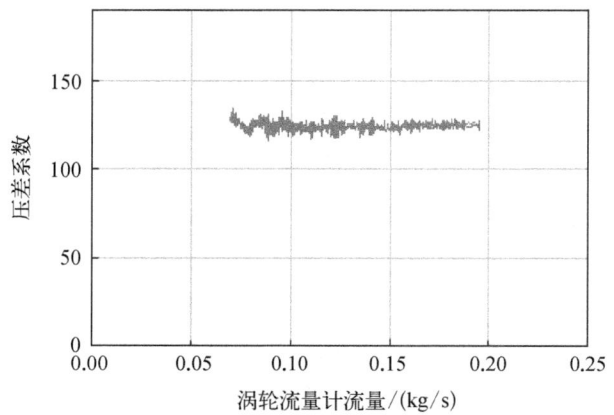

图 5.38 涡轮流量计流量压差系数

3)可压缩气体模型

如图 5.39 所示,当系统中可压缩气体膨胀时,将挤出部分燃油,气体体积增加,压力下降,同时使发动机进口油压下降。气体体积的变化等于流入、流出燃油流量之差的积分。压缩过程为逆过程。

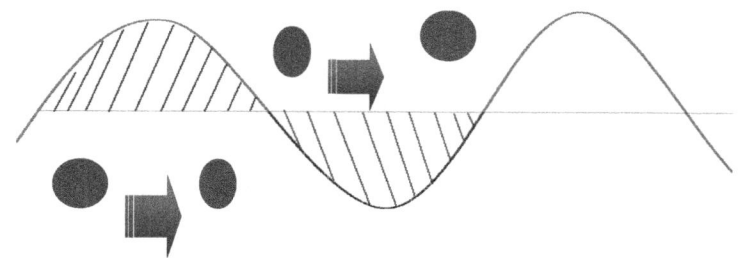

图 5.39 气穴体积随流量波动的变化示意图

$$\begin{cases} P_3(t)V_3(t) = R \\ \Delta V_3(t) = \int [Wf_2(t) - Wf_1(t)] \mathrm{d}t \end{cases} \tag{5.69}$$

式中,$P_3(t)$ 为气体压力;$V_3(t)$ 为气体体积;$\Delta V_3(t)$ 为气体体积的变化量;g 为重力加速度;h 为液柱高度;R 为常数。

燃油的弹性模量很大,约 1.35×10^9 Pa,假定某车台流量计后燃油总体积为 $0.25\ m^3$(DN150 mm,15 m),在压力变化 30 kPa 时,体积变化量约 5.9 mL,在半个波动周期及 0.9 s 内体积变化 5.9 mL,假定流量为线性变化,可以近似计算其流量波动量约为 23 L/h,远小于实际波动量 160 L/h。因此,在分析实际系统时还要考虑"气穴"的存在。实际系统中气穴(测量元件与发动机间的气穴)的存在使测量流量随压力波动的量被放大。气穴的产生主要有两种模式:① 死腔内未排完的气体;② 油库通过空气加压供油,在压力波动到低点时燃油中的空气会析出(类似于气水)形成气穴。

4)水击模型

如图 5.40 所示,燃油供油管与供油罐相连接,管端装有发动机,管路中装有测量装置。

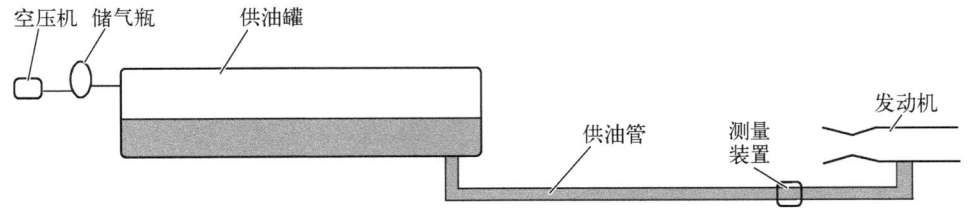

图 5.40 基地供油系统简图

理想情况下,$t = 0$ 瞬时阀门突然全部关闭,最前面的液体突然撞击在阀门上,速度由 v_0 降到 0,压强由 P 骤升至 $P+\Delta P$,形成一个压缩波,以传播速度 c,在 $0 < t < L/c$ 时程内,向油库传播。当 $t = L/c$ 时波至管口形成一个膨胀波,在 $L/c < t < 2L/c$ 时程内,向发动机传播,在压差 ΔP 作用下液体以速度 v_0 向油库流动。当 $t = 2L/c$ 时压力波传至发动机,压强降至 $P-\Delta P$,产生新的膨胀波,在 $2L/c < t < 3L/c$ 时程内,向油库传播。当 $t = 3L/c$ 时压力波传至油库,产生新的压缩波,在 $3L/c < t < 4L/c$ 时程内,向发动机传播,波面到达之处燃油以速度 v_0 向发动机流动,压强又恢复为 P,在 $t = 4L/c$ 时,新的压缩波到达发动机处,又重复上述四个过程,如此周而复始循环下去。

实际上在特定系统中流量的快速降低就会引起水击现象,实际上在压力波动时管道会变形,波动能量会被消耗,最终成为衰减振荡形式。

当流量变化过程时间小于 $2L/c$ 时为直接水击,变化过程时间大于 $2L/c$ 时为间接水击,直接水击的强度远大于间接水击,设计中应当尽量避免。

根据水击现象理论,其造成的管路内压力波动周期为

$$T = 4L/c \tag{5.70}$$

式中,L 为管路长度;c 为波的传播速度:

$$c = \frac{\sqrt{\dfrac{k_2}{\rho}}}{\sqrt{1 + \dfrac{Dk_2}{\sigma E}}} \tag{5.71}$$

式中,k_2 为航空煤油的弹性模量;ρ 为密度;D 为管路内直径;σ 为管路壁厚;E 为管路的纵向弹性模量。

真实的管道有变径、有分支、有变向,很复杂,以下为压力变化的简化模型:

$$\Delta P = P - P_0 = F\left(t - \frac{L}{c}\right) + f\left(t + \frac{L}{c}\right) \tag{5.72}$$

$$\Delta v = v - v_0 = -\frac{g}{c}\left[F\left(t - \frac{L}{c}\right) - f\left(t + \frac{L}{c}\right)\right] \tag{5.73}$$

式中,F 为向上游传播的水击压力方波;f 上游反射回来的水击压力方波;v 为液体流速。

3. 试验过程仿真与试验验证

1)余气量影响仿真

仿真时用试验实测的计量活门开度、计量活门前压力、计量活门后压力数据作为发动机流量模型的输入,将发动机流量模型的输出流量视为发动机燃油流量的给定值,利用上述模型对初始气体体积大小进行 $0 \sim 0.004 \text{ m}^3$ 的遍历仿真。可得涡轮流量计测量流量仿真结果如图 5.41 所示,发动机供油压力仿真结果如图 5.42 所示。

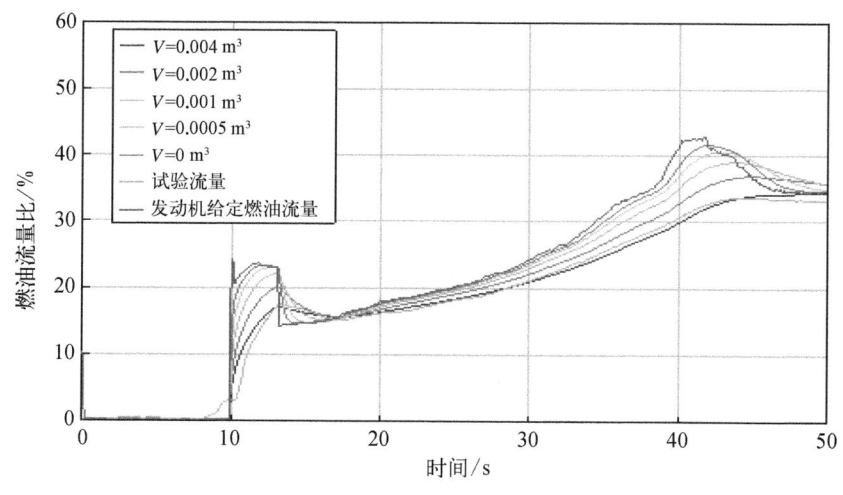

图 5.41 测量流量随气体体积变化的仿真曲线

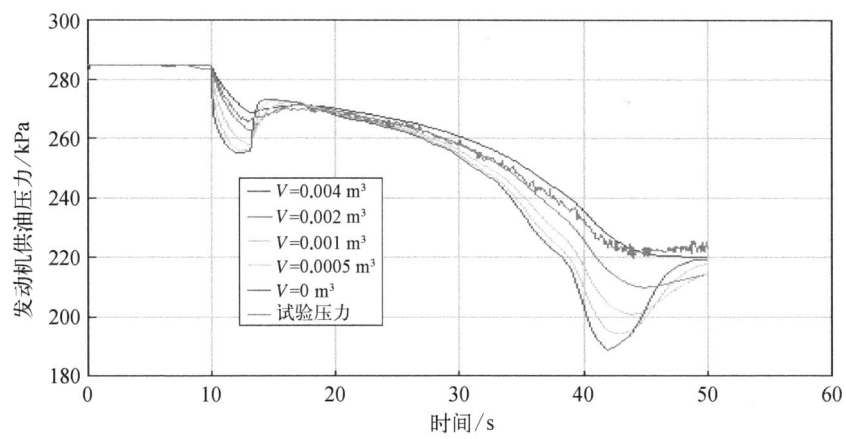

图 5.42　发动机供油压力随气体体积变化的仿真曲线

图 5.41、图 5.42 分别表示气体初始体积为 0.004 m³、0.002 m³、0.001 m³、0.000 5 m³ 和 0 m³ 情况下的流量、压力仿真结果。可以看出随气体体积的增加仿真燃油流量变化趋于平滑,动态特性变差,与发动机给定燃油流量的差异变大。初始体积为 0 m³ 时的仿真结果最接近发动机燃油流量给定值,初始体积为 0.004 m³ 时的仿真结果最接近图 5.41 中试验时测得的燃油流量曲线。由图 5.42 可以看出随气体体积的增加发动机进口压力变化越趋于平滑,动态特性越差,初始体积为 0.004 m³ 气体时的发动机进口压力仿真结果最接近故障时的供油压力。

仿真结果说明,在涡轮流量计后、发动机前的燃油管路中存在一定体积的可压缩性气体。该部分气体在管路压力即发动机进口压力上升时被压缩,压力下降时膨胀,其体积的变化量等于发动机流量与涡轮流量计流量之差的积分。在管路气体为零时涡轮流量计瞬时流量等于发动机瞬时流量,其测量结果具有较好的动态特性。因此可以得出管路中的可压缩性气体是造成起动燃油流量测量滞后、振荡的主要原因。为确定排故方案同时验证仿真结果,有必要设计一些试验对气体的影响程度进行更精确的定量检验。

2) 余气量影响实验验证

虽然假起动燃油流量变化范围小,但起始段的变化速率与起动试验相同,且试验风险较小。因此,利用某型发动机假起动试验,对可压缩气体的影响进行定性、定量检测试验,以验证仿真分析的正确性,为制定排故方案提供依据。假起动时燃油流量按转速给定,而转速由空气起动系统的空气压力、温度及起动涡轮性能等因素决定。因此,比较测量燃油流量动态特性时,以转速为参考比较燃油流量测量值。

在管路可压缩气体分别为 0.000 2 m³、0.000 8 m³、0.001 4 m³ 的 3 种情况下,

各进行1次假起动和管路切换试验,定量检测可压缩气体对燃油流量变化趋势和振荡情况的影响,检测结果如图5.43所示。

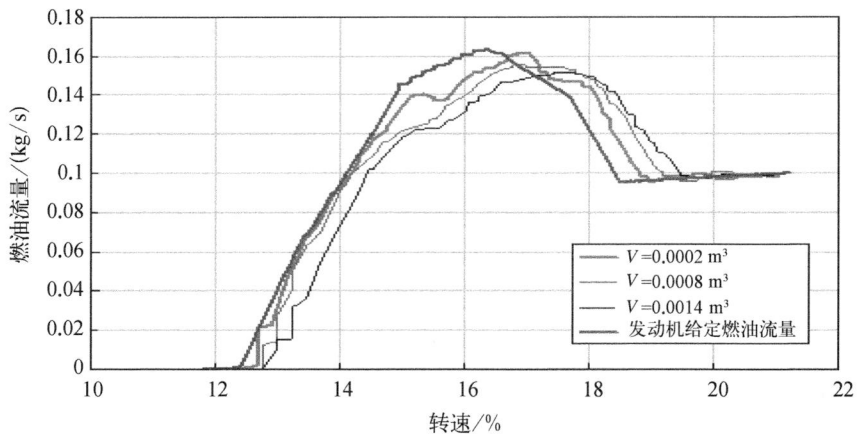

图5.43 管路气体体积对假起动燃油流量测量的影响

图5.43是以发动机转速为参考,比较管路气体体积对假起动燃油流量测量的影响,管路中可压缩气体的初始体积为0.0002 m³、0.0008 m³、0.0014 m³。由图可知有气体的燃油流量测量值均滞后于发动机给定燃油流量,压缩气体为0.0008 m³比0.0002 m³滞后0.4 s,0.0014 m³比0.0002 m³滞后0.8 s;0.0002 m³时峰值最高峰值为0.162 kg/s,0.0008 m³时峰值为0.154 kg/s,0.0014 m³时峰值最低,为0.152 kg/s。燃油流量在气体最少时与发动机给定燃油流量最为接近。该试验结果证明管路中气体越多,燃油流量测量滞后现象越严重,燃油流量峰值越小,管路中气体表现出惯性延迟特性,只有在可压缩气体体积为零时,涡轮流量计处燃油流量才能真实反映发动机燃油流量,与仿真结果一致。

图5.44是气体对管路切换时燃油流量测量的影响比较。图中$Wf_{21} = 0.0002$、$Wf_{22} = 0.0002$分别是小流量涡轮和大流量涡轮在0.0002 m³气体时的测量燃油流量,$Wf_{21} = 0.0008$、$Wf_{22} = 0.0008$分别是小流量涡轮和大流量涡轮在0.0008 m³气体时的测量燃油流量,$Wf_{21} = 0.0014$、$Wf_{22} = 0.0014$分别是小流量涡轮和大流量涡轮在0.0014 m³气体时的测量燃油流量。由图可见管路中气体越多,切换时测量燃油流量振荡幅度越大,时间越长,0.0008 m³时振荡8.6 s,0.0014 m³时振荡21.8 s。不同量程的涡轮流量计压差系数相差很大,在相同流量下压力损失不同,因此管路切换时,涡轮流量计后压力阶跃变化。可压缩气体在该激励的作用下,其压力势能和流体的动能、势能相互转换,气体体积周期变化,使测量燃油流量周期波动。气体表现出惯性振荡特性,只有当可压缩气体体积为零,管路中无惯性滞后环节,切换过程才可能干净平滑,涡轮流量计处燃油流量才能真实反映发动机

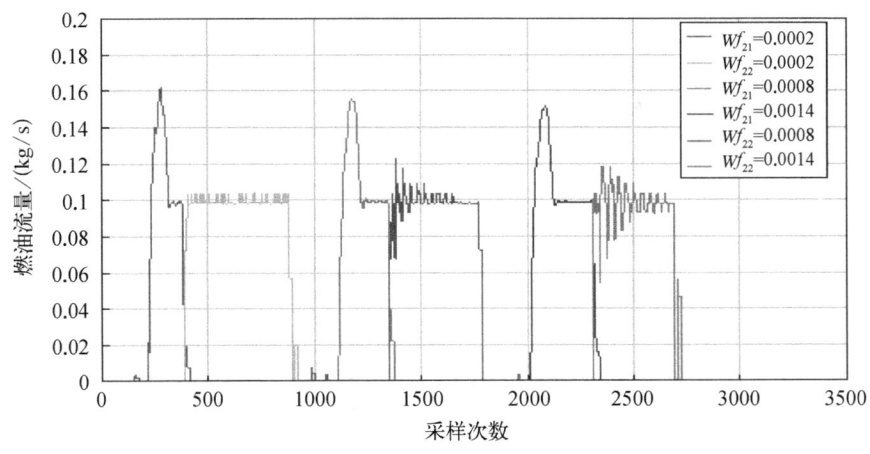

图 5.44 管路气体体积对管路切换燃油流量测量的影响

燃油流量。

试验结果证明振荡周期主要由气体体积大小决定,振荡幅值主要由激励能量决定,振荡收敛时间主要由系统摩擦阻尼决定。起动过程中滞后现象越严重,管路切换时振荡频率越低,收敛时间越长,与仿真试验结论一致。虽然该型发动机假起动试验燃油流量很小,但该试验还是有力证明了仿真试验的正确性。

3) 流量计影响仿真

由建模分析可知,流量计相当于电路中的电阻,其压差流量系数等效为阻值,对测量结果的动态特性有显著影响,对 $c=950$ 到 $c=1\ 300$ 的流量计进行遍历仿真,观察其对发动机燃油阶跃变化的响应情况,如图 5.45 所示。

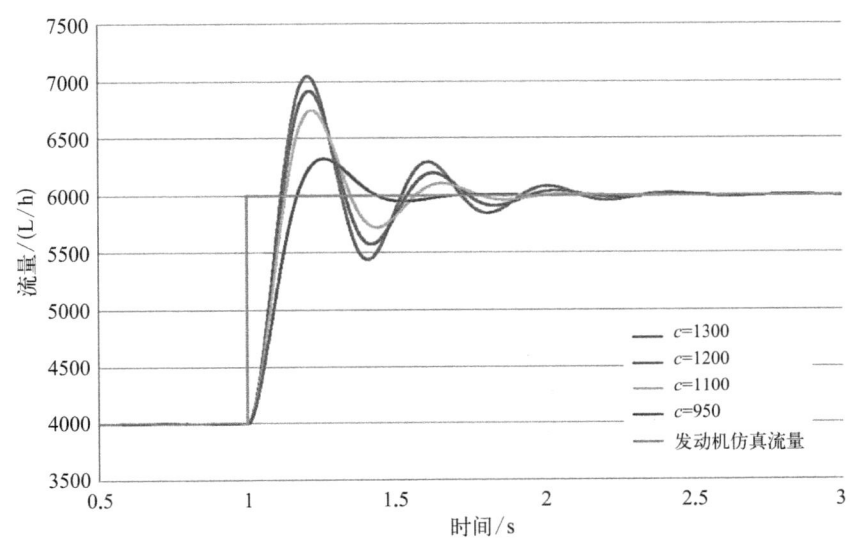

图 5.45 流量计对发动机燃油阶跃变化的遍历仿真

由仿真结果可知：流量计的压差流量系数越大（流通能力越强）系统的固有频率越高，波动量越大。更换前流量计压差流量系数越为 1 300，更换后流量计压差流量系数约为 950，由仿真可知更换前系统频率约为 3.1 Hz（试验值 3.3 Hz），更换后频率约为 2 Hz。该仿真结果与使用 LWGY10（Wf_1）时波动更小的试验结果吻合，因为 LWGY10 的压差系数更小（流通能力更差）。

4）油库距离对测量波动的影响仿真

水击过程是流量快速变化时管路中液体惯性作用的结果，与流量的变化速率、管道长度、管内流速等因素有关。水击过程首先引起管路内压力的波动，压力波动使流量计后、发动机前的弹性环节产生变形（或者薄壁件），再引起流过流量计的流量与发动机进口流量存在偏差，这个偏差的积分量就是弹性环节产生的变形量。在水击效应的参数中流量的变化速率由发动机决定，不可调整，管内流速与压力损失、建设投资等因素有关，难以优化调整。油库距离更是不能同时满足多个车台的需求，但油库的作用是提供"无限"压力油源，抑制供油压力的剧烈波动，就这一作用而言，可以通过加蓄能器等手段等效实现，因此对油库距离进行遍历仿真是有意义的，仿真结果如图 5.46 所示。

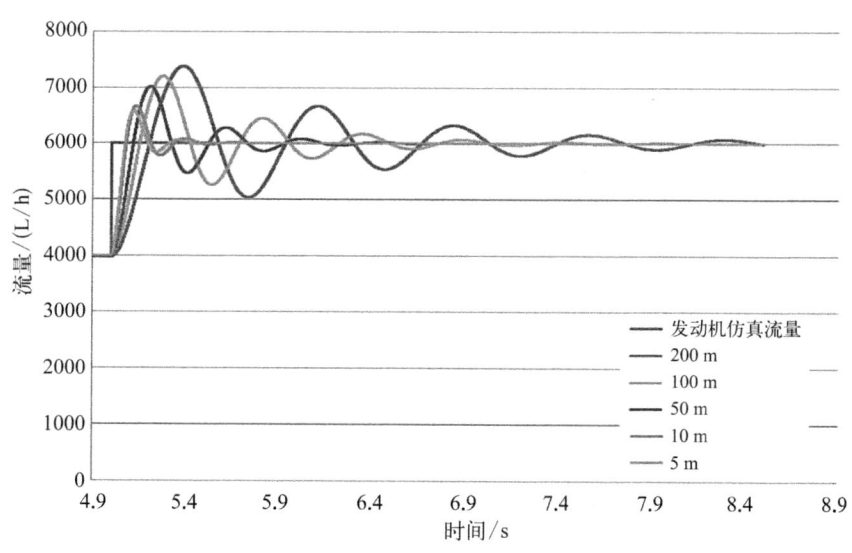

图 5.46 油库距离对测量波动的遍历仿真

可见 5 m、10 m、50 m、100 m、200 m 分别指与油库的等效距离，实际管路有弯头、变径、分支、截流等情况，这些环节在水击现象分析中会缩短管路，因此仿真中的 100 m 等效管路在真实管网中可能会有 600 m，甚至更长。

由仿真结果可知，油库的距离会影响测量燃油流量的波动周期和波动幅度，距离越长波动幅度越大、频率越低。

5) 油库距离对测量波动的影响验证

通过在流量计前加气稳压的方法来等效缩短油库距离,观察其对燃油波动的影响,简化模型如图 5.47 所示。

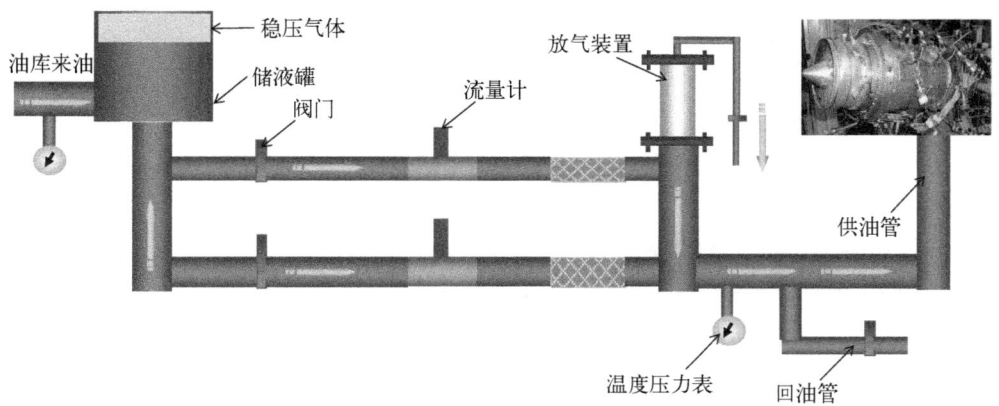

图 5.47 油库距离对测量波动的影响验证试验简图

通过回油管上的回油阀放油,观察燃油流量测量结果的波动情况。在储液罐内无稳压气体时燃油流量为 16 g/s,波动量为±0.8 g/s,占比 5%。通过液位计观察,在储液罐内预留 10 L 稳压气体后,燃油流量无波动现象。虽然该验证试验没有模拟水击过程,没有检验到水击现象的影响,但其结果表明稳定流量计前压力有降低波动的作用。直接加注气体,气体有进入发动机或囤积到流量计后的风险,实际系统中宜采用蓄能器。

6) 小结

管路内燃油在流量变化时由于惯性的作用产生反压引起压力波动类似于"电感"。流量计后、发动机前的剩余气体(管路死腔)在压力波动时,被迫压缩(释放流量)或膨胀(吸收流量),类似于"电容",引起流量计流量与发动机流量不相等,使测量流量波动。流量计在其前后压差发生变化时,流量跟随变化引起压力损失类似于电阻。管路、剩余气体、流量计构成了二阶振荡回路,在外部激励(发动机燃调系统产生的脉动,车台、管路的振动,管路截流元件产生的脉动等激励)下开始振荡。

航空发动机研制要求燃油流量测量系统要同时具备快速度和高精度,建模仿真表明某些管路因素对达成这两个目标是矛盾的,其关系见表 5.4。

表 5.4 管路因素对燃油流量测量特性的影响

系 统 参 数	测量的"快速性"	测量的"稳定"	备 注
完全没有剩余气体等可膨胀环节	+	+	只能无限逼近
剩余气体	−	+	

续表

系统参数	测量的"快速性"	测量的"稳定"	备注
压力损失	-	+	
与油库的距离	-	-	可通过蓄能器等效实现

注：表中"+"表示有利于，"-"表示不利于。

在进行燃油系统设计时要充分考虑上述关系，并通过有效的设计来实现测量的快速度和高精度。

4. 燃油流量测量在线比对

1）在线实时校准系统原理

燃油流量在线实时校准系统原理如图 5.48 所示。

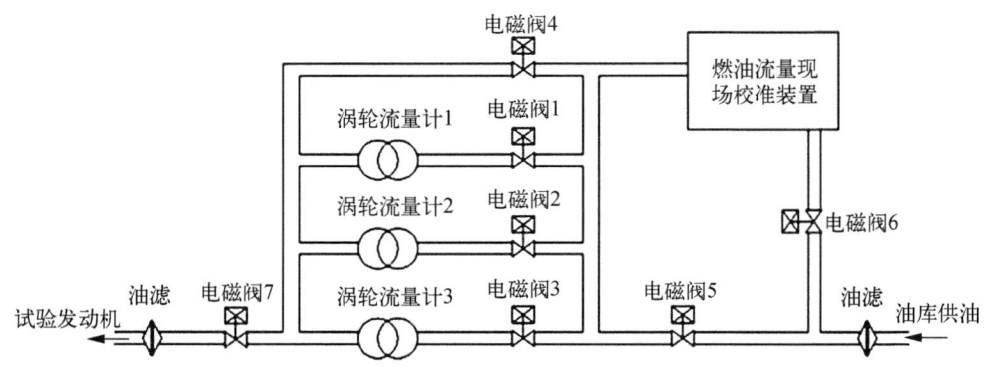

图 5.48　燃油流量测量在线实时校准系统原理图

目前高空舱燃油流量测量系统通常设置 3 路流量范围互补的涡轮流量计并联使用，试验时根据发动机实际燃油流量大小，通过电磁阀切换选择最佳量程段的涡轮流量计。

发动机正常试验不进行在线校准时，关闭电磁阀 4 和电磁阀 6，打开与其并联管路的电磁阀 5 及后续管路相应电磁阀。需要进行在线校准时，首先使用正常试验供油管路供油，待发动机处于稳定工作状态，打开电磁阀 6 和需要在线比对的涡轮流量计控制电磁阀，关闭电磁阀 4、电磁阀 5。在稳定工作后，通过上位机软件对发动机各稳定状态燃油流量进行在线校准。试验时如果出现涡轮流量计信号严重错误、卡死、泄漏等不能继续工作的情况，可打开电磁阀 4、电磁阀 6，待冗余测量装置稳定工作后，关闭电磁阀 5、电磁阀 1、电磁阀 2 和电磁阀 3，可实现冗余测量，避免因燃油流量测量系统故障而导致试验终止。

2）体积管式燃油流量现场校准装置

该装置是冗余测量系统的主体设备，主要由工作油缸、气缸、标尺、控制阀、光电传感器、温度传感器、压力气源、测控器、计算机和有关软件等组成。通过校准测控系统测量推完整缸油的时间、被校涡轮流量计发出的脉冲总数、油缸体积来计算涡轮流量计的频率、流量对应关系,装置结构如图 5.49 所示。

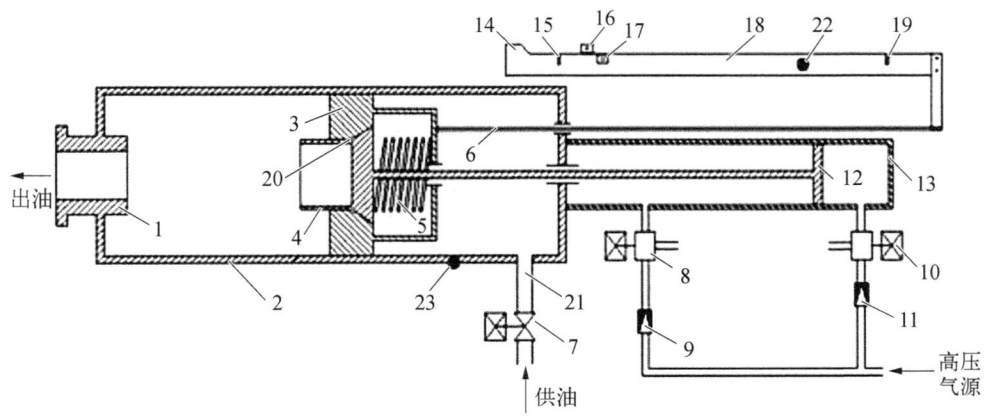

图 5.49　冗余测量装置结构图

1—活塞止动装置;2—工作油缸;3—工作油缸活塞;4—油缸活门;5—弹簧;6—标尺传动杆;7—供油控制阀;8—回程控制阀;9—回程减压阀;10—进程控制阀;11—进程减压阀;12—气缸活塞;13—气缸;14—零位标记;15—开始标记;16—零点光电传感器;17—起、止光电传感器;18—测量尺;19—停止标记;20—密封圈;21—油温检测点;22—标尺长度补偿测温点;23—油缸体积补偿测温点

将油缸活塞顺流向推到末端位置定义为零位,系统通过零位光电传感器 16 检测零位标记 14 是否有效,判断活塞是否处在零位。系统通过起、止光电传感器 17 检测开始标记 15 和停止标记 19,将两标记出现的时间差记为校准或测量时间,并将该段油缸体积视为推出燃油的标准体积,通过标尺长度补偿测温点 22 和油缸体积补偿测温点 23 进行标准体积的热胀冷缩补偿[8]。

$$\Delta V_{\text{wend}} = 2 \times 16.1 \times 10^{-6}(T_{\text{youg}} - 20) + 12 \times 10^{-6}(T_{\text{biaoc}} - 20) \quad (5.74)$$

式中,T_{youg} 为油缸温度测量值,单位℃;T_{biaoc} 为标尺温度测量值,单位℃。

3) 发动机试验时燃油流量在线校准装置无扰切入、切出技术

为满足发动机试验过程中燃油流量在线实时校准的需求,燃油流量在线校准测控系统必须具备与之相对应的测量与控制的能力。燃油流量在线实时校准系统,应在不影响发动机与常规燃油流量测量系统正常工作的前提下,实现在线实时校准功能,即在发动机试验过程中实现燃油流量在线校准装置的无扰切入、切出功能。

燃油流量在线校准装置的工作模式可分为进程模式、回程模式和停止模式。燃油流量在线校准装置的切入、切出都是在停止模式下完成的,停止模式通过控制进程控制阀和回程控制阀,可使油缸停留在任意位置。油缸活门在燃油压力和系统摩擦力共同作用下向相反方向运动产生间隙,燃油从该间隙流出保证其跟随性。

由试验检验得到,静止状态下间隙完全打开的最小压力损失约为 15 kPa。

发动机试验中需要进行在线校准时,首先使用正常试验供油管路供油,待发动机处于稳定工作状态,控制在线校准装置处于停止模式,通过控制按钮打开电磁阀 6 和需要在线校准的涡轮流量计控制电磁阀,关闭电磁阀 4、电磁阀 5,使燃油流量在线校准装置处于切入状态,随后油缸活塞自动向前推进,其推进速度(即燃油流量大小)由发动机状态决定。在稳定工作后,通过上位机软件对发动机各稳定状态燃油流量进行在线校准。在线校准工作结束后,控制在线校准装置处于停止模式,并通过控制按钮关闭在线校准系统中的电磁阀 4 和电磁阀 6,使燃油流量在线校准装置处于切出状态。

4) 现场校准装置燃油流量在线随动控制技术

燃油流量在线校准测控系统软件包括上位机软件和下位机软件。上位机软件包括指令发布、数据接收、数据显示、数据处理等功能,下位机主要是通过接收上位机的指令控制设备在不同的模式下工作,并进行数据采集。通过上位机控制界面操作可实现工作模式的选择、体积范围的选择,其控制界面如图 5.50 所示。

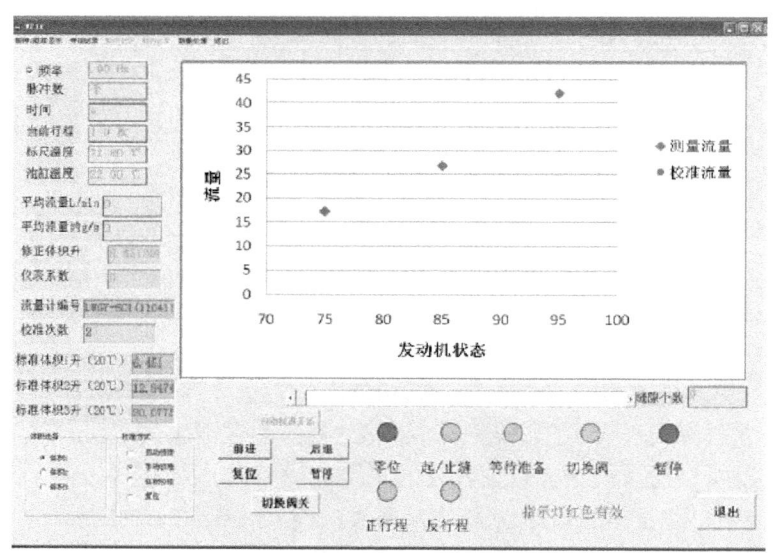

图 5.50　上位机控制软件界面

燃油流量在线实时校准和冗余测量功能都在现场校准装置的进程模式下完成。通过进程控制阀和回程控制阀,控制气缸活塞向前运动,使油缸活门紧压在油缸活塞密封圈上,油缸活塞推进速度(即燃油流量大小)由发动机决定。为保证推进过程中油缸活塞的密封性,油缸活门需在气缸活塞的牵引下紧压在油缸活塞的密封圈上,使密封圈产生变形,从而达到密封的目的。回程模式要保证油路畅通,不能影响发动机供油,通过控制气缸活塞向后运动,在气缸活塞的牵引下,油缸活塞和油缸活门向相反方向运动产生间隙,燃油从该间隙流出,其流量大小由发动机决定。

在线校准装置出口燃油压力由气缸活塞前后压力、供油压力、摩擦力、滑动部件质量和加速度等因素共同决定,油缸出口压力可由式(5.75)计算得出。

$$P_{\text{out}} = \frac{P_{\text{fin}}A_1 + (P_1 - P_0)A_2 - F_1 - Ma}{A_1} \quad (5.75)$$

式中,P_{out}为油缸出口压力;P_{fin}为油缸进口压力(即油库压力);A_1为油缸活塞面积;P_1为气缸进程减压阀后压力;P_0为大气压力;A_2为气缸活塞面积;F_1为摩擦力;M为滑动部件质量;a为运动加速度。

由于试验时油缸进口压力P_{out}、大气压力P_0、滑动部件质量M均为定值,稳态试验时加速度为零。由式(5.75)可知:油缸进口压力P_{out}的大小主要由气缸进程减压阀后压力P_1决定,并且克服F_1所需压力是P_1的下限值,实际工作中为使油缸活门紧压在油缸活塞上以保证密封性,P_1远高于该下限值;P_{out}与P_1成正比,因此发动机进口所能承受的供油压力最大值决定了P_1的上限。

为保证发动机进口燃油压力的稳定,实现燃油流量现场校准装置工作过程中的无扰控制,项目团队对气缸进程减压阀后压力P_1开展了高精度复合控制技术研究,以提升系统抗扰动能力,其控制原理如图5.51所示。

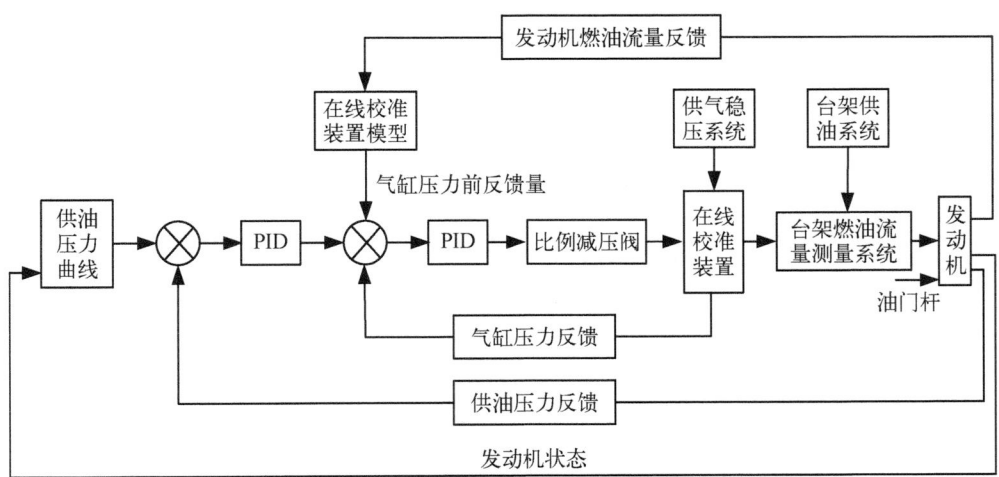

图5.51 气缸进程减压阀后压力P_1复合控制原理示意图

5) 测量系统健康管理技术

为了保证燃油流量测量系统的使用安全和可靠性以及经济性,测量系统的健康管理是支撑其正常有效运行的必备技术。对于燃油流量测量系统这种复杂的机电耦合系统,所面临的可靠性、安全性、经济性和维修保障等问题日益突出,传统的定期人工送检方式不仅效率低下,而且无法实时监测系统健康状况。

发动机高空模拟试验燃油流量测量系统健康管理技术是具有状态监控、故障诊断、故障预测及鉴定周期管理功能的系统。燃油流量测量系统健康管理平台能够在每次校准结束以后,将校准过程中的校准时间、环境温度、流量计编号、体积管进出口压力、计数时间、脉冲数等测量参数全部存入到数据库中,同时计算出本次校准过程的拟合曲线,同时将这些计算出的校准系数、拟合残差、线性度等也存入到数据库中。然后将得到的这些参数与前面多次的校准结果进行比较,计算出是否有偏差过大的参数,若某一参数明显偏差过大,则报警,从而让使用者知道其校准结果与历史数据的不一致,方便使用者发现并及时解决校准及测量过程中的问题。该项目针对需求开发出一套燃油流量测量系统健康管理平台软件,实现了校准系数、拟合残差、线性度等指标的自动提取与跟踪,提高了系统可靠性和有效性,其软件界面如图 5.52 所示。

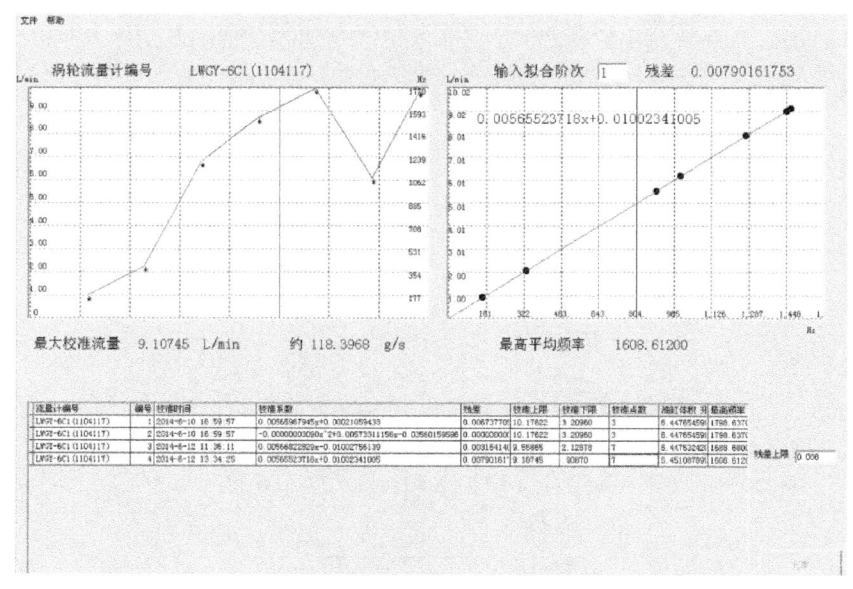

图 5.52　燃油流量测量系统健康管理平台软件界面

6) 燃油流量在线校准装置测量不确定度的评定

燃油流量在线校准装置既可用作流量标准装置,也可用于流量冗余测量装置,因此该装置应具备优良的不确定度指标。该装置通过测量油缸体积和推出整缸油的时间来得到燃油流量,因此其流量测量不确定度 $U(w)$ 的评定应包括油缸体积测量不确定度 $U(v)$ 和时间计量不确定度 $U(t)$,见式(5.77)。

$$w = \frac{V}{t_v} \tag{5.76}$$

$$U^2(w) = \left(\frac{1}{t_v}\right)^2 U^2(V) + \left(-\frac{V}{t_v^2}\right)^2 U^2(t_v) \tag{5.77}$$

油缸体积测量方式一般有测量筒体直径、长度来计算体积或者测量推出液体的质量、密度计算来体积两种，该项目中使用的是第二种方法。在同一燃油温度和环境温度条件下进行标准体积检验试验，当开始标记通过光电传感器时切换电磁阀动作，将燃油导入体积测量油箱，当结束标记通过光电传感器时切换电磁阀动作，将燃油导回油库。用标准容积标定体积管的体积，有时也用质量和密度的方式来标定油箱内燃油的体积、质量和密度，计算出油缸的标准体积，取测量平均值作为结果输出：

$$V = \frac{G}{\rho} = \frac{G_1 - G_2}{\rho} \tag{5.78}$$

式中，G 为燃油质量；G_1 为油箱和燃油的总质量多次测量平均值；G_2 为油箱质量多次测量平均值；ρ 为油箱内燃油密度。

体积测量不确定度包括燃油质量测量不确定度 $U(G)$、密度测量不确定度 $U(\rho)$、光电传感器缝隙检测延迟不确定度 $U(\text{guangdian})$、切换电磁阀动作延迟不确定度 $U(\text{qiehuan})$ 和温度测量引起的油缸体积修正量不确定度 $U(V_{\text{wend}})$。

$$U^2(V) = \left(\frac{\partial V}{\partial G}\right)^2 U^2(G) + \left(\frac{\partial V}{\partial \rho}\right)^2 U^2(\rho) + U^2(\text{guangdian}) + U^2(\text{qiehuan}) + U^2(V_{\text{wend}}) \tag{5.79}$$

得到测量不确定度后，可得覆盖因子 $k = 2$ 时的标准体积相对扩展不确定度：

$$U(V) = 0.0068\% \tag{5.80}$$

7）试验验证

以涡轮流量计 CLG-6-0112 为中介，开展高空模拟试验燃油流量现场校准装置与某计量检测中心燃油流量标准装置 CFT-1 的对比检验工作。某计量检测中心是国家二级计量检定站，具有不确定度为 0.05% 的燃油流量标准装置。对比结果如图 5.53 所示，CFT-1 和现场校准装置的检定结果线性度均优，且两地检验结果重复性较好。

在某型发动机高空模拟试验中，开展了发动机慢车、85%、95% 三个状态的在线比对试验，如图 5.54 所示。涡轮流量计测量值与在线校准装置测量值慢车状态偏差为 0.23%；85% 状态偏差为 0.20%；95% 状态偏差为 0.23%。结果偏差均小于 0.3%。

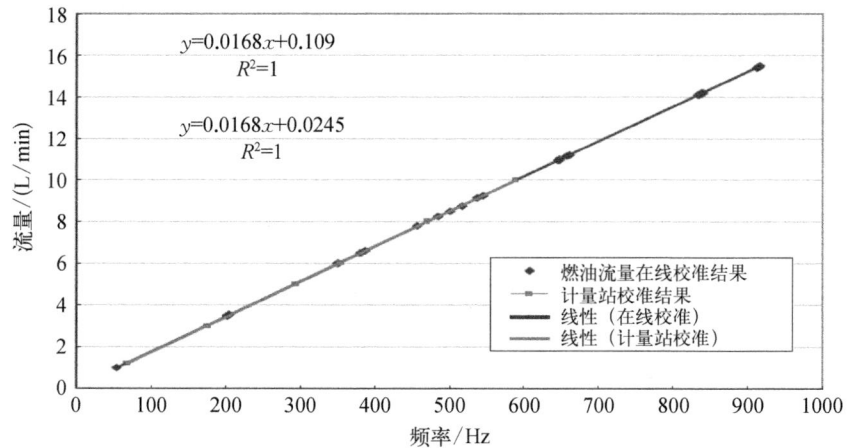

图 5.53 在线校准装置现场检验结果与某计量检验中心检测结果对比

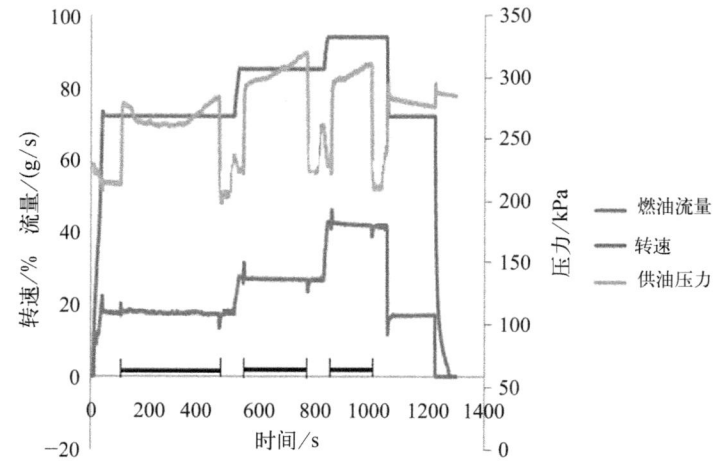

图 5.54 燃油流量在线校准试验曲线图

5. 动态燃油流量测量

在武器装备研制过程中,经常遇到非稳态燃油流量问题,如发动机起动过程试验、发动机燃油阶跃逼喘退喘试验、变循环发动机模式转换试验等。传统的做法只对流量计进行稳态校准,用这些校准结果进行动态测量时,其结果必然存在很大的误差。

解决上述问题最有效的方法就是开展燃油流量测量系统动态特性现场校准技术研究,结合现场动态校准要求,对燃油流量测量系统进行结构优化设计,实现动态流量原位校准,准确评估燃油流量测量系统动态性能。

1) 动态燃油流量测量系统组成与工作原理

目前多数试车台上都是采用涡轮流量计来进行燃油流量测量,涡轮流量计是一种速度式仪表,它以动量矩守恒原理为基础,流体冲击涡轮叶片使涡轮旋转,涡轮的旋转速度随流量的变化而变化。根据涡轮流量计说明书,涡轮流量计响应时间为 2~5 ms,但在涡轮流量计安装、燃油管路及测量系统等众多因素的综合影响下,燃油流量测量系统的响应时间会产生一定的延时,传统的稳态测量系统无法满足动态燃油流量测量要求。

因此需要建立一套动态测量系统,频率信号经过调理控制电路后分别进入检周测频和计数测频,两种测频方式的结果同时进入 CPU 单元,CPU 单元根据信号频率和采样率要求综合判断输出兼具高精度和快速性的频率数据。系统将采集的数据放入栈堆中,并给每次采集的数据进行序号标记,采集计算机通过以太网定时接收 CPU 栈堆中的数据,并通过数据序号对采集数据进行对齐、存盘和显示。

2) 典型应用案例

利用动态燃油流量测量与校准系统,成功完成了某型发动机燃油激增逼喘试验燃油流量的动态测量,测量结果如图 5.55 所示。发动机喘振时,压气机出口总压 P_{t3} 突降,进口静压 P_{s1} 突升,发动机喘振特征明显。喘振前后,燃油流量测量值清楚地反映了燃油激增、减油、保持的调节过程,数据的动态特性和稳态精度满足发动机燃油激增逼喘试验对燃油控制过程的测量要求,完整地呈现出了该型发动

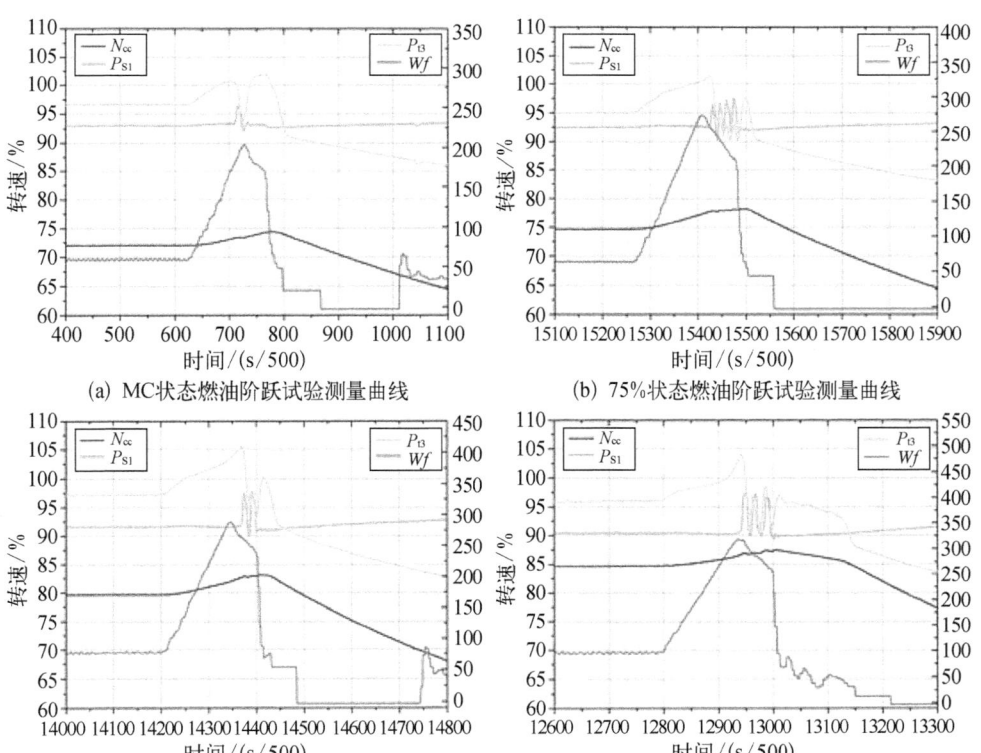

图 5.55 某型发动机燃油激增逼喘退喘试验动态燃油流量测量结果

机燃油激增逼喘退喘试验的瞬态过程。

6. 燃油流量测量管路布局

1) 流量计安装要求

（1）确保传感器铭牌上流动方向标识与管道内介质流向一致；

（2）下游需要存在一定背压，推荐背压为最大流量时流量计压力损失的 2 倍与最高使用温度下燃油饱和蒸气压力的 1.25 倍之和；

（3）流量计应安装在流场稳定位置，避免产生局部负压或两相流；

（4）流量计不宜安装在管道最高点和向下放空管的上游，防止气泡聚积影响测量结果，如图 5.56 所示；

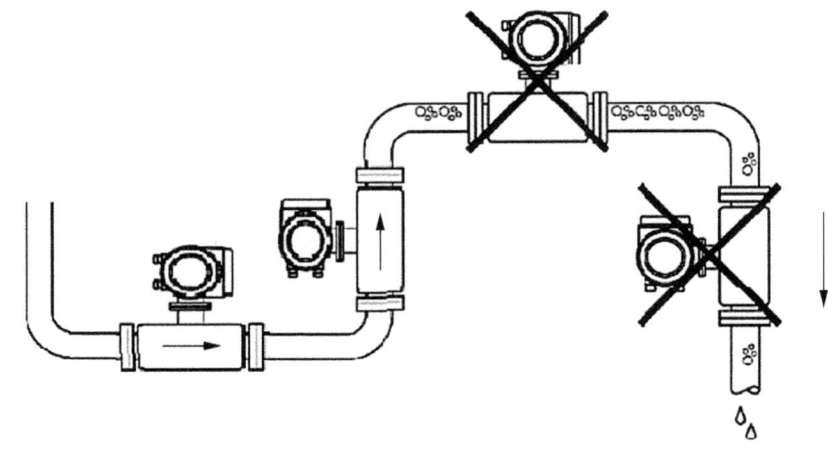

图 5.56　流量计错误安装位置

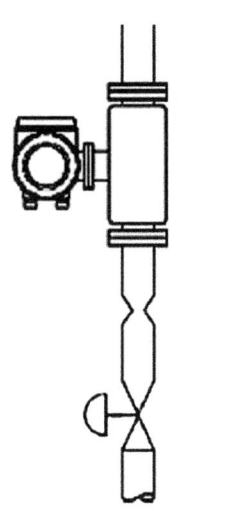

图 5.57　向下放空管内流量计安装

（5）若流量计需安装在向下放空管路内，需在流量计下游安装管件阀门或孔径小于管径的限流孔板，如图 5.57 所示；

推荐：必要时，在不影响试验器性能的前提下，在流量计上游安装消气装置；

（6）安装管路无强烈机械振动，必要时采取相应减振措施；

（7）流量计的安装位置无强磁场，防止对流量计信号造成影响；

（8）若流量计需现场校准，需预留校准接口。

2) 涡轮流量计前后直管段要求

（1）涡轮流量计上下游需要安装直管段进行整流，一般要求上游为 20D 以上直管段，下游为 5D 以上直管段，直管段内径与涡轮流量计标称通径一致。对于要求 0.5 级(含 0.5 级)以上流量计,直管道口径与流量计口径相差小于 5%;对于 0.5 级以下流量计,直管道口径与流量计口径相差小于 10%;图 5.58 是不同管道形式对上游直管道长度 L 要求;

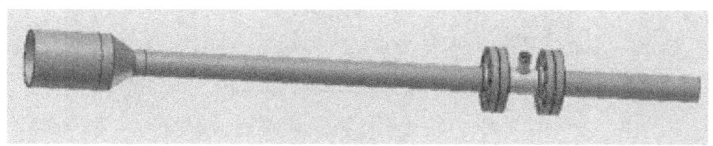

(a) 上游为变径接头,$L \geqslant 15D$

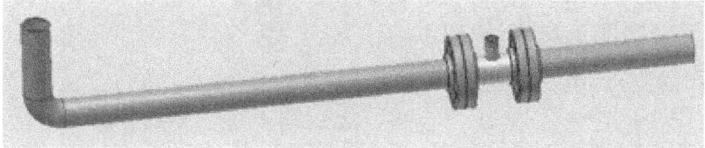

(b) 上游为单个弯头,$L \geqslant 20D$

(c) 上游两弯头处于同一平面内,$L \geqslant 25D$

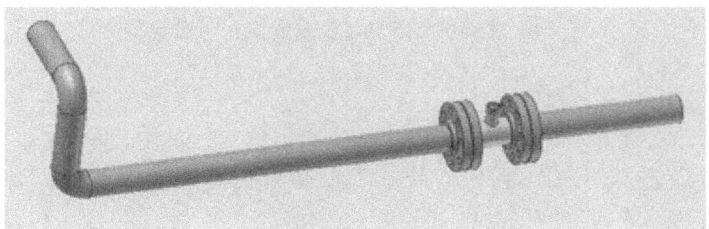

(d) 上游两弯头未处于同一平面内,$L \geqslant 40D$

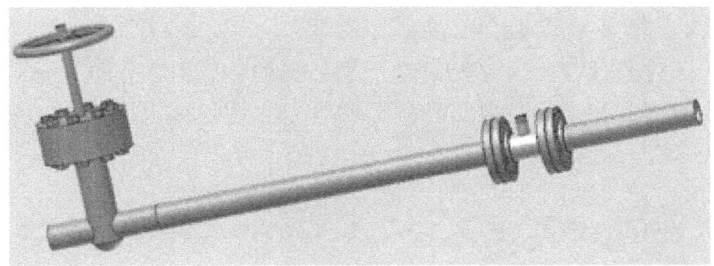

(e) 上游为节流阀门,$L \geqslant 50D$

图 5.58 涡轮流量计不同工况上游直管段

(2) 外置密封圈密封工况下,直管段接头与流量计接口间隙尽量小,如图 5.59 中 A 位置所示;

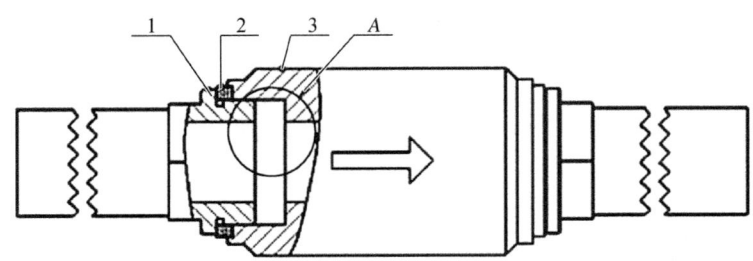

图 5.59 直管段与流量计间隙示意图

1—直管段接头；2—密封垫；3—涡轮流量计

（3）内置密封圈工况下，直管段与涡轮流量计之间密封垫内缘不能突出至管道内部，如图 5.60 中 A_1 和 A_2 位置所示。

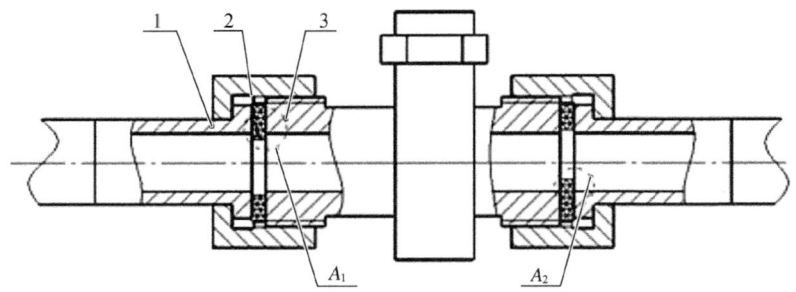

图 5.60 直管段与流量计密封垫突入管道示意图

1—直管段接头；2—密封垫；3—涡轮流量计

3）科氏力质量流量计安装要求

（1）管道应力和扭曲：科氏力质量流量计法兰与管道法兰连接旋紧螺栓时要均匀，防止流量计产生应力，在布置管道时预接入与流量计同样长度的短管，防止不良布管产生的应力；在使用过程中由于工艺流程应力和温度变化，流量计受管线轴向力或弯曲力影响，需要配备必要固定支架；

（2）避开强振安装环境，参照制造厂家给出的传感器工作振动频率；若强振环境无法避免，需要利用柔性软管将传感器和管道系统隔离，如图 5.61 所示；

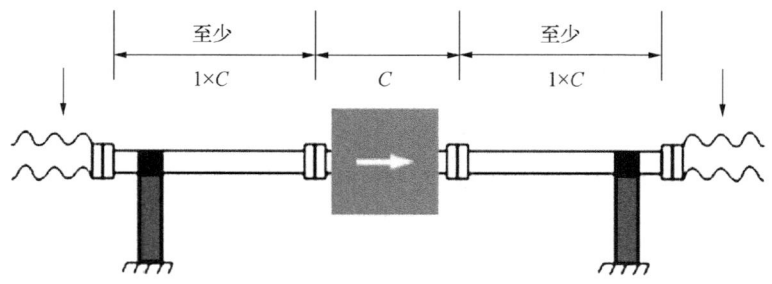

图 5.61 柔性软管连接方式

(3) 科氏力质量流量计调零须在安装位置现场进行,流量传感器需排尽气体,充满燃油介质后再关闭流量计上下游阀门,在接近工作温度的条件下调零。

5.2 状态监测参数测量

本节主要讲述发动机燃滑油监测参数、振动监测参数、几何结构监测参数、舱内流场监测参数的试验测量方法。

5.2.1 转速测量

发动机转速测量是所有发动机试验的基础必要条件。发动机性能、控制和安全都与发动机转速及其工作极限有内在的联系。测得的转速还可以用作主要的控制参数,以使发动机稳定工作。

转速测量有许多可用技术,从机械控制器到变磁阻传感器,这些技术多种多样。被测转速的精确度要求很大程度上决定了所采用的技术,转速测量所需精确度一般取决于应用情况。GJB 241A 要求稳态数据精度应优于最大状态测量值的±0.2%。为了实现更精确的发动机转速控制并能够分析发动机性能,有时需要达到 0.05% 的精确度,而在被测转速用于提供飞机座舱显示以确保关于转速极限的安全操作时,<1% 的精确度就可以了。

典型的转速测量方案如图 5.62 所示,包括转速传感器、信号调理、多通道信号输出方法、采集系统,并且各个环节通过传输电缆传送信息。其中,针对航空发动机转速测量,目前最常用的是磁电式转速传感器,下面主要从转速传感器和信号调理两方面介绍常见的转速相关测量技术。

1. 转速测量传感器

常见的转速测量方法分为模拟式和数字式,模拟式将测速发电机作为检测元件,获取电压信号,数字式将光电编码盘或者磁电线圈等作为检测元件,将作为模拟量的原始信号转为脉冲信号。在航空发动机的转速测量系统中,需要采用专门的传感器对其进行采集和处理。下面介绍几种常用的转速测量方法的基本工作原理。

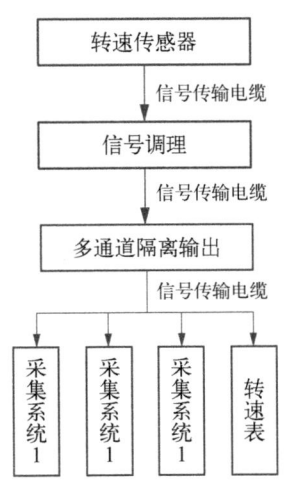

图 5.62 典型的转速测量方案

1) 离心式转速计

这种测量和调节转速的技术使用球形头部转速传感器(飞重调节器)。随着转速增大,将飞重向外移动的力随着发动机转速的平方增大。作用在质量 m 上的离心力 F 为

$$F = m\omega^2 r \tag{5.81}$$

式中，m 是飞重的质量；ω 是转速；r 是质心距离转轴的半径。

随着离心力增大，它将压缩弹簧，通过测量距离 ΔL（即弹簧长度的缩减量），可以确定发动机转速。该转速测量系统可以用于机械控制以及激活指示系统。激活指示系统所需的或作为伺服系统的任何力的作用都像负载一样，且都会随转速降低转动质量的有效行程（即 ΔL）。该系统还对摩擦力敏感，这导致输出结果中出现滞后作用。通过在钟形曲柄枢轴两侧使用补偿质量，降低对加速度的敏感性，系统可以在任何位置工作。

机械转速调节器提供有效的发动机转速调节以及限制功能，从而可以直接控制发动机燃油流量。然而，转速读数需要额外的位移测量装置或精度机械连接。机械连接产生的负载将影响转速读数的精确度，而摩擦力会对读数产生滞后作用。

2）直流测速发电机

直流测速发电机分为永磁式和电磁式，其中永磁式直流测速发电机的定子用永久磁钢制成，具有结构简单、无需励磁电源等优点。直流测速发电机与一般小型直流发电机的不同之处在于不会对外输出功率或只输出很小的功率，在恒定磁场中，当发电机电枢以转速 n 切割磁通 Φ 时，电刷两端产生的感应电动势为

$$E_\infty = C_e \Phi n = K_e n \tag{5.82}$$

式中，K_e 是电动势系数，空载运行时，直流测速发电机的输出电压就是感应电动势，由此可知，测速发电机的输出电压与电机的转速成正比。

但是，在实际的负载运行中，直流测速发电机的输出电压并不能与转速保持严格的正比关系，引起误差的原因有：① 电枢电流引起的电枢反应的去磁作用使发电机的气隙磁通减小，增大了输出电压与转速的线性误差；② 电枢电路的总电阻是非线性的，随负载电流的变化而变化，导致失灵区；③ 对于电磁式直流测速发电机，因励磁绕组长期通电而发热，导致电阻增大，励磁电流减小，从而导致线性误差。

总体而言，由于直流测速发电机具有延迟、纹波、易受温度影响等问题，相较于其他测量方式，难以较好地满足目前航空发动机的转速测量需求。

3）交流测速发电机

交流测速发电机分为同步测速发电机和异步测速发电机。同步测速发电机的输出频率和电压幅值随转速而变化，一般用作指示式转速计；异步测速发电机的输出电压频率与励磁电压频率相同，与转速无关，其输出电压与转速成正比，因此，在控制系统中，异步测速发电机被广泛应用。

以空心杯型异步测速发电机为例，空心杯型转子式笼条数目极其多的笼型转子，若在励磁绕组上加上交流励磁电压，则在励磁绕组中就有电流通过，并在内外

定子间的气隙中产生与电源频率相同的脉振磁场。根据输出绕组的电动势平衡方程式,理想状况下,异步测速发电机的输出电压与转速成正比,输出特性为直线,其优点是输出电压的频率与励磁电源频率相同,与转速的大小无关,使负载抗阻不会随转速的变化而变化。

但是,在实际应用过程中,由于脉振磁场和杯型转子的漏抗的存在,会引起直轴磁通的变化,从而导致测速发电机产生线性误差,另一方面,当转子静止时,主要是工艺不佳导致的剩余电压,使测量准确度大为降低。

4) 磁电式转速传感器

磁电式转速传感器的作用原理是当闭合回路中的磁通量发生变化时,回路中就产生了感应电动势,其大小与磁通量的变化率有关,即

$$E = -N\frac{\mathrm{d}\varPhi}{\mathrm{d}t} \tag{5.83}$$

通过改变穿越线圈磁通量的变化率 $\frac{\mathrm{d}\varPhi}{\mathrm{d}t}$ 从而改变感应电动势 E 的变化,根据改变变化率的方式,可将磁电式传感器分为三种:动圈式磁电传感器、动铁式磁电传感器以及磁阻式磁电传感器。

目前,在航空发动机的转速测量应用中,最常用的就是磁阻式磁电转速传感器。该磁电式转速传感器主要由永久磁铁、铁磁芯、感应线圈和音轮组成,其中音轮安装在被测转轴上,并随它一起转动。永久磁铁产生的磁力线通过铁磁芯对准音轮的齿顶,齿顶与铁芯之间的间隙为 δ,每当轮齿扫过磁场时,就改变一次磁路的磁阻,从而使磁通量产生变化,从线圈中感应出交变电势,输出脉冲信号。音轮连续旋转,就有连续的脉冲信号输出,从而将转速信号转变为周期性的脉冲信号。脉冲的频率与转速的关系如下:

$$n = 60\frac{f}{z} \tag{5.84}$$

式中,n 为发动机转速(r/m);f 为脉冲信号的频率值(Hz);z 为音轮的齿数。因而可以得知,已知 z 和测量所得的 f,就可以计算出 n,转速和线圈脉冲频率是线性关系。

磁电式转速传感器的优点在于输出信号强、抗干扰性能力强、结构紧凑体积小巧使用便捷,可在烟雾、油气、水气等恶劣环境中使用,因而如今成为了航空发动机转速测量的主流方法之一,但是也存在不等电势、寄生直流电势等缺点。

5) 光电式转速传感器

光电式转速传感器的作用原理是利用光的折射物理特性,通过开关式传感器将光强度的变化转化为电信号,物理基础是光电效应,分为透射式和反射式。透射

式转速传感器由带孔的光码盘、光源和光敏元件构成,光码盘随着被测转轴旋转,光线只能通过孔照射到光敏元件上,光敏元件被照射,反向电阻很低,可以输出一个脉冲信号,光源的光线被光码盘遮挡,则光敏元件反向电阻很大,几乎没有信号输出,如此反复,就可以得到一系列和转速相关的脉冲信号;反射式转速传感器原理类似,通常是将反光材料粘贴于被测轴的测量部位构成反射面或使用白漆涂成的白色条纹作为反射面,光源光敏元件需要和反射面设置适当的距离,通常在 5~15 cm,当被测轴转动时,黑色条纹吸收光,白色条纹反射光,吸收和反射的交替使光敏元件产生了脉冲信号。

光电转速传感器为非接触式测量,结构紧凑使用便捷,抗干扰性强,不会受到普通光纤干扰,测量精度高,但是缺点在于感应时间较长,对测量环境具有一定要求,例如透射式由于振动会使光源寿命降低,因而不适用于较强震动的试验环境。

6) 使用高温计测量转速

一些发动机配备高温计以测量叶片金属温度。高温计光束很小,而且输出信号与被测温度成比例,随着给定半径的叶片外表面上的温度变化,输出信号呈周期性变化,其信号频率可用于应急情况下的转速测量。

2. 转速频率信号测量

测频法在设定的检测时间 T_d 内统计转速脉冲出现的个数 N_x,根据式(5.85)计算可得到转速 n,其中 p 是转速脉冲比,即被测机械每旋转一周转速传感器产生的脉冲数。

$$n = \frac{60N_x}{T_d p} \quad (5.85)$$

该方法的误差主要来源于晶振的精度和计数脉冲的误差。标准计数时间内,计数脉冲的绝对误差为±1 个脉冲,则测速的相对误差取决于计数脉冲数 n,因此,当转速较低时,测频法的测量精度较低。

测周法通过瞬时转速脉冲的周期计算转速,用计数器对稳定度很高的时钟频率 f_c 计数,用被测脉冲序列信号的 2 个相邻的上升沿(或下降沿)作为计数器的启动和停止触发信号,在一次起停时间内计数器的计数值 N_c 和基准时钟周期 T_c 的乘积就是被测脉冲信号的周期 T_x,根据式(5.86)计算转速 n。

$$n = \frac{60}{pT_x} \quad (5.86)$$

测周法的误差和测频法类似。测周法可以通过提高基准时钟信号的频率来提高转速测量分辨率和测量精度,不过若 f_c 不变,则被测频率越高误差越大。因此,考虑测量高频时,对被测信号分频,可以提高测周的精度。

考虑到测频法和测周法都存在对被测信号技术产生的±1 的误差,因此,目前的测频系统中越来越广泛使用的是基于此改进的多周期同步测量方法,该方法的原理如图 5.63 所示。

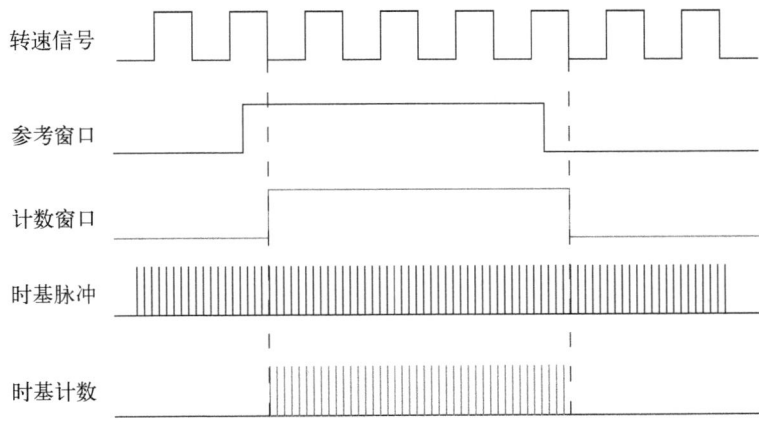

图 5.63　多周期同步测频法波形图

首先给出参考窗口的开启信号,等到转速信号的下降沿(或上升沿)到来,用两组计数器分别对转速信号和时基脉冲进行计数。最后,给出参考窗口的关闭信号,计数器等到转速信号下降沿(或上升沿)到来才结束,完成一次测量。根据转速信号的计数值、时基脉冲的计数值、时基脉冲的周期和转速脉冲比计算发动机转速。这种方法的测量分辨率与被测转速信号无关,仅与计数窗口和时基脉冲频率有关,实现了发动机转速的等精度测量。在进入低转速区后,自动增加参考窗口的宽度,能有效扩展转速测量下限。

被测频率的具体计算方法为

$$f_x = \frac{N_x}{N_0} f_0 \tag{5.87}$$

式中,f_x 是被测信号的频率;N_x 是被测信号的计数值;N_0 是时基信号的计数值;f_0 是时基信号的频率。

对式(5.87)进行微分可得到式(5.88):

$$\mathrm{d}f_x = -\frac{N_x}{N_0^2} f_0 \mathrm{d}N_0 \tag{5.88}$$

由于在实际闸门中包含整数个被测信号的周期数,所以根据 $\mathrm{d}N_0 = \pm 1$,闸门时间 $\tau = N_x/f_x$,得

$$\frac{\mathrm{d}f_x}{f_x} = \pm \frac{1}{\tau f_0} \tag{5.89}$$

由此可知,测量分辨率与被测信号无关,仅与闸门时间和时基频率有关,即实现了被测频带内的等精度测量,消除了测频法和测周法的±1 误差。

5.2.2 瞬态压力测量

气体和液体压力的测量对于监控或评估发动机的瞬态操作而言极其重要。发动机试验的类型引起内部气路压力、进气口/排气口压力以及控制系统液体(燃油、润滑剂、水)压力的瞬变。瞬态压力数据可提供对控制和发动机部件性能的判断,使空气质量流量和推力这样的总体性能参数关联起来并指示发动机的不稳定性。

瞬态测量仪表的精度要求以及数量和类型将极大程度上取决于特定的试验目的和可利用的资源。在瞬态试验中,很难获得数量和质量都满足部件性能评定的压力数据。瞬态压力数据更常用于定性评估发动机特性或用于监测发动点火或熄火、失速或不稳定性等可识别的具体事件,以及通过建立一系列事件并判断其原因和影响关系来诊断发动机问题。

发动机存在不稳定工作状态,包括压气机(或风扇)旋转失速和喘振、加力燃烧室振荡燃烧,这些不稳定的工作状态可能导致发动机停车或者机械损坏,造成安全事故。压气机或风扇发生旋转失速现象时,会发生气流分离,压气机流量和出口压力迅速下降,而进口压力稍有增加,各参数表现为幅值较低而频率较高的振荡;多级压气机发生喘振时,气流的压力和流量呈现低频大幅度的轴向振动,频率为几个赫兹;加力燃烧室发生振荡燃烧时,气流脉动的压力幅值会明显增大,一般压力幅值是平均压力的 5%~10%,甚至 50%以上;因此脉动压力测量是监测发动机稳定工作的重要手段和方法。

常规测压仪表的惯性大,跟不上压力的快速变化而无法测量。为了测量快速变化的脉动压力,必须采用惯性很小和灵敏度很高的传感器和电子仪表。

对于脉动压力传感器的基本要求是:压力传感器的固有振动频率要比被测压力的最高脉动频率高出许多;传感器的灵敏度要高,动态误差和由于温度、振动等引起的误差要小;传感器的特性要相当稳定,不随时间而变化;为了避免对流场的扰动,插入流场中的传感器尺寸要小。

目前广泛用于动态压力测量的传感器有电阻应变式压力传感器、电容式压力传感器、电感式压力传感器和压电式压力传感器等。

高空舱使用的动态压力测量的传感器多为压阻式传感器。压阻式传感器利用单晶硅的压阻效应制成,即在膜片上采用集成电路工艺制造四个等值电阻,组成一个平衡电桥。膜片既是弹性元件,又是转换元件。当压力作用于膜片上时,膜片发生弯曲,电桥失去平衡,产生输出电压,利用输出电压就能确定压力。压阻式传感器的特点是灵敏度高、无迟滞、可以小型化、精度高、频响高、输出电平高、寿命长、使用方便,但存在零位温度漂移和灵敏度漂移等问题。

发展高频高压动态压力测量及校准技术,提高测量仪器水平,提高测量精度及范围,可以采用激光测量技术等非接触式测量。发展应用计算流体力学数值模拟技术来提高和改进动态压力校准的水平。

5.2.3 燃油滑油参数监测

发动机燃油系统状态监控参数主要有发动机进口燃油压力,发动机进口燃油温度,燃油总油滤出口压力,齿轮泵后压力,增压泵后压力,风扇、压气机、喷管作动筒有杆腔、无杆腔压力,燃油总管压力,主燃油起动装置计量油进口压力,加力供油压力,主燃滑油散热器进、出口温度、压力,加力滑油散热器进、出口温度、压力。

发动机进口燃油压力、温度参数测量方法与滑油参数测量方法相同,在试验过程中燃油系统受到发动机状态和供油设备的影响,压力、温度变化范围大,有超出发动机需求的现象需要进行在线监测。燃油清洁度一般是在试验前进行取样检测。

由于新型发动机及核心机研制中采用了大量新技术、新材料、新工艺及新结构,且发动机工作在高温、高压、高负荷状态下,使得试验风险增大,试验过程中对发动机的状态监测提出更高要求。

通常情况下滑油系统的压力监测参数有:供油压力、附件机匣腔压、后轴承腔腔压、供油管与后腔通风管之间供油压差。温度检测参数有:滑油滤后管路供油温度、总回油管路总回油温度、前腔回油管路前腔回油温度、中腔回油温度、后腔回油温度、后腔通风温度、附件机匣回油温度、主燃滑油散热器燃油进口温度、主燃滑油散热器燃油出口温度、主燃滑油散热器滑油出口温度、加力燃油散热器燃油进口温度、加力燃油散热器燃油出口温度。电压信号有:滑油屑末报警信号、供油油滤报警信号。此外还有滑油流量监测、颗粒信号监测。

1. 燃滑油压力测量

为了保持较好的瞬态特性滑油压力传感器通常就近安装在测量管路上,要注意降低振动和高温对测量精度的影响。在附件处振动较大,要注意选择合适的压力传感器和压力转接管。附件处振动较大,对压力传感器的使用寿命影响很大,通常是用一段不锈钢压力管进行转接起到隔振的作用。不锈钢转接管的长度和通径影响延迟时间和减振效果,设计不合理会损坏发动机的滑油管路。附件振动频率相对滑油管路较高,降低压力转接管和测量传感器的固有频率,就能避开附件的主要振动频率范围,实现测量目标。通常情况下,压力转接管和测量传感器的一阶固有频率降低到 10 Hz 以下,就能可靠使用。此外,压力转接管还应该向下布置,避免形成死腔存储气体影响测量结果。

2. 燃滑油温度测量

滑油温度测量传感器通常直接安装在滑油管路中,其测量范围通常在-40～220℃,采用热电阻受感部能获得较高的精度且易实现。采用4线制,其中两根线路输出恒流源,两根线路测量热电阻两端的电压,隔离接触电阻和线路电阻的影响。

3. 滑油流量测量

影响发动机滑油流量测量精度的主要因素是:滑油管路短、振动大、滑油黏性变化范围大、滑油中夹杂气泡。目前通过优化设计、优化流程提高了其测量精度,但与发动机燃油流量测量精度还是存在较大差距。通常选择涡轮流量计进行滑油流量测量,使用时尽量满足涡轮流量计安装前后直管段的要求、流场均匀度要求和振动环境要求。校准时连带连接管路一起校准,通过拟合补偿一部分连接管路长度不足、流场均匀程度不足的影响。

滑油黏度比水和燃油都大,且受温度影响较大,流量测量装置在校准时必须考虑滑油黏度的影响,校准使用的工作介质及其温度应当与试验条件一致,在不一致时应当对测量结果进行滑油黏度补偿。

4. 滑油颗粒在线检测

除了常规参数监测以外,还需要对发动机滑油颗粒进行在线监测,以判定轴承、传动系统等的磨损情况,对了解被试发动机工作状态,预判发动机可能的故障具有十分重要和意义。

国外航空发达国家在21世纪初已在多个发动机型号试验中进行了发动机滑油在线颗粒监测。如2006年阿帕奇驱动系统、2004年NASAOH-58直升机主转子传动系统、GEEnergy LM6000/2500/1600燃气轮机均进行了滑油颗粒监测试验,甚至在F119开发的早期,在装有缺陷轴承的发动机上就进行了滑油颗粒监测方法的验证,技术的验证也催生了较为成熟的滑油颗粒监测产品,如加拿大GasTOPS公司的MetalSCAN系统等,该产品能对试验中发动机滑油中的金属磨粒进行在线监测,对磨粒进行计数,确定其尺寸和分级,区分出铁磁体和非铁磁体颗粒类别,并统计出颗粒变化趋势,进行故障预测和报警。

我国在发动机整机试验的发动机滑油颗粒监测方面起步较晚,技术比较落后,目前还处于探测方法的原理验证与个别型号发动机地面台试验的应用验证。目前在新型发动机核心机高空舱试验中,对滑油系统的监测都是通过间接手段,比如通过滑油屑末探测报警器来检测滑油,该手段一是只能检测出滑油颗粒中的金属成分,二是只能进行超限报警,即当滑油中的金属颗粒浓度大于探测器的检测阈值,传感器才输出报警信号,不宜实时监测浓度的变化及趋势。试验结束后通过对滑油取样,送计量检验部门进行光谱分析来检测滑油中颗粒成分的变化,不能进行在线实时监测与预警。因此,为了加强对新型发动机及其核心机试验的状态监测,降低试验风险,为发动机整机试验的故障预报、故障分析提供强有力手段,填补我院在相关领域的空白,急需开展航空发动机试验滑油颗粒在线监测。

1) 主要功能

对试验中发动机滑油中的金属磨粒进行在线监测,对磨粒进行计数,确定其尺寸和分级,区分出铁磁体和非铁磁体颗粒类别,并统计出颗粒变化趋势,进行故障预测和报警。

2) 系统工作原理

传感器通过电缆连接到一个安装在被监测设备附近的控制单元上。设备现有的控制系统或单独的监控系统通过工业标准的 RS232 或 RS422/485 系列接口对 MetalSCAN 系统进行监控,显示设备磨损数据和当前系统状况以及警告和报警,使操作人员警惕正在发展中的或者即将发生的机器失效。

警告和报警限值在 MetalSCAN 系统中编程控制,并根据被监测的设备部件进行改变。当 MetalSCAN 探测到反常的金属磨粒数量时,将发送一个警告信号给操作人员。报警限值设定为需要对设备停机进行详细地检测和维修的时间。

3) 系统主要组成部件

系统主要由测量传感器、电子控制单元、电缆、软件和监控系统组成。传感器直接安装在油路里,以不引起压力降低为准,传感元件包括三个内部线圈,两个外侧的线圈缠绕方向相反,被交流电驱动,所以两者的磁场相反,从而在中心点位置两者的磁场相抵消。中心位置的传感线圈测量当金属颗粒通过传感器时对磁场的干扰,并以电压信号输出干扰的强度,此信号相关于颗粒的尺寸,而信号的相位移与颗粒是铁磁体或非铁磁体相关。电子控制单元对来自传感器的原始信号进行调理,并给图形显示单元提供所需的关于被检测颗粒的信息。一旦一个颗粒被检测到、分级并测定出尺寸,这个信息被传递并记录在电子计数器里。数据根据类别(铁磁体和非铁磁体)被分入 16 等级。信息被储存在稳定的存储器里,保证在断电的情况下仍然能保存数据。查询由监控系统控制,能够依次对数据进行时间记录,用于显示数据的变化趋势。传感器和电子模块通过一个特殊的低噪声的电缆连接。软件根据机器状态警告和报警级别对数据进行趋势分析,对系统进行故障诊断和修复。

5. 振动监测

航空燃气涡轮喷气发动机是一种高速旋转机械,转子虽然经过较严格的平衡,但工作时还依然存在着或大或小的振动现象。发动机振动又称整机振动,是指整台发动机装在试车台架上时,发动机和台架整个系统的振动。同一台发动机其所用台架不同,振动也不相同。

发动机的振动不仅影响到发动机本身的正常工作,使零件疲劳损伤、寿命减短,还影响到飞机的飞行与寿命等。发动机振动异常还透露出发动机中有潜伏故障的信息,如不及时加以检查、排除,就有造成严重恶果的可能。因此,近代的航空发动机都严格地控制发动机的振动程度,使发动机的振动量(振幅、速度或加速度)限制在规定的范围以内。近年来还发展到通过监视发动机的振动情况,判断故障,确定发动机的返修周期和使用寿命等。因此,发动机的振动分析与测振技术成为发动机生产与研制领域中一项十分重要的技术问题。

1) 整机振动测量

目前整机振动测量技术分两类。一类是发动机的检验测试技术,通过测定发动机振动中的某一个振动参数,如振幅速度或加速度(过荷系数)值,使之在规定范围以内,用以标志或控制发动机的振动程度,检验发动机的振动大小。这种方法多用于出厂前发动机的检验工序。另一类是发动机的监控与诊断测试技术,通过对使用中发动机振动的诊断与监视,应用发动机的振动谱分析的方法,监视发动机的工作情况,诊断故障,确定发动机的返修周期与使用寿命等。这种方法已广泛地应用到近代的发动机的飞行使用过程中。

对于振动参数的感受方法,即是由振动传感器(一次仪表)直接获得振动信号,通常有测振幅、测振动的速度、测振动的加速度三种方法。其中以测速度或加速度方法用得最多,而测振幅法由于实现起来比较困难,都不采用。

对于振动参数的指示方法,即振动信号最后由仪表(二次仪表)直接指示的振动参数,通常也有振幅指示法、振动速度指示法、振动加速度或振动过荷系数指示法三种方法。其中以振幅指示法与振动过荷系数指示法用者最多,振动速度法目前有些发动机也在采用。

通常我们所说的发动机的测振参数,都是指振动指示参数,而不是指振动感受参数。

振幅、速度和加速度或过荷系数有如下关系:

振幅为

$$y = A\sin \omega t \tag{5.90}$$

速度为

$$V = \dot{y} = A\omega\cos \omega t \tag{5.91}$$

加速度为

$$a = \ddot{y} = -A\omega^2 \sin \omega t \tag{5.92}$$

振幅与速度之间的转换关系为

$$V = \pi S f \tag{5.93}$$

振幅与过荷系数 K 之间的转换关系为

$$K = \frac{a}{g} \approx \frac{Sf^2}{500} \tag{5.94}$$

式中，$S = 2A$ 是振动的全振幅值，mm；$f = \dfrac{\omega}{2\pi}$ 是每秒钟的振动频率或每秒钟的转速。

振动过荷系数 K 是指发动机工作时，其重心在振动过程的最大加速度与重力加速度之比，$K = \dfrac{a}{g} \approx \dfrac{Sf^2}{500}$。$K$ 值与振动加速度实际上具有同等的含义，都是标志发动机振动大小的一种常用指标。

振动参数的组合形式：对于振动的感受参数与指示参数之间的组合转换关系，在实际测量中有如下几种方式。

（1）速度-振幅法：应用速度式传感器直接测得振动的速度参数，通过积分线路转换成振幅值 S，也可以通过公式换算成过荷系数 K 由仪表直接指示；

（2）加速度-振幅法：发动机上的振动传感器采用的是加速度式拾振器，将测得的加速度信号通过仪表，经过二次积分线路，指示出的是振幅值 S，采用这种方法者较多；

（3）加速度-加速度法：采用加速度拾振器拾振，并由仪表直接指示出速度值，或者指示出振动过荷系数 K 值；

（4）加速度或速度-速度法：采用速度式拾振器拾振，由仪表直接指示出速度值，或者采用加速度拾振器拾振，经过一次积分线路转换成速度值。

目前，发动机测振中，广泛采用的是速度式拾振器或加速度拾振器。而通常仪表指示的参数多为振幅 S 值，过荷系数 K 是通过测定 S 值后换算而得。有少数发动机直接采用加速度值作为指示参数。

发动机测试时，所测得的振幅值并不等于发动机重心振幅的大小，这是因为测振时所用的拾振器是固定在发动机的机匣某一位置上，机匣上所反映出来的振幅值，实际上包含着转子本身、转子支撑、机匣本身和发动机机架系统在内的综合振动的振幅，是一个合成振幅。

对于同一台发动机或同一机种的发动机，由于选取测振状态的不同，测得的过荷系数 K 自然就不会相同。具体分析有：

（1）拾振器在发动机上安装的部位不同，测得的过荷系数 K 值不同；测点靠近发动机主安装节处，振幅较小并接近发动机重心的振幅值，测得的振动过荷系数可较真实地反映整机的振动情况；

（2）在机匣同一截面上，测点放在水平位置与垂直位置所测得的过荷系数 K

不相同；发动机固定在试车台的台架上，其垂直方向的刚性通常比水平方向的刚性要强些，所以测得在垂直方向的振动过荷系数与振幅都要小些；

（3）发动机装于不同的试车台架上测振，所测得的振动过荷系数是不同的，因为各台架之间的刚性不完全相同；

（4）发动机装在试车台架上与装在飞机的发动机机架上，测得的过荷系数是不同的；一般飞机上的发动机机架刚性要弱些，致使飞行中测定的过荷系数要大些。

2）振动传感器

按机械量转换成电量的形式可分为发电型和参量型；按力学原理可分为相对式和惯性式；根据传感器的输出量正比于被测物体振动量的不同可分为位移式、速度式和加速度式；按其工作状态还可分为接触式和非接触式等。下面以位移、速度、加速度传感器的分类法，介绍航空发动机振动测量中的几种常用传感器的结构原理、特性和使用范围。

a）位移传感器

电容式位移传感器：将被测位移的变化转换成电容的变化。这种传感器属于非接触式，测量时对振动体没有影响，灵敏度较高，测量的频率范围较宽，但受温度及电容间介质影响较大。此种传感器特别适于小振动位移的精密测量，在发动机叶片振动的静频和振幅测量中应用广泛。

涡流式位移传感器：利用电涡流效应将被测振动体位移的变化转换成电感的变化。这种传感器属非接触式，灵敏度较高，频率范围较宽，经线性校正后，线性范围大。传感器头通常做成圆柱形，可通过改变其直径来改变其线性范围。传感器体积小，安装方便，具有抗干扰性强，受介质影响小等特殊优点，特别适于旋转轴的振动位移，轴心轨迹等测量。

电感式位移传感器：把被测振动体的位移变化转换成电感的变化。这种传感器属非接触式，灵敏度较高，频率范围一般为 $0\sim2\,000\,\text{Hz}$，适于转动零件的振动位移测量。但易受温度、磁场等因素影响。

b）速度传感器

惯性式磁电传感器：利用电磁感性原理，磁铁和线圈作相对运动产生感应电动势，其值正比于被测振动体的速度。这种传感器属接触式，较灵活，可测加速度下限较低（$0.5\,g$），但强度较差。

相对式电磁传感器：也是基于电磁感应原理。这种传感器属非接触型，结构简单，使用方便，在叶片振动频率测量和转子转速测量中均有应用。

上面两种速度式传感器均为发电型传感器。

c）加速度传感器

加速度传感器与位移或速度传感器的主要区别在于要求传感器的弹性元件的

刚度大,自振频率高。由于压电传感器的外形尺寸小,重量轻,本身的刚度大,能做成高的自振频率并具有大的动态范围,具有好的线性以及对外界条件的稳定性,所以目前加速度传感器中绝大多数采用压电式加速度计。

对被试件进行激振来校准振动传感器。目前常用的激振器有:音波(喇叭)激振器、压电晶体式激振器、电动式、电磁式、涡流激振器以及气体激振器等。

3) 整机振动的监控与诊断

前面介绍的整机振动的检测方法,所测得的振动信号,不论是用速度式传感器,还是用加速度式传感器,它们所反映的都是发动机振动中的综合振动量标,即发动机各部件产生振动分量的合成量,是一个多振源形成的"谐波"振动现象。

振动的监控与诊断技术是将发动机工作过程产生的振动谱,通过电子仪表将其全部记录下来,然后再通过谱分析技术选择出所需要了解的部件的振动情况,达到监控或诊断的目的。发动机的振源与标准频谱有:

(1) 转子振源:转子振动是发动机的主要振源,由转子的不平衡力所造成,其振动频率正比于转子的转速;

(2) 与转速有关的振源:与转速有关并成一定比例的振源在发动机中存在的还是比较多的,它们大多是由传动系统的机械结果或气流流经旋转部件所造成的。与转速有关的振源形成的频谱极广,在实际测试中总是找出那些常见的振频与容易发生事故的零部件所造成的振频,作成发动机的频谱图;

(3) 非规律性出现的振动源:这方面的振源是比较复杂的,出现的形式与概率也不一样。常见的有压气机的喘振、叶片的旋转失速振动以及振荡燃烧现象等。

此外环境的噪声响应,也会使发动机产生连续谱的振动影响。

对所获取的振动信号,按照随机振动理论,应用自功率谱密度或功率累积曲线,找出发动机各主要振动发生的频域,从而对发动机的振动现象进行分析。

自功率频谱密度表示式为

$$G(f) = \frac{2}{T} \mid x(f) \mid^2 \tag{5.95}$$

式中,$G(f)$ 为信号采样样本 $x(t)$ 的自功率谱密度(估值);T 为样本长度;$x(f)$ 为信号样本 $x(t)$ 的傅里叶变化与相应谱窗的褶积。

自功率谱密度实际代表某一频率下其振动能量的大小。因此频谱图上,峰值对应下的频率就是发动机相应存在的某物的频率值(或振源频率值),而 $G(f)$ 的峰值大小代表其激振力幅值的大小。

功率累积表示式为 $\omega(f) = \int_0^t G(f)\mathrm{d}f$。它代表了在所研究的 $0 \sim f$ 频带内功率的累积值。

5.2.4 几何结构监测参数

发动机试验时需要测量的几何结构量主要有两类,一类是结构变形引起变化的几何量,另一类是发动机主动控制引起结构变化的几何量。在起动热力负荷、离心力负荷及机械振动的影响下,机械结构产生变形和位移,旋转叶片和静子之间的间隙以及轮盘和静结构之间的间隙都在发生变化。这些变形和间隙的变化不仅影响发动机工作的平衡点,还可能引起喘振和失速,因此需要测量这些结构的几何量,但在整机试验条件下这些间隙的测量是很困难的,只有少部分发动机试验才开展这方面的测试。由发动机控制装置调节和控制的几何量有可调进口导流叶片角度、压气机进口可调叶片角度、可调静子叶片角度、可调面积喷管以及用于防喘振和飞机空调系统的放气阀。这些可调项的位置决定了发动机的几何结构,影响发动机的稳态工作点和瞬态工作。一些未来发动机还将具备调涵道比主动控制、叶尖间隙主动控制能力。

1. 角度测量

油门杆角度、可调进口导流叶片、压气机进口可调叶片、可调静子叶片、可调面积喷管以及用于防喘振和飞机空调系统的放气阀的位置,多数情况下是通过电位计或差动变压器测量的。

2. 间隙测量

测量间隙和位移有多种方法,电容探针、光学三角测量探针和 X 射线是其中 3 种可用在发动机试验中的间隙测量方法。

1) 电容探针

电容探针可以有许多形式,工作的基本原理是在移动部件和安装在邻近结构上的传感器板之间形成电容器。当用于测量叶尖间隙时,传感器将安装在机匣中,而相配的电容板将由叶尖组成。随着每个叶片通过传感器,电路电容的变化以及瞬态下任何附加的间隙变化都可以进行校准以实现每个叶片叶尖与传感器的间隙的测量。电容的实际值可能取决于许多因素:间隙、叶端几何结构、结构周围的传感器、气隙中的流体性质(电离/燃烧)、电荷的模拟建立以及传感器自身和其相关设备的结构等。

因此每套装置都必须进行校准,校准时探针周围是代表机匣的结构,沿径向叶尖旋转模型或最好是真正的发动机转子横移。0 数据是尤为重要的参数。

2) 光学三角测量探针

光学三角测量探针使用聚焦到叶尖的光束进行测量。随着间隙变化,光斑在叶尖移动,反射的光束重新聚焦在光探测器阵列上。光斑在探测器上的移动可以经过校准后指示叶尖-传感器间隙测量结果,精确度可达±0.05 mm。

3) X 射线技术

零部件测量用 X 射线技术是一个完全独特的方案,在瞬态或稳态工作期间,获取发动机或零部件内部的硬拷贝或实时录像,从中可以推导出金属移动和/或间隙测量结果。在许多情况中,该信息不能通过任何其他测量技术获得。这些图像可以在对发动机不做调整的情况下获得,因此提供真实试验台环境中的信息。此外,传统测量只能提供预先确定的点的信息,而 X 射线图像经常更有效,因为 X 射线可以覆盖看到的整个区域。

任何 X 射线系统的工作必须按照国家健康安全要求进行安装和操作。最明显的特征通常是试验舱有坚固的混凝土防护、禁止人员靠近以及位置得当的警告提示。

3. 喷管喉道和出口面积测量

为了满足发动机及其控制系统总体性能方面的一些要求,其尾喷管面积必须可调。

可调喷管可以是多活瓣型收敛喷管以减轻重量,或者是更复杂的收敛-扩张式尾喷管以获取更佳性能,尤其是在大飞行马赫数下,甚至具有浮动链接以获取正确的出口面积,即膨胀至环境压力。

金属瓣由激励器活塞运转,由液压缸或连接至航空发动机上的挠性驱动提供动力,由发动机放气驱动。

喷管位置或喉道尺寸用喷管面积传感器测量,广义上说,这种传感器是位置指示器。

喷管面积及传感器通常是基本的附件(控制系统的一部分)。传感器原始输出信号将进入控制系统电路,为了喷管指示器测量,在其中必须进行缓冲或分离。

控制系统使用传感器输出电压和喷管结合面积之间固定的确定关系,建立为产品线离散带平均值。

每个传感器更精确的关系可以通过校准程序建立,其中带确定面积的特殊圆盘用作传感器输出电压的参考。

校准圆盘定位到喷管中,金属瓣在圆盘上闭合,具有固定的制动力或力矩。

完整范围校准通常通过一步步从小面积到大面积地打开喷管而实现,然后再倒着重复一遍以补偿系统中的机械阻力和滞后。因为多活瓣喷管布局不符合精确的圆形,所以在只使用圆盘直径时,校准圆盘的基准几何面积稍大于圆形面积,如图 5.64 所示。

实际尺寸(即对圆盘应用修正)必须在绘图板上测量并标记在具体圆盘上,见图 5.64。由于机械摩擦和活瓣位置,实际的校正因数相互之间是有所不同的,这点系统设计已经兼容。

特殊校准过程需要完成三次增大和减小面积,显示出喷管校准中典型的离散性。较小面积通常出现在干运转中,其预计精确度为±0.3%。较大面积出现在部分和最大加力燃烧室工作时,精确度不会优于±0.5%。

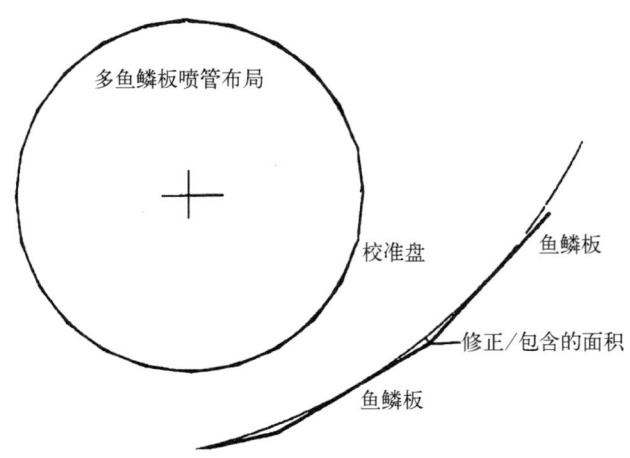

图 5.64 喷口面积校准及修正原理

使用冷发动机进行校准。发动机在使用热膨胀材料真实工作期间的条件以及喉道和活瓣上的气压可能对同样的传感器输出具有稍微增大的实际面积。补偿热材料影响的一种方法是在结束加力燃烧条件后立即进行校准检查。

5.2.5 湿度测量

湿度测量的方法很多,从原理上划分主要有:电解法、露点法、电容法、电阻法、微波法、声波法、红外法、干湿球法、烘干法、声波法、重量湿度计法等。下面简单介绍几种常用的方法:

1) 露点法

用等压冷却的方法,使湿气中水蒸气冷却至凝聚相出现,准确测量此时的温度,即为该气体的露点温度,可换算出湿度。

露点温度是指在给定压力下,水蒸气饱和时的温度。

露点法具有灵敏度高、测量准确等优点。但仪器的价格昂贵、维护困难。通常用于实验室测量高纯气体的湿度。

2) 重量湿度计法

重量湿度计法测量湿气的原理是:用一组填充吸湿剂的 U 形管吸收被测湿气中的水蒸气,并在其出口处接一干气体积测量系统。准确称量 U 形管测量前后的重量,并用增加重量表示被测湿气中水蒸气的质量(m_v),依据测量干气的体积计算出干气的质量(m_a),m_v 与 m_a 之比值即为被测湿气的质量混合比 r。

3) 电容法

传感器是由一根涂有三氧化二铝吸湿层的高纯铝芯和包裹铝芯的多孔金膜组成,金膜和铝芯构成电容器,传感器的电容值及电容值的变化量是其他元件的许多倍,因而该系统可以在低频(50 Hz 或 60 Hz)下工作而不受干扰。湿气中的水分子透过传感器表面的金膜被三氧化二铝吸湿层吸收,因为水的电解常数比其他物质大得多,所以介电值会有明显的变化,从而使元件电容量改变。利用电容量与相对湿度的函数关系即可测量湿度。

电容法具有测量速度快、重复性好、价格低廉等优点,但是,也有消耗气体量大,需要经常校准等不足。

4) 干湿球法

两支温度计,一支干球,一支在球部包上脱脂纱布套,使它一直处于纯水浸润状态,称为湿球。当空气流经干、湿球温度计表面,湿球表面的水分被汽化蒸发而使湿球温度降低,此时测出的温度称为湿球温度。另一支干球温度计测出的温度称为干球温度,二者之差称为干湿差。湿球表面水分蒸发的速度与流经空气的相对湿度是相关的。湿度低时,水分蒸发得快,湿球温度低,干湿差就大,反之亦然。空气的湿度与干、湿球温度之间存在某种函数关系,可按干湿表方程计算出湿度值。

5) 声波法

声波法是采用表面声波传感器,表面声波传感器内的压电石英晶片上被嵌入了一个信息终端。发送端发射一定频率的电磁波,电磁波在石英表面转化为声波,声波沿着晶片表面传播,最终转换成电磁波。当石英晶片表面有霜或露形成时,霜或露就会对声波有一定的吸收作用,比较发送端和接收端电磁波信号频率和振幅,从而快速、准确地确定露、霜、盐积物的状态。准确地测量出此时的露点温度或霜点温度。

声波法测量露点温度的优点有:精度高、响应快、重复性好;自动区分霜、露及盐积状态;耐化学腐蚀、维护时间长、污染物对仪器准确度几乎无影响等。

5.2.6 试验舱流场监测

截面选取的原则一是根据发动机推力控制体的截面划分,能够反映推力修正参数(静压)在各截面的变化情况,二是能够反映舱内压力、温度参数沿发动机燃气流方向的流动的变化情况。根据选取原则确定的试验舱内流场测量截面如图5.65所示,A截面位于发动机推力控制体进口截面(篦齿封严截面),用于测量该截面的流速、静压、总温的分布,评估篦齿封严截面周向静压的不均匀度,为推力修正提供参考;B截面位于发动机最大轮廓处(舱内外流最小通道面积处,目前考虑发动机主支点附近),测量该截面的流速、总温、静压的分布,评估发动机安装主支点迎风阻力的大小,为推力修正提供参考;C截面位于发动机推力控制体出口截面(发动机尾喷管出口截面),测量该截面的流速、总温、静压的分布,评估发动机喷口截面周向静压的不均匀度,为推力修正以及模拟飞行高度的确定提供参考。A、B、C三个截面的流速、总温、静压测量参数还为分析舱内流场流动特性提供数据支持。

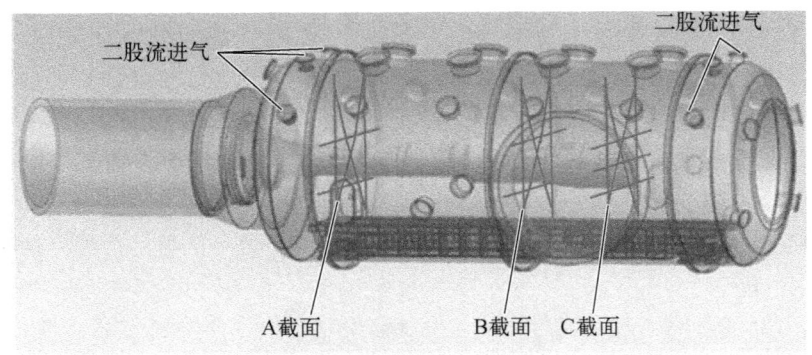

图 5.65　舱内流场测量截面示意图

试验测试使用受感部在能够保证所有测量参数的同时,又能做到通用性,选择总静压总温复合皮托管。如图 5.66 所示为测量截面测点布局,舱内安装"井"字形支架,所有皮托管先固定在支杆上再整体固定到"井"字形支架。最初按照皮托管支杆周向均布,但由于支杆较长,正下方两个支杆与台架有干涉,所以整个布局没有采用均匀分布,只保证了左右两侧布局的对称。左右两侧各安装三个皮托管支杆,正上方两个支架与中垂线的夹角均为 30°,正下方两个支架与中垂线夹角均为 45°。支杆总长 1 750 mm,距发动机(流量管)外表面 100 mm,第一支皮托管(靠近发动机)距支杆最近端部 150 mm,皮托管按 400 mm 等间距分布,共安装 5 支皮托管。A、B、C 三个截面采用相同的布局。

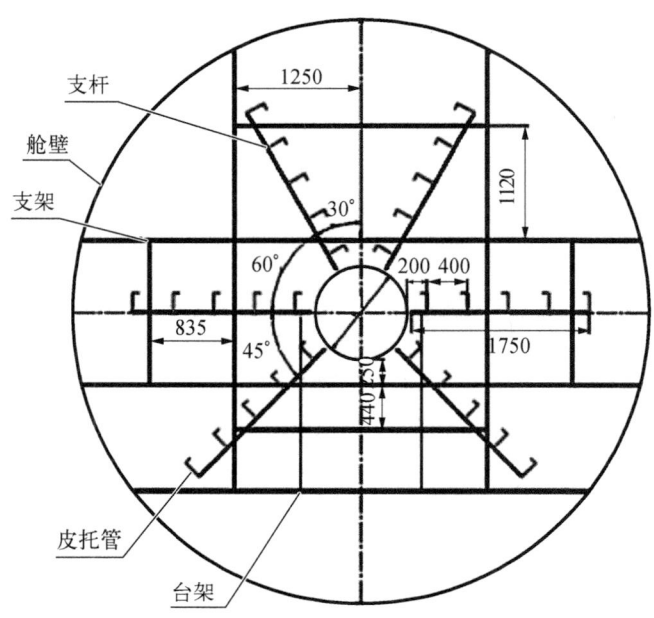

图 5.66　截面测点布局示意图(顺航向)(单位: mm)

皮托管上的静压测点首先连接三通接头,其中一个接头用于压差测量,另一个接头直接测量静压。每支皮托管上的静压全部测量,测点均进入 PSI9816 的 15PSI 量程模块。

微压差变送器引压口为 Φ6 的宝塔头,购置转接段将接皮托管总压测点连接的三通其中一个接头转接为 Φ6 的尼龙管引到压差变送器高压力端口。静压通过转接段转接为尼龙管后接入微压差变送器的低压力端口。微压差变送器的输出信号接入 VXI 测量系统,通过测量总静压差计算流速。

微压差变送器放置在前舱位置,加工固定支架固定。电源与信号线目前使用舱内绝压传感器接线箱中的接头制作舱内转接线,舱内绝压传感器接线箱共有 114 个通道,压差测量每个截面占用 30 个通道,3 个截面共 90 个通道,剩余 24 个通道用于发动机上的绝对压力参数测量,若不能满足发动机试验要求,需放置临时电缆用于压差测量。

每截面水平支架上安装 4 支 T 型热电偶,热电偶信号接入后端采集系统进行测量。

试验中靠近受感部位置的支架上,以及支架左上角和右上角位置系上颜色鲜艳的飘带,用以观察气流方向。

由于 C 截面靠近喷口的流速较高,压差较大,试验时分别测量总压与静压计算压差与速度,通过测量结果再确定是否使用压差变送器以及变送器连接的测点位置。

试验时依据喷口位置的温度情况决定是否在靠近受感部位置的支架上,以及支架左上角和右上角位置系上颜色鲜艳的飘带,用以观察气流方向。

皮托管安装在支架上,因此整个支架及皮托管安装方式需要专门的设计。支架必须安全、坚固、可靠,尽量减少迎风面积,减轻对流场的干扰,保证测量结果的真实性。因为考虑支架要不仅用于调节筒试验,还用于其他发动机试验流场测量,发动机上台前必须要拆除,上台后再进行安装,所以支架要求轻便,易于安装拆卸。

为满足上述支架系统要求,选择碳纤维管作为支架的基础材料。碳纤维管上的配合件采用铝合金加工,通过胶结与杆相连,胶结强度要满足使用要求。整个架子上所用的其他配件,如管扣、传感器安装座等,都采用铝合金加工,通过螺栓连接,螺母采用止退螺母,防止松动脱落。

试验时利用微压差传感器直接测量总静压差 ΔP,利用压力扫描阀测量静压 P_s,利用温度测量仪测量总温 T,则试验舱内流速计算过程如下:

$$P_t = P_s + \frac{1}{2}\rho v^2 \tag{5.96}$$

$$\Delta P = P_{\mathrm{t}} - P_{\mathrm{s}} = \frac{1}{2}\rho v^2 \tag{5.97}$$

$$v = \sqrt{2\Delta P/\rho} \tag{5.98}$$

气体密度公式:

$$P_{\mathrm{s}} = \rho R T \tag{5.99}$$

$$v = \sqrt{2\Delta P R T / P_{\mathrm{s}}} \tag{5.100}$$

式中,$\sqrt{2R}$ 为常数,产生的不确定度可忽略,那么速度 v 的合成标准不确定度可表示为

$$\left[\frac{u_{\mathrm{c}}(v)}{v}\right]^2 = \left[\frac{1}{2}\frac{u_{\mathrm{c}}(\Delta P)}{\Delta P}\right]^2 + \left[\frac{1}{2}\frac{u_{\mathrm{c}}(T)}{T}\right]^2 + \left[-\frac{1}{2}\frac{u_{\mathrm{c}}(P_{\mathrm{s}})}{P_{\mathrm{s}}}\right]^2 \tag{5.101}$$

5.3　测量参数计量校准

世界上航空发达和发动机领先的国家,都非常重视先进航空动力高新技术和核心技术领域的测试计量技术研究,建立了完善的测试计量体系,包括国家计量法律法规体系,国家计量行政管理体系,国家计量基准和拥有各级计量标准的技术机构所构成的量值溯源体系。

5.3.1　标准规范体系框架

发动机测试计量标准规范涉及范围很广,标准规范的分类方法很多,可以通过标准层次、领域/专业、用途、参数(推力、流量、转速、温度等)、参数所属专业(几何量、力学、电学、热学等)、参数特性(稳态、瞬态、动态等)、标准规范级别(国际标准、国家标准、行业标准、企业标准等)等多个维度进行分类。为了全方位地描述和展现各种测试计量标准规范之间关系和标准规范体系的总体架构,以"标准层次"为主分类维度,以发动机测试工作为核心的标准体系架构。这里的测试工作为广义概念,包括除通用计量校准工作、测试计量通用基础标准和支撑参考文献之外的所有内容。以测试工作为核心,主要是考虑通过对发动机研制过程测试需求的梳理,以需求为导向,通过"用途""参数""领域/专业"三个维度全面、系统地体现发动机研制对测试计量工作的关联性,力求从不同的侧面描述发动机测试计量工作的范围和广度,如图 5.67 所示。

目前,我国在航空发动机领域建立的标准体系包括国标、国军标、行标、协会标准和企标的多级标准体系,覆盖了设计、试验、制造、交付、使用及维护的全寿命周期,为发动机行业提供了有力支撑和保证。

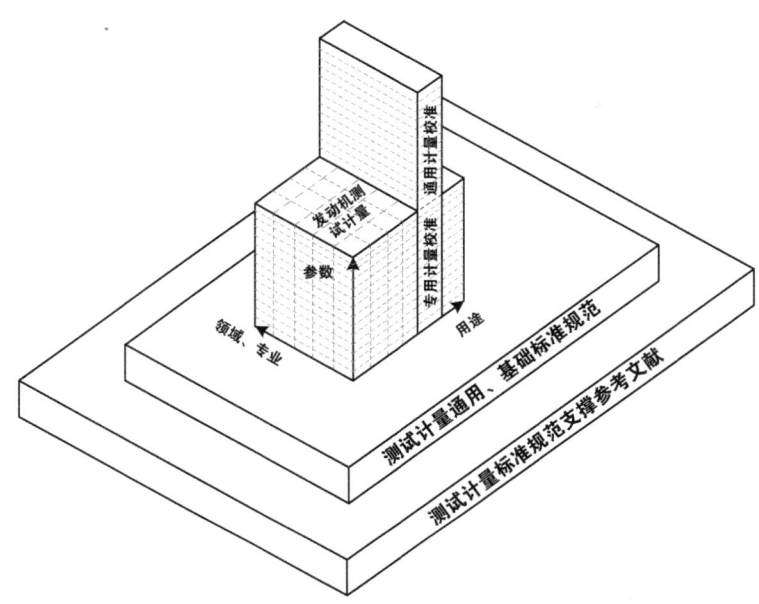

图 5.67 测试计量多维度框图

5.3.2 量值溯源与传递

通过对计量器具的检定或校准,向上级标准进行溯源和向下级测量标准、检测设备或装备进行量值传递。量值溯源的方式主要有检定、校准、比对。

国家基准和计量标准:国家基准是指用以复现和保存计量单位量值,经国务院计量行政部门批准,作为统一全国量值最高依据的计量器具;计量标准是将计量基准的量值传递给工作计量器具的一类计量器具。

量值溯源与传递等级关系图的绘制应清晰准确描述测量设备及测量标准之间的量值传递与溯源关系和技术要求,一般描绘三层,如图 5.68 所示。

第一层为向上计量溯源层:主要包括上级计量技术机构名称、测量标准名称、标称值或测量范围、测量不确定度。

第二层为本级计量技术机构层:主要包括本级计量技术机构名称、测量标准名称、标称值或测量范围、测量不确定度。

第三层为量值传递层:主要包括测量标准、检测设备名称、标称值或测量范围、测量不确定度。

在每层之间,应明确实施量值传递或溯源所采取的方法、量值范围、测量不确定度或误差要求;在明确量值传递或溯源所采取的方法应同时明确所依据的技术文件。

试验用到的检测设备和测量标准的性能参数,均应通过量值传递或溯源的方式,与相应的国家计量基准建立联系,确保被测对象量值的准确、一致。

用于量值传递的测量标准、检测设备应能够稳定地复现给定量的定义和量值,

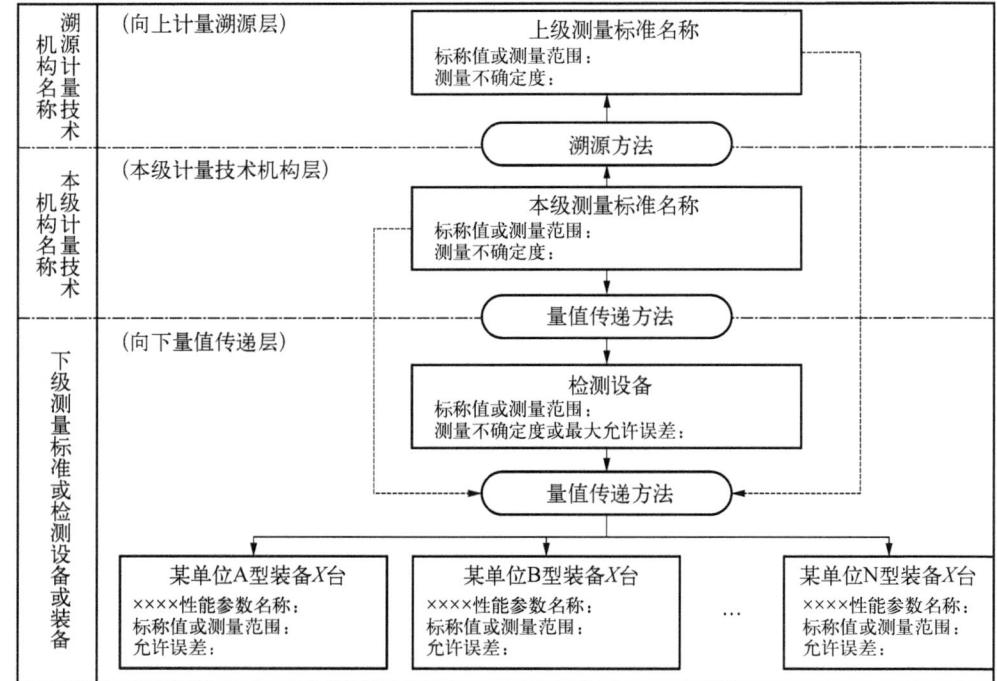

图 5.68 量值溯源与传递

(资料来源:GJB 2739A-2009 装备计量保障中量值的溯源与传递,俞容、邓明韧等 2009 年)

在量值传递期间应能稳定工作,确保量值传递的可靠和有效。

下列情况应对准备、检测设备以及测量标准进行量值溯源工作:

(1) 执行周期检定计划;

(2) 新配备、新采购的验收;

(3) 影响性能状态的维修或改进后;

(4) 执行重大试验前;

(5) 因某种原因可能对检测设备的测量不确定度造成影响的;

(6) 其他需要对检测设备的测量不确定度进行重新确认的情况。

当由测量标准向检测设备进行量值传递时,应满足下列要求:

(1) 承担量值传递的计量技术机构通过认可或经考核合格,并在有效期内;

(2) 所使用的测量标准或检测设备为计量合格并在有效期内;

(3) 所使用测量标准的测量不确定度(或误差)与被检定对象的测量不确定度(或误差)之比一般应优于或等于 1∶4;

(4) 检定操作程序符合现行有效的检定规程等技术文件;

(5) 检定操作人员应两名以上,并均持有相应参数的计量检定员证;

(6) 环境条件和辅助设备性能等符合相应检定规程规定。

实施量值传递后,应出具下列技术文件:
(1) 由实施检定的计量技术机构按规定出具检定证书或不合格通知书;
(2) 由实施校准的机构按规定出具校准证书;
(3) 由实施测试的机构按规定出具检测报告或测试报告。

5.3.3 现场校准/检查

只有符合计量法规要求时,在试验现场开展的量值传递工作才能被称为现场校准,否则只能是测量参数的现场检查。现场校准是在试验现场进行的校准工作,能反映出现场安装、管线连接、电源驱动、测试软件等使用环境的影响,除此之外还能反映部分试验条件的影响,比如工作环境温度、压力、湿度的影响。部分参数在现场校准的基础上还发展了在线校准技术,在线校准除了包含现场校准的影响因素外,还包含了工作介质,试验条件下的振动、电磁场和热的影响,校准条件与试验条件相同,校准结果更可靠。

目前现场校准的项目主要有:
(1) 电流、电压、频率信号现场校准,包含连接导线、关联设备(分信号)、采集设备和测试软件;
(2) 热电偶信号现场校准,包含补偿导线、采集设备和测试软件;
(3) 瞬态压力信号现场校准,包含工作介质(气体压力)、压力传感器、连接导线、驱动电源、采集设备和测试软件;
(4) 稳态压力信号现场校准,包含工作介质(气体压力)、连接管线、连接接头、驱动电源、采集设备和测试软件;
(5) 推力现场校准,包含被试发动机、连接管线、试验台架、推力加载系统、推力传感器、连接导线、驱动电源、采集设备、测试软件和供油供气条件;
(6) 燃油流量现场校准,包含供油管路、燃油介质、流量传感器、连接导线、驱动电源、采集设备、测试软件和供油压力、供油温度条件。

目前在线校准的项目主要有:燃油流量在线校准,在现场校准的基础上发展的燃油流量在线校准技术,还包含了发动机试验振动,燃油波动、脉动,试验电磁场干扰等条件的影响。

5.3.4 校准结果使用

校准结果通常有等级是否合格的表述和具体数据的表述。对只有等级是否合格的校准证书,使用时应当严格按照校准结果使用,不能越级或超期使用。对给出具体数据的校准证书,可以在计算机软件上对结果数据进行非线性拟合、插值等处理,再结合标准不确定度、数据重复性等校准证书上的信息进行测量不确定度评估。

收到校准结果后应当对校准方法、校准条件、校准范围、校准量等信息进行复核,判断其是否满足校准要求。与历次校准结果及出厂证书进行对比,判断其工作特性的变化情况,并同时追溯对以往试验数据的影响。在发现校准结果存在粗大误差时,应当回查校准过程,发现校准问题,必要时进行重新校准。

对需要复核的一些校准情况进行举例说明。校准方法包括标准物质、标准表、现场校准或实验室校准等情况。校准条件包括燃油、滑油、空气、水等工作介质情况和介质的温度、压力、湿度等情况。校准范围主要是传感器、仪器仪表本身的工作范围和试验使用范围。校准量这里特指部分仪器仪表有多个输出量,如质量流量计除质量流量输出外,有时还有密度输出,或一个输出量有多种输出模式,如湿度表除电信号输出外,有时还有表头湿度显示输出。

应当建立仪器仪表使用管理数据库,对每只仪器仪表的校准、使用和维修报废进行管理,杜绝仪器仪表超期使用,和使用问题仪器仪表。

在仪器仪表校准合格,并经复核判断为正常时,应当按要求使用新的校准数据等结果,并对测量参数的不确定度进行重新评估。

5.4 试验数据采集与处理系统

5.4.1 试验数据采集与处理系统功能

试验数据采集与处理系统的主要功能包括数据采集,数据发布,数据实时显示,数据实时存储、入库及查询,数据转发,视频监控。

1. 数据采集

采集系统控制气体压力测量系统、综合测量系统以及安全监视系统对发动机和台架设备的压力、温度、转速、流量、面积、推力和湿度等参数的稳态/瞬态测量,同时采集系统还需接收进排气控制、电气以及工艺等系统的数据。

2. 数据发布

主控系统接收采集系统发送的数据,并将其发布给显示系统、数据入库系统,数据转发系统以及发动机性能计算系统。发动机性能计算系统接收主控发布的数据后还需将计算机后的数据发回主控,主控系统将其整合后统一发布。

3. 数据实时显示

主试验员监视系统、专家监视系统和其他人员监视系统通过数据显示软件接收主控系统发送的数据在本地通过数值控件、曲线控件进行数据的实时显示。

4. 数据实时存储、入库及查询

数据入库系统接收主控系统发送的数据和状态信息,并保存在本地计算机,通过专用工具解析本地数据,将其上传至数据库服务器,实现数据的准实时入库。人员通过 Web 服务器可查询回放试验过程中的数据。

5. 数据转发

试验数据转发系统接收主控系统发送的数据后将其发送管控中心。

6. 视频监控

试验舱内和设备片安装摄像头实时监控发动机和设备的工作状态,保证发动机和设备的安全。

5.4.2 试验数据采集与处理系统网络组成

试验数据采集与处理系统网络向园区延伸,连接多个车台和多地办公网,组成园区网。园区网向集团延伸,连接多家厂、所和集团办公网,组成集团级网络。通过这样的网络设计,在兄弟单位、集团办公室的任何一台密级对应的电脑上,使用权限满足要求的用户,就可以实时看到高空舱试验数据,试验信息数字化管理系统总体结构层次如图5.69所示。这种远程试验的方式,提高了数据共享的效率,可以提高试验效率,降低成本。

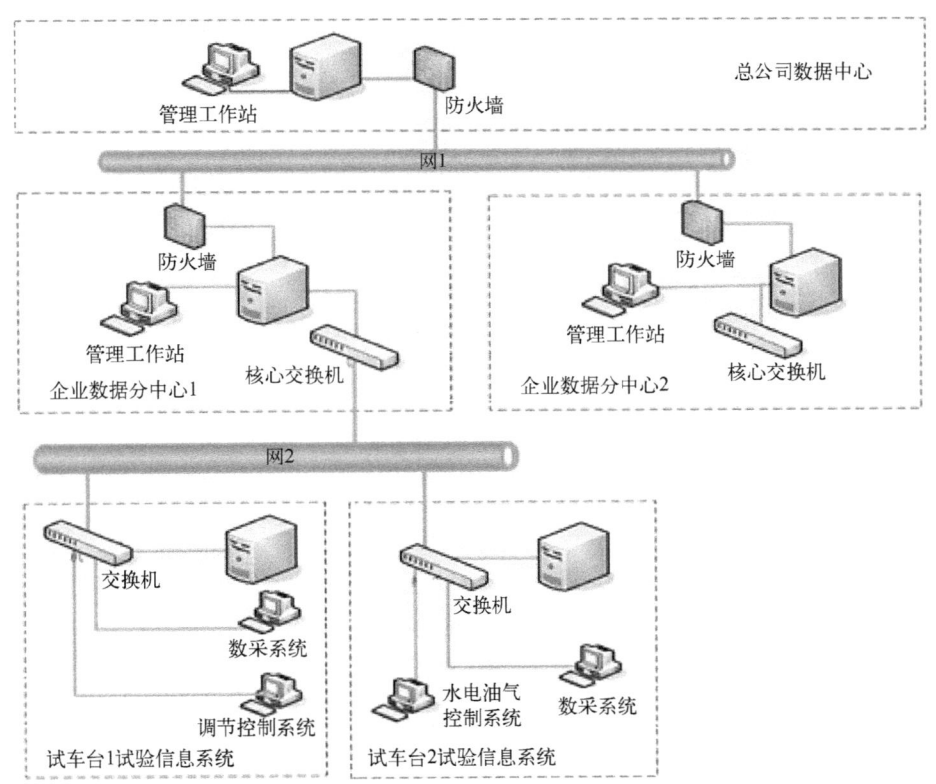

图 5.69　试验信息数字化管理系统总体结构层次图

在厂所级系统上集成试验信息远程实时发布系统,供异地人员(新都、江油、绵阳)在办公室通过园区网实时观摩试验过程,试验信息远程发布信息流向如图5.70所示。

试验信息系统网络组成包括由车台至所级数据传输网络、远程试验发布网络、数据存储、数据库管理及应用等网络软硬件构成,试验信息系统网络组成如图5.71所示。

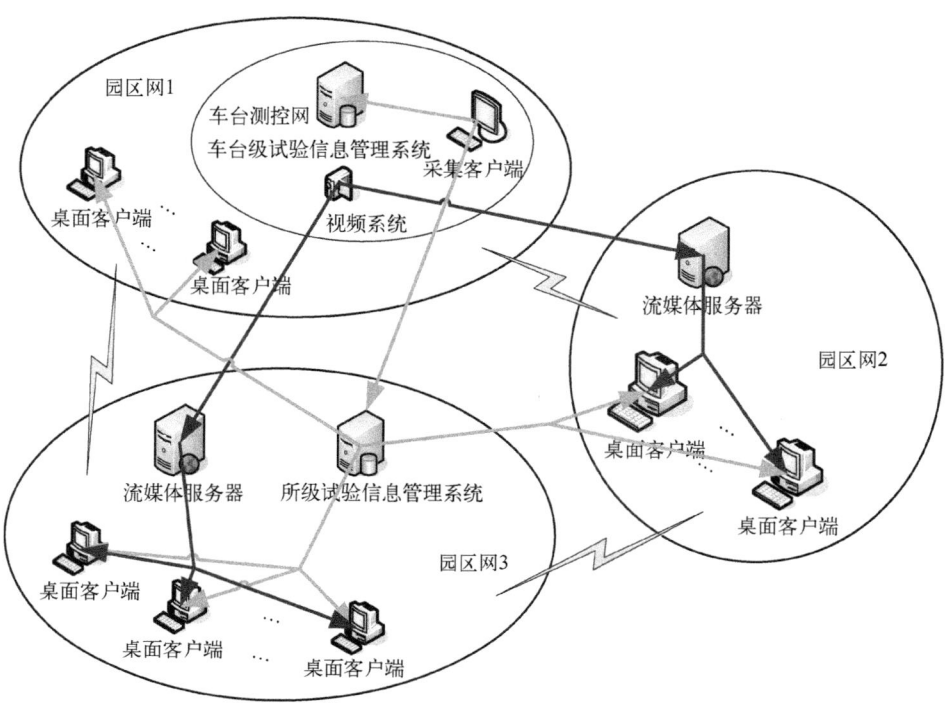

图 5.70　试验信息远程发布系统信息流向

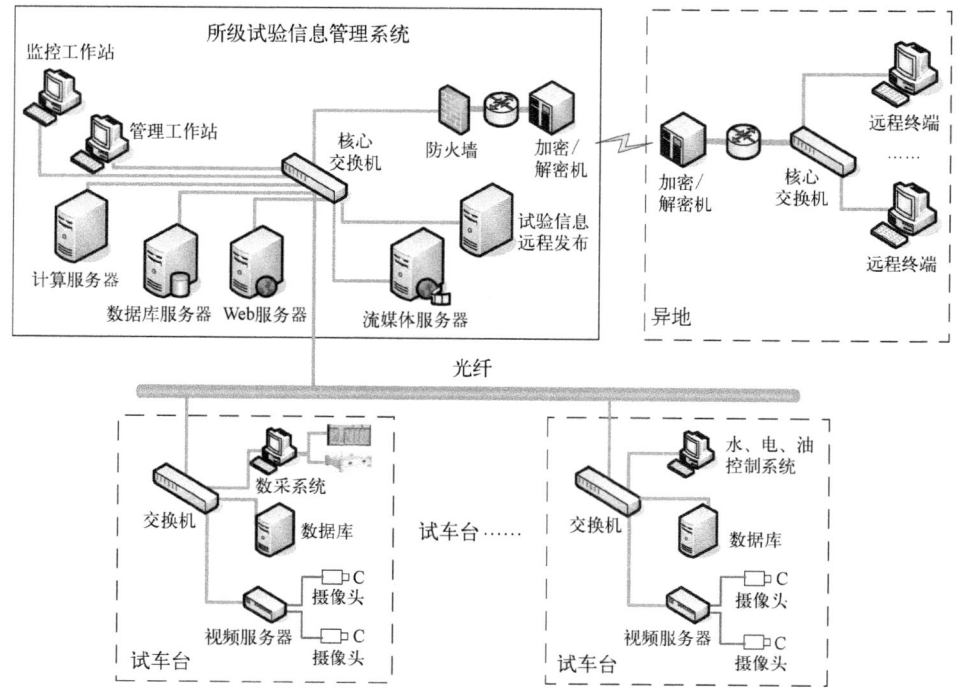

图 5.71　试验信息系统网络组成

采用 B/S 和 C/S 混合模式,选择基于数据库平台搭建发动机试验数字化管理系统。该系统覆盖试验规划设计、试验设备配置、试验综合测控、试验监控发布、数据分析处理、试验结果评估全过程,结合试验资源管理和试验数据管理功能,实现统一高效的数字化管理。主要对试验任务、试验件、试验设备、试验科目、试验用仪器仪表、试车工艺、试验过程信息、试验数据、试验数据描述及试验数据分析处理、试验数据展示等进行管理。车台级测控网络如图 5.72 所示。

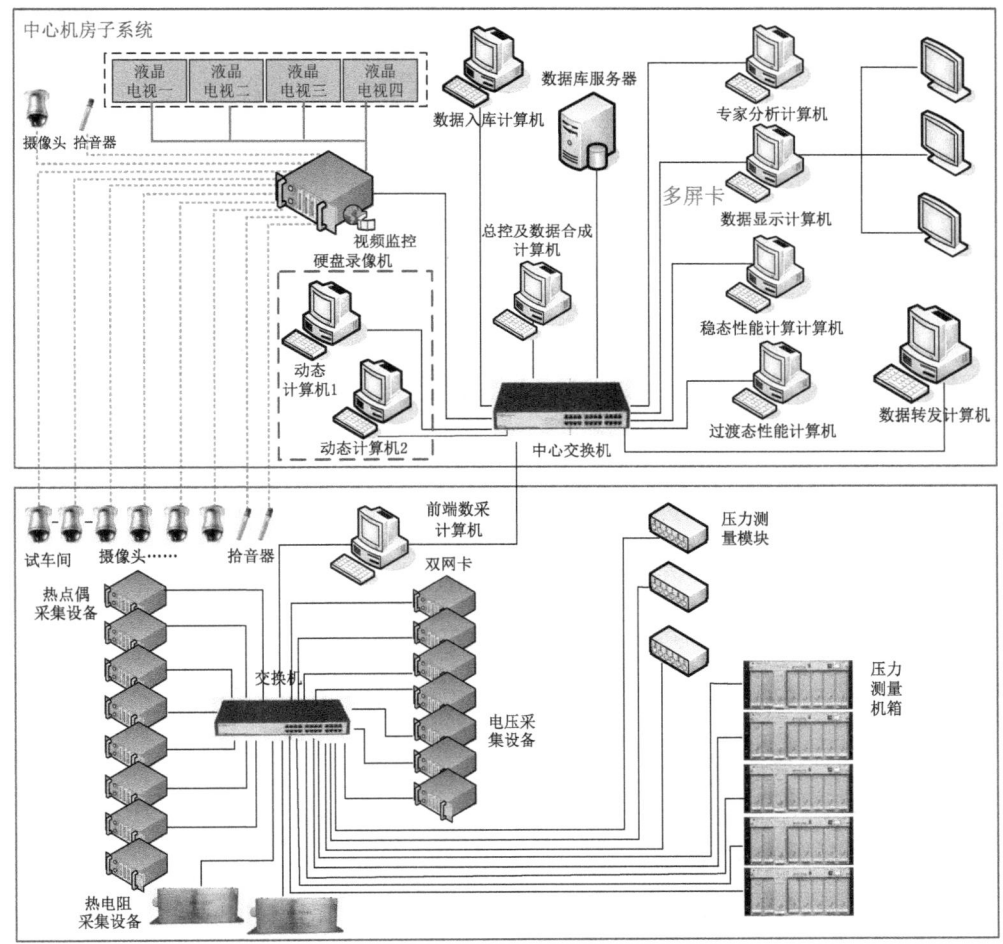

图 5.72 车台级测控网络图

前端各采集设备在总控计算机、采集计算机(或采集控制器—操纵台上带触摸屏的计算机)的调度下分别控制各采集设备完成时间同步和数据同步采集。采集数据除了在本地显示、存盘外,还实时发往后端的数据收发服务器(合成计算机,目前由采集计算机承担),收发服务器统一接收前端各采集数据、台架电气系统、工艺系统、数控系统、进排气调节系统数据,经整合后,再实时分发给后端的数据处理系统进行分析、计算、显示、入库等操作。

5.4.3 试验数据采集与处理系统硬件

早期的试验数据采集与处理系统硬件主要是机械式和模拟式的传感器和显示表盘组成,后来有了数字显示,后来又有了基于板卡的单机采集,再后来是大综合采集,现在是根据各参数的固有特性和测量需求进行测量的分布式架构。

试验数据采集与处理系统由稳态压力测量系统、稳态温度测量系统、推力测控系统、频率测量系统、稳态电压测量系统、动态压力测量系统、振动测量系统、应变测量系统、安全监视参数测量系统、视频监控系统、数据显示系统、主控系统及数据库系统组成。视频监控系统数据存储在硬盘录像机内,动态压力测量数据存储在动态数据库内,振动测量数据存储在振动数据库内,其他系统参数都存放在稳态数据库内,发动机性能计算数据试验后单独上传至数据库。

5.4.4 试验数据采集与处理系统软件

软件系统是集成试验规划、试验准备、数据采集、数据存储、数据显示、数据转发、数据查询及数据处理的试验信息管理平台,它由试验数据采集端,主控端,试验数据显示端,试验数据入库端,试验数据转发端以及数据库系统软件组成。

1. 数据采集软件

试验数据采集端的软件能够直接连接前端试验测量设备,并能够实现采集设备配置、通道扫描表配置以及试验数据的实时采集,同时通过网络把采集到的数据发送到主控系统。其功能具体要求如下:

(1) 通过硬件同步工具对采集设备进行硬件同步触发;
(2) 采集系统自检功能;
(3) 系统校准功能;
(4) 系统/通道配置功能;
(5) 传感器/通道校准功能;
(6) 数据本地采集、存储功能;
(7) 数据预处理功能;
(8) 将相应 Excel 格式的通道配置表导入并应用到所连设备上,或将通道配置表导出为 Excel 文件;
(9) 对通道扫描表进行配置;
(10) 对导入的通道配置表进行查看、编辑功能;
(11) 对所接设备进行采集配置;
(12) 对采集到的数据根据设置进行工程单位转换;
(13) 将所有配置信息提交到数据库;

（14）根据通道配置表定义的通道确定将那些通道数据实时发送到对应系统的主控计算机上；

（15）从所属系统总控机上获取通道配置信息，并应用到所连接的设备上；

（16）试验数据进行采集。

安全监视系统软件独立并行运行，一旦综合测试验系统软件出现故障，能够保证设备安全退出。

2. 主控软件

主控主要用来接收采集控制器的采集指令以及采集状态标识，控制前端采集端的采集操作以及对接收的采集数据进行状态标示。

（1）可以将数据库中通道配置信息下载然后分发到各自采集系统内对应下位机上；

（2）直接导入一个或多个 Excel 格式通道配置表，合成后下发到系统内对应下位机上；

（3）负责前端采集系统数据采集的启动、停止；

（4）负责将系统中前端采集系统通过 TCP/IP 协议传入的采集数据进行同步合成；

（5）进行计算通道的设置，并将设置结果提交数据库；

（6）将合成后的采集数据按照计算通道设置进行计算处理；

（7）对试验过程中的事件进行记录；

（8）对试验数据按状态进行标记。

3. 试验数据显示软件

提供虚拟仪表模拟显示控件，包括表盘、柱状图、温度计、压力计、数字框、文本框、指示灯，实现试验现场的监控。

（1）控件外观属性可设置；

（2）控件提供预警、报警功能，以不同颜色区分；

（3）支持多控件对齐排列功能；

（4）可添加多页面显示组态控件。

系统提供多维度的发动机状态可视化场景，配合试验现场的数据显示系统（大屏幕）进行集中显示试验件及试验设备的工作运行状态，以虚拟三维等展示方式和手段快速、直观和形象地将试验件及设备的各种状态的实时变化过程展示给试验人员。具备实时和现场模拟试验（历史数据回放）功能。

4. 数据传输软件

把试验数据和视频发往所级试验信息管理系统。

5. 数据入库软件

用于试验过程中采集数据实时入库，其具体功能如下：

（1）实时入库计算机接收主控计算机的数据，转换成数据库要求格式的文件并本地保存、实时入库，进行结构化数据存储管理；入库完成后可手工删除本地保存的数据文件，需要的话可对本地保存的数据文件进行回放以及事后重新入库；

（2）在数据入库之前，系统通过图形界面设置标识规则；数据入库过程中，系统根据事先定义的判读规则进行相应的标识；

（3）如果系统入库被中断，系统可以确保已入库文件的正确性，同时提供断点续传功能；

（4）试验准备过程中产生的过程信息数据采用即时入库，即边产生，边入库；

（5）动态数据和视频数据采用事后入库，进行文件存储管理；

（6）入库完成后提供结果报告，显示入库的状态（完成、中断、其他信息）、本次入库数据条数、持续时间、剩余存储空间以及总数据条数信息；

（7）前端采集系统本地存盘数据可事后入库和回放。

6. 数据库系统软件

（1）试验数据的存储；

（2）试验任务规划；

（3）试验设备管理；

（4）仪器仪表管理；

（5）试验信息管理；

（6）试验数据的回放、查询；

（7）试验数据的导出。

第6章
试验结果分析与处理

发动机试验的目的是测取发动机工作性能/特性参数。但在高空模拟试验中，试验条件与目标工作条件不可避免存在差异，从而导致试验性能出现偏离，故高空模拟试验的结果分析与处理包括两部分工作[35,36]。其一是采用合适的数学方法对测试数据进行处理，获得可表征发动机性能的测试结果；其二是对性能测试结果进行适当的影响修正，得到发动机在目标工作条件下的性能。高空模拟试验测取的性能参数中，转子转速、燃油流量等为直接测量参数，飞行高度与速度、空气流量、推力、功率、耗油率、压力畸变指数等为间接测量参数。间接测量参数一般是利用直接测量参数通过测量模型计算得到的。

本章分为数据处理方法和性能修正方法两节。6.1节主要介绍发动机高空模拟试验中直接测量参数的数值修约、有效位数确定、截短靶补点和平均值计算方法，给出飞行高度与速度、空气流量、推力、功率、耗油率、压力畸变指数等间接测量参数的计算方法。6.2节简单介绍相似换算修正法、小偏差分析法、修正系数法的理论基础，给出转速、空气流量、推力、涡轮功率、燃油流量、耗油率、燃气总温的相似换算计算公式和动力涡轮功率模拟小偏差影响修正计算公式，并列举小偏差修正分析法实例和修正曲线应用示例。

6.1 数据处理方法

6.1.1 直接测量参数

直接测量参数是指直接从测量系统、传感器或仪器仪表读数获取测量值的各类参数。航空发动机高空模拟试验中涉及的直接测量参数包括温度、湿度、气体压力、液体压力、转速、燃油流量、台架推力、角度、位移、应变等。这些直接测量参数部分用于发动机试验状态健康监控，另一部分用于发动机性能评估。直接测量参数的数据处理包括零漂修正、单位转换、异常点处理、数值修约、有效位数确定、截短靶补点和平均值处理等，其中漂移修正、单位转换、异常点处理在文献[37]、[38]中已有论述，本节重点介绍数值修约、有效位数确定、截短靶补点和平均值处理。直接测量参数处理的科学性与规范性,有利于保证试验结果的准确性。

1. 数值修约

数值修约是指通过省略原数值的最后若干位数字,调整所保留的末位数字,使最后所得到的值最接近原数值的过程。按一定规则对数值进行修约,既可以节省计算时间,又可以减少错误。

数值修约按文献[39]执行,文献中对修约间隔、进舍规则和不允许连续修约等进行了规定。其中对进舍规则可简化为"四舍六入五凑偶",具体规则如下:

(1) 拟舍去数字的最左一位数字小于5,则舍去,保留其余各位数字不变;

(2) 拟舍去数字的最左一位数字大于5,则进一,即保留数字的末位数字加1;

(3) 拟舍去数字的最左一位数字为5,且其后有非0数字时进一,即保留数字的末位数字加1;

(4) 拟舍去数字的最左一位数字为5,且其后无数字或皆为0时,若所保留的末位数字为奇数则进一,即保留数字的末位数字加1;若所保留的末位数字为偶数,则保留数字的末位数字不变。

负数修约时,先将它的绝对值按(1)~(4)的规定进行修约,然后在所得值前面加上负号。不确定度的数值修约与一般试验数据的修约存在一定差异,目前国际国内尚未形成不确定度数值修约的统一标准或规范,较为通用的进舍规则方法有三种:

(1) 与一般试验参数的数值修约方法相同,即上文的"四舍六入五凑偶"规则;

(2) 将不确定度最末位后面的数都进位("只入不舍",ASME推荐方法);

(3) 采用微小误差取舍准则,即依据"三分之一准则"进行数据修约,若舍去部分小于末位一个单位的1/3,则直接舍去,末位不变;若舍去部分大于或等于末位一个单位的1/3,则舍去后末位加1。

上述三种方法在计量测试领域内均有一定程度的应用,并且具有各自的理论依据。由于方法(3)采用微小误差取舍准则得到的不确定度对于测量结果评定最为可靠,推荐采用此方法作为不确定度的数值修约方法。

2. 有效位数确定

有效数字为一个测量数据取其可靠位数的全部数字加上第一位的可疑数字所获得的数字。有效数字不仅表明测量结果数值的大小,而且也反映测量的准确度。

直接测量参数有效数字的位数可以根据测量系统、传感器或仪器仪表的测试精度进行确定。测量系统、传感器或仪器仪表的测试精度指标来源于:测试系统的现场标定结果;测量仪器的最大允许误差或分辨力;校准证书、检定证书或其他文件提供的数据、准确度的等别或等级,极限误差等;对有关技术资料和测量仪器特性的了解和经验;手册或某些资料给出的参考数据及其不确定度等。间接测量参数的有效位数可以根据测量不确定度、有效数字运算规则以及数据精度要求等确定。

3. 截短耙补点

在本书第五章测试部分中,介绍了发动机高空模拟试验常见的测试参数及其测试类型,在测试准确的前提条件下,为了尽可能减小测耙对流场的影响并降低测耙强度设计的难度,通常会对测耙进行截短处理,即截去测耙靠近流道中心位置的若干测点。在分析处理用截短耙获取的测试参数时,需利用流场分布特性获得被截去的各测点的估计值,通常又将其称为截短耙补点。

截短耙测试参数补点时,基于流场分布特性,并结合被测参数的测试布局,一般选择被截去测点相邻测点(包含径向、轴向和周向位置)的平均值来获得被截去测点的估计值。如被测参数为 X,其被截去测点的相邻 N 个测点平均值近似认为可代表被截点流场参数,则补点计算方法为

$$X_{被截点} = \frac{\sum_{i=1}^{N} x_i}{N} \tag{6.1}$$

将按照 11 个测点布置的总温和总压测量耙靠近流道中心的 5 个测点截掉(见图 6.1),保留靠近壁面的 6 个测点,在计算时需要把截掉的 5 个测点补回去,则应选取靠近中心几点并确保去掉处于附面层的点,假设最靠近壁面三个点位于附面层中,则采用中心三个测点补点,则补点后某一支测耙的平均值即为

$$X_{被截点} = \frac{\sum_{i=1}^{3} X_i}{3} \tag{6.2}$$

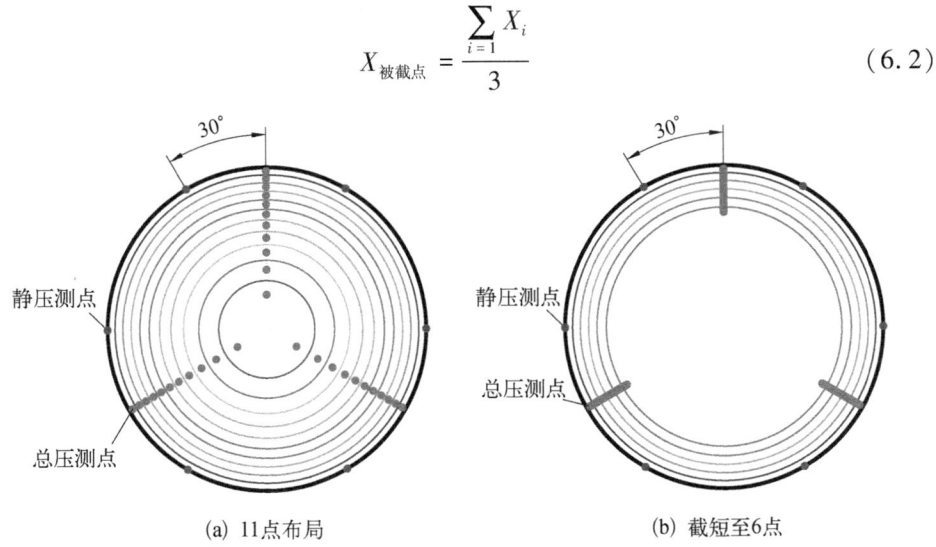

(a) 11点布局   (b) 截短至6点

图 6.1 3 支 11 点测耙布局图

4. 平均值处理

航空发动机高空模拟试验时具有测点和测试通道多、采集频率高等特点,相应的在进行数据处理时,平均值的计算包括时间平均和空间平均。

录取发动机稳态性能时,由于发动机内部气流是动态的稳定,不同时刻的参数总是存在微小的差异,因此试验性能录取时通常持续一定时间长度,用统计特性考虑发动机气流脉动带来的影响。没有特殊要求的情况下,测量参数的时间平均值一般采用算术平均的方法计算。

空间平均值针对多点测试参数,比如流量管各截面静压和空气流量截面总压,参与空气热物理特性计算时的一般均采用算术平均值。在进行算术平均计算前,需确认测试数据是有效的。若测试数据失效,必要时应进行补点。补点的可采用方法有:将相同半径上的测点测量值的平均值或邻近测点(测点很多时)的测量值赋值给该测点;若测耙为截短耙,被截去的各测点按中心区域各测点测量值的平均值赋值;静压失效时,取平均值或将邻近测点(测点很多时)的测量值。

6.1.2 飞行高度与速度

直连式高空模拟试验通过模拟发动机内流道的流动来模拟发动机空中实际工况,进口气流条件模拟的是进气道出口的气流参数,环境高度条件模拟的是试验舱内发动机排气压力,对大气环境温度和发动机排气的外部流动不进行模拟。

进气道进口总压与出口总压之间的关系通常用总压恢复系数来描述。为确定试验时模拟的发动机飞行工况,即飞行高度和飞行速度,在发动机进口前和试验舱内布置总压、总温和静压测点。因此,基于试验测试数据确定发动机工作的飞行高度和速度,需先确定进气道总压恢复系数,再利用空气热物理特性和发动机进口前总压、总温和试验舱压力测试值计算进气道进口前的总压、总温和飞行高度,然后获得试验时模拟的发动机飞行速度和环境温度。当模拟飞行高度对应的环境温度与总温、飞行速度计算得到的静温不等时,通常将其作为温度模拟偏差处理。本节数据处理方法适用于试验舱压力与目标飞行状态对应的环境压力之间只存在小偏差的情形。

1. 进气道总压恢复系数确定方法

总压恢复系数是飞机进气道部件的重要特性参数之一,它表征了气流通过进气道的总压损失,可表示为飞行马赫数 Ma_0 的函数。

总压恢复系数 σ_{inlet} 一般通过进气道模拟风洞吹风试验获得,委托方或设计方将试验结果以文件资料的形式提供给试验方,比如在发动机型号规范或试验任务书中给出。若委托方或设计方没有提供飞机进气道的总压恢复系数 σ_{inlet},可按标准进气道确定,即

$$\begin{cases} \sigma_{\text{inlet}} = 1.0, & Ma_0 \leq 1.0 \\ \sigma_{\text{inlet}} = 1.0 - 0.075(Ma_0 - 1)^{1.35}, & 1.0 < Ma_0 < 5.0 \end{cases} \quad (6.3)$$

2. 空气热力学特性计算方法

ISO 规定标准大气为没有湿度和灰尘的理想气体,而在高空模拟试验中,发动机进口空气为水蒸气和干空气的混合气体。因此,试验时发动机进口空气的热物理特性,比如气体常数、比定压热容、比热比、比焓和比熵等,不仅是空气温度的函数,也是绝对含湿量的函数。将混合气体中的干空气和水蒸气视为理想气体,则可先分别计算干空气和水蒸气的热物理特性,然后计算混合气体的热物理特性。

1) 干空气热力学特性计算方法

干空气为热完全气体时,气体常数 R_a、比定压热容 $c_{p,a}$、比热比 k_a、比焓 h_a、比熵 e_a 分别按式(6.4)~式(6.8)计算:

$$R_a = \frac{R}{m_a} \tag{6.4}$$

$$c_{p,a} = \sum_{i=0}^{4} A_{i,a} \left(\frac{T_s}{1\,000}\right)^i \tag{6.5}$$

$$k_a = \frac{c_{p,a}}{c_{p,a} - R_a} \tag{6.6}$$

$$h_a = \frac{1}{m_a} \left(\sum_{i=0}^{5} B_{i,a} T_s^i + h_{a0} \right) \tag{6.7}$$

$$e_a = \frac{1}{m_a} \left(\sum_{i=0}^{4} C_{i,a} T_s^i + C_{5,a} \ln T_s + e_{a0} \right) \tag{6.8}$$

式中,R 为热完全气体的普适气体常数,等于波尔兹曼常数与阿伏伽德罗常数的乘积[40];m_a 为热完全气体干空气平均分子量;h_{a0}、e_{a0} 为热完全气体干空气零焓值、零熵值;$A_{i,a}$、$B_{i,a}$、$C_{i,a}$ 分别为计算 $c_{p,a}$、h_a、e_a 的拟合系数,见表 6.1。

表 6.1 理想干空气 $c_{p,a}$、h_a、s_a 的拟合系数[41]

i	$A_{i,a}$		$B_{i,a}$	$C_{i,a}$
	200 K<T_s≤650 K	650 K<T_s≤1 500 K		
0	1.014 915	1.124 015	0.632 908 74×10^1	0.343 738 74×10^2
1	0.001 978	−0.791 763	0.287 090 15×10^2	0.528 636 09×10^{-2}
2	−0.505 647	1.785 983	0.264 318 05×10^{-2}	−0.156 087 95×10^{-4}
3	1.693 876	−1.317 025	−0.104 058 63×10^{-4}	0.248 805 47×10^{-7}
4	−1.147 466	0.339 781	0.186 604 10×10^{-7}	−0.122 304 16×10^{-10}
5			−0.978 433 1×10^{-11}	0.287 090 15×10^2

2) 水蒸气热力学特性计算方法

水蒸气为热完全气体时,气体常数 R_w、比定压热容 $c_{p,w}$、比热比 k_w、比焓 h_w、比熵 s_w 分别按式(6.9)~式(6.13)计算:

$$R_w = \frac{R}{m_w} \tag{6.9}$$

$$c_{p,w} = \sum_{i=0}^{4} A_{i,w} \left(\frac{T_s}{1\,000}\right)^i \tag{6.10}$$

$$k_w = \frac{c_{p,w}}{c_{p,w} - R_w} \tag{6.11}$$

$$h_w = \frac{1}{m_w}\left(\sum_{i=0}^{5} B_{i,w} T_s^i + h_{w0}\right) \tag{6.12}$$

$$e_w = \frac{1}{m_w}\left(\sum_{i=0}^{5} C_{i,w} T_s^i + C_{6,w} \ln T_s + e_{w0}\right) \tag{6.13}$$

式中,m_w 为热完全气体水蒸气摩尔分子量;h_{w0}、e_{w0} 分别为热完全气体水蒸气零焓值、零熵值;$A_{i,w}$、$B_{i,w}$、$C_{i,w}$ 分别为计算 $c_{p,w}$、h_w、e_w 的拟合系数,见表6.2。

表6.2 理想水蒸气 $c_{p,w}$、h_w、e_w 的拟合系数[42]

i	$A_{i,w}$		$B_{i,w}$	$C_{i,w}$
	200 K<T_s≤650 K	650 K<T_s≤1 500 K		
0	1.988 571	1.766 046	−0.500 8×10^{-2}	0.219 660 3×10^{1}
1	−0.725 174	0.060 958	0.324 918 29×10^{2}	0.197 438 19×10^{-1}
2	2.191 401	0.894 903	0.655 763 45×10^{-2}	−0.701 288 225×10^{-4}
3	−1.228 665	−0.590 896	−0.264 421 47×10^{-4}	0.148 662 52×10^{-6}
4	0.076 198	0.159 165	0.517 517 889×10^{-7}	−0.145 244 37×10^{-9}
5			−0.315 416 24×10^{-10}	0.556 635 83×10^{-13}
6				0.322 846 52×10^{2}

3) 湿空气热力学特性计算方法

高空模拟试验时,一般在进气装置流道中布置温湿度计获取空气的相对湿度,然后通过计算得到绝对含湿量。绝对含湿量是指每千克干空气所含水蒸气的质量(单位:千克),其受气流压力 P_s 和温度 T_s 的影响。绝对含湿量 d 与相对湿度 φ、水蒸气饱和压力 $P_{s,w}$ 和气流压力 P_s 之间的函数关系式为

$$d = 0.622\,107 \frac{\varphi P_{s,w}}{P_s - \varphi P_{s,w}} \tag{6.14}$$

式中水蒸气饱和压力 $P_{s,w}$ 按式(6.15)计算：

$$\begin{cases} P_{s,w} = \exp\left(\sum_{n=0}^{5} c_n T_s^{n-1} + c_6 \ln T_s\right), & 173.15\text{K} < T_s < 273.15\text{K} \\ P_{s,w} = \exp\left(\sum_{n=7}^{11} c_n T_s^{n-8} + c_{12} \ln T_s\right), & 273.15\text{K} \leqslant T_s < 473.15\text{K} \\ P_{s,w} = 1.0 \times 10^6 \times \left[\dfrac{2C}{-B + (B^2 - 4AC)^{0.5}}\right]^4, & 473.15\text{K} \leqslant T_s < 647.10\text{K} \end{cases} \tag{6.15}$$

式中，$A = \theta^2 + n_1\theta + n_2$、$B = n_3\theta^2 + n_4\theta + n_5$、$C = n_6\theta^2 + n_7\theta + n_8$、$\theta = T_s + \dfrac{n_9}{T_s - n_{10}}$。相关的系数 $c_i(i = 0 \sim 12)$ 和 $n_i(i = 1 \sim 10)$ 见表6.3。

表6.3 水蒸气饱和压力 $P_{s,w}$ 计算公式中的系数[43]

i	c_i	n_i
0	$-5.674\,535\,9 \times 10^3$	
1	$6.392\,524\,7$	$0.116\,705\,214\,527\,67 \times 10^4$
2	$-0.967\,784\,3 \times 10^{-2}$	$-0.724\,213\,167\,032\,06 \times 10^6$
3	$0.622\,157\,01 \times 10^{-6}$	$-0.170\,738\,469\,400\,92 \times 10^2$
4	$0.207\,478\,25 \times 10^{-8}$	$0.120\,208\,247\,024\,70 \times 10^5$
5	$0.948\,402\,4 \times 10^{-12}$	$-0.323\,255\,503\,223\,33 \times 10^7$
6	$4.163\,501\,9$	$0.149\,151\,086\,135\,30 \times 10^2$
7	$-5.800\,220\,6 \times 10^3$	$-0.482\,326\,573\,615\,91 \times 10^4$
8	$1.391\,499\,3$	$0.405\,113\,405\,420\,57 \times 10^6$
9	$-0.048\,602\,39$	$-0.238\,555\,575\,678\,49$
10	$0.417\,647\,68 \times 10^{-4}$	$0.650\,175\,348\,447\,98 \times 10^3$
11	$-0.144\,520\,93 \times 10^{-7}$	
12	$6.545\,967\,3$	

不考虑飞机进气道冷凝和压缩时的蒸发，可认为高空模拟试验时发动机进口的绝对含湿量与进气道进口前大气中的含湿量相等。湿空气的气体常数 R_m、定压比热容 $c_{p,m}$、比焓 h_m、比熵 e_m 按式(6.16)~式(6.20)计算：

$$R_m = \frac{R_a + dR_w}{1 + d} \qquad (6.16)$$

$$c_{p,m} = \frac{c_{p,a} + dc_{p,w}}{1 + d} \qquad (6.17)$$

$$k_m = \frac{c_{p,m}}{c_{p,m} - R_m} \qquad (6.18)$$

$$h_m = \frac{h_a + dh_w}{1 + d} \qquad (6.19)$$

$$e_m = \frac{e_a + de_w}{1 + d} \qquad (6.20)$$

3. 飞行高度计算方法

发动机飞行高度指其在空中工作时距地表海平面的几何高度。发动机排气环境压力即为当地大气压力 P_h，它是位势高度的函数。位势高度 h 与几何高度 H 的函数关系为

$$h = \frac{1}{g_0}\int_0^H g\mathrm{d}H = \frac{r_0 H}{r_0 + H} \qquad (6.21)$$

式中，g_0 为标准海平面重量加速度；g 为当地加速度，$g = g_0\left(\dfrac{r_0}{r_0 + H}\right)^2$；$r_0$ 为地球有效半径，$r_0 = 6\,356\,766\text{ m}^{[44]}$。

变换式(6.21)得 $H = \dfrac{r_0 h}{r_0 - h}$。

高空模拟试验中试验舱内压力 P_{sch} 模拟的实际上是发动机排气环境压力 P_h，故用 P_{sch} 测试值可确定发动机位势高度 h。位势高度 h 与大气压力 P_h、大气温度 T_h 的函数关系为

$$\begin{cases} T_h = T_{h,i} + C_{T,i}(h - h_{0,i}) \\ P_h = P_{stand}C_{P,i}\left(\dfrac{T_h}{T_{h,i}}\right)^{-g_0/R_a C_{T,i}} \end{cases} h_{0,i} \leq h < h_{0,i+1},\ i = 1,2,4,5,7,8 \quad (6.22)$$

$$\begin{cases} T_h = T_{h,i} \\ P_h = P_{stand}C_{P,i}e^{(h - h_{0,i})(-g_0/R_a T_{h,i})} \end{cases} h_{0,i} \leq h < h_{0,i+1},\ i = 3,6,9,10 \quad (6.23)$$

式中，g_0 为标准海平面重力加速度，纬度为 45°32′33″ 时 $g_0 = 9.806\,65\text{ m/s}^2$；$P_{stand}$ 为标准海平面大气压力，$P_{stand} = 101\,325\text{ Pa}$；$h_{0,i}$、$T_{h,i}$ 分别为分段拟合中的第"i"个节点的高度、温度；$C_{T,i}$、$C_{P,i}$ 分别为第"i"段的温度、压力拟合系数，见表 6.4。

表 6.4　大气压力和大气温度计算公式中的节点和拟合系数[45]

节点 i	$h_{0,i}(\mathrm{m})$	$T_{h,i}(\mathrm{K})$	$C_{T,i}(\mathrm{K/m})$	$C_{P,i}$
1	-5 000	320.65	-0.006 5	1.753 63
2	0	288.15	-0.006 5	1.0
3	11 000	216.65	0	$2.233\ 61\times10^{-1}$
4	20 000	216.65	0.001	$5.403\ 28\times10^{-2}$
5	32 000	228.65	0.002 8	$8.566\ 63\times10^{-3}$
6	47 000	270.65	0	$1.094\ 55\times10^{-3}$
7	52 000	270.65	-0.002	$5.822\ 89\times10^{-4}$
8	61 000	252.65	-0.004	$1.797\ 18\times10^{-4}$
9	79 000	180.65	0	$1.024\ 1\times10^{-5}$
10	88 743	180.65	0	$1.622\ 3\times10^{-6}$
11	90 000			

确定几何高度 H 时,需先由试验舱内压力 P_{sch} 与标准压力 P_{stand} 确定位势高度 h 的节点位置 i,然后根据节点 i 确定 $h_{0,i}$、$T_{h,i}$、$C_{T,i}$、$C_{P,i}$,按式(6.23)可计算得到位势高度 h,最后由式(6.22)确定几何高度 H。

4. 飞行马赫数计算方法

求解位势高度 h 过程中,已获得自由来流的标准大气的压力 P_h 和温度 T_h。空气流经飞机进气道为绝热过程,则自由来流总温 T_{t0} 与进气道出口总温 T_{t1} 相等($T_{t0}=T_{t1}$)。自由来流总压 P_{t0} 由发动机进口总压测试值 P_{t1} 和进气道总压恢复系数 σ_{inlet} 确定:

$$P_{t0} = \frac{P_{t1}}{\sigma_{\mathrm{inlet}}} \tag{6.24}$$

将自由来流视为热完全气体,通过等熵过程转变为滞止状态下的物理量时,总焓不变、熵增为零。自由来流的马赫数 Ma_0 由方程组(6.25)迭代求解:

$$\begin{cases} h_{tm,0} = h_{m,0} + \dfrac{v_0^2}{2} \\ \Delta s_{m0} = e_{tm,0} - e_{m,0} - R_{m,0} \ln \dfrac{P_{t1}}{\sigma_{\mathrm{inlet}} P_h} = 0 \\ Ma_0 = \dfrac{v_0}{c_0} = \dfrac{v_0}{\sqrt{k_{m,0} R_{m,0} T_{s0}}} \\ \sigma_{\mathrm{inlet}} = f(Ma_0) \end{cases} \tag{6.25}$$

式中，$h_{tm,0}$、$h_{m,0}$ 分别为自由来流的总温 T_{t0} 和静温 T_{s0} 对应的比焓；$e_{tm,0}$、$e_{m,0}$ 分别为自由来流的总温 T_{t0} 和静温 T_{s0} 对应的比熵，按前文 6.1.2 小节中"2. 空气热力学特性"的方法计算；v_0 为自由来流速度（即飞行速度）。若进气道总压恢复系数 σ_{inlet} 为已知常数，计算过程不需联立求解，可由方程组(6.25)的第 2 个等式计算 T_{s0}，再由第 1 个等式计算 v_0，最后由第 3 个等式计算 Ma_0。

5. 飞行表速计算方法

实际飞行中，飞行员更常用的飞行速度是飞机座舱速度表所指示的表速，它不同于飞机真实飞行速度（马赫数），但与其相关联。根据速度表结构型式、安装位置、仪器仪表校准方法等，表速与飞行速度（马赫数）之间的关系可用指示空速、修正空速或当量空速等概念描述。

指示空速 $V_{b,i}$ 是用安装于飞机正前方的皮托管测得的总静压差计算得到的速度，其计算公式为

$$\begin{cases} V_{b,i} = \sqrt{\dfrac{2(P_{t0} - P_h)}{\rho_{0,stand}}}, & Ma_0 < 0.4 \\ V_{b,i} = \sqrt{\dfrac{7P_{0,stand}}{\rho_{0,stand}}\left[\left(\dfrac{P_{t0} - P_h}{P_h} + 1\right)^{0.286} - 1\right]}, & Ma_0 > 0.4 \text{ 且 } V_{b,i} \leqslant 1224.7 \text{ m/s} \\ \dfrac{P_{t0} - P_h}{P_h} = \dfrac{0.8584 \times 10^{-6} V_{b,i}^7}{(V_{b,i}^2 - 214277)^{2.5}} - 1, & V_{b,i} > 1224.7 \text{ m/s} \end{cases}$$

(6.26)

式中，$\rho_{0,stand}$ 为海平面标准大气密度（kg/m^3）；$P_{0,stand}$ 为海平面标准大气压力（Pa）。修正空速 $V_{b,cor}$ 为修正皮托管位置误差 ΔV_b 后的指示空速，即

$$V_{b,cor} = V_{b,i} + \Delta V_b \tag{6.27}$$

当量空速 $V_{b,E}$ 为按当地大气压力进行压缩性修正后的空速，即

$$V_{b,E} = \sqrt{7\dfrac{P_h}{\rho_{0,stand}}\left\{\left[\dfrac{\left(1 + \dfrac{0.143\rho_{0,stand}V_{b,cor}^2}{P_{0,stand}}\right)^{3.5} - 1}{P_h/P_{0,stand}} + 1\right]^{0.286} - 1\right\}} \tag{6.28}$$

6.1.3 空气流量

空气流量是评估发动机工作特性的重要参数之一。为测定发动机推力，直连式高空模拟试验时动架与定架之间需间隙连接，常用的封严装置为篦齿。空气流量测定时，一方面需考虑其不受进气装置封严装置漏气的影响，另一方面还要尽可能地消

除或减小低压压气机预旋影响,故空气流量测量装置一般需专门设计的[46]。

直连式高空模拟时,可采用积分法和流量系数法来测定发动机空气流量,两种确定方法各有优缺点。积分法是基于温度场和压力场测试值用面积加权积分确定空气流量的方法,优点是无需通过吹风试验测定流量系数,且能实时反映进气温度、压力变化等的影响,但测试准确度受各测点测试布局的合理性和测试有效性的影响;流量系数法是基于流量系数确定空气流量的方法,已知流量系数时此方法测试参数少。无特殊情况,同一型发动机均采用相同的空气流量测量装置,且航空发动机工况变化范围相对较小,流量系数与气流马赫数的关联关系随试验工况的变化不明显,常温条件下吹风试验或地面试验中获得的流量系数可直接用于空中工况。因此,设计空气流量测量装置时会同时考虑上述两种方法的测试布局,积分法的测试布局可以直接用于整个试验的空气流量的测定,也可以用于吹风或地面试验中测定流量系数,流量系数法的测试布局用于空中试验点,可减小测耙损坏和低温堵塞等带来的试验风险。

典型的空气流量测试布局如图 6.2 所示。图 6.2(a)中 0C 截面为流量系数法的测量截面,在 3~4 个周向位置的中心流区域布置单个总压测点;0B 截面为积分法的测量截面,可布置多支总温/总压复合耙和附面层总压测耙,总温也可在 T 截面测量,3 耙多点总温/总压和附面层总压测耙的测点布局示意图如图 6.2(b)所示。

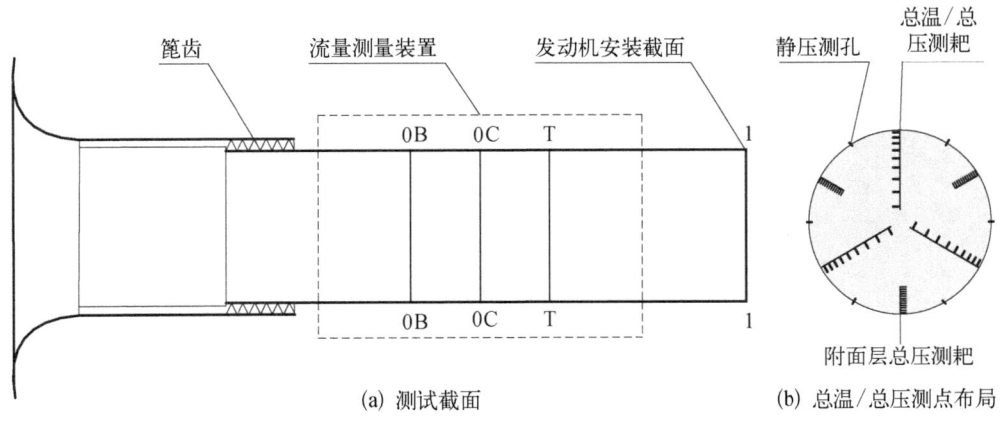

(a) 测试截面   (b) 总温/总压测点布局

图 6.2 空气流量测试布局

1. 积分法

空气流量积分法实际上是将流通截面划分为无数个微元,每个微元通过的空气流量的总和即为发动机吸入的空气流量 $W_{a,0B}$。若用下角标"x"表示任一微元的气流参数(总压、总温、静压)和面积,则 $W_{a,0B}$ 的微积分表达式为:

$$W_{a,0B} = \int_{A_{0B}} \rho_{0B,x} v_{0B,x} \mathrm{d}A_x = \int_{A_{0B}} f(P_{t,0B,x}, P_{s,0B,x}, T_{t,0B,x}) \mathrm{d}A_x \qquad (6.29)$$

数值仿真分析中采用此微积分方程确定任意给定截面的空气流量。发动机高空模拟试验时,不可能布置过多的温度压力测点,通常是将测量截面0B划分为N个环面,在每个环面的几何中心周向布置3~4个总温、总压测点,静压点周向布置在流道内壁面,则用数值积分代替微积分的方法来确定$W_{a,0B}$,即

$$W_{a,0B} = \sum_{i=1}^{N} \Delta W_{a,0B,i} = \sum_{i=1}^{N} \rho_{0B,i} v_{0B,i} \Delta A_{0B,i} = \sum_{i=1}^{N} f(P_{t,0B,i}, P_{s,0B,i}, T_{t,0B,i}) \Delta A_{0B,i} \tag{6.30}$$

式中,$\rho_{0B,i}$、$v_{0B,i}$、$P_{t,0B,i}$、$P_{s,0B,i}$、$T_{t,0B,i}$分别为第"i"个环面的密度、速度、总压、静压和总温的平均值;$\Delta A_{0B,i}$为第"i"个环面的面积。

空气流量测量装置的气流密度$\rho_{0B,i}$、速度$v_{0B,i}$和马赫数$Ma_{0B,i}$是总压$P_{t,0B,i}$、静压$P_{s,0B,i}$和总温$T_{t,0B,i}$的函数,可由定常流的方程组(6.31)求解。

$$\begin{cases} h_{tm,0B,i} = h_{m,0B,i} + \dfrac{v_{0B,i}^2}{2} \\ \Delta s_{m,0B,i} = e_{tm,0B,i} - e_{m,0B,i} - R_{m,0B} \ln \dfrac{P_{t,0B,i}}{P_{s,0B,i}} = 0 \\ \rho_{0B,i} = \dfrac{P_{s,0B,i}}{R_{m,0B} T_{s,0B,i}} \\ Ma_{0B,i} = \dfrac{v_{0B,i}}{c_{0B,i}} = \dfrac{v_{0B,i}}{\sqrt{k_{m,0B} R_{m,0B} T_{s,0B,i}}} \end{cases} \tag{6.31}$$

式中,$h_{tm,0B,i}$、$h_{m,0B,i}$分别为空气流量测量截面第"i"个环面的气流算术平均总温$T_{t,0B,i}$和静温$T_{s,0B,i}$对应的比焓;$e_{tm,0B,i}$、$e_{m,0B,i}$分别为$T_{t,0B,i}$和$T_{s,0B,i}$对应的比熵;$k_{m,0B}$为$T_{s,0B,i}$对应的比热比;$R_{m,0B}$为空气流量测量装置内空气的气体常数,按前文6.1.2小节"2. 空气热力学特性计算方法"进行计算;$Ma_{0B,i}$为第"i"个环面的气流平均马赫数。

考虑到航空发动机进口气流马赫数一般情况下都小于0.6,则空气流量测量装置内的气流总温与静温差异较小,最大差异仅约7.0%,故气流等熵滞止过程中比热容和比热比变化很小,可将其当作量热完全气体处理,利用任意状态与滞止状态参数间的转换关系式,可以直接导出由测量参数计算环面空气流量的公式:

$$\Delta W_{a,0B,i} = \frac{\rho_{0B,i} v_{0B,i}}{\rho_{0B,i}^* v_{0B,i}^*} (\rho_{0B,i}^* v_{0B,i}^*) \Delta A_{0B,i}$$

$$= q(\lambda_{0B,i}) \frac{\rho_{0B,i}^* c_{0B,i}^*}{\rho_{t,0B,i} c_{t,0B,i}} (\rho_{t,0B,i} c_{t,0B,i}) \Delta A_{0B,i}$$

$$= q(\lambda_{\mathrm{OB},i})\left(\frac{2}{k_{\mathrm{m,OB},i}+1}\right)^{\frac{k_{\mathrm{m,OB},i}+1}{2(k_{\mathrm{m,OB},i}-1)}} \frac{P_{\mathrm{t,OB},i}}{R_{\mathrm{m,OB}}T_{\mathrm{t,OB},i}} \sqrt{k_{\mathrm{m,OB},i}R_{\mathrm{m,OB}}T_{\mathrm{t,OB},i}} \Delta A_{\mathrm{OB},i}$$

$$= \sqrt{\frac{k_{\mathrm{m,OB},i}}{R_{\mathrm{m,OB}}}\left(\frac{2}{k_{\mathrm{m,OB},i}+1}\right)^{\frac{k_{\mathrm{m,OB},i}+1}{k_{\mathrm{m,OB},i}-1}}} \frac{P_{\mathrm{t,OB},i}}{\sqrt{T_{\mathrm{t,OB},i}}} q(\lambda_{\mathrm{OB},i}) \Delta A_{\mathrm{OB},i}$$

式中,上角标"$*$"表示流速等于当地声速时的临界参数状态;$q(\lambda_{\mathrm{OB},i})$ 为量纲一的比流量密度(又称比密流),定义为

$$q(\lambda_{\mathrm{OB},i}) = \frac{\rho_{\mathrm{OB},i}v_{\mathrm{OB},i}}{\rho_{\mathrm{OB},i}^{*}v_{\mathrm{OB},i}^{*}} = \frac{\rho_{\mathrm{OB},i}/\rho_{\mathrm{t,OB},i}}{\rho_{\mathrm{OB},i}^{*}/\rho_{\mathrm{t,OB},i}}\lambda_{\mathrm{OB},i}$$

$$= \left(\frac{k_{\mathrm{m,OB},i}+1}{2}\right)^{\frac{1}{k_{\mathrm{m,OB},i}-1}} \lambda_{\mathrm{OB},i} \left(1 - \frac{k_{\mathrm{m,OB},i}-1}{k_{\mathrm{m,OB},i}+1}\lambda_{\mathrm{OB},i}^{2}\right)^{\frac{1}{k_{\mathrm{m,OB},i}-1}}$$

式中,$\lambda_{\mathrm{OB},i}$ 为第"i"个环面的速度系数,$\lambda_{\mathrm{OB},i}^{2} = \frac{k_{\mathrm{m,OB},i}-1}{k_{\mathrm{m,OB},i}+1}\left[1 - \left(\frac{P_{\mathrm{s,OB},i}}{P_{\mathrm{t,OB},i}}\right)^{\frac{k_{\mathrm{m,OB},i}-1}{k_{\mathrm{m,OB},i}}}\right]$。

令 $K_{\mathrm{OB},i} = \sqrt{\frac{k_{\mathrm{m,OB},i}}{R_{\mathrm{m,OB}}}\left(\frac{2}{k_{\mathrm{m,OB},i}+1}\right)^{\frac{k_{\mathrm{m,OB},i}+1}{k_{\mathrm{m,OB},i}-1}}}$,则用测试总压、静压、总温等测试参数计算空气流量公式可改写成

$$\Delta W_{\mathrm{a,OB},i} = K_{\mathrm{OB},i} \frac{P_{\mathrm{t,OB},i}}{\sqrt{T_{\mathrm{t,OB},i}}} q(\lambda_{\mathrm{OB},i}) \Delta A_{\mathrm{OB},i} \tag{6.32}$$

2. 流量系数法

对于一维管流,流量系数定义为给定流路截面通过的实际流量与以中心主流区域密度和流量通过的理想流量之比。发动机在高空模拟试验前,可进行吹风试验获得流量系数随气流马赫数的变化关系,也可利用地面检查或校准试验确定。

获取流量系数时,确定实际流量 $W_{\mathrm{a,OB}}$ 的测试布局与积分法的相同,$W_{\mathrm{a,OB}}$ 按 6.1.3 小节"积分法"介绍的方法计算;理想流量 $W_{\mathrm{a,ideal}}$ 计算参数可选取 OB 截面中心流区域多个测点的算术平均值,也可在 OC 截面中心流区域周向不同位置布置 3~4 个总压测点或总温、总压测点。空气流量测量装置的流量系数 $C_{W_{\mathrm{a}}}$ 为

$$C_{W_{\mathrm{a}}} = \frac{W_{\mathrm{a,OB}}}{W_{\mathrm{a,ideal}}} \tag{6.33}$$

流量系数 $C_{W_{\mathrm{a}}}$ 确定后,试验中拆除 OB 截面的总压测耙或总压/总温复合测耙,只在 OC 截面布置测点,对于量热完全气体此时空气流量按式(6.34)计算:

$$W_{a,0C} = C_{W_a} K_{0C} \frac{P_{t,0C}}{\sqrt{T_{t,0C}}} q(\lambda_{0C}) A_{0C} \tag{6.34}$$

式中，K_{0C} 为 0C 截面与气体热力学特性相关的系数，$K_{0C} = \sqrt{\frac{k_{m,0C}}{R_{m,0C}}\left(\frac{2}{k_{m,0C}+1}\right)^{\frac{k_{m,0C}+1}{k_{m,0C}-1}}}$；$P_{t,0C}$ 为 0C 截面总压测试值的算术平均值；$T_{t,0C}$ 为 0C 截面总温测试值的算术平均值；$q(\lambda_{0C})$ 为 0C 截面比密流，$q(\lambda_{0C}) = \left(\frac{k_{m,0C}+1}{2}\right)^{\frac{1}{k_{m,0C}-1}} \lambda_{0C} \left(1 - \frac{k_{m,0C}-1}{k_{m,0C}+1}\lambda_{0C}^2\right)^{\frac{1}{k_{m,0C}-1}}$，

其中 $\lambda_{0C}^2 = \frac{k_{m,0C}-1}{k_{m,0C}+1}\left[1 - \left(\frac{P_{s,0C}}{P_{t,0C}}\right)^{\frac{k_{m,0C}-1}{k_{m,0C}}}\right]$；$P_{s,0C}$ 为 0C 截面内壁面静压测试值的算术平均值。

采用流量系数法确定空气流量时，为保证结果的准确度，应注意以下几点。

(1) 气流马赫数的影响：由于附面层厚度是随气流速度变化而变化的，故吹风试验或地面试验应在不同马赫数条件下进行，且马赫数变化范围应覆盖发动机全包线范围内所有工况的进气马赫数；

(2) 气流温度的影响：空气黏性是气流温度的函数，相同气流速度在不同温度下气流的马赫数也不相同，故其也影响附面层的厚度，从而影响流量系数随马赫数的变化关系，应通过理论研究和试验验证气流温度对流量系数的影响；

(3) 流量系数测定截面 0B 与试验流量测量截面 0C 间的距离影响：若 0B 与 0C 截面相距较远，流动黏性使得两个截面的压力存在略微差异，确定流量系数时应在 0C 截面布置测点，且测点应避开 0B 截面测耙尾迹的影响；

(4) 发动机进口不能安装空气流量测量装置（比如涡轴和不带桨叶的涡桨发动机试验）的特殊情况下，也采用广义流量系数法确定发动机空气流量。所谓广义流量系数法，其采用的流量系数为校准确定的校准流量与测试截面计算的流量之间的关联系数，而非上文定义的流量系数。

3. 测量截面面积修正

高空模拟试验的工况覆盖发动机全包线范围，且还具备模拟标准大气和非标大气条件的能力，故进气流量测量装置的使用条件包括负温和高温。对于现代航空发动机而言，其进气总温的变化范围约为 $-72 \sim 225$℃，若空气流量测量装置为 1Cr18Ni9 不锈钢材料时，则测量截面面积的最大相对变化约 0.7%。因此，在测定发动机运转时空气流量时，需先标定测试截面面积，试验时应根据壁面温度对其进行修正。

已知空气流量测量装置材料的线膨胀系数 α、测量截面标定面积 A_{ref} 和壁面温度 T_w，以及面积标定时的壁温 $T_{w,ref}$，则面积修正系数 C_{A,T_w} 为

$$C_{A,T_w} = \frac{A_{\text{ref}} + \Delta A}{A_{\text{ref}}} = [1 + \alpha \cdot (T_w - T_{w,\text{ref}})]^2 \qquad (6.35)$$

忽略高阶小量后,式(6.35)可简化为

$$C_{A,T_w} = \frac{A_{\text{ref}} + \Delta A}{A_{\text{ref}}} = 1 + 2\alpha \cdot (T_w - T_{w,\text{ref}}) \qquad (6.36)$$

试验进气壁温为 T_w 时,测量截面面积 $A = C_{A,T_w} A_{\text{ref}}$。

4. 测量截面气流总温修正

在稳态气流温度测量中,由于气流动能不可能完全恢复为热能,在测量端与环境之间还存在热交换,所以存在速度误差和传热误差(包括辐射误差和导热误差),使得气流总温测试值偏离真值。

气流流经热电偶测量端时,由于黏性效应气流在附面层内滞止,将动能转变为热能,引起附面层内静温升高。因此,在测量端附面层内就产生了内层静温高于外层静温的温度梯度,紧贴温度测量端壁面的那部分气体向温度较低的外层气体传热,从而使得测量端壁面气体温度下降。若温度测量端与外界完全绝热,则测试值为气流的有效温度。

气体静温 T_s、度量分子定向运动动能的动温 T_v、有效温度 T_{va} 和总温 T_t 之间的关系如图 6.3 所示。气流滞止使得气流有效温度 T_{va} 高于其静温 T_s,附面层传热又使得气流有效温度 T_{va} 低于其总温 T_t,即静温 $T_s < T_{va} < T_t$;$(T_t - T_{va})$ 为速度误差 ΔT_v。气流有效温度与静温之差 $(T_{va} - T_s)$ 为气流动能在温度测量端壁绝热条件下恢复为热能的部分,而总温与静温之差 $(T_t - T_s)$ 则为气流动能全部恢复为热能应有的能量。这二者之比被定义为热电偶的复温系数 r(或恢复系数),它表示气流绝热滞止时动能恢复为热能的程度,即

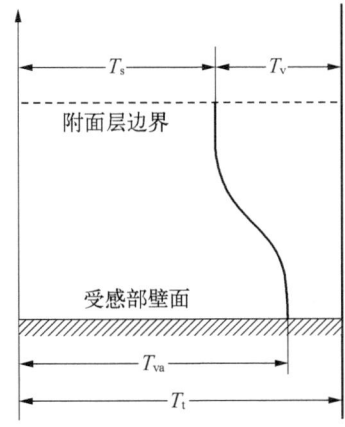

图 6.3 附面层内温度分布

$$r = \frac{T_{va} - T_s}{T_t - T_s} \qquad (6.37)$$

热电偶的负温特性也可用复温率(也称恢复率)和复温修正系数(也称恢复修正系数)来表示。复温率 R 表示总温复现的程度,定义为

$$R = T_{va}/T_t \qquad (6.38)$$

复温修正系数 $C_{T_t,r}$ 表示总温未能复现的程度,定义为

$$C_{T_t,r} = \frac{T_t - T_{va}}{T_t} = 1 - R \tag{6.39}$$

变换式(6.39)且略去高阶小量(因 $C_{T_t,r} \ll 1$),有 $T_t = T_{va}/(1 - C_{T_t,r}) \approx T_{va}(1 + C_{T_t,r})$,则复温修正系数 $C_{T_t,r}$ 实际上是一个修正因子,$C_{T_t,r}$ 与有效温度 T_{va} 的乘积为速度误差 ΔT_v,即

$$\Delta T_v = T_t - T_{va} = T_{va} C_{T_t,r} \tag{6.40}$$

对于量热完全气体,复温系数 r 与气流马赫数 Ma、总温 T_t 和有效温度 T_{va} 之间的关系为式(6.41),复温率 R 与 r、Ma 之间的关系为式(6.42):

$$r = 1 - \frac{T_t - T_{va}}{T_t} \cdot \frac{1 + \frac{k-1}{2}Ma^2}{\frac{k-1}{2}Ma^2} \tag{6.41}$$

$$R = 1 - (1 - r)\frac{\frac{k-1}{2}Ma^2}{1 + \frac{k-1}{2}Ma^2} \tag{6.42}$$

同样的,量热完全气体的速度误差 ΔT_v 也表示为复温系数 r 和气流马赫数 Ma 的函数,即

$$\Delta T_v = T_t - T_{va} = (1 - r)\frac{\frac{k-1}{2}Ma^2}{1 + \frac{k-1}{2}Ma^2}T_t \tag{6.43}$$

完全量热气体的复温率 R 和速度误差 ΔT_v 随复温系数 r、气流马赫数 Ma 的变化如图 6.4 和图 6.5 所示。由图可知:

(1) 相同 Ma 时,随 r 增加,R 增大,ΔT_v 减小。这是因为 r 越大,动能恢复部分所占的比例越大;

(2) 相同 r 时,随 Ma 增加,R 减小,ΔT_v 增大。原因是 r 一定时,只表明动能未恢复部分所占的比例一定,但未恢复部分的绝对值将随动能增大而增大。

影响复温系数的因素很多,包括气流马赫数、被测介质的普朗特数、气流雷诺数,以及温度受感部尺寸、结构型式、安装方式和材料等。当气流马赫数小于 1.0 时,受感部安装偏角在 15°以内,其对复温系数的影响一般可以忽略不计。气流平行于偶丝时,复温系数随马赫数变化相对较小。紊流区复温系数大于层流区,在层流区和紊流区,复温系数与雷诺数无关,但在过渡区复温系数随雷诺数增加而增

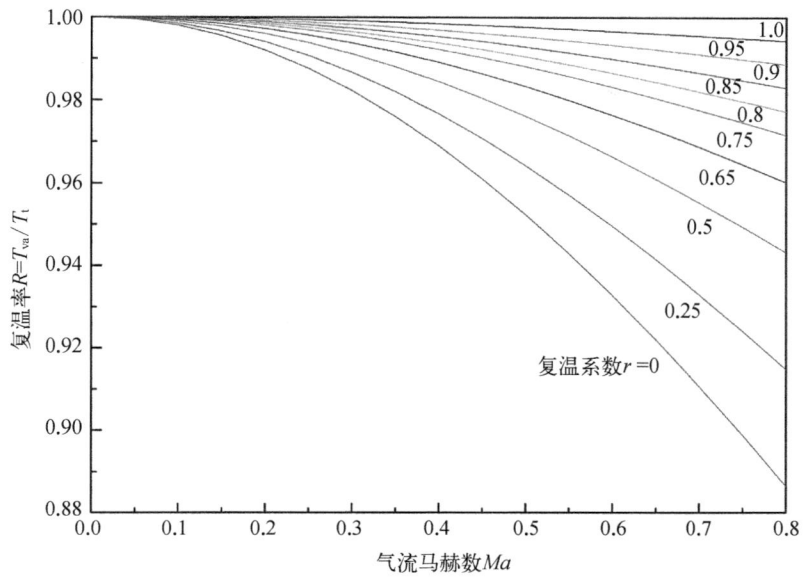

图 6.4　R 随 r、Ma 变化

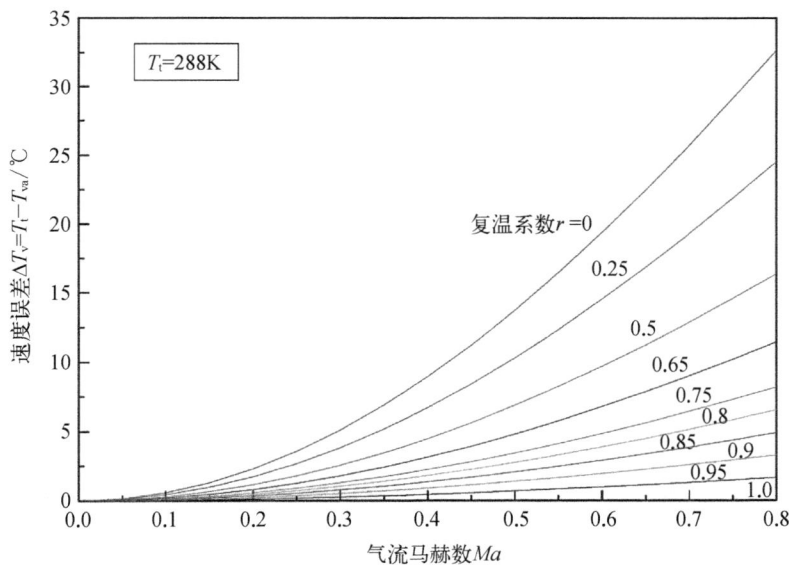

图 6.5　ΔT_v 随 r、Ma 变化

大。减小速度误差 ΔT_v 的两种方法：① 实验确定复温系数后进行修正；② 在热电偶测试端增加滞止罩，使流过测量端的气流马赫数小于 0.2。不安装滞止罩时热电偶的复温系数变化范围为 0.77~0.95，安装滞止罩后复温系数可提高到 0.95~1.0。

在一般情况下，不能直接导出复温系数函数解析式，通常采用在校准风洞中实验测定。实验原理如图 6.6 所示,稳压箱中为压气机提供的压缩空气,被校热电偶放在喷管出口的射流中心区域。射流静压 P_s 即为当地大气压力 P_{atm},可用大气压力计测得;由于稳压箱内气流的速度很低(约为喷管出口流速的 1/100),故射流的总压 P_t 和总温 T_t 可以用安装在稳压箱内的总压管和温度受感部测得。

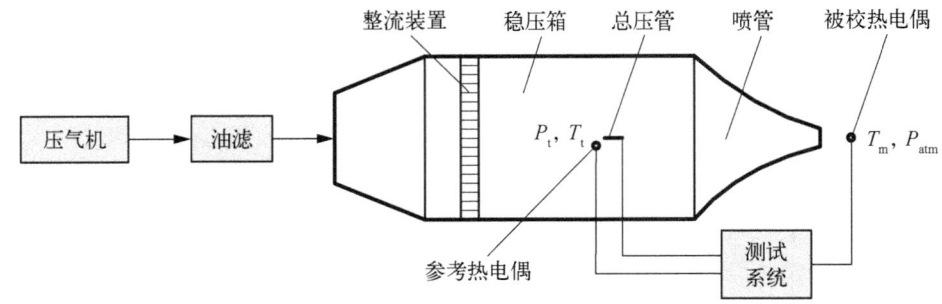

图 6.6　校准风洞中测定复温系数的示意图

校准风洞中常温条件下测定复温系数时,虽然测量端不可能是绝热的,导致热电偶测试温度 T_m 低于气流有效温度 T_{va},但由于气流温度与环境温度差异较小,导热、对流和热辐射引起的热量传递也较小,忽略传热误差后则可认为 $T_m \approx T_{va}$、$r_{real} \approx r$。因此,对于量热完全气体,用 T_m 定义的复温系数 r_{real} 可表示为

$$r_{real} = \frac{T_m - T_s}{T_t - T_s} = 1 - \frac{T_t - T_m}{T_t} \frac{1 + \frac{k-1}{2}Ma^2}{\frac{k-1}{2}Ma^2} \tag{6.44}$$

带入马赫数 Ma 与总压 P_t、静压 P_s 之间的关系式 $Ma = \sqrt{\frac{2}{k-1}\left[\left(\frac{P_t}{P_s}\right)^{\frac{k}{k-1}} - 1\right]}$,$r_{real}$ 可表示为 T_t、T_m、P_t、P_s 的函数,即

$$r \approx r_{real} = f(T_t, T_m, P_t, P_s) = 1 - \frac{T_t - T_m}{T_t} \bigg/ \left[1 - \left(\frac{P_s}{P_t}\right)^{(k-1)/k}\right] \tag{6.45}$$

改变稳压箱内压力 P_t,则可以测定被校热电偶复温系数随气流马赫数 Ma 的变化关系。由于即使在较小气流马赫数 Ma 下总静压的差值已经明显大于现用压力传感器精度引入的误差值,Ma 测试难度不大,故复温系数 r 值准确性主要受被校热电偶测试值($T_t - T_m$)的影响。现常用的压力传感器的精度均优于 0.1%,P_t = 101.325 kPa,15 Psi 压力传感器的最大绝对误差为 0.103 kPa,而气流马赫数 Ma = 0.1 的总静压差值 $P_t - P_s$ = 0.706 kPa。总温 T_t = 288 K、被校热电偶理论复温系数 r = 0.9,在 Ma = 0.5 气流中($T_t - T_m$)测试偏差 0.5℃带来的 r 值误差约为

4.0%(详见注1)。对于 Ma 较小的气流,因 T_m 变化范围为 $T_s < T_m < T_t$,即使复温系数在 0~1.0 变化,引入的速度误差 ΔT_v 变化也相对较小,比如 $T_t = 288$ K、$Ma = 0.1$ 的气流,$\Delta T_v = 0 \sim 0.57$℃。

注1:

由式(6.40)计算得

$$\Delta T_v = T_t - T_{va} = (1 - r)\frac{\frac{k-1}{2}Ma^2}{1 + \frac{k-1}{2}Ma^2}T_t$$

$$= (1 - 0.9)\frac{\frac{1.4-1}{2} \times 0.5 \times 0.5}{1 + \frac{1.4-1}{2} \times 0.5 \times 0.5} \times 288 = 1.37$$

气流总温与热电偶测试值差值 $(T_t - T_m)$ 偏高 0.5℃时,有

$$r_{\text{real},1} = 1 - \frac{T_t - T_m}{T_t}\frac{1 + \frac{k-1}{2}Ma^2}{\frac{k-1}{2}Ma^2}$$

$$= 1 - \frac{1.37 + 0.5}{288} \times \frac{1 + \frac{1.4-1}{2} \times 0.5 \times 0.5}{\frac{1.4-1}{2} \times 0.5 \times 0.5} = 0.864$$

$$\frac{r_{\text{real},1} - r}{r} \times 100\% = \frac{0.864 - 0.9}{0.9} \times 100\% = -4.0\%$$

气流总温与热电偶测试值差值 $(T_t - T_m)$ 偏低 0.5℃时,有

$$r_{\text{real},2} = 1 - \frac{T_t - T_m}{T_t}\frac{1 + \frac{k-1}{2}Ma^2}{\frac{k-1}{2}Ma^2}$$

$$= 1 - \frac{1.37 - 0.5}{288} \times \frac{1 + \frac{1.4-1}{2} \times 0.5 \times 0.5}{\frac{1.4-1}{2} \times 0.5 \times 0.5} = 0.937$$

$$\frac{r_{\text{real},2} - r}{r} \times 100\% = \frac{0.937 - 0.9}{0.9} \times 100\% = 4.1\%$$

航空发动机在高空模拟试车台试验时，慢车及以上功率状态发动机进口气流马赫数 Ma 的变化范围在 0.1~0.6，考虑到低 Ma 时速度误差 ΔT_v 较小，热电偶校准时 Ma 范围通常为 0.15~0.7。空气流量测量装置中常用梳状测耙测定发动机进气总温 T_t，温度测量端为与气流方向水平的裸丝，从前文可知其复温系数 r 范围为 0.77~0.95。发动机全包线范围内 T_t 的变化范围为 -70~225℃，按 $r = 0.77~0.95$ 选取，$Ma = 0.15$、$T_t = 225℃$ 时进气总温测试值 T_m 的速度误差 ΔT_v 变化范围为 0.11~0.51℃，$Ma = 0.7$、$T_t = 225℃$ 时 $\Delta T_v = 2.22~10.22℃$。由此可见，复温系数 r 对 T_t 的测试准确性影响较大。战斗机动力工作在最大折合流量时，进气马赫数 $Ma \approx 0.55$，$T_t = 15℃$ 时 T_m 的速度误差 $\Delta T_v = 0.82~3.78℃$，不修正引起 T_t 相对减小量为 0.28%~1.31%，带来的空气流量相对增大量为 0.14%~0.66%；复温系数取中值 $r = 0.86$ 时 T_m 的 $\Delta T_v = 2.30℃$，不修正带来试验空气流量相对增大量为 0.40%，但不影响折合空气流量。同样的，不修正 T_m 的速度误差 ΔT_v，也将影响高低压转子转速、燃油流量、推力和耗油率的试验结果，后文结合 6.3 节相关内容进行分析。

若复温系数 r 未知，可根据常温条件下试验(比如地面检查试车)时高空模拟试车台前室中心气流的总温与空气流量装置气流总温测试值之间的差值，评估获得复温系数 r 随气流马赫数 Ma 的变化关系。这是因为对于主要的试验对象而言，高空模拟试车台前室的气流速度通常较低(≤15 m/s)，总温与静温差异很小(总温为 288 K 条件下两者之差最大仅为 0.11℃)，故可以忽略不完全滞止带来的影响。

6.1.4 推力

推力是发动机最重要的技术指标参数之一。高空模拟试验中无法直接通过测量获取发动机推力，需基于力平衡和动量守恒定理等利用直接测量参数(力、温度、压力、面积)导出。在高空模拟试车台上试验时，发动机进口气流条件按进气道出口参数模拟，喷管排气环境条件按空中工作环境压力模拟，此时发动机内流道参数与实际工作条件相同，试验获得的发动机喷管总推力与模拟飞行条件下的实际总推力相等；同时，因为试验时发动机进口条件与实际飞行自由来流条件不同，所以发动机净推力也需要建立相应的数学模型来确定。试验台架推力测量值为发动机喷管总推力、发动机进口和外表面作用力、推力台架(又称动架)和连接管线上作用力等的总和。发动机非安装净推力为喷管总推力与进气动量之差。

1. 总推力确定方法

根据发动机喷管总推力 F_g 的定义，高空台试验 F_g 可按式(6.46)计算[47,48,49]：

$$F_g = W_{g9} v_9 + (P_{s9} - P_{sch}) A_9 \quad (6.46)$$

式中,W_{g9} 为喷管出口燃气质量流量,单位 kg/s;v_9 为喷管出口燃气速度,单位 m/s;P_{s9} 为喷管出口截面气流静压,单位 Pa;P_{sch} 为喷管排气环境压力(试验舱内静压),单位 Pa;A_9 为喷管出口截面面积,单位 m²。

由于喷管出口燃气温度和气流速度均较高,准确测量 W_{g9}、v_9、P_{s9} 等参数的难度很大,高空台试验时通常利用试验舱内的推力台架和测量发动机进口截面压力、温度、面积,以及试验舱内压力等参数来间接确定发动机喷管总推力。

高空台发动机试验推力 F_g 确定原理如图 6.7 所示。选择流量管篦齿密封进口截面 0A、发动机喷管出口截面 9,以及 0A 至发动机进口截面(即图中 1 截面)和发动机外轮廓面形成的封闭空间为控制体,见图 6.7 绿色虚线围成的区域,控制体内表面为内流与控制体的接触面。

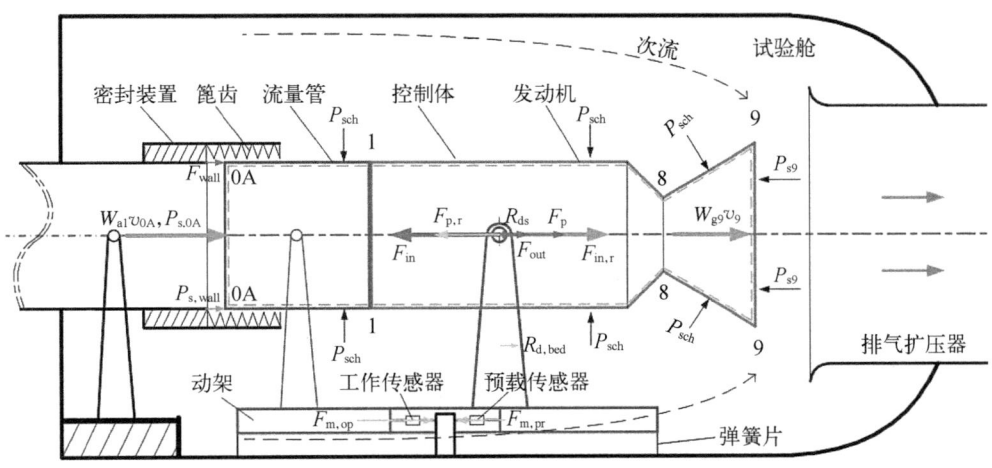

图 6.7 高空台发动机试验推力 F_g 确定原理

假设控制体内流对控制体内表面(发动机)的作用力为 F_{in},则控制体对气流的作用力 $F_{in,r}$ 与 F_{in} 是一对作用力与反作用力。规定与气流方向一致的作用力为正,与气流方向相反的作用力为负,控制体内气流的动量方程为

$$P_{s,0A}A_{0A} + F_{in,r} - P_{s9}A_9 = W_{g9}v_9 - W_{a1}v_{0A} \tag{6.47}$$

控制体轴向受力除内流作用在控制体内表面的力 F_{in} 外,还有进气气流作用在控制体进口端壁面压力 F_{wall}、动架通过主支点作用在控制体上的力 F_p、试验舱内次流作用在控制体外表面的力 F_{out},以及试验舱内次流作用在与控制体相连的工艺管线上产生的迎风阻力 R_{ds}。发动机处于平衡状态时,作用在控制体轴向方向力分量的合力为零,即

$$F_{wall} + F_p + F_{out} + R_{ds} - F_{in} = 0 \tag{6.48}$$

F_{wall} 等于控制体进口端壁面静压 $P_{s,wall}$ 与面积 A_{wall} 之积,即 $F_{wall} = P_{s,wall}A_{wall}$。

F_p 与控制体作用在动架上的力 $F_{p,r}$ 是一对作用力与反作用力,由动架的受力平衡有

$$F_{m,op} - F_{m,pr} + R_{d,bed} - F_{p,r} = 0 \qquad (6.49)$$

式中,$F_{m,op}$ 为工作传感器测试值;$F_{m,pr}$ 为预载传感器测试值;$R_{d,bed}$ 为试验舱内次流对动架的作用力。

F_{out} 为试验舱次流作用在控制体外表面的压力和摩擦力在发动机轴向方向的投影 $F_{P_{sch}}$、R_f 之和,即

$$F_{out} = F_{P_{sch}} + R_f = \int_{0A}^{9} P_{sch} \mathrm{d}A + R_f \qquad (6.50)$$

假设试验舱内压力均匀,可导出 $F_{P_{sch}}$ 的计算公式为

$$F_{P_{sch}} = \int_{0A}^{9} P_{sch} \mathrm{d}A = P_{sch}(A_9 - A_{0A} - A_{wall}) \qquad (6.51)$$

联立式(6.44)、式(6.45)和式(6.47),并定义台架推力 $F_{me} = F_{m,op} - F_{m,pr}$,试验环境(比如试验舱内次流)引入的附加推力 $\Delta F = R_{ds} + R_{d,bed} + R_f$,整理有

$$\begin{aligned}F_{in} &= F_{wall} + (F_{me} + R_{d,bed}) + [P_{sch}(A_9 - A_{0A} - A_{wall}) + R_f] + R_{ds} \\ &= F_{me} + P_{s,wall}A_{wall} + P_{sch}A_9 - P_{sch}(A_{0A} + A_{wall}) + R_{d,bed} + R_f + R_{ds} \\ &= [F_{me} - P_{sch}A_{0A} + (P_{s,wall} - P_{sch})A_{wall} + \Delta F] + P_{sch}A_9 \end{aligned} \qquad (6.52)$$

将式(6.52)带入式(6.47),有

$$\begin{aligned}&P_{s,0A}A_{0A} + \{[F_{me} - P_{sch}A_{0A} + (P_{s,wall} - P_{sch})A_{wall} + \Delta F] + P_{sch}A_9\} - P_{s9}A_9 \\ &= W_{g9}v_9 - W_{a1}v_{0A}\end{aligned}$$

整理有

$$\begin{aligned}&F_{me} + W_{a1}v_{0A} + (P_{s,0A} - P_{sch})A_{0A} + (P_{s,wall} - P_{sch})A_{wall} + \Delta F \\ &= W_{g9}v_9 + (P_{s9} - P_{sch})A_9 \\ &= F_g\end{aligned} \qquad (6.53)$$

2. 净推力确定方法

发动机净推力 F_n 等于发动机总推力 F_g 与飞行动量阻力 F_d 之差,即:

$$F_n = F_g - F_d = F_g - W_{a1}v_0 \qquad (6.54)$$

式中,v_0 为自由来流速度。

高空模拟试验时,由试验舱内静压 P_{sch} 和发动机进口截面总压 P_{t1} 计算获得飞行状态下的自由来流速度 v_0,求解方程组(6.25)确定。只有当试验舱内静压等于飞行高度的环境压力、进口滞止参数等于飞行高度、飞行马赫数条件下的发动机进

口滞止参数(考虑进气道总压损失特性)时,试验得到的发动机总推力、净推力才等于发动机实际工作条件下的总推力、净推力。

6.1.5 功率

涡轴发动机试验必须有测功装置,不同测功装置在吸功原理、结构及适用对象等方面相差很大。国内外目前使用的测功装置主要有水力测功器、直流/交流电力测功器、电涡流测功器等类型,常用的有水力测功器和电涡流测功器,而大功率测量多使用水力测功器。

根据测量公式,功率的测量主要是扭矩和转速的测量。扭矩的测量主要分为:传递法(扭轴法)、平衡力法(反力法)及能量转换法等方法。传递法是根据弹性元件在传递扭矩所产生的物理参数的变化而测量扭矩的方法,比如测扭法兰;平衡力法是采用测量机体上的平衡力矩以确定机器主轴上作用扭矩大小的方法,比如水力测功器和电涡轮测功器;能量转换法是根据其他能量参数(如电能参数、热能参数)来测量机械能参数及扭矩的方法,比如直流/交流电力测功器。转速测量一般采用频率记数法、模拟法和比较法。

涡轴发动机试验时,由于测功器转子本身的转动惯量比直升机上的传动系统加旋翼、尾桨要小,这样如果不特别采取措施将影响发动机过渡态性能和加减速性能。涡轴发动机进行地面试验和高空模拟试验时,一般在测功器的输入端装有专用飞轮,其转动惯量与直升机负载相匹配,加装了飞轮后的测功器在测功时要进行功率修正。

水力测功器工作原理:发动机输出轴通过联轴节带动测功机主轴上的转子组件同步旋转,搅动了工作腔中的水。由于转子旋转所产生离心力及转子凹坑的作用,水在侧壳与转子凹坑之间产生强烈的水涡流,它给外壳一转动力矩,使发动机输出轴的转矩由转子传给外壳,装在外壳壳体上的制动臂将随着转动,从而将制动力传给与制动臂连接的拉压力传感器,制动力与制动臂乘积就可以获得扭矩 M。

电涡流测功器工作原理:涡流制动器主要由转子部分(感应子)和摆动部分(电枢和励磁绕组)组成。当感应子被发动机拖动旋转时,气隙磁密随感应子的旋转而发生周期性的变化。因此,在涡流环表面及一定的深度范围内,将感应出涡流电势,并产生涡流。该涡流所产生的磁场又与气隙磁场相互作用,产生制动转矩。在转子匀速转动下,根据力矩平衡原理,摆动体上则受到与转动方向相同的力矩。该力矩 M 通过电枢上的传力臂传至拉压力传感器上。

发动机输出轴功率是测功器测得功率加飞轮消耗的功率:

$$P = M \times \omega + P_{飞轮} = \frac{M \times n}{9\,549.3} + P_{飞轮} \tag{6.55}$$

测扭法兰工作原理：根据弹性轴在传递扭矩时所产生的物理参数的变化而测量扭矩的方法。这些变化的物理参数可以是弹性轴的变形、应变或应力，变形量再转换为输出轴扭矩 M。发动机输出轴功率 $P = M \times \omega$。

测功器供应商会提供地面状态下飞轮功耗与转速的对应关系。高空舱环境下，飞轮功耗 $P_{飞轮}$ 通常用如下公式计算：

$$P_{飞轮} = \left(C_{f_0} + C_{f_w}\omega + \frac{1}{2} C_{\text{windage}} \rho \omega^2 \right) \times \omega \tag{6.56}$$

式中，C_{f_0} 为静态轴承摩擦系数；C_{f_w} 为动态轴承摩擦系数；C_{windage} 为风阻系数；ρ 为飞轮所处环境的空气密度。C_{f_0}、C_{f_w}、C_{windage} 通过地面功耗数据拟合确定，高空环境下按不变处理。然后根据高空环境空气密度 ρ 和输出轴转速 ω 计算得到飞轮功耗 $P_{飞轮}$。

6.1.6 耗油率

1. 燃油流量确定方法

发动机单位时间消耗的燃油流量随发动机功率状态和飞行状态变化很大，尤其是高推重比的军用发动机，其空中慢车状态的燃油流量可能不到地面最大加力状态的五十分之一。为了提高燃油流量的测量精度，一般根据发动机燃油流量的变化范围进行多路分段测量。

发动机试验时，燃油流量通常为直接测量参数。常用两种测量方法，其一为容积流量测量方法，其二为质量流量测量方法。采用容积流量测量方法时，若实时测量燃油密度 ρ_{W_f}，则燃油质量流量 W_f 为测得的容积流量 V_{W_f} 与 ρ_{W_f} 之积，即

$$W_f = \rho_{W_f} \times V_{W_f} \tag{6.57}$$

若不测量燃油密度 ρ_{W_f}、测量燃油温度 T_{W_f} 时，ρ_{W_f} 由式(6.58)确定：

$$\rho_{W_f} = \rho_{W_f,\text{Cal}} - C_{\rho_{W_f}}(T_{W_f} - T_{W_f,\text{Cal}}) \tag{6.58}$$

式中，$T_{W_f,\text{Cal}}$、$\rho_{W_f,\text{Cal}}$ 分别为实验室校准时测得的燃油温度和燃油密度；$C_{\rho_{W_f}}$ 为被校准的燃油介质密度都随燃油温度变化的修正系数。

2. 耗油率计算方法

发动机消油率 sfc 定义为产生单位推力/功率所需要的燃油质量流量，由式(6.59)计算：

$$\begin{cases} sfc = \dfrac{W_f}{F_n}, & \text{涡喷／涡扇发动机} \\[2mm] sfc = \dfrac{W_f}{P}, & \text{涡轴／涡桨发动机} \end{cases} \tag{6.59}$$

6.1.7 压力畸变指数

气动稳定性是评估发动机的重要性能指标之一,工程上用稳定裕度、可用稳定裕度和需用稳定裕度来评定。稳定裕度表征压气机在工作点和稳定工作边界之间的压比和流量的工作范围,可用稳定裕度为保证在给定使用条件和工作状态下稳定性所需的总裕度,局部需用稳定裕度是补偿使用条件下某降稳因子影响所需的稳定裕度,所有降稳因子的局部需用稳定裕度之和即为发动机需用稳定裕度。需用稳定裕度大于可用稳定裕度时,发动机可能发生气动不稳定而产生喘振或旋转失速。

凡是在生产、安装和使用中引起发动机稳定性下降的各项因素均称为降稳因子。影响发动机稳定性的因子可分为四类,即外部因子(第一类降稳因子)、内部因子、生产偏差因子以及不能再现因子和其他因子。发动机工作时,由于进气道分离流、激波系与附面层干扰形成的分离流、飞机部件尾流等进入进气道,造成压气机进口气流速度场和压力场很不均匀,尤其是在大迎角和侧滑飞行就更加明显。这种不均匀性又被称作进气压力畸变,是发动机使用中的外部条件造成的,属第一类降稳因子,其对发动机稳态、过渡态和瞬变过程的工作线和稳定边界均有影响。

进气压力畸变对发动机稳定裕度的影响与畸变强度、畸变范围和畸变区数目等有关。压力畸变指数是衡量发动机进口压力场分布偏离均匀流场的指标,用来表示 AIP 界面上的流场品质,建立畸变指数与发动机稳定裕度损失是进行发动机稳定性评定的基础。根据流场压力不均匀性的特征,可将压力畸变指数分为稳态周向总压畸变指数、稳态周向静压畸变指数、稳态径向总压畸变指数、紊流度(动态总压畸变)、综合压力畸变指数。

本节主要介绍压力畸变指数计算时所涉及的术语及其定义,高空模拟试验时上述各种压力畸变指数的计算方法,以及压力畸变指数与压力畸变敏感系数、稳定裕度损失之间的关联关系[15,50,51]。由于周向压力畸变条件下流动的不对称性和不稳定性,压力的周向不均匀性较径向不均匀性更不容易均衡,其影响可以扩散到压气机的各级,而径向压力不均匀性只对压气机的前几级影响较大,对第三或第四级就几乎无影响了,从而对各种不同结构型式发动机的稳定性影响均较小,综合压力畸变指数中也不包含径向总压畸变指数项。因此,高空模拟试验中目前开展较多的是进气压力周向不均匀性对稳定性的影响,故本节未给出径向总压畸变指数术语及其计算方法。

1. 相关术语及定义

在给出压力畸变指数计算方法之前,本部分先介绍与之密切相关的几个术语及其定义,包括气动界面、总压恢复系数、畸变位置、畸变范围、畸变区数目、稳态周向总压畸变指数、稳态周向静压畸变指数、紊流度、纵向时间尺度、综合压力畸变指数、临界综合总压畸变指数等。

1) 气动界面

气动界面(aerodynamic interface plane,也称 AIP 界面)是一个用来确定进气畸变特性和性能的测量截面。畸变指数的测定结果与 AIP 界面密切相关,AIP 界面的选择及其测点分布取决于试验研究性质和进气道、发动机的具体设计。

AIP 界面是一个圆形或环形截面,应位于进气道辅助进气门、放气门及其他几何调节机构的下游,尽可能靠近发动机进口截面,一般与发动机进口截面相距 100 mm,而且需保证发动机全部空气流量通过这个界面。该界面上的测试布局应对发动机性能和稳定性无明显影响,并能反映出飞机进气道的辅助空气系统对压力畸变的影响。为了便于推进系统全寿命周期内的准确评估,推进系统缩尺模型试验和全尺寸模型试验、地面试验、高空模拟试验、飞行试验等所有试验时,所选择的 AIP 界面及其测试布局均应保持不变。

2) AIP 界面总压恢复系数

AIP 界面总压恢复系数是量纲一的物理量,定义为 AIP 界面上的气流总压 P_{t2} 与进气道前自由来流(0-0 截面上)总压 P_{t0} 之比。AIP 界面上的总压流场若用空间函数 $P_{t2}(r, \theta)$ 来描述,则其单个测点的总压恢复系数 $\sigma(r, \theta)$ 定义为该测点的总压测试值 $P_{t2}(r, \theta)$ 与 P_{t0} 之比,即

$$\sigma(r, \theta) = \frac{P_{t2}(r, \theta)}{P_{t0}} \tag{6.60}$$

因此,用量纲一的总压恢复系数空间分布 $\sigma(r, \theta)$ 可以完全描述发动机进口截面的总压流场不均匀分布。

3) 畸变位置、畸变范围、畸变区数目

压气机的某一级在不均匀的压力场内工作,位于低压区的那部分叶片的气流攻角增加,会导致等转速线左移,稳定边界下移,从而降低了发动机稳定裕度。因此,畸变指数、畸变范围、畸变位置和畸变区数目均是与低压区相关联的。

在 AIP 界面上存在一个近似矩形低压区的周向压力畸变流场如图 6.8 所示,图中 σ_{av} 为面平均总压恢复系数,$\sigma_{r,av}(\theta)$ 为某周向位置 θ 的总压恢复系数径向平均值。此时,低压区定义为 $\sigma_{r,av}(\theta)$ 低于 σ_{av} 的区域;周向压力畸变位置指低压区所在的位置,常用畸变起始角度 θ_1 和终止角度 θ_2 来描述;周向压力畸变范围 θ^- 定义为低压区范围,即 $\theta^- = \theta_2 - \theta_1$。

某些特殊情况下,进气畸变流场中总压恢复系数 $\sigma_{r,av}(\theta)$ 低于面平均总压恢复系数 σ_{av} 的区域不止一个,低压区的个数则被定义为畸变区数目。在畸变流场中,沿周向存在一个或分散多个低压区,其对发动机稳定性的影响是不同的。

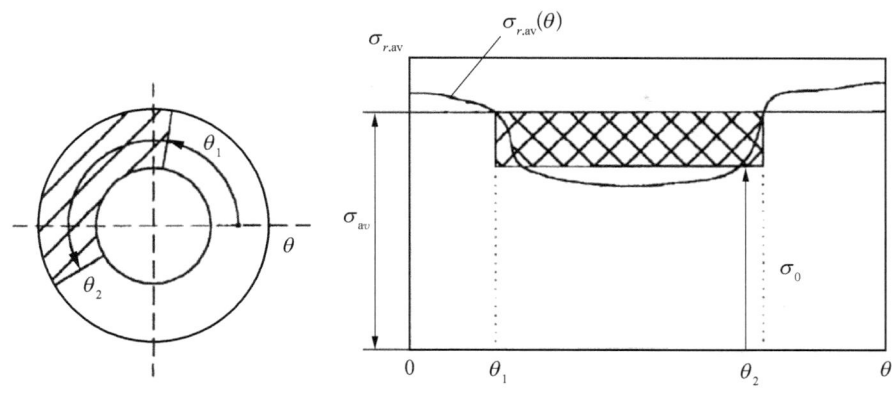

图 6.8 $\sigma_{r,av}(\theta)$ 周向分布

4) 稳态周向总压畸变指数与稳态周向静压畸变指数

稳态周向总压畸变指数 $\Delta\bar{\sigma}_0$ 表征的是气流周向不均匀度，用 AIP 界面上周向压力畸变范围 θ^- 和该区域内平均总压偏离平均总压来描述。

当进气道与发动机 AIP 界面之间的流路存在弯曲时，可能引入静压畸变，其畸变强度用稳态周向静压畸变指数 $\Delta\bar{\sigma}_s$ 来描述。$\Delta\bar{\sigma}_s$ 的定义为 AIP 界面上平均静压值与低压区内平均静压值的相对差值，其计算表达式与稳态周向总压畸变指数一致。$\Delta\bar{\sigma}_s$ 主要用来评估 AIP 界面与插板扰流器气动布局的合理性。若 AIP 界面上测定的 $\Delta\bar{\sigma}_s$ 小于 2%，则表示 AIP 界面与插板扰流器的气动布局是合理的；反之，若 AIP 界面上测定的 $\Delta\bar{\sigma}_s$ 大于 2%，则表示 AIP 界面与插板扰流器的气动布局是不合理的。当 $\Delta\bar{\sigma}_s>2\%$ 时，评估进气压力畸变对发动机稳定性影响，应在综合压力畸变指数 W 的影响上叠加稳态周向静压畸变指数 $\Delta\bar{\sigma}_s$ 的影响。

5) 紊流度与纵向时间尺度

通常发动机进口总压的脉动是随机的，其特征是进口总压空间不均匀度是随时间变化的。原则上，这种脉动过程可以用瞬态的总压空间不均匀度（即动态总压畸变）来描述，但工程上可将进口总压的随机脉动作为平稳随机过程来处理，用统计的面平均紊流度和纵向尺度参数作为总压脉动的定量特性。

面平均紊流度 ε_{av} 为 AIP 界面上各脉动总压测点紊流度 ε_i 的面积加权平均值。若测点布置在紊流度最大的圆环上，则获得的 ε_{av} 为 AIP 界面上的环面最大平均紊流度。测点总压的时间均方根值是描述该测点的气流脉动定量特性的参数，单个测点总压的紊流度 ε_i 定义为时间均方根值与其时均值之比，即

$$\varepsilon_i = \frac{[\Delta P_{t2,i}]_{RMS}}{\bar{P}_{t2,i}} \times 100\% \qquad (6.61)$$

式中，$[\Delta P_{t2,i}]_{RMS}$ 为 "i" 测点总压时间均方根值，$[\Delta P_{t2,i}]_{RMS} =$

$\sqrt{\dfrac{1}{T_u}\int_0^{T_u}[P_{t2,i}(t)-\bar{P}_{t2,i}]\mathrm{d}t}$；$\bar{P}_{t2,i}$ 为采样时间 T_u 内"i"测点总压时均值，$\bar{P}_{t2,i} = \dfrac{1}{T_u}\int_0^{T_u}P_{t2,i}(t)\mathrm{d}t$；$T_u$ 为取样时间，T_u 应远大于气流脉动的最长周期。

总压脉动的附加特性为旋涡扰动的纵向尺度和横向尺度，一般用纵向尺度 L 表示旋涡扰动的统计平均长度，L 是旋涡对流迁移速度和纵向时间尺度的函数。纵向时间尺度 τ_E 用于描述气流旋涡扰动频率特征，可由脉动的自相关函数确定，即

$$\tau_E = \int_0^\infty \bar{R}_x(\tau)\mathrm{d}\tau \tag{6.62}$$

式中，τ 为延迟时间；$\bar{R}_x(\tau)\mathrm{d}\tau$ 为随机过程归一化自相关函数。

气流扰动频率远大于系统设计转速时，气流脉动对压气机稳定性影响较小。为正确反映气流脉动特性，压力传感器的固有频率应比所关心的气流最高脉动频率高 2~3 倍。气流速度一定时，采用直径较小的压力传感器可提高频率上限和分辨率。

6）综合压力畸变指数与临界综合压力畸变指数

综合压力畸变指数表示发动机进口流场压力不均匀的综合特性，为稳态周向总压畸变指数和面平均紊流度之和。

临界综合压力畸变指数定义为进气压力畸变条件下，压气机稳定裕度降为零时所对应的综合压力畸变指数。

2. 稳态周向总压畸变指数计算方法

1）单个低压区

稳态周向总压畸变指数 $\Delta\bar{\sigma}_0$ 按式(6.63)计算：

$$\Delta\bar{\sigma}_0 = \left(1 - \dfrac{\sigma_o}{\sigma_{av}}\right) \times 100\% \tag{6.63}$$

式中，σ_{av}、σ_o 分别为面平均总压恢复系数和低压区平均总压恢复系数。

面平均总压恢复系数 σ_{av} 按式(6.64)计算：

$$\sigma_{av} = \dfrac{\int_0^{360}\sigma_{r,av}(\theta)\mathrm{d}\theta}{360} \tag{6.64}$$

式中，$\sigma_{r,av}(\theta)$ 为某周向位置 θ 的总压恢复系数径向平均值，按式(6.65)计算：

$$\sigma_{r,av}(\theta) = \dfrac{\int_{r_{hu}}^{R}\sigma(r,\theta)2r\mathrm{d}r}{R^2 - r_{hu}^2} \tag{6.65}$$

式中，R 为环面外环半径。

低压区平均总压恢复系数 σ_o 按式(6.66)计算：

$$\sigma_0 = \frac{1}{\theta^-} \int_{\theta_1}^{\theta_2} \sigma_{r,\,av}(\theta) \, \mathrm{d}\theta \tag{6.66}$$

2) 多个低压区

当 AIP 界面上有两个以上低压区时,低压区范围为各个低压区范围之和。稳态周向总压畸变指数按下列两种情况计算。

(1) $\theta^- > 60°$ 时:计算每一低压区的 θ^- 和 $\Delta\bar{\sigma}_0$,取各低压区中最大的 $\Delta\bar{\sigma}_0$ 值为周向稳态总压畸变指数;

(2) $\theta^- \leqslant 60°$ 时:计算每一低压区的 θ^-、$\Delta\bar{\sigma}_0$、$\dfrac{\Delta\bar{\sigma}_0 \times \theta^-}{60}$,取 $\dfrac{\Delta\bar{\sigma}_0 \times \theta^-}{60}$ 最大值对应的那个低压区的 $\Delta\bar{\sigma}_0$ 值为周向稳态总压畸变指数。

3. 稳定裕度计算方法

确定压气机稳定裕度通常有两种方法,第一种方法基于等换算流量线,第二种方法基于等换算转速线。

基于等换算流量线的方法是在相同进口空气换算流量条件下确定压气机稳定裕度的方法,定义为在等换算流量线下稳定边界点压比和工作点压比之差除以工作点压比。按照定义,等均匀流换算流量稳定裕度 SM_O 为在等换算流量($W_{ac,\,Op}$)线下均匀流稳定边界点压比 $\pi_{c,\,Su,\,O}$ 和均匀流工作点压比 $\pi_{c,\,Op,\,O}$ 之差除以 $\pi_{c,\,Op,\,O}$,计算公式见式(6.67);畸变流等换算流量稳定裕度 SM_{Ds} 为在等换算流量($W_{ac,\,Op}$)线下畸变流稳定边界点压比 $\pi_{c,\,Su,\,Ds}$ 和畸变流工作点压比 $\pi_{c,\,Op,\,Ds}$ 之差除以 $\pi_{c,\,Op,\,Ds}$,计算公式见式(6.68)。稳定裕度计算公式中标识符如图 6.9 所示。在进气道/发动机的相容性研究中采用等换算流量的稳定裕度有利于稳定性评定。

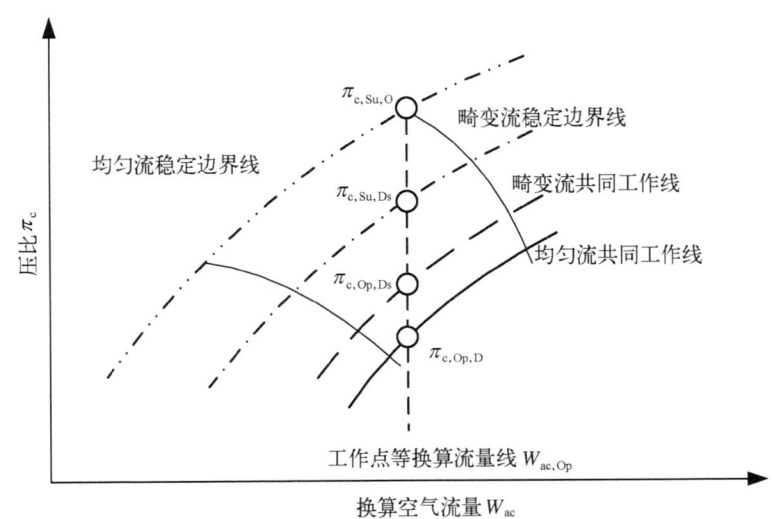

图 6.9 等换算流量稳定裕度示意图

$$SM_{\mathrm{O}} = \frac{\pi_{\mathrm{c,Su,O}} - \pi_{\mathrm{c,Op,O}}}{\pi_{\mathrm{c,Op,O}}}\bigg|_{W_{\mathrm{ac}}=W_{\mathrm{ac,Op}}} \times 100\% \quad (6.67)$$

$$SM_{\mathrm{Ds}} = \frac{\pi_{\mathrm{c,Su,Ds}} - \pi_{\mathrm{c,Op,Ds}}}{\pi_{\mathrm{c,Op,O}}}\bigg|_{W_{\mathrm{ac}}=W_{\mathrm{ac,Op}}} \times 100\% \quad (6.68)$$

基于等换算流量线的方法是在相同压气机换算转速条件下确定压气机稳定裕度,定义为在等换算转速线下稳定边界点参数和工作点参数之差除以工作点参数。按照定义,等换算转速均匀流稳定裕度 SM_{O} 为在等换算转速($n_{\mathrm{c,Op}}$)线下均匀流稳定边界点参数($\pi_{\mathrm{c,Su,O}}/W_{\mathrm{ac,Su,O}}$)和均匀流工作点参数($\pi_{\mathrm{c,Op,O}}/W_{\mathrm{ac,Op,O}}$)之差除以均匀流工作点参数($\pi_{\mathrm{c,Op,O}}/W_{\mathrm{ac,Op,O}}$),计算公式见式(6.69);等换算转速畸变流稳定裕度 SM_{Ds} 为在等换算转速($n_{\mathrm{c,Op}}$)线下畸变流稳定边界点参数($\pi_{\mathrm{c,Su,Ds}}/W_{\mathrm{ac,Su,Ds}}$)和畸变流工作点参数($\pi_{\mathrm{c,Op,Ds}}/W_{\mathrm{ac,Op,Ds}}$)之差除以均匀流工作点参数($\pi_{\mathrm{c,Op,Ds}}/W_{\mathrm{ac,Op,Ds}}$),计算公式见式(6.70)。计算公式中标识符如图 6.10 所示。

$$SM_{\mathrm{O}} = \frac{\dfrac{\pi_{\mathrm{c,Su,O}}}{W_{\mathrm{ac,Su,O}}} - \dfrac{\pi_{\mathrm{c,Op,O}}}{W_{\mathrm{ac,Op,O}}}}{\dfrac{\pi_{\mathrm{c,Op,O}}}{W_{\mathrm{ac,Op,O}}}}\bigg|_{n_{\mathrm{c}}=n_{\mathrm{c,Op}}} \times 100\% \quad (6.69)$$

$$SM_{\mathrm{Ds}} = \frac{\dfrac{\pi_{\mathrm{c,Su,Ds}}}{W_{\mathrm{ac,Su,Ds}}} - \dfrac{\pi_{\mathrm{c,Op,Ds}}}{W_{\mathrm{ac,Op,Ds}}}}{\dfrac{\pi_{\mathrm{c,Op,O}}}{W_{\mathrm{ac,Op,O}}}}\bigg|_{n_{\mathrm{c}}=n_{\mathrm{c,Op}}} \times 100\% \quad (6.70)$$

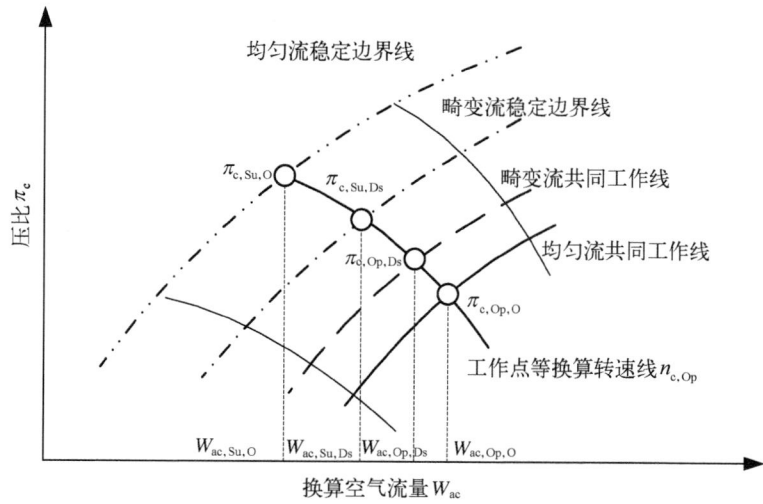

图 6.10 等换算转速稳定裕度示意图

若定义 $\Delta SM_{\text{Su,Ds}}$ 为在畸变流条件下补偿稳定工作边界变化的局部需用稳定裕度，$\Delta SM_{\text{Op,Ds}}$ 为在畸变流条件下补偿压气机共同工作点变化的局部需用稳定裕度，则 $\Delta SM_{\text{Su,Ds}}$ 和 $\Delta SM_{\text{Op,Ds}}$ 之和即为畸变流条件下的需用稳定裕度。当畸变流条件为进气压力畸变时，压力畸变条件下压气机的稳定裕度 SM_{Ds} 则可用均匀流条件下的稳定裕度 SM_{O} 和 $\Delta SM_{\text{Su,Ds}}$、$\Delta SM_{\text{Op,Ds}}$ 表示为

$$SM_{\text{Ds}} = SM_{\text{O}} - \Delta SM_{\text{Su,Ds}} - \Delta SM_{\text{Op,Ds}} \tag{6.71}$$

在等换算流量（$W_{\text{ac,Op}}$）线下，$\Delta SM_{\text{Su,Ds}}$ 和 $\Delta SM_{\text{Op,Ds}}$ 计算公式为

$$\Delta SM_{\text{Su,Ds}} = \left. \frac{\pi_{\text{c,Su,O}} - \pi_{\text{c,Su,Ds}}}{\pi_{\text{c,Op,O}}} \right|_{W_{\text{ac}}=W_{\text{ac,Op}}} \times 100\% \tag{6.72}$$

$$\Delta SM_{\text{Op,Ds}} = \left. \frac{\pi_{\text{c,Op,Ds}} - \pi_{\text{c,Op,O}}}{\pi_{\text{c,Op,O}}} \right|_{W_{\text{ac}}=W_{\text{ac,Op}}} \times 100\% \tag{6.73}$$

在等换算转速（$n_{\text{c,Op}}$）线下，$\Delta SM_{\text{Su,Ds}}$ 和 $\Delta SM_{\text{Op,Ds}}$ 计算公式为

$$\Delta SM_{\text{Su,Ds}} = \left. \frac{\dfrac{\pi_{\text{c,Su,O}}}{W_{\text{ac,Su,O}}} - \dfrac{\pi_{\text{c,Su,Ds}}}{W_{\text{ac,Su,Ds}}}}{\dfrac{\pi_{\text{c,Op,O}}}{W_{\text{ac,Op,O}}}} \right|_{n_{\text{c}}=n_{\text{c,Op}}} \times 100\% \tag{6.74}$$

$$\Delta SM_{\text{Op,Ds}} = \left. \frac{\dfrac{\pi_{\text{c,Op,Ds}}}{W_{\text{ac,Op,Ds}}} - \dfrac{\pi_{\text{c,Op,O}}}{W_{\text{ac,Op,O}}}}{\dfrac{\pi_{\text{c,Op,O}}}{W_{\text{ac,Op,O}}}} \right|_{n_{\text{c}}=n_{\text{c,Op}}} \times 100\% \tag{6.75}$$

4. 综合压力畸变指数计算方法

按术语定义，综合压力畸变指数 W 等于稳态周向总压畸变指数 $\Delta \bar{\sigma}_0$ 和面平均紊流度 ε_{av} 之和，即

$$W = \Delta \bar{\sigma}_0 + \varepsilon_{\text{av}} \tag{6.76}$$

面平均紊流度 ε_{av} 由式（6.77）计算：

$$\varepsilon_{\text{av}} = \frac{1}{360} \int_0^{360} \varepsilon(\theta) \, d\theta \tag{6.77}$$

进气压力畸变试验中，通常在 AIP 界面相对半径 $\bar{r} = 0.9$ 位置周向均布 6 各测点，则面平均紊流度 ε_{av} 的计算公式可改写为

$$\varepsilon_{\text{av}} = \frac{1}{6} \sum_{i=1}^{6} \varepsilon_i \tag{6.78}$$

在进气压力畸变条件下,压气机稳定裕度 SM_{Ds} 下降到零时对应的综合压力畸变指数即为临界综合压力畸变指数 W_{cr}。

6.2　性能修正方法

高空模拟试验中,除测试设备精度直接影响获得的发动机性能的准确性外,发动机在试验舱内的气动布局合理性、进排气条件模拟偏差、测试方案和性能参数确定方法的科学性等与试验相关的诸多因素也可能带来性能试验值的偏离[52,53]。其中进排气条件模拟偏差在每次试验中均不可避免,故本节重点分析其影响及修正方法。

进排气条件模拟偏差包括发动机进口总温偏差、总压偏差、湿度偏差和排气环境压力偏差。对于不同的试验对象和数据(信息)积累,模拟偏差对试验性能影响常用的修正方法有三种,即相似换算修正法、小偏差分析法、修正系数法。相似换算修正法是基于相似理论的一种修正方法,适用于进排气条件参数模拟偏差为小偏差、各截面参数均满足准相似条件的情形。小偏差分析法是基于小偏差理论的一种修正方法,在进排气条件参数模拟偏差为小偏差、截面参数满足和不满足相似条件的情形下均适用。修正系数法是基于大量有效数据获得发动机性能参数随影响因子的变化曲线或拟合系数(或函数),并通过插值或计算获得修正值的一种修正方法,对进排气条件参数模拟偏差的敏感程度相对较低。用于获得发动机性能参数随模拟偏差的变化曲线或拟合系数(或函数)的有效数据,可以是通过试验测取的,也可以是利用经试验数据优化验证后的高精度发动机数值仿真模型生成的。工程使用中,常根据试验对象的工作特性将三种修正方法结合起来应用[54]。

发动机在试验舱内的气动布局、测试方案和性能参数确定方法的影响,可利用数值仿真分析、性能参数确定方法适用性分析等手段,在试验前评估的基础上进行必要的优化完善,消除或减小其影响程度。

6.2.1　试验性能影响分析

高空模拟试验时,影响发动机稳态性能的因子较多[55],除仪器仪表测试精度和发动机内在因子,比如部件特性、控制计划、引气和功率分出等,还有诸多外在因子,比如发动机进排气条件模拟偏差、试验气动布局与测试方案、发动机试验程序、试验性能参数的确定与修正方法等。

高空模拟试验中,通过模拟发动机进口总温、总压和排气环境压力来建立目标飞行状态,对进气湿度一般不进行模拟,复杂庞大的进排气压力、温度调节系统保证这三个参数准确模拟几乎是不可能的,任何一个参数存在模拟偏差都或使得试验状态发动机性能与真实工况下的有一定偏差。比如进气总温偏差有可能导致非加力最大及以上状态的发动机工作在不同折合转速下,此时发动机喷管几何调节与节流状态一般不同,在缺少非加力最大及以上状态性能参数随进气总温变换规律时,需修正才能获得给定折合转速的高度-速度特性,从而影响试验性能的准确性。排气压力变化会影响喷管出口区域流场分布特性,在喷管亚临界工作状态影响相对更明显,对于由气动平衡控制喷管出口面积的发动机还会引入物理不相似,试验性能修正相对比较复杂,也同样影响试验性能的准确性。由于进气湿度不模拟,夏季气温较高的湿热天气采用大气进气流程开展高空校准试验时,空气中的绝对含湿量较高(标准大气压力条件下80%相对湿度每kg空气中含水21.8g),其带来工质热物理性能的变化,改变压缩功和发动机的共同工作点,从而影响试验转速、空气流量、推力和耗油率等性能参数。目前,国内尚没有进行进气湿度影响的专项试验研究,也没有建立起工程可用的湿度修正方法。

试验气动布局包括进排气装置结构、发动机距排气扩压器的距离、推力台架上的发动机支撑位置等,气动布局合理性与发动机进口前流场品质、燃气收集与顺畅排出、试验舱内压力场均匀性、推力测量准确性等有关。进气流量管较长时发动机进口截面的速度附面层较厚,会改变低压压气机叶尖区域的流态,影响低压压气机的工作特性和共同工作点,从而影响整机匹配;发动机排气扩压器入口直径偏小与其与发动机的距离不合适,会引起燃气回流改变喷管出口区域的流场特性和试验舱内压力均匀性,从而影响试验推力的准确性;推力台架上的发动机支撑若位于燃气流中,则测量推力会减小。空气流量、燃油流量的测试方案也会影响发动机试验结果的准确性。比如空气流量测量截面的总压、总温的测点数偏少,不能反映附面层内的流场分布,空气流量测试值会偏离实际值;燃油流量未采用分段测试方案或量程分配不合理,若较小的燃油流量采用较大量程的传感器计量,可能对高空小表速飞行状态点和发动机低功率状态的耗油率准确性带来较大影响。

在发动机试验程序中,需给定飞行状态的建立方法、发动机稳态性能录取前稳定运转的时间,以及录取稳态性能前发动机需经历的功率状态等。试验程序中对这些规定不同,会导致发动机热平衡状态差异,使得发动机转子和静子与机匣之间的径向间隙、转子与静子之间的轴向间隙、腔室内气体的温度、密封装置的封严效果、润滑系统的润滑效果,甚至进气总温、燃气总温等的测试值出现差异,这些也会影响试验性能参数,通过制定科学的试验程序有助于降低这些影响。

由于试验性能参数确定的数学模型和修正方法通常在满足某些假设条件下才能建立,故试验性能受性能参数的确定与修正方法影响。比如空气流量的积分法需满足测试流场分布能代表真实流场特性;试验总推力计算公式(6.53)是基于试验舱内压力均匀性假设条件建立的,且静态试验获得的迎风阻力系数在发动机热态时保持不变[56,57];转速、空气流量、燃油流量、推力、燃气温度性能参数等的相似换算修正公式是以物理相似和流动相似为必要前提条件的,且还有其余的被忽略影响因素;小偏差分析法修正公式也有偏差量容限规定。值得注意的是,进气流量管内测点总是有限的,发动机外表面凹凸区域压力也是有细微变化的,流动相似大部分情况是准相似状态,确定与修正方法建立的假设条件完全满足存在较大的难度,从而也会对试验结果带来一些影响,只是当假设条件近似满足时其影响通常可以忽略。

6.2.2 相似换算修正法

相似换算修正方法基于相似理论,在给定假设条件下,由相似准则导出推力、功率、耗油率等性能参数的相似参数,获得给定飞行状态下这些性能参数的修正公式。相似参数推导的假设条件主要包括各截面流动准相似、发动机与外界不存在热交换、燃烧室中物理化学过程和热力过程相似、忽略雷诺数影响等。

对于涡轮喷气与涡轮风扇发动机而言,当发动机运转在较高功率状态时,发动机喷管喉道处于超临界,进排气条件参数模拟偏差若达到国军标 GJB 4879-2003《航空涡轮喷气和涡轮风扇发动机高空模拟试验要求》的要求[10],则可满足各截面流动准相似的假设条件。对于涡轮轴和涡轮螺桨发动机,喷管出口气流速度相对较低,一般情况下都处于亚临界情况下,在自由涡轮恒物理转速控制计划下,发动机部分截面流动的相似程度会下降,影响了相似换算结果的可信度。根据 GJB 4879-2003 中的规定,试验模拟小偏差为:进气总温不大于 3℃、进气总压不大于 1.0 kPa 或 1.0%(进气压力大于 1 个标准大气压力时)。

各截面流动相似包括几何相似与物理相似。几何相似指被试发动机试验状态各部件几何尺寸应与目标飞行状态下的保持一致。同一台发动机若无可调节截面,或者几何控制计划可单值由流动相似参数确定,则几何相似是满足的。物理相似包括运动相似、动力相似和热相似,表示为发动机在相同工况各截面量纲一的物理量与目标工况下的对应同名物理量相等。运动相似、动力相似是通常所说的流体动力相似,量纲一的物理量又称为相似准则。

从三维非定常微分运动方程可导出五个流体动力相似准则(量纲一物理量),即马赫准则、雷诺准则、泊松准则、弗劳德准则和斯特劳哈尔准则。马赫准则(马赫数)Ma 表征气流压缩性;雷诺准则(雷诺数)Re 表示气体可压缩性影响的程度,为惯性力与黏性力的比值;泊松准则 k 表征气体物理性质,由等压和等容比热值之比定义;弗劳德准则(弗劳德数)Fr 评定重力对流体流动性质的影响;斯特劳哈尔准则(斯特劳哈尔数)Sh 表示过程的非定常性,又称为均时性准则。从能量方程也可导出热相似的两个准则,即普朗特准则和傅里叶准则。普朗特准则(普朗特数)Pr 为表示介质物理性质的组合参数,$Pr = c_p\mu/\lambda$;傅里叶准则 Fo 表示非定常热过程时间特性,$Fo = \alpha t/l^2$,α 为导温系数。

发动机试验时,同时满足全部相似准则通常是不现实的,部分相似准则本就是矛盾的,故应用相似准则分析发动机性能影响时,重点关注影响比较明显的关键相似准则,忽略没有影响和影响较小的相似准则。比如在性能试验中,达到热平衡后录取的性能,与时间相关的斯特劳哈尔准则 Sh 和傅里叶准则 Fo 对其影响较小;发动机工作介质为气体,引力影响可忽略不计,普朗特准则 Pr 随压力和温度的变化改变也很小,即可不考虑弗劳德准则 Fr 和普朗特准则 Pr;若发动机在自模区内工作,进口总温模拟为小偏差,大气湿度较低时,也可忽略雷诺数准则 Re 和泊松准则 k。因此,高空模拟试验中必须考虑的一个准则参数为马赫数 Ma。

本节给出了满足马赫准则 Ma 条件下导出的发动机转速、空气流量、推力、涡轮功率、燃油流量、耗油率、排气温度的相似换算参数。

1. 转速相似换算

发动机性能分析评定时,常以高低压转子的换算转速为自变量,压气机、涡轮的部件特性,如压比和效率,也是转子换算(折合)转速的函数。转子转速 n 与其周向马赫数 Ma_u、轴向马赫数 Ma_w 的关系可表示为

$$Ma_u = \frac{u}{a_s} = \frac{60n\pi D}{\sqrt{kRT_t \tau(Ma_w)}} = 60\pi D \frac{n}{\sqrt{T_t}} \cdot \frac{1}{\sqrt{kR}} \cdot \frac{1}{\sqrt{\tau(Ma_w)}} \quad (6.79)$$

式中,u、a_s、D 分别为转子周向线速度、当地声速和当地直径;T_t、Ma_w 分别为转子内气流总温和轴向马赫数。

在流动相似假设条件下,气流流动满足马赫准则,则轴向马赫数 Ma_w 和转子周向马赫数 Ma_u 均等于常数;进气总温 T_t 模拟为小偏差、进气湿度变化较小时,可认为气体物理性质不变,则 k、R 近似为常数。由此导出转子转速的相似参数如下:

$$\frac{n}{\sqrt{T_t}} = \frac{1}{60\pi D} Ma_u \cdot \sqrt{kR} \cdot \sqrt{\tau(Ma_w)} = 常数 \quad (6.80)$$

模拟高空负温条件的试验中,发动机进口空气是经过除湿干燥处理的,绝对含湿量很小,与标准大气条件干空气的湿度差异很小,式(6.80)相似参数可用于温度小偏差时转速修正。若换算基准(或参考)条件下的参数用下标"r"表示,测试值用下标"me"表示,则转速相似换算公式为:

$$n_r = n_{me} \cdot \sqrt{T_{t,r}/T_{t,me}} \quad (6.81)$$

非负温试验不进行除湿干燥处理时,进口空气绝对含湿量较大时,还应考虑进气湿度对转子转速的影响。

2. 空气流量相似换算

发动机进口空气质量流量 W_{a1} 与气流马赫数 Ma_1 的关系可表示为

$$W_{a1} = \rho_1 v_1 A_1 = \frac{P_{s1}}{RT_{s1}} Ma_1 a_1 A_1 = \frac{P_{t1} \pi(Ma_1)}{RT_{t1} \tau(Ma_1)} Ma_1 \sqrt{kRT_{t1}\tau(Ma_1)} A_1$$

$$= \frac{P_{t1}}{\sqrt{T_{t1}}} \cdot \sqrt{\frac{k}{R}} \cdot \frac{\pi(Ma_1)}{\sqrt{\tau(Ma_1)}} Ma_1 \cdot A_1 \quad (6.82)$$

式中,v_1、a_1、λ_1 分别为进气速度、当地声速和速度系数;A_1 为流通面积。

在流动相似假设条件下,进气气流马赫数 Ma_1 保持不变;进气总压 P_{t1}、总温 T_{t1} 模拟为小偏差、进气湿度变化较小时,可认为气体物理性质不变,则 k、R、Re 近似为常数。由此导出发动机进口空气质量流量的相似参数如下:

$$\frac{W_{a1}\sqrt{T_{t1}}}{P_{t1}} = \sqrt{\frac{k}{R}} \cdot \frac{\pi(Ma_1)}{\sqrt{\tau(Ma_1)}} Ma_1 \cdot A_1 = 常数 \tag{6.83}$$

忽略进气湿度变化的影响,进气总压和总温模拟小偏差条件下空气质量流量的相似换算公式为

$$W_{a1,r} = W_{a1,me} C_{W_a,\Delta P_t} C_{W_a,\Delta T_t} = W_{a1,me} \frac{P_{t1,r}}{P_{t1,me}} \sqrt{\frac{T_{t1,me}}{T_{t1,r}}} \tag{6.84}$$

式中,$C_{W_a,\Delta P_t}$ 为进气总压模拟偏差对空气流量影响的修正系数,$C_{W_a,\Delta P_t} = P_{t1,r}/P_{t1,me}$;$C_{W_a,\Delta T_t}$ 为进气总温模拟偏差对空气流量影响的修正系数,$C_{W_a,\Delta T_t} = \sqrt{T_{t1,me}/T_{t1,r}}$。

3. 推力相似换算

发动机非安装推力(净推力)F_n 为尾喷管产生的总推力 F_g 与飞行冲量阻力(自由来流动量)F_d 之差,即

$$F_n = F_g - F_d = \underbrace{W_{g9}v_9 + (P_{s9} - P_h)A_9}_{F_g} - \underbrace{W_a v_0}_{F_d} \tag{6.85}$$

总推力 F_g 和飞行冲量阻力 F_d 均除以发动机进口总压 P_{t1} 后进行变换有

$$\begin{aligned}\frac{F_g}{P_{t1}} &= \frac{1}{P_{t1}} \cdot \frac{P_{s9}}{RT_{s9}}(Ma_9^2 \cdot k_9 RT_{s9})A_9 + \frac{P_{s9}}{P_{t1}}A_9 - \frac{P_h}{P_{t1}}A_9 \\ &= \frac{P_{t9}}{P_{t1}}\pi(Ma_9)(k_9 Ma_9^2 + 1)A_9 - \frac{P_h}{P_{t1}}A_9 \end{aligned} \tag{6.86}$$

式中,P_{t9}、P_{s9}、T_{s9}、Ma_9、k_9 分别为喷管出口截面气流的总压、静压、静温、马赫数、比热比;P_h 为发动机排气环境压力;A_9 为喷管出口截面面积。

变换式(6.86)有

$$\frac{F_g}{P_{t1}} + \frac{P_h}{P_{t1}}A_9 = \frac{P_{t9}}{P_{t1}}\pi(Ma_9)(k_9 Ma_9^2 + 1)A_9 \tag{6.87}$$

在内流流动相似假设条件下,发动机各截面气流流动满足马赫准则且量纲一的物理量相等,即 Ma_9、P_{t9}/P_{t1} 等于常数;进气总压 P_{t1}、总温 T_{t1} 模拟为小偏差、进气湿度变化较小时,可认为气体物理性质不变,则 Re、k_9 近似为常数。喷管出口面

积 A_9 保持不变或 A_9 按换算转速调节时,式(6.87)为常数,即

$$\frac{F_g}{P_{t1}} + \frac{P_h}{P_{t1}} A_9 = \frac{P_{t9}}{P_{t1}} \pi(Ma_9)(k_9 Ma_9^2 + 1) A_9 = 常数 \tag{6.88}$$

则总推力试验值与换算值(参考值)之间的关系式为

$$\frac{F_{g,r}}{P_{t1,r}} + \frac{P_{h,r}}{P_{t1,r}} A_9 = \frac{F_{g,me}}{P_{t1,me}} + \frac{P_{h,me}}{P_{t1,me}} A_9 \tag{6.89}$$

忽略湿度变化的影响,变换式(6.89)整理得总推力 F_g 相似换算公式如下:

$$F_{g,r} = \frac{P_{t1,r}}{P_{t1,me}} F_{g,me} + \frac{P_{t1,r}}{P_{t1,me}} \left(P_{h,me} - \frac{P_{t1,me}}{P_{t1,r}/P_{h,r}} \right) A_9 \tag{6.90}$$

若定义冲压比相等条件下发动机实际进口总压对应的发动机排气环境压力为等效舱压 $P_{h,e}$,即 $P_{h,e} = P_{t1,me}/(P_{t1,r}/P_{h,r})$,则式(6.90)可改写为

$$\begin{aligned} F_{g,r} &= \frac{P_{t1,r}}{P_{t1,me}} [F_{g,me} + (P_{h,me} - P_{h,e})A_9] = \frac{P_{t1,r}}{P_{t1,me}} F_{g,me} \left[1 + \frac{(P_{h,me} - P_{h,e})A_9}{F_{g,me}} \right] \\ &= F_{g,me} C_{F_g, \Delta P_t} (1 + C_{F_g, \Delta P_h}) \end{aligned}$$
$$\tag{6.91}$$

式中,$C_{F_g, \Delta P_t}$ 为进气总压模拟偏差对总推力影响的修正系数,$C_{F_g, \Delta P_t} = P_{t1,r}/P_{t1,me}$;$C_{F_g, \Delta P_h}$ 为排气环境压力模拟偏差对总推力影响的修正系数,$C_{F_g, \Delta P_h} = (P_{h,me} - P_{h,e})A_9/F_{g,me}$。

飞行冲量阻力 F_d 除以发动机进口总压 P_{t1} 后进行变换有

$$\frac{F_d}{P_{t1}} = \frac{W_a v_0}{P_{t1}} = \frac{W_{a1}\sqrt{T_{t1}}}{P_{t1}} Ma_0 \sqrt{k_0 R \tau(Ma_0)} \tag{6.92}$$

式中,W_{a1} 为发动机空气流量;Ma_0、v_0、k_0 分别为自由来流的马赫数、速度、比热比;T_{t1} 为发动机进口气流总温。

在内流流动相似假设条件下,相似参数 $W_{a1}\sqrt{T_{t1}}/P_{t1}$ 等于常数;自由来流参数为模拟目标值也是确定的。此时导出发动机飞行冲量阻力 F_d 的相似参数为

$$\frac{F_d}{P_{t1}} = \frac{W_{a1}\sqrt{T_{t1}}}{P_{t1}} Ma_0 \sqrt{k_0 R \tau(Ma_0)} = 常数 \tag{6.93}$$

由式(6.93)得飞行冲量阻力的换算公式为

$$F_{d,r} = F_{d,me} \frac{P_{t1,r}}{P_{t1,me}} = W_{a1} \frac{P_{t1,r}}{P_{t1,me}} \frac{\sqrt{T_{t1,me}}}{\sqrt{T_{t1,r}}} Ma_0 \sqrt{k_0 R \tau(Ma_0) T_{t1,r}} \quad (6.94)$$

$$= W_{a1,r} v_0$$

因此,忽略湿度变化的影响,喷管出口面积 A_9 不变或 A_9 按换算转速调节,进气总压、总温模拟小偏差条件下净推力的相似换算公式为

$$F_{n,r} = F_{g,r} - F_{d,r} = F_{g,me} C_{F_g, \Delta P_t} (1 + C_{F_g, \Delta P_h}) - W_{a1,r} v_0$$
$$= F_{g,me} \frac{P_{t1,r}}{P_{t1,me}} + \left(\frac{P_{t1,r}}{P_{t1,me}} P_{h,me} - P_{h,r} \right) A_9 - W_{a1,r} v_0 \quad (6.95)$$

4. 涡轮功率相似换算

轴功 L_T 是评估涡轮的最重要参数之一。在流动相似假设条件下,涡轮落压比 π_T 和效率 η_T 保持不变,则 L_T 的相似参数如下:

$$\frac{L_T}{T_{Tin}} = \frac{k}{k-1} R \left(1 - \frac{1}{\pi_T^{\frac{k-1}{k}}} \right) \eta_T = 常数 \quad (6.96)$$

式中,T_{Tin} 为涡轮进口总温。

则涡轮功的相似换算公式为

$$L_{T,r} = \frac{T_{Tin,r}}{T_{Tin}} L_T = \frac{T_{t1,r}}{T_{t1}} L_T \quad (6.97)$$

式中,$T_{Tin,r}$ 为相似换算基准条件下涡轮进口总温。

涡轮功率 N_T 为发动机燃气流量 W_g 和单位输出功 L_T 之积。忽略进气湿度、油气比 f 变化的影响,带入 W_a 和 L_T 的相似换算参数,涡轮功率的相似换算修正公式为

$$N_{T,r} = L_{T,r} \cdot W_{g,r} = \frac{T_{t1,r}}{T_{t1}} L_{T,me} \cdot \left[\frac{P_{t1,r}}{P_{t1}} \frac{\sqrt{T_{t1}}}{\sqrt{T_{t1,r}}} (1+f) W_{a,me} \right]$$
$$= (L_{T,me} W_{g,me}) \cdot \frac{P_{t1,r}}{P_{t1}} \cdot \sqrt{\frac{T_{t1,r}}{T_{t1}}} \quad (6.98)$$
$$= N_{T,me} C_{N_T, \Delta P_t} C_{N_T, \Delta T_t}$$

式中,$C_{N_T, \Delta P_t}$ 为进气总压模拟偏差对涡轮功率影响的修正系数,$C_{N_T, \Delta P_t} = P_{t1,r}/P_{t1,me}$;$C_{N_T, \Delta T_t}$ 为进气总温模拟偏差对涡轮功率影响的修正系数,$C_{N_T, \Delta T_t} = \sqrt{T_{t1,r}/T_{t1,me}}$。

5. 燃油流量与耗油率相似换算

耗油率是考核发动机工作特性的关键指标之一,燃油质量流量与耗油率直接

相关。燃油流量除与发动机进口压力、温度有关外,还与燃料物理化学特性和工质的物理性质等因素有关。

发动机进口温度、压力模拟偏差对燃油流量的影响修正,可从能量方程出发由相似分析导出。燃烧室能量方程为

$$(W_{a3} + W_f)c_{p4,g}T_{t4} - W_{a3}c_{p3,a}T_{t3} = W_f H_\mu \eta_b + W_f c_{p,f} T_f \tag{6.99}$$

式中,$c_{p4,g}$、T_{t4} 分别为燃烧室出口燃气定压比热、总温;W_{a3}、$c_{p3,a}$、T_{t3} 分别为燃烧室进口空气流量、定压比热、总温;W_f、H_μ、η_b 分别为燃油流量、燃油低热值、燃烧效率,W_f、$c_{p,f}$、T_f 为燃油的低热值、定压比热、温度。

合并同类项得到 W_f 表达式后,等式两边再除以组合参数 $P_{t1}\sqrt{T_{t1}}$,有

$$\frac{W_f}{P_{t1}\sqrt{T_{t1}}} = \frac{W_{a3}\sqrt{T_{t3}}}{P_{t3}} \frac{P_{t3}}{P_{t1}} \sqrt{\frac{T_{t1}}{T_{t3}}} \cdot \frac{c_{p4,g}\frac{T_{t4}}{T_{t1}} - c_{p3,a}\frac{T_{t3}}{T_{t1}}}{H_\mu \eta_b + c_{p,f}T_f - c_{p4,g}T_{t4}} \tag{6.100}$$

在流动相似假设条件下,$\dfrac{W_{a3}\sqrt{T_{t3}}}{P_{t3}}$、$\dfrac{P_{t3}}{P_{t1}}$、$\dfrac{T_{t1}}{T_{t3}}$、$\dfrac{T_{t4}}{T_t}$ 均为常数;进气总压、总温模拟为小偏差、进气湿度变化较小时,可认为空气、燃气的物理性质不变,则 $c_{p4,g}$、$c_{p3,a}$、η_b 可近似为常数,燃油的 H_μ、$c_{p,f}$、T_f 保持不变;由于 $c_{p4,g}T_{t4}$ 相对 $H_\mu \eta_b$ 而言为小量,进气总温模拟小偏差带来的 T_{t4} 变化也较小,可近似认为最后一个分式的分母为常数。此时可导出燃油质量流量的相似参数如下:

$$\frac{W_f}{P_{t1}\sqrt{T_{t1}}} = 常数 \tag{6.101}$$

忽略湿度变化的影响,进气总压、总温模拟小偏差条件下燃油流量的相似换算公式为

$$W_{f,r} = W_{f,me} \frac{P_{t1,r}}{P_{t1,me}} \sqrt{\frac{T_{t1,r}}{T_{t1,me}}} = W_{f,me} C_{W_f,\Delta P_t} C_{W_f,\Delta T_t} \tag{6.102}$$

式中,$C_{W_f,\Delta P_t}$ 为进气总压模拟偏差对燃油流量影响的修正系数,$C_{W_f,\Delta P_t} = P_{t1,r}/P_{t1,me}$;$C_{W_f,\Delta T_t}$ 为进气总温模拟偏差对燃油流量影响的修正系数,$C_{W_f,\Delta T_t} = \sqrt{T_{t1,r}/T_{t1,me}}$。

发动机实际工作时,保证燃烧室的热力过程相似比较困难,不同批次燃油和燃油温度也会影响燃油流量。即使发动机进口流动满足马赫准则的相似假设条件,燃烧室出口流动也大多只处于准相似状态,用式(6.102)计算进气总温模拟偏差对燃油流量影响量的误差相对较大。为了更加准确地确定进气总温变化对燃油流量

的影响,应对式(6.101)的相似参数进行适当的修正。不少学者研究了不同的修正方法,包括分析气体成分和温度对气体比热的影响、燃烧效率随压力和温度的变化,或者根据燃油流量随进气总温变化的试验结果确定修正系数等。采用较多的为总温的指数修正法,相似参数相应改写为

$$\frac{W_f}{P_{t1} T_{t1}^n} = 常数 \tag{6.103}$$

式中,"n"为考虑进气总温对燃油流量相似参数影响的指数,对不同发动机该指数一般不同,由试验研究结合数学模型仿真确定。指数修正法中,进气总温模拟偏差对燃油流量影响的修正系数 $C_{W_f, \Delta T_t}$ 改写为

$$C_{W_f, \Delta T_t} = \left(\frac{T_{t1, r}}{T_{t1, me}} \right)^n \tag{6.104}$$

燃油低热值 H_μ 对发动机燃油流量的影响修正是进一步简化燃烧室能量方程的基础上导出的。忽略燃烧室出口燃油的热焓值和加注燃油时带入的焓值,燃烧室能量方程可简写为

$$W_{a3} c_{p4, g} T_{t4} - W_{a3} c_{p3, a} T_{t3} = W_f H_\mu \eta_b \tag{6.105}$$

等式两边除以组合参数 $P_{t1} \sqrt{T_{t1}}$,变换整理有

$$\frac{W_f}{P_{t1} \sqrt{T_{t1}}} H_\mu = \frac{W_{a3} \sqrt{T_{t3}}}{P_{t3}} \frac{P_{t3}}{P_{t1}} \sqrt{\frac{T_{t1}}{T_{t3}}} \cdot \left(c_{p4, g} \frac{T_{t4}}{T_{t1}} - c_{p3, a} \frac{T_{t3}}{T_{t1}} \right) \cdot \frac{1}{\eta_b} \tag{6.106}$$

同样的,在流动相似假设条件下,$\dfrac{W_{a3}\sqrt{T_{t3}}}{P_{t3}}$、$\dfrac{P_{t3}}{P_{t1}}$、$\dfrac{T_{t1}}{T_{t3}}$、$\dfrac{T_{t4}}{T_{t1}}$ 均为常数;进气总压、总温模拟为小偏差、进气湿度变化较小时,可认为空气、燃气的物理性质不变,则 $c_{p4, g}$、$c_{p3, a}$、η_b 可近似为常数。此时,可导出考虑燃油低热值影响的燃油流量相似参数如下:

$$\frac{W_f}{P_{t1} \sqrt{T_{t1}}} H_\mu = 常数 \tag{6.107}$$

忽略湿度变化的影响,进气总压、总温模拟小偏差条件下,且考虑燃油低热值影响后燃油流量的相似换算公式为

$$W_{f, r} = W_{f, me} \frac{P_{t1, r}}{P_{t1, me}} \sqrt{\frac{T_{t1, r}}{T_{t1, me}}} \frac{H_{\mu, me}}{H_{\mu, r}} = W_{f, me} C_{W_f, \Delta P_t} C_{W_f, \Delta T_t} C_{W_f, H_\mu} \tag{6.108}$$

式中，$C_{W_f, \Delta P_t}$ 为进气总压模拟偏差对燃油流量影响的修正系数，$C_{W_f, \Delta P_t} = P_{t1,r}/P_{t1,me}$；$C_{W_f, \Delta T_t}$ 为进气总温模拟偏差对燃油流量影响的修正系数，$C_{W_f, \Delta T_t} = \sqrt{T_{t1,r}/T_{t1,me}}$，$C_{W_f, H_\mu}$ 为燃油低热值变化对燃油流量影响的修正系数，$C_{W_f, H_\mu} = H_{\mu, me}/H_{\mu, r}$。若燃油验收时的测试温度为 $T_{f, ac}$、燃油低热值为 $H_{\mu, ac}$、定压热容为 $C_{p, f, ac}$，试验时燃油温度为 $T_{f, me}$、定压热容为 $C_{p, f, me}$，则 C_{W_f, H_μ} 可按下式计算：

$$C_{W_f, H_\mu} = \frac{H_{\mu, me}}{H_{\mu, r}} = \frac{H_{\mu, ac} + c_{p,f,ac} T_{f,ac} - c_{p,f,me} T_{f,me}}{H_{\mu, r}} \tag{6.109}$$

6. 耗油率相似换算

对于涡喷/涡扇发动机，耗油率的相似换算值 $(sfc)_r$ 为燃油流量相似换算值 $W_{f,r}$ 与发动机净推力 $F_{n,r}$ 相似换算值之比，即

$$(sfc)_r = \frac{W_{f,r}}{F_{n,r}} \tag{6.110}$$

对于涡轴/涡桨发动机，耗油率的相似换算值 $(sfc)_r$ 为燃油流量相似换算值 $W_{f,r}$ 与动力涡轮输出功率 $N_{P,r}$ 的相似换算值之比，即

$$(sfc)_r = \frac{W_{f,r}}{N_{P,r}} \tag{6.111}$$

7. 燃气总温相似换算

排气温度与涡轮叶片的寿命密切相关，发动机性能评估中也经常用到。在流动相似假设条件下，各截面量刚一的物理量相等，则温度相对值保持不变，由此导出低压涡轮后燃气总温 T_{t5} 的相似参数如下：

$$\frac{T_{t5}}{T_{t1}} = 常数 \tag{6.112}$$

忽略湿度变化的影响，进气总压、总温模拟小偏差条件下，低压涡轮后燃气总温的相似换算公式为

$$T_{t5, r} = T_{t5, me} \cdot \frac{T_{t1, r}}{T_{t1, me}} = T_{t5, me} C_{T_{t5}, \Delta T_t} \tag{6.113}$$

6.2.3 小偏差分析法

小偏差分析方法是一种近似计算法，即用一个线性系统近似描述一个非线性系统，用来确定某一物理过程参数的微小改变量之间的相互关系。该方法又称为小干扰法或摄动法，其基本原理是：当过程的某些参数与基准值（目标值）在某规

定小偏差范围内时,利用已知的微分关系式可以较准确的求出这些微小改变量之间的关系,函数与基准值的小偏差值近似地等于它的微分结果。对于涡轮轴和涡轮螺桨发动机,一般情况下排气速度均较低(约为 100 m/s),尾喷管处于亚临界状态,在动力涡轮恒物理转速控制计划下,当发动机飞行状态参数模拟存在偏差时,发动机各截面参数相似程度下降,导致采用相似换算法对涡轮轴和涡轮螺桨发动机试验性能参数进行修正的准确性也相应降低,此时可采用基于小偏差分析的修正方法(简称小偏差分析法)或修正系数法。在小偏差分析法中,飞行状态参数(发动机进气温度、进气压力和排气环境压力)规定的模拟偏差范围与相似换算修正方法的相同。

1. 小偏差分析理论

参数 Y 是由 N 个自变量 X_1, X_2, $\cdots$, X_N 的函数关系确定时,Y 的数学模型为

$$Y = f(X_1, X_2, \cdots, X_N) \tag{6.114}$$

发动机任意性能参数的试验为 y,各自变量为 $x_i(i=1, 2, \cdots, N)$,按试验性能参数的数学模型确定其试验值为

$$y = f(x_1, x_2, \cdots, x_N) \tag{6.115}$$

按泰勒级数展开为

$$\begin{aligned} y &= f(x_1, x_2, \cdots, x_N) \\ &= f(x_{1,0}, x_{2,0}, \cdots, x_{N,0}) + \sum_{i=1}^{N} f'(x_{i,0}) \mathrm{d}x_i \\ &\quad + \frac{1}{2!} \sum_{i=1}^{N} f''(x_{i,0}) \mathrm{d}x_i^2 + \frac{1}{3!} \sum_{i=1}^{N} f'''(x_{i,0}) \mathrm{d}x_i^3 + \cdots \end{aligned} \tag{6.116}$$

式中,x_i 为 $x_{i,0}$ 微小变化后的值,即 $x_i = x_{i,0} + \mathrm{d}x_i$,$i = 1, 2, \cdots, N$。

函数 y 随自变量微小变化 $\mathrm{d}x$ 后的扰动量 $\mathrm{d}y$ 可表示为

$$\mathrm{d}y = \sum_{i=1}^{N} f'(x_{i,0}) \mathrm{d}x_i + \frac{1}{2!} \sum_{i=1}^{N} f''(x_{i,0}) \mathrm{d}x_i^2 + \frac{1}{3!} \sum_{i=1}^{N} f'''(x_{i,0}) \mathrm{d}x_i^3 + \cdots \tag{6.117}$$

式(6.116)表明,性能参数变化量 Δy 与自变量增量 Δx 和函数 $y=f(x)$ 的表达式有关。当 $f(x)$ 在 $x = x_0$ 的二阶导数及其更高阶导数为有限值且 Δx 很小时,泰勒级数的第二项及其后各项与第一项相比为高阶小量,则可以忽略。此时,将函数 $f(x)$ 在点 $x = x_0$ 附近近似为线性关系的误差也很小;在规定的模拟偏差变化范围内,导数 $f'(x)$ 在 x 值的可以取为不变值,即假设

$$f'(x_0 + \Delta x) = f'(x_0) \tag{6.118}$$

对于任意性能参数 $y = f(x_1, x_2, \cdots, x_N)$，当飞行状态存在模拟偏差使自变量产生微小变化 Δx 时，可用线性系统近似描述此性能参数的变化为

$$\begin{aligned}\Delta y \approx \mathrm{d}y &= \sum_{i=1}^{N} f'(x_{i,0}) \mathrm{d}x_i + R \\ &\approx \sum_{i=1}^{N} f'(x_{i,0}) \Delta x_i = \sum_{i=1}^{N} \frac{\partial y}{\partial x_{i,0}} \Delta x_i \\ &= k_1 \Delta x_1 + k_2 \Delta x_2 + \cdots + k_N \Delta x_N \end{aligned} \tag{6.119}$$

系数 c_i 是函数 $y = f(x)$ 在 $x = x_0$ 时的偏导数，$k_i = \dfrac{\partial y}{\partial x_i}$，$i = 1, 2, 3, \cdots, N$。当自变量 x_i 产生微小相对变化 $\delta x_i = \dfrac{\mathrm{d}x_i}{x_i} = \dfrac{\Delta x_i}{x_i} (i = 1, 2, 3 \cdots, N)$ 时，利用已知的函数关系计算一阶导数值确定性能参数的相对变化，而不用确定性能参数变化的绝对值。

基于 $\mathrm{d}(\ln x_i) = \dfrac{\mathrm{d}x_i}{x_i}$，故推导公式时先对性能参数的函数取对数，然后再微分，性能参数的相对变化表示为

$$\delta y = c_1 \delta x_1 + c_2 \delta x_2 + \cdots + c_N \delta x_N \tag{6.120}$$

式中，系数 c_i 为 x_i 对 y 的影响系数，$c_i = \dfrac{\partial(\ln y)}{\partial(\ln x_i)} = \dfrac{x_i}{y} \dfrac{\partial y}{\partial x_i}$，$i = 1, 2, \cdots, N$。

2. 动力涡轮功率模拟小偏差影响修正方法

涡轮轴和涡轮螺桨发动机高空模拟试验中，当发动机工作在较高功率状态，动力涡轮导向器喉道处于临界，其后的压力不会前传影响燃气发生器共同工作，发动机燃气涡轮出口温度和发动机排气环境压力或进出口冲压比变化将改变动力涡轮的焓降和落压比，从而影响动力涡轮的输出功。此时，在模拟小偏差条件下，动力涡轮导向器之前的流动仍满足准相似的要求，即发动机工作在相同换算转速时，其压气机压比和采用相似换算修正后的空气流量、燃油流量、燃气涡轮出口温度变化很小；由于喷管出口截面不临界，动力涡轮导向器之后的流动相似程度降低，其输出功率相似换算值的准确度也随之下降。因此，常采用如下方法解决模拟小偏差情况下的涡轮轴和涡轮螺桨发动机试验性能参数修正问题，对于动力涡轮导向器喉道临界的工作状态，发动机转速、空气流量、燃油流量、燃气涡轮出口温度用相似换算进行影响修正，动力输出轴功率用小偏差分析法进行影响修正[58]。

涡轮轴和涡轮螺桨发动机动力涡轮单位输出功 L_p 计算公式为

$$L_p = \frac{k}{k-1} RT_{45} \left(1 - \frac{1}{\pi_p^{\frac{k-1}{k}}}\right) \eta_p \qquad (6.121)$$

式中，π_p、η_p、T_{45} 分别为动力涡轮的落压比、效率和进口总温。

在模拟小偏差条件下试验时，发动机流道各截面温度变化很小，其引起的气体热力性质变化也很小，忽略温度变化对气体热力性质的影响，按照6.2.3小节中"1.小偏差分析理论"的小偏差分析方法，动力涡轮单位输出功变化 δL_p 与 $\delta \pi_p$、$\delta \eta_p$、δT_{45} 的关系为

$$\begin{aligned}\delta L_p &= c_1 \delta T_{45} + c_2 \delta \pi_p + c_3 \delta \eta_p \\ &= c_1 \delta T_{45} + c_2 (\delta P_{45} - \delta P_5) + c_3 \delta \eta_p\end{aligned} \qquad (6.122)$$

动力涡轮输出功率 N_p 为发动机燃气流量 W_g 和单位输出功 L_p 之积，则功率变化 δN_p 可表示为

$$\delta N_p = \delta(W_g \cdot L_p) = c_1 \delta T_{45} + c_2(\delta P_{45} - \delta P_5) + c_3 \delta \eta_p + c_4 \delta W_g \qquad (6.123)$$

式中，c_1、c_2、c_3、c_4 分别为 T_{45}、π_p、η_p 和 W_g 的影响系数。考虑到燃油流量 W_f 相对于空气流量 W_a 而言为小量，忽略模拟偏差引入的 W_f 变化带来的影响，则有 $\delta W_g \approx \delta W_a$。影响系数的计算公式为

$$c_1 = 1.0, \quad c_2 = \frac{k-1}{k(\pi_p^{\frac{k-1}{k}} - 1)}, \quad c_3 = 1.0, \quad c_4 = 1.0 \qquad (6.124)$$

根据发动机工作特点，模拟小偏差条件下动力涡轮效率 η_p 变化很小，可以忽略 $\delta \eta_p$ 变化的影响，即 $\delta \eta_p = 0$。当动力涡轮导向器喉道工作在临界状态，按6.3.2节的相似理论计算进口总温、进口总压和排气环境压力模拟偏差 δT_{t1}、δP_{t1}、δP_{sch} 对 W_a 的影响量 δW_a，并将 δT_{45}、δP_{45}、δP_5 与 δT_{t1}、δP_{t1}、δP_{sch} 关联起来，其函数公式为

$$\delta T_{45} = \delta T_{t1}, \quad \delta P_{45} = \delta P_{t1}, \quad \delta P_5 = \delta P_{sch} \qquad (6.125)$$

因此，可导出基于小偏差分析理论的涡轮轴和涡轮螺桨发动机动力涡轮输出功率模拟偏差影响修正公式为

$$\delta N_p = \delta W_a + \delta T_{t1} + c_2(\delta P_{t1} - \delta P_h) \qquad (6.126)$$

若涡轴发动机空中慢车以上状态的动力涡轮落压比 π_p 在2.2~2.6范围内变化，按气体比热比 $k=1.33$ 计算，c_2 在1.145~0.927范围内变化。

3. 小偏差修正分析法实例

为研究进口总压、总温和排气环境压力偏差对发动机性能参数的影响量和修

正方法的适用性,选用某涡轴发动机开展了数值仿真分析和试验验证,研究用涡轴发动机为动力涡轮恒转速控制。

发动机数值仿真模型为部件级热力模型,利用试验数据完成了模型优化,在地面条件下设计点附近模型精度优于 1.0%。试验验证在涡轴发动机某高空模拟试验舱内进行,发动机进口总压、总温和排气环境压力可根据需要进行调节,动力涡轮输出功率用水力测功器测量,试验时同时测试发动机燃气涡轮转速、动力涡轮转速、空气流量、燃油流量、动力涡轮进口总温和总压、排气环境压力等参数。

数值仿真分析时,发动机燃气涡轮相似换算转速为 $n_{g,r}=1.0$、动力涡轮转速 $n_p=1.0$;发动机进口总压、进口总温和排气环境压力的偏差 δP_{t1}、δT_{t1} 和 δP_h 见表 6.5。表 6.6 和图 6.11 为采用相似换算得到的标准海平面大气下的空气流量、燃油流量、动力涡轮进口总温、动力涡轮输出功率、耗油率与设计点性能的相对差异 $\delta W_{a,c}$、$\delta W_{f,c}$、$\delta T_{45,c}$、$\delta N_{p,c1}$、$\delta(sfc)_{c1}$,以及采用小偏差修正方法得到的输出功率和耗油率与设计点性能的相对差异 $\delta N_{p,c2}$、$\delta(sfc)_{c2}$,图表中偏差和相对差异为计算值与海平面标准大气条件的相对偏差,计算影响系数 c_2 时燃气比热比 $k=1.33$。

表 6.5　某涡轴发动机偏差影响仿真条件

偏差	计算工况编号											
	1	2	3	4	5	6	7	8	9	10	11	12
$\delta P_{t1}/\%$	-2.0	-1.0	2.0	4.0	0	0	0	0	0	0	0	0
$\delta T_{t1}/\%$	0	0	0	0	0	0	0	0	-4.0	-2.0	2.0	4.0
$\delta P_h/\%$	0	0	0	0	-4.0	-3.0	-2.0	-1.0	0	0	0	0

表 6.6　某涡轴发动机偏差影响仿真结果

工况编号	相似换算的相对差异					小偏差修正的相对差异				小偏差修正分量				
	$\delta W_{a,c}$ /%	$\delta W_{f,c}$ /%	$\delta T_{45,c}$ /%	$\delta N_{p,c1}$ /%	$\delta(sfc)_{c1}$ /%	$\delta N_{p,c2}$ /%	$\delta(sfc)_{c2}$ /%	$\delta N_{p,c3}$ /%	$\delta(sfc)_{c3}$ /%	δW_a /%	δT_{t1} /%	δP_{t1} /%	δP_h /%	c_2	$\delta \eta_p$ /%
1	-0.002	0.163	0.094	-1.502	1.690	0.476	-0.312	0.309	-0.146	-2.002	0	-2.0	0	0.973 0	0.167
2	-0.001	0.076	0.044	-0.757	0.839	0.214	-0.137	0.130	-0.053	-1.001	0	-1.0	0	0.962 2	0.084
3	0.002	-0.177	-0.105	1.396	-1.551	-0.442	0.266	-0.278	0.102	2.002	0	2.0	0	0.931 8	-0.164
4	0.004	-0.339	-0.200	**2.770**	**-3.026**	-0.776	**0.440**	**-0.446**	0.107	4.005	0	4.0	0	0.912 9	-0.330
5	0.002	-0.160	-0.106	3.033	-3.100	-0.613	0.455	-0.264	0.103	0.002	0	0	-4.0	0.910 9	-0.349
6	0.002	-0.122	-0.080	2.266	-2.335	-0.499	0.379	-0.240	0.119	0.002	0	0	-3.0	0.920 9	-0.259
7	0.001	-0.084	-0.055	1.500	-1.560	-0.363	0.281	-0.193	0.110	0.001	0	0	-2.0	0.931 1	-0.170
8	0.001	-0.046	-0.031	0.736	-0.776	-0.206	0.160	-0.122	0.076	0.001	0	0	-1.0	0.941 4	-0.084
9	0.003	-0.792	0.025	-0.235	**-0.558**	-0.316	**-0.477**	-0.367	**-0.426**	2.065	-4.0	0	0	0.953 0	0.051

续 表

工况编号	相似换算的相对差异					小偏差修正的相对差异					小偏差修正分量				
	$\delta W_{a,c}$ /%	$\delta W_{f,c}$ /%	$\delta T_{45,c}$ /%	$\delta N_{p,c1}$ /%	$\delta(sfc)_{c1}$ /%	$\delta N_{p,c2}$ /%	$\delta(sfc)_{c2}$ /%	$\delta N_{p,c3}$ /%	$\delta(sfc)_{c3}$ /%	δW_a /%	δT_{t1} /%	δP_{t1} /%	δP_h /%	c_2	$\delta \eta_p$ /%
10	0.001	-0.390	0.017	-0.112	-0.279	-0.133	-0.258	-0.155	-0.236	1.017	-2.0	0	0	0.9523	0.022
11	0.000	0.371	-0.031	0.032	0.339	0.013	0.358	0.081	0.290	-0.986	2.0	0	0	0.9512	-0.068
12	-0.001	0.728	-0.070	0.023	**0.705**	-0.053	**0.782**	0.103	**0.625**	-1.943	4.0	0	0	0.9509	-0.156

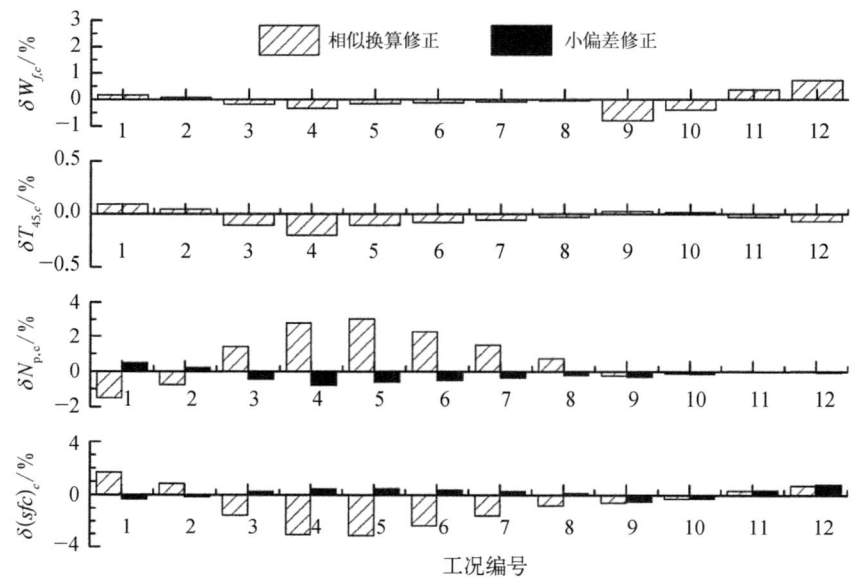

图 6.11 某涡轴发动机偏差影响仿真结果

仿真计算结果表明：

（1）计算模拟偏差范围内发动机换算空气流量 $W_{a,c}$ 保持不变。其原因是 $n_{g,c}=1.0$ 时，压气机压比变化对 $W_{a,c}$ 影响很小，同时模拟偏差对压气机压比影响也很小；

（2）模拟偏差对 $W_{f,c}$ 的影响较小，δP_{t1}、δP_h、δT_{t1} 为 4%、-4%、4% 时对应的相似换算修正结果相对差异最大，分别为 -0.34%、-0.16%、-0.79%；

（3）模拟偏差对 $T_{45,c}$ 的影响很小，计算模拟偏差范围内，相似换算修正结果的相对差异 $\delta T_{t45,c} \leq 0.20\%$；

（4）T_{t1} 模拟偏差对动力涡轮输出功率和耗油率的修正结果影响较小，两种修正方法得到的结果变化小于 0.1%；相似换算修正方法得到的 $\delta N_{p,c1}$、$\delta(sfc)_{c1}$ 最大差异量值分别为 -0.24% 和 0.71%，小偏差修正方法得到的 $\delta N_{p,c2}$、$\delta(sfc)_{c1}$ 最大差异量值分别为 -0.32%、0.78%；

（5）存在 P_{t1}、P_h 模拟偏差时，相似换算修正方法得到的动力涡轮输出功率

$N_{p,c1}$ 和耗油率 $(sfc)_{c1}$ 的相对差异较大，且相对差异 $\delta N_{p,c1}$、$\delta(sfc)_{c1}$ 随 δP_{t1}、δP_h 增加呈线性增大趋势；δP_{t1}、δP_h 为 4%、-4% 时相对差异最大，$\delta N_{p,c1}$ 分别为 2.77%、3.03%，$(sfc)_{c1}$ 分别为 -3.03%、-3.10%；相似换算修正方法得到的 $\delta N_{p,c1}$ 较大，是因为其没有考虑发动机进出口冲压比带来的影响；

（6）存在 P_{t1}、P_h 模拟偏差时，小偏差修正方法得到的相对差异 $\delta N_{p,c2}$、$\delta(sfc)_{c2}$ 较相似换算修正方法得到的相对差异 $\delta N_{p,c1}$、$\delta(sfc)_{c1}$ 有较明显的减小；δP_{t1}、δP_h 为 4%、-4% 时，$\delta N_{p,c2}$ 分别下降至 -0.78%、-0.61%，$\delta(sfc)_{c2}$ 分别下降至 0.44%、0.46%；考虑动力涡轮效率变化 $\delta\eta_p$ 的影响后，动力涡轮输出功率和耗油率的修正结果相对差异 $\delta N_{p,c3}$、$\delta(sfc)_{c3}$ 进一步减小，$\delta N_{p,c3}$ 最大量值分别下降至 -0.45%、-0.61%，$\delta(sfc)_{c2}$ 最大量值分别下降至 0.11%、0.12%。

试验验证在涡轴发动机某高空模拟试车台上开展。试验时保持发动机进口总压 P_{t1} 和总温 T_{t1} 不变，调节发动机排气环境压力 P_h 的模拟偏差在 -4%~0% 范围内变化，录取了发动机不同功率状态的节流特性。验证试验条件和结果见表 6.7，采用相似换算修正方法得到的海平面标准大气条件下的空气流量、动力涡轮前燃气总温、动力涡轮输出功率和耗油率的节流特性见图 6.12，采用小偏差修正方法得到的海平面标准大气条件下的动力涡轮输出功率和耗油率的节流特性见图 6.13。模拟偏差 δP_{t1}、δT_{t1}、δP_h 为试验值与海平面标准大气条件相应值的相对差异，$n_{p,Tr}$ 为动力涡轮转速的试验值与恒转速控制值之比；图表中 $n_{gc,Tr}$、$W_{a,c,Tr}$、$T_{t45,c,Tr}$、$N_{p,c1,Tr}/N_{p,c2,Tr}$ 分别为燃气涡轮转速、空气流量、动力涡轮前燃气总温、动力涡轮输出功率的试验修正结果与设计点参考值之比，$(sfc)_{c1,T}/(sfc)_{c2,T}$ 为发动机耗油率试验修正结果。

表 6.7 试验验证条件与结果

工况编号	试验条件				相似换算修正结果					小偏差修正结果	
	δP_{t1} (%)	δT_{t1} (%)	δP_h (%)	$n_{p,Tr}$ (%)	$n_{gc,Tr}$ (%)	$W_{a,c,Tr}$	$T_{t45,c,Tr}$	$N_{p,c1,Tr}$	$(sfc)_{c1,T}$ [kg/(kW·h)]	$N_{p,c2,Tr}$	$(sfc)_{c2,T}$ [kg/(kW·h)]
1	-0.04	0.15	-0.16	99.90	93.58	0.827 7	0.892 2	0.593 7	0.403 83	0.592 9	0.404 45
2	-0.14	-0.19	-1.19	99.91	93.73	0.833 0	0.891 3	0.606 7	0.395 97	0.599 0	0.401 11
3	-0.16	-0.22	-2.12	99.90	93.80	0.837 7	0.891 6	0.620 5	0.390 04	0.606 1	0.399 32
4	-0.18	0.02	-4.04	99.94	93.75	0.832 8	0.887 0	0.619 6	0.385 61	0.592 5	0.403 29
5	-0.04	0.26	-0.18	99.91	95.00	0.881 9	0.929 5	0.730 1	0.374 16	0.729 0	0.374 73
6	-0.27	-0.19	-1.16	99.92	95.04	0.882 2	0.924 6	0.732 1	0.369 89	0.724 9	0.373 58
7	-0.23	-0.08	-2.13	99.91	94.98	0.877 5	0.921 4	0.734 2	0.365 84	0.719 0	0.373 59
8	-0.07	-0.10	-4.15	99.91	94.88	0.872 9	0.916 8	0.730 8	0.362 13	0.699 6	0.378 30
9	-0.09	0.08	-0.18	99.90	96.25	0.919 0	0.954 7	0.830 5	0.357 70	0.829 7	0.358 04

续表

工况编号	试验条件				相似换算修正结果					小偏差修正结果	
	δP_{t1} (%)	δT_{t1} (%)	δP_h (%)	$n_{p,Tr}$ (%)	$n_{gc,Tr}$ (%)	$W_{a,c,Tr}$	$T_{t45,c,Tr}$	$N_{p,c1,Tr}$	$(sfc)_{c1,T}$ [kg/(kW·h)]	$N_{p,c2,Tr}$	$(sfc)_{c2,T}$ [kg/(kW·h)]
10	-0.11	-0.20	-1.13	99.90	96.27	0.9170	0.9531	0.8320	0.35463	0.8232	0.35840
11	-0.09	-0.04	-2.11	99.91	96.22	0.9140	0.9503	0.8320	0.35174	0.8149	0.35912
12	-0.14	-0.09	-4.11	99.92	95.95	0.9101	0.9447	0.8316	0.34735	0.7992	0.36148
13	-0.15	-0.02	-0.21	99.88	96.85	0.9358	0.9695	0.8807	0.35119	0.8801	0.35141
14	-0.25	-0.19	-1.17	99.88	96.91	0.9348	0.9659	0.8832	0.34836	0.8749	0.35165
15	-0.08	-0.04	-2.09	99.91	96.68	0.9307	0.9617	0.8822	0.34476	0.8645	0.35180
16	-0.24	0.02	-4.15	99.91	96.63	0.9290	0.9595	0.8823	0.34214	0.8493	0.35545
17	-0.22	-0.01	-0.20	99.90	98.26	0.9775	0.9993	1.0025	0.33764	1.0026	0.33759
18	-0.04	0.00	-1.16	99.91	98.18	0.9742	0.9967	1.0002	0.33563	0.9896	0.33921
19	0.08	0.03	-2.09	99.93	98.01	0.9690	0.9937	0.9991	0.33312	0.9788	0.34002
20	-0.08	0.05	-4.15	99.92	97.95	0.9682	0.9912	1.0016	0.32986	0.9649	0.34241

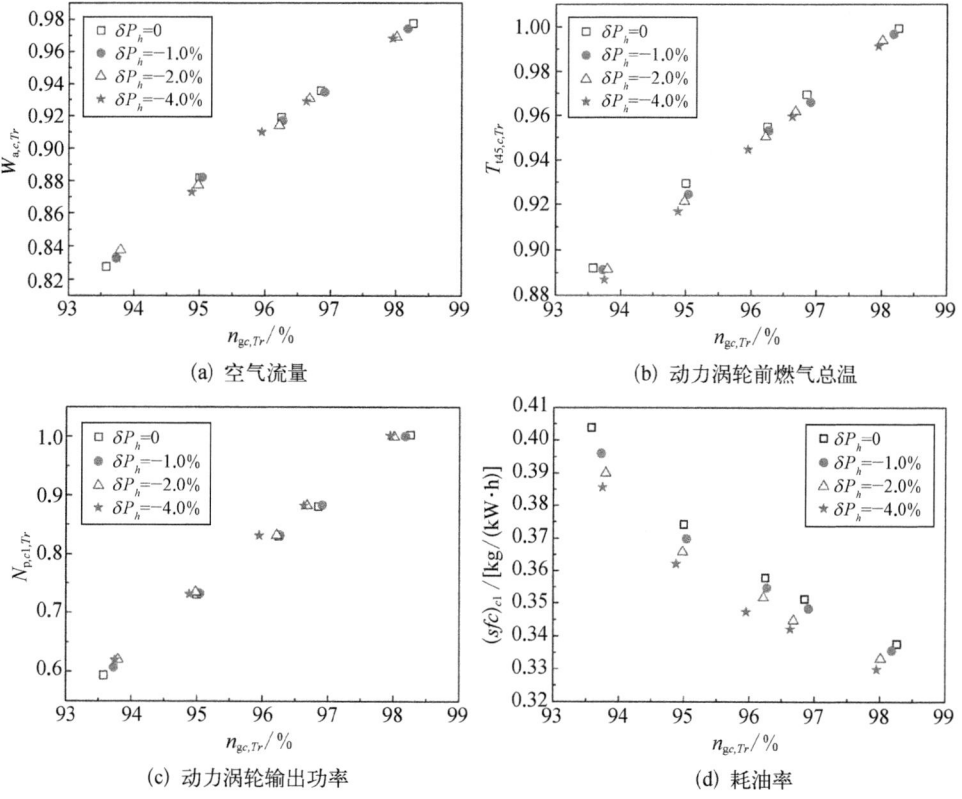

图 6.12 节流特性(相似换算修正结果)

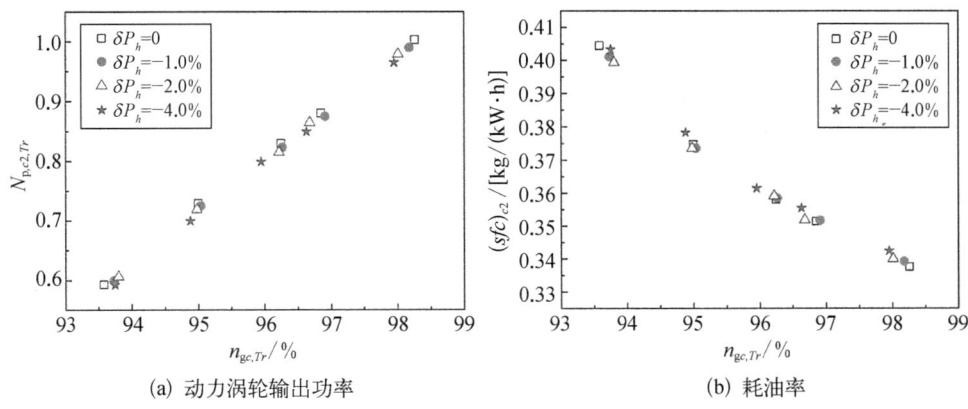

(a) 动力涡轮输出功率　　　　　　(b) 耗油率

图 6.13　节流特性(小偏差修正结果)

试验时,δP_{t1} 和 δT_{t1} 小于 0.3%,δP_h 最大值为 -4.15%;燃气发生器换算转速 $n_{g,c}$ 差异 ≤0.31%,动力涡轮物理转速 n_p 最大差异 ≤0.06%;小偏差修正时,动力涡轮落压比 π_p 由优化模型计算得到。无发动机仿真模型时,π_p 可按设计参数考虑;缺少设计参数时,π_p 可由动力涡轮进口燃气总温、输出功率和发动机空气流量的测试值 T_{t45}、N_p、W_a 和设计效率 η_p 进行估算。试验结果表明:

(1) 相似换算修正方法获得的 $W_{a,c}$ 节流特性分散度很小,相同发动机状态下的最大相对差异小于 0.5%;

(2) 相似换算修正方法获得的 $N_{p,c1}$ 节流特性分散度较大,相同发动机状态下的最大相对差异约 3.0%;小偏差修正方法获得的 $N_{p,c2}$ 节流特性的分散度明显降低,相同发动机状态下的最大相对差异约 1.1%;

(3) 相似换算修正方法获得的 $(sfc)_{c1}$ 节流特性分散度较大,相同发动机状态下的最大相对差异约 4.0%。小偏差修正方法获得的 $(sfc)_{c2}$ 节流特性的分散度明显降低,相同发动机状态下的最大相对差异小于 1.0%。

6.2.4　修正系数法

修正系数法又称曲线插值(或拟合)修正法,即利用仿真模型或试验得到发动机性能随其影响因子的变化规律,并将这些变化规律绘制成关系曲线、图表或拟合成函数关系等,试验时根据影响因子实际量值查曲线、插值或计算得到规定目标飞行状态下的性能修正值。这种修正方法适用于相似换算条件难于满足的试验性能参数修正,比如涡轴发动机排气环境压力模拟偏差、涡扇发动机控制计划偏离给定控制计划、大气进气条件下开展的高空校准试验结果、湿度修正等情况。

1. 修正系数获取方法

获取修正系数主要有仿真分析和试验研究两种方法。

通过仿真分析获取修正系数时,第一步是搭建发动机仿真数学模型,并利用试验结果对其进行校核和优化,以保证其仿真结果精度满足要求;第二步是进行发动机性能的试验影响因子敏感性分析,通过改变发动机进出口条件参数,比如进气总温、总压、湿度和排气环境等,计算发动机性能参数随这些试验影响因子的变化规律;第三步是对变化规律进行整理和二次处理,绘制成关系曲线、图表或拟合成函数关系等,并研究其与相似换算修正值、小偏差修正值的一致性。通常情况下,发动机数学模型总是基于特定的假设条件构建的,对某些影响因子的处理受限于当前的技术水平,比如湿度对燃烧的影响、雷诺数对低压部件特性的影响、大温度偏差对发动机总体性能的影响等,确保仿真结果精度面临着严峻挑战。但仿真分析方法可以隔离或任意组合影响因子,且能较快的获得重复性很好的计算结果。

通过试验研究获取修正系数时,第一步是进行发动机工作特性分析,确定修正曲线获取的科学试验方案,包括选取合适的试验状态点、建立不同影响因子的模拟方法、确定能尽可能消除或减少热平衡和多因子耦合影响的试验程序、给出可准确测取所需全部数据的测试方案、建立正确的试验数据处理分析方法等;第二步是进行发动机试验,根据修正系数获取的需求逐一改变影响因子(比如发动机进气总温、湿度、雷诺数、控制参数变化等),测取发动机性能数据;第三步是对试验结果进行整理分析,绘制成关系曲线、图表或拟合成函数关系等,便于工程应用。修正系数的试验研究工作可选择在高空台上或地面台上进行。相对而言,在地面台上开展试验研究的成本较低,但能模拟的影响因子有限,可开展控制计划偏离对发动机性能影响研究,开展进气总温、湿度和雷诺数等影响因子对发动机性能影响研究就很困难。在高空台上,不仅可开展发动机工作包线内控制计划偏离对发动机性能影响研究,而且利用进气加降温系统、进口喷水制湿系统和进排气调压系统,可以模拟进气总温、湿度、雷诺数等影响因子的单一变化或组合变化,具备开展影响因子的独立和综合作用效果的试验研究;其缺点是成本高,试验性能变化量具有一定的不确定度,可能影响修正系数的准确性。

工程应用中,为了降低试验成本和提高修正系数准确度,最优方法是结合上述两种方法的优点共同确定试验影响因子的修正系数,首先利用发动机数学模型进行仿真分析,获得不同性能参数的单一或组合试验影响因子修正系数,然后选择典型飞行状态点和发动机功率状态进行试验验证。若试验验证结果与仿真值差异较大,分析确定差异产生的原因,视情况对仿真模型进行优化或改进完善试验验证方法。

2. 修正曲线应用示例

用于评估发动机工作特性的性能参数很多,总体性能参数包括推力/功率、耗油率、转子转速、空气流量、低压涡轮后燃气总温等,部件特性参数包括压比、效率、折合流量等。这些性能参数会随进口总温、湿度、雷诺数、控制参数等影响因子的变化而变化,不同性能参数变化量不同,且同一影响因子对不同发动机性能参数的影响量也可能不同,故通常绘制的是针对某特定型号发动机的修正曲线簇。

地面台均面临一年四季温度、湿度变化带来的发动机性能参数修正问题,高空台校准试验若不采用机组供干燥气,也面临相同的问题。发动机控制计划通常与发动机进气温度有关,本小节选择性地给出了某小涵道比双转子加力式涡扇发动机性能参数随进气总温、湿度变化的修正曲线,并简单介绍了其应用方法。此小涵道比双转子加力式涡扇发动机的主要控制计划如下:

(1) 节流状态,高压转子转速 n_2 随油门杆角度 PLA 变化,并按发动机进口总温 T_{t1} 修正,即 $n_2=f(PLA,T_{t1})$;喷管喉道面积 A_8 按压气机折合转速 n_{2r} 调节,并按 T_{t1} 修正,即 $A_8=f(n_{2r},T_{t1})$;

(2) 非加力最大状态,被控参数为低压转子转速 n_1 和涡轮落压比 π_T,n_1 和 π_T 按 T_{t1} 修正,n_1 随 T_{t1} 的变化关系如图 6.14(a) 所示;通过调节主燃烧室燃油流量控制 n_1,调节喷管喉道面积控制落压比 π_T;限制参数为低压转子换算转速、高压转子换算转速、低压涡轮出口燃气总温、高压压气机出口压力;

(3) 加力状态,相对非加力状态的控制计划增加一个组合调节参数 $W_{f,a}/P_{t3}$,其中 $W_{f,a}$ 为加力供油量,P_{t3} 为高压压气机出口压力,对加力燃油流量开环控制,保持主机状态不变;n_1 随 T_{t1} 的变化关系如图 6.14(b) 所示;

(4) 风扇导叶角度 α_1 按低压转子折合转速 n_{1r} 控制,压气机叶角度 α_2 按高压转子折合转速 n_{2r} 控制;非加力最大状态和加力状态的尾喷管出口面积 A_8 为喷管内外气动平衡调节,并有最大、最小机械限位。

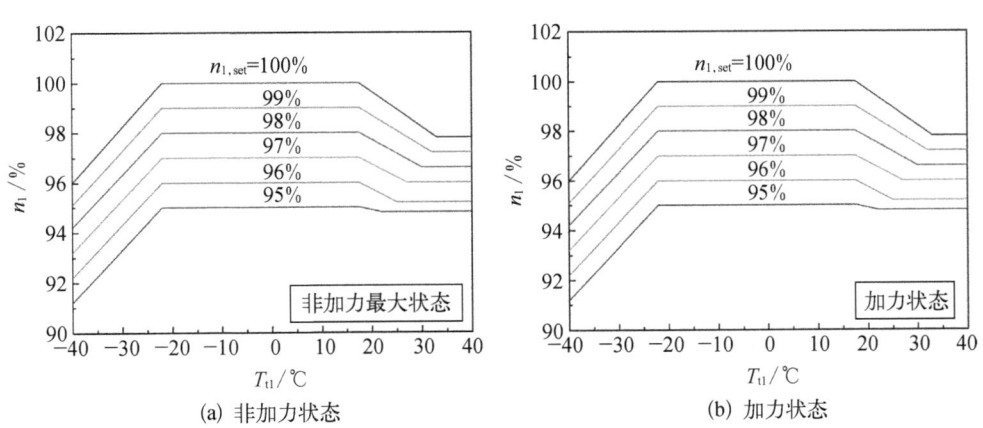

图 6.14 发动机低压转子转速随进气总温 T_{t1} 变化关系

进气总温 T_{t1} 对某小涵道比涡扇发动机性能参数影响的修正曲线如图 6.15、图 6.16 所示,其适用范围为 -40~40℃,确定修正曲线时考虑了工作介质热力性质

随 T_{t1} 的变化。图 6 为节流状态尾喷管喉道面积 A_8 固定不变时发动机主要性能参数的修正曲线见图 6.15，图中 C_{F_n}、C_{W_f} 分别为发动机推力和燃油流量的修正系数。图 6.16 为非加力最大状态和加力状态时发动机主要性能参数和部件特性参数的

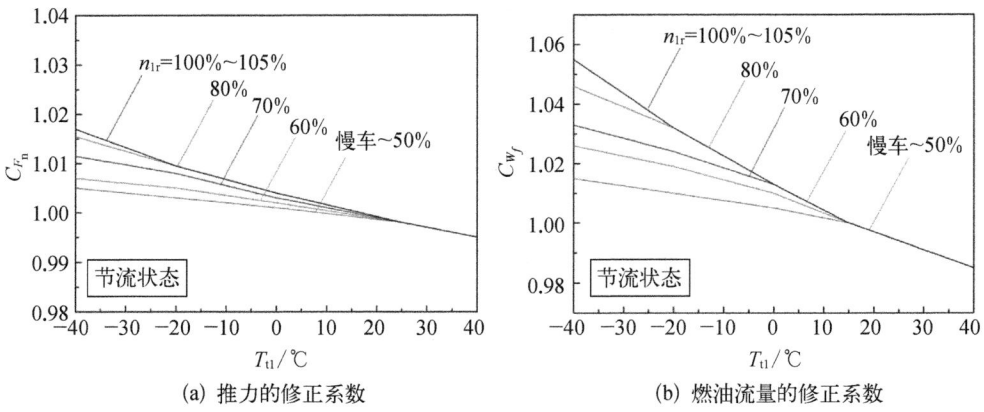

(a) 推力的修正系数　　　　　　　　(b) 燃油流量的修正系数

图 6.15　进气总温 T_{t1} 对发动机性能影响的修正曲线（A_8 = 常数）

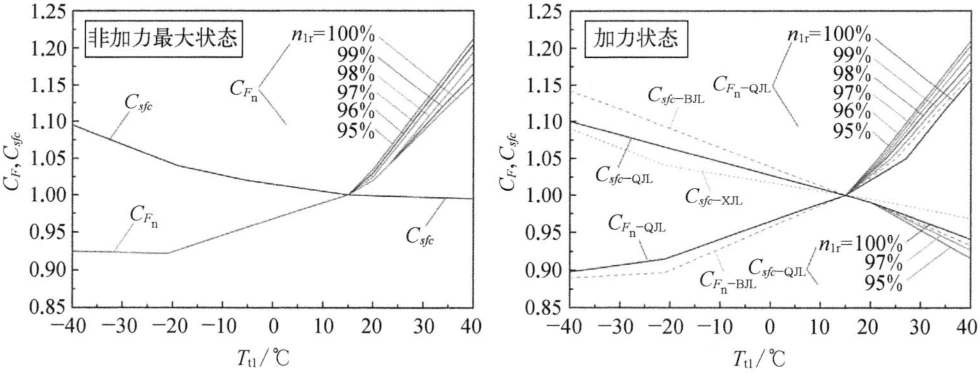

(a) 推力和耗油率的修正系数

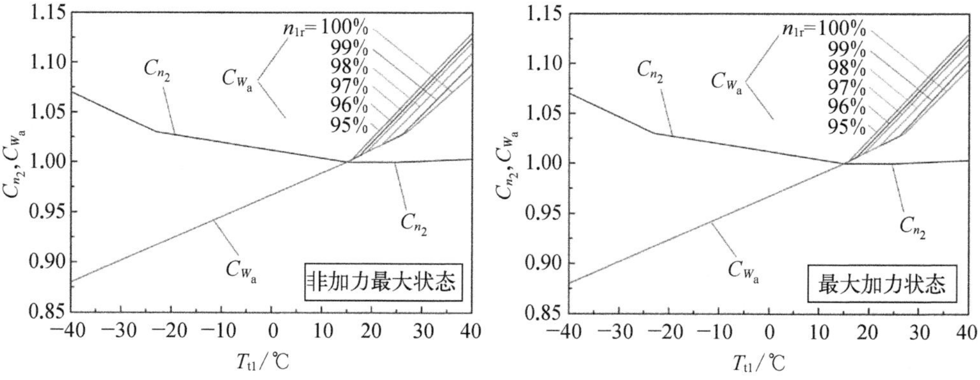

(b) 空气流量和高压转子转速的修正系数

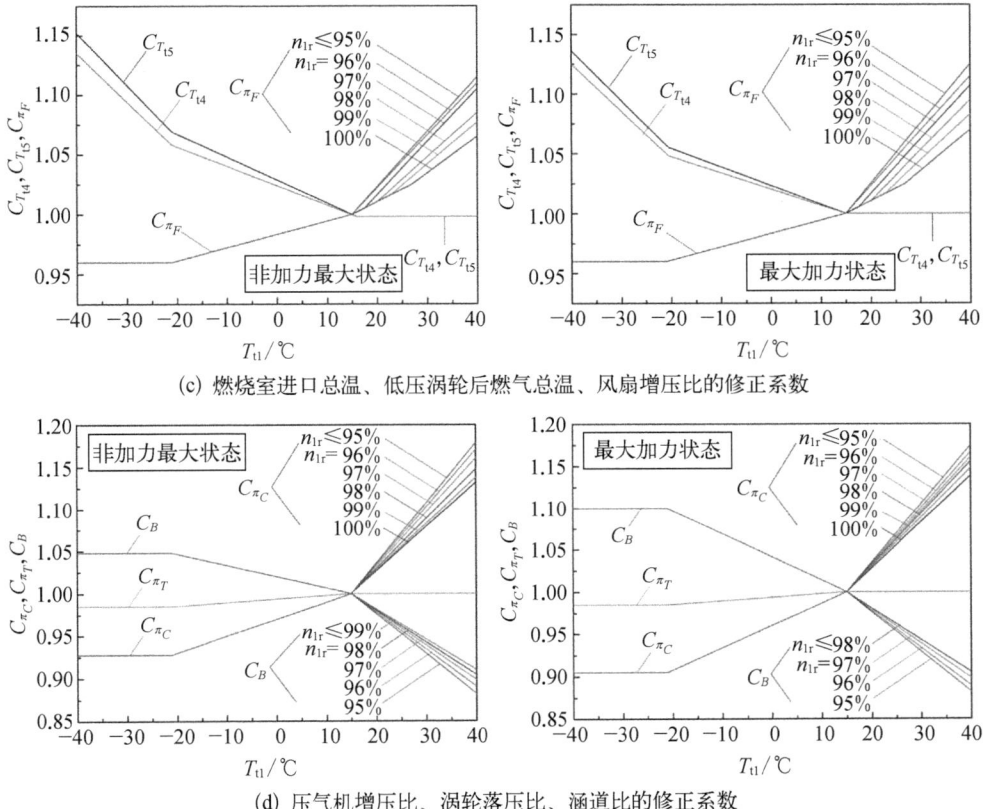

(c) 燃烧室进口总温、低压涡轮后燃气总温、风扇增压比的修正系数

(d) 压气机增压比、涡轮落压比、涵道比的修正系数

图 6.16 进气总温 T_{t1} 对发动机性能影响的修正曲线

修正曲线,图中 C_{F_n}、C_{sfc}、C_{W_a}、C_{n_2}、$C_{T_{t4}}$、$C_{T_{t5}}$、C_{π_F}、C_{π_C}、C_{π_T}、C_B 分别为发动机推力、耗油率、空气流量、高压转子转速、燃烧室出口总温、低压涡轮出口燃气总温、风扇增压比、压气机增压比、涡轮落压比、涵道比的修正系数,下标 XJL、BJL、QJL 分别表示小加力状态、部分加力状态和最大加力状态。

发动机节流状态 A_8 保持不变时,试验结果先进行相似换算,并由图 6.15 插值确定进气总温 T_{t1} 条件下发动机推力、燃油流量的修正系数 C_{F_n}、C_{W_f},相似换算结果与修正系数之积为标准大气条件下性能。若相似换算值用下标 r 表示,考虑 T_{t1} 影响后的修正结果用下标 c 表示,则

$$\begin{cases} n_{1,c} = n_{1,r}, & n_{2,c} = n_{2,r}, & W_{a,c} = W_{a,r}, \\ F_{n,c} = C_{F_n} \cdot F_{n,r}, & W_{f,c} = C_{W_f} \cdot W_{f,r} \end{cases} \quad (6.127)$$

发动机非加力最大状态和加力状态时,低压转子转速测试值先进行相似换算,并由图 6.16 插值确定进气总温 T_{t1} 条件下发动机推力、耗油率等性能参数和压气机增压比、涡轮落压比等部件特性参数的修正系数。发动机 T_{t1} 影响修正系数与其

余偏差修正结果之积为标准大气条件下的性能。若未进行 T_{t1} 影响修正的试验修正值用下标 NoT 表示,试验最终修正结果用下标 c 表示,则

$$\begin{cases} n_{1,c} = n_{1,r}, & n_{2,c} = C_{n_2} \cdot n_{2,\text{NoT}}, & W_{a,c} = C_{W_a} \cdot W_{a,\text{NoT}}, \\ F_{n,c} = C_{F_n} \cdot F_{n,\text{NoT}}, & sfc_c = C_{sfc} \cdot sfc_{\text{NoT}} \\ T_{t4,c} = C_{T_{t4}} \cdot T_{t4,\text{NoT}}, & T_{t5,c} = C_{T_{t5}} \cdot T_{t5,\text{NoT}}, & B_c = C_{B_c} \cdot B_{\text{NoT}} \\ \pi_{F,c} = C_{\pi_F} \cdot \pi_{F,\text{NoT}}, & \pi_{C,c} = C_{\pi_C} \cdot \pi_{C,\text{NoT}}, & \pi_{T,c} = C_{\pi_T} \cdot \pi_{T,\text{NoT}} \end{cases} \quad (6.128)$$

第 7 章
试验流程与控制

当高空模拟试车台承担某台发动机高空模拟试验任务时,需要按照相关的操作手册、规定和规范,制定完善精益的试验工作方案,并与试验委托方等达成一致意见。这对于保证试验顺利、安全、高效进行具有十分重要的意义。

本章节主要从试验流程、质量控制和安全控制等方面,对高空模拟试验从接到试验任务到发动机返回发动机方的全过程中开展的工作进行叙述和说明。

7.1 试验流程

航空发动机整机高空模拟试验的基本流程如图 7.1 所示,根据每个阶段的工作内容和特点,一般分为试验任务输入阶段、试验准备阶段、试验阶段和试验报告阶段等四个阶段。

7.1.1 试验任务输入阶段

本阶段从上级下达试验任务安排指令,或与委托方(即发动机方)达成有试验意向,至试验任务确定为止。本阶段的主要工作是,试验方(即试验承担单位)与委托方就高空模拟试验的试验内容、试验方法等开展技术交流、协调,试验方根据委托方提供的资料对试验的可行性进行预先评估,并开展初步的设备改造分析。

1. 任务下达

考核性质的试验任务(如飞行前规定试验、定型考核试验等)一般由上级机关下达,科研性调试、摸索试验一般由发动机设计方提出。

试验任务提出后,由委托方向试验方提出初步的试验任务书或试验技术要求,说明试验的性质、目的、试验内容(试验科目和试验点)、试验要求等。

2. 试验技术协调

在收到试验任务后,为保证发动机在高空台上顺利地开展试验,试验方和委托方需要在台架工艺、测试、电气控制、数据分析等几个方面开展初步的协调和沟通。

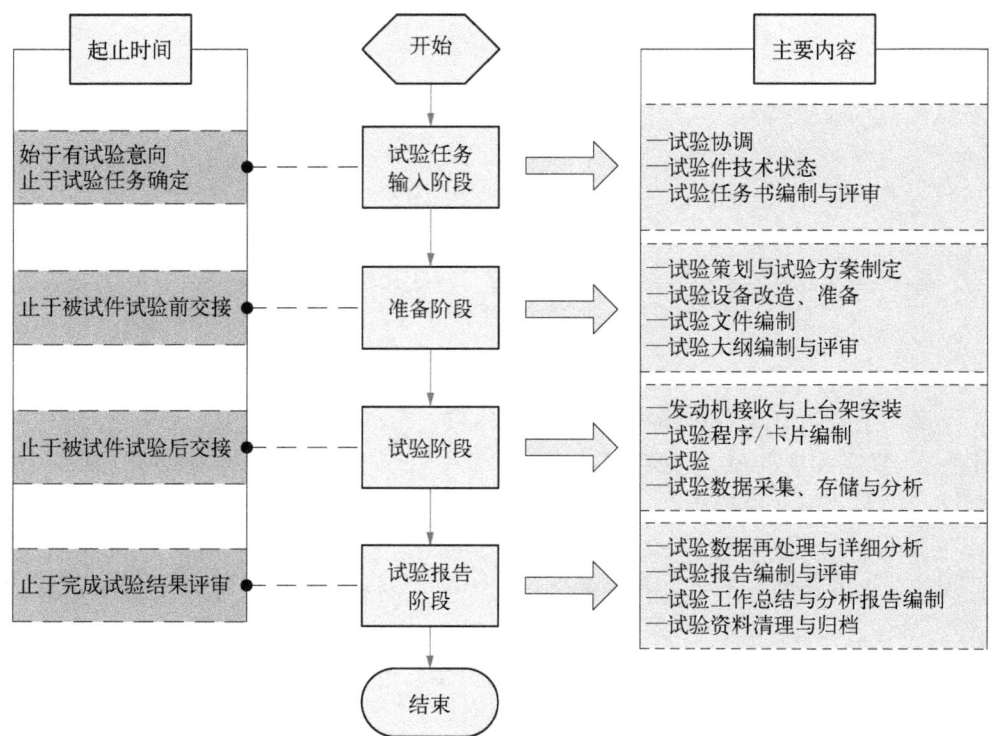

图 7.1　整机高空模拟试验流程图

1) 台架工艺

委托方向试验方提供发动机的外部轮廓,安装接口方式和尺寸,外部接口形式、尺寸,试验所需的燃油、滑油、液压油等牌号,压力、温度、流量、功率分出、引气等要求;试验方收到相关要求后对设备的适应性进行分析,并向委托方反馈分析结果,对不能满足的方面,提出必要的设备改造需求,或双方协商调整。

2) 参数测量测试

委托方向试验方提供发动机上需要测量的具体参数,包括参数形式(气/液、压力、温度、频率、振动、应变、压力脉动、电压、电流等)、参数测量位置、测点数量、测量范围、精度、接口形式、参数显示形式等。试验方在收到要求后,分析测试设备对要求的适应性和满足程度,对不合理或难以实现的要求向委托方提出调整或修改和协商;双方就参数测试方面的分工进行协商,明确发动机上测试传感器、受感部等的提供方,以及明确委托方是否自带测试仪器等。

3) 电气控制

委托方向试验方提供发动机的台架电气控制原理图、台架电气改装要求、传感器需求等文件;采用数字电子控制系统的发动机,委托方还需提供发动机控制系统与台架测试系统之间的参数传输通信协议和要求。

4）数据分析

委托方向试验方提供发动机的特殊数据处理方法和需求,试验方就处理方法的实施可行性进行分析。

3. 试验方案评估

试验方根据试验任务书的要求,对试验的内容和要求进行详细研究,分析试验设备能力、试验技术水平对具体试验项目和试验点的适用性和可行性,就试验内容或科目将采用的具体试验方法与委托方进行充分协调,使其尽可能地满足国军标和委托方的要求。

根据初步协调结果,试验方对各试验点的进/排气压力、温度、流量要求进行计算分析,初步确定各试验点需要动用的试验设备,如供/抽气气源机组数量、空气加/降温系统等;在具备条件的情况下,还需委托方向试验方提供发动机的数学模型,将发动机模型与高空台设备数学模型匹配,进行全流程的虚拟试验仿真计算,初步得到共同运作情况下的高空台设备和发动机的工作参数,进而获得更准确、更合理的设备配置、操作运行参数配置等,预先发现在试验方法、进排气调节、发动机功能/性能等方面可能出现的问题,提前规划应对手段。

在上述分析的基础上,根据试验点的压力、温度范围、动用设备需求,对试验次数、每次试验的试验点进行安排和规划:① 将动用设备接近的试验点安排在一起,尽量避免在同一次试验中同时动用空气加温和降温设备;② 控制每次试验的试验内容,将每次试验的试验时间控制在合理的范围内;③ 根据试验安排预估试验的经费需求。

4. 设备适应性改造初步方案

根据委托方提供的发动机参数、台架工艺、测试、电气控制等需求,分析需要进行的设备改造和新购设备需求并形成初步的适应性改造方案。其内容一般涵盖:① 发动机在试验舱内安装布局设计;② 台架改造内容,一般包括发动机进气流量管、发动机安装架、排气扩压器、燃油供油管路、液压泵供/回油管路、空气起动机供气管路、引气管路、漏油管路、发动机其他供/排气管路、起动机排气筒、标定打压设备等;③ 测试系统改造,包括受感部设计加工,测试模块、传感器、变送器补充购置等;④ 电气控制系统改造,包括电缆、接头、元器件、变送器等购置和电气柜加工等;⑤ 调压控制改造,增加必需的阀门、管路、控制软硬件等;⑥ 其他辅助系统改造需求;⑦ 改造经费、进度预期等。

7.1.2 试验准备阶段

本阶段指从上级下达明确的试验任务指令,或与委托方正式签订试验合同,至发动机运抵试验现场前的一段时期。本阶段主要工作是与委托方就有关细节进行进一步协调,同时开展完善的设备改造设计,购置必要的设备、器件,对试验需要投用的设备进行维护、调试。

1. 试验技术协调

就台架工艺、测试、电气控制、数据分析等各方面与委托方进一步协调,落实有关细节、明确双方分工,并以文件或协调纪要的形式予以确认。

在本阶段,委托方需要向试验方提供正式的试验任务书、发动机在台架上的安装要求、发动机接口要求、参数测量要求、测试接口要求、台架电气原理图、控制系统改装要求、数控系统通信协议等文件,供试验方进行详细设备改造设计用。

同时,委托方还要提供发动机的型号规范、发动机技术说明书、发动机使用维护说明书、发动机试车工艺规程、安装工艺规程、高度-速度特性或有关试验点的理论计算结果等技术文件,供试验方进行人员培训、试验文件编制和数据处理分析准备工作用。

2. 试验设备适应性改造

委托方提出试验需求后,试验方需要对现有设备能力是否能够满足委托方的要求进行分析。当设备的功能或性能不能满足发动机试验要求时,需要对设备进行功能或性能的改变和提升。对于一些设备,经过局部改造或升级即可满足要求,部分设备则可能需要重新建设。

1)台架工艺系统

完成发动机在试验舱内的详细布局方案分析和设计,进行流量管、安装架、排气扩压器、工艺管路、工艺接头等工程图纸的设计工作,并提交加工单位。

涡喷/涡扇发动机在试验舱内的安装布局如图7.2所示,图中给出了发动机试

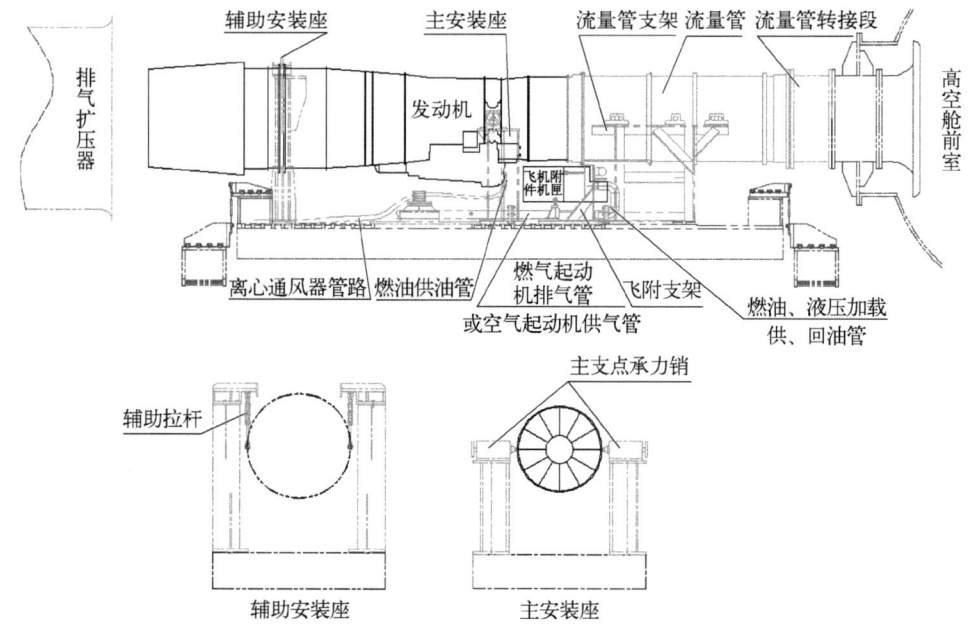

图7.2 发动机在试验舱内的安装布局及台架主要改造内容

验台架工艺系统改造的常见内容。

a）流量管及支架

流量管连接试验舱前室和发动机进口，也用于空气流量测量，流量管上布置有多个总压、总温、静压、脉动压力测量截面（如图7.3），总压、温度、脉动总压受感部需针对具体流量管进行设计。进行流量管设计时，需保证流量测量截面的总、静压流场均匀性，必要时可采用仿真软件对流场分布进行模拟计算，并选取合适的测量截面。

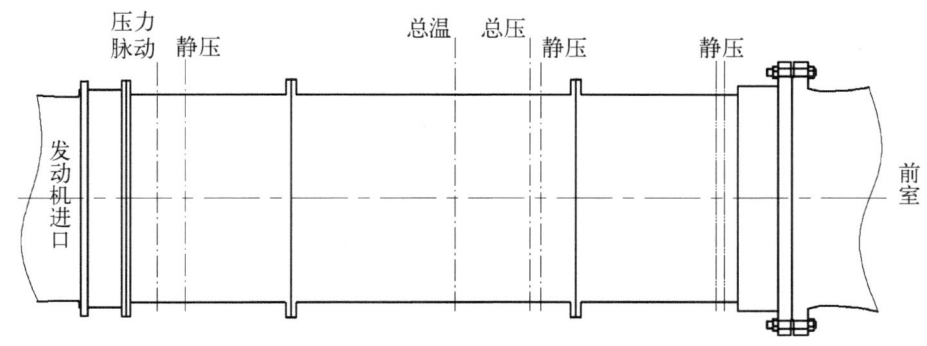

图7.3　流量管测量截面示意图

b）发动机主辅安装座

主辅安装座、承力销、拉杆等依据发动机的主安装节、辅助安装节的接口尺寸、相对位置、发动机外廓限制设计。

安装座的设计还需要考虑到发动机外部管路、受感部等，避免发生干涉。

c）飞机附件机匣支架

飞机附件机匣支架的设计要考虑易于飞机附件机匣位置的调整。

d）排气扩压器

排气扩压器能将发动机的部分排气动能恢复为压力能，从而将系统中的气体压力从试验舱中的低压提高到抽气机前的较高压力，起着相当于"第一级大容量抽气机"的作用。其结构如图7.4所示。

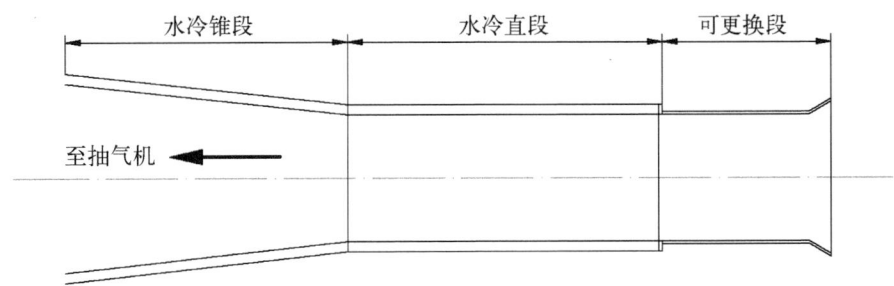

图7.4　排气扩压器示意图

排气扩压器改造主要是指"可更换段"的改造,根据具体的发动机排气参数(燃气流量、排气压力、温度)、喷口直径等,计算、设计可更换段的直径和与发动机尾喷口的距离,保证燃气顺利排出,不造成堵塞,同时具有较高的增压能力。根据经验,排气扩压器进口到发动机尾喷口的距离,在加力时为 0.5~0.7 倍发动机喷管出口直径比较合适。

e) 工艺管路

设计、加工燃油供油管、燃油泵/液压泵加载供/回油管、空气起动机供气管/燃气起动机排气管、漏油管等,将发动机相关接口与台架设备的进、出试验舱相应管路连接。

设计加工发动机引气管,与发动机引气口连接,引气阀安装在动架上。

燃气起动机的排气温度高达八百摄氏度以上,需设计排气管将其排气引至排气扩压器附近;如果排气管布置在发动机下部,还需要对排气管外部用石棉布等防火材料进行包裹,一方面避免发动机滴漏的油料滴落在排气管上受高温烘烤导致燃烧,同时避免排气管的高温对试车人员造成伤害。

由于离心通风器出来的是滑油和空气的混合气,而试验舱内空间狭小,为避免混合气被发动机排气引燃,通常需要加装管路将其引到排气扩压器位置。

2) 发动机工艺设备

对需要外购的工艺设备,提出详细的技术指标和要求;根据发动机要求,上报油料(主要为发动机工作滑油、油封滑油)购置需求。

发动机试验一般用到的、可能涉及改造的工艺设备包括,液压泵加载系统、起动机供气系统、辅助空气系统等。

a) 液压泵加载系统

当系统的供油流量、压力、单/双路等不满足发动机的要求时,就需要对系统进行改造。由于飞机对发动机提出的液压系统要求日益复杂,以往的设备很难满足新的要求,因此该系统的改造一般采用全套更换的方式。

b) 起动机供气系统

该系统由辅助气源系统供气,经供气管路、调节阀进入试验舱。系统的改造一般主要涉及更换管路以保证更大流量流通,改进控制系统实现更佳的控制逻辑、更好的控制精度。

c) 辅助空气系统

该系统主要用于向舱内需要空气冷却的传感器等供气,核心机试验时还用于向核心机内部腔室供气保证滑油系统封严。改造一般是更换管路、过滤器等,保证更大流量和洁净的空气。

d) 其他

燃油供油系统、油封系统、漏油系统等,一般不需要进行改造。

3）测试系统

清理发动机要使用的受感部和传感器,对需要新设计和重新加工(以前有但已过使用期的)的受感部,向受感部设计、加工部门提出设计加工委托,需补充购置的传感器或测试模块,提出详细的技术指标和购置清单。

根据发动机数控系统通信要求和协议,进行数控系统与高空台数据采集系统之间通信软件的编程。

4）台架电气系统

根据委托方提供的相关文件,完成在高空台的电气图纸设计,并提出电气接插件、电缆、元器件等的购置和加工清单,完成电缆、电气柜等的购置。

5）试验舱进、排气控制系统

根据试验的需求和特殊要求,对控制系统的能力进行评估,当不满足试验要求时,提出对进、排气管网和控制系统的必要的改造方案,提出阀门、控制系统软硬件的需求清单和技术要求。

根据发动机试验内容、试验条件,进行控制系统的半物理仿真模拟,初步确定进、排气控制系统的控制参数。

6）其他辅助系统设备

由试验主承担单位会同设备运行单位,根据委托方提出的需求,就辅助系统设备对试验需求的满足程度进行评估。不能满足需求的设备,由设备运行单位提出改造方案报告,上报管理部门进行改造实施,改造完成后进行必要的调试。

3. 设备调试

1）工艺系统调试

对工艺系统的管路、阀门、电气设备进行检查和运转调试,检查系统的功能和性能,发现可能存在的问题和故障并及时排除,对油料进行循环过滤和管路冲洗。

2）气源及辅助系统调试

气源系统、水系统、辅助气源等设备根据试验的需要,提前进行调试、检查。

一些试验需要投用,但长期未使用的设备,提前进行检修和调试。

3）气源工艺流程调试

主要是针对试验需要用到,但以往没有使用过的供、抽气流程,或长期未使用过的工艺流程。

通过供、抽气流程的调试,测定多机组串并联供、抽气情况下的管网特性,摸索和验证从机组投入串并联到退出串并联的操作流程,检查串并联条件下的气源能力,检查机组、管网系统、阀门在供气或抽气状态的工作情况,也发现可能的其他问题。

4. 设备校准和仪器仪表检定

试验设备按照使用单位制定的校准规程或规定确定的周期、项目和方法要求进行必要的校准。校准完成应编制设备校准报告，经确定校准结果合格并经批准，试验设备方可投入试验。

试验设备上所使用的仪器、仪表、传感器、变送器等，按有关要求进行周期检定或用前检定，检定合格并粘贴标签后方可使用。

5. 试验文件准备

在准备阶段，试验方根据试验具体需要，应编制以下技术文件，按照质量程序的要求完成签署和批准。

（1）试验大纲：试验大纲是试验的纲领性文件，型号产品设计鉴定或定型试验大纲的具体内容按照 GJB 170.5《军工产品设计定型文件编制指南第 5 部分：设计定型基地试验大纲》的要求编制[59]；一般研究性试验的试验大纲的编制可参考 GJB 170.5，或根据试验方的自有规范要求进行；

（2）试验质量保证大纲：一般应对试验准备阶段、试验过程、试验总结阶段、试验结果评审和交付阶段的质量控制流程和工作内容进行规定；质量保证大纲的编制，依据试验方的自有规范要求进行；

（3）风险评估报告：参照 GJB 5852《装备研制风险分析要求》[60]，对试验中设备和发动机可能存在的风险进行评估，并提出可行的应对方案；

（4）试验预防应急措施：根据风险评估报告的分析，结合发动机试验规程、设备操作规程等的规定，制定在试验中设备和发动机发生异常情况、故障时的具体应急处理方法和步骤；

（5）参数测量技术要求：根据发动机试验委托方提出的测量要求（或试验任务书、试验大纲中有关的测试要求）、有关测试技术协调纪要，发动机及设备测量截面及参数符号有关命名规范，结合试验方台架系统、试验舱、工艺系统、电气等系统对参数测量的需求编制发动机在高空台上试验的参数测量技术要求；

（6）通道和管线连接表：根据试验方编写的参数测量技术要求，结合参数采集方式、测量参数类型、硬件通道测量信号类型、测量模块量程分配、传感器/受感部以及二次仪表输出信号类型、激励方式等要求分配各参数进入的测量系统、具体通道号、连接的管线号、配置的传感器/受感部/二次仪表的类型、编号和激励方式等编制通道和管线连接表，供发动机上台架进行安装时，测试人员进行测试系统配置、传感器准备和管线连接使用；

（7）受感部加工委托书：根据发动机试验委托方提出的测量要求（或试验技术要求/任务书、试验大纲中有关的测试要求），对于新增的或补充加工的受感部，编制加工委托任务书；内容一般包括任务来源、受感部工作条件及技术要求、受感部要求（测量位置、参数类型、测点数量、受感部结构、安装接口形式等）、其他要求、进度要求等；

（8）参数测量委托任务书：根据委托方提出的测量要求，对试验主承担单位不具备的振动、压力脉动、动应力、轴向力、噪声等参数的测量,需要委托其他部门或单位承担,应编写参数测量委托任务书。

6. 试验大纲评审

试验大纲编制完成后,需对大纲的内容完整性、试验内容和试验方法可行性等进行评审。参加评审的一般包括上级机关、顾客(如军方)、委托方、试验方、特邀专家等。

对于型号发动机的鉴定、定型等高空模拟试验的大纲,需经过上级机关或顾客组织的评审;科研性高空模拟试验的大纲,一般由委托方决定评审级别。

试验大纲评审后,根据评审专家的意见对大纲内容进行修改、完善,并最终签署。

7.1.3 试验阶段

试车阶段是指委托方将发动机运抵试验现场完成交接,试验方将发动机安装在试验舱台架上,完成各类管线的连接、标定、校准、质量自查等一系列工作,开展地面状态检查试车、高空模拟试验到试验结束,到发动机油封下台、交付委托方的全过程。

本阶段主要工作是接收发动机,将发动机按规程安装到试验舱台架,连接测试、电气、工艺管线,编制试验程序、卡片,进行发动机的地面检查、高空模拟试验,进行结果处理分析,会同委托方对试验结果进行整理、初步评价,进行试验后设备和发动机检查,协调确定下一次试验内容,直至完成试验大纲确定的全部试验内容。

1. 台架设备准备

在发动机运抵高空台前,试验舱台架还需要进行以下的准备工作。

1)台架及工艺系统

(1)台架工艺系统与发动机连接管路清理,补充加工缺失的部分;

(2)主/辅支点销轴、拉杆探伤检查(根据履历本上要求进行,但长期未使用的应在使用前进行探伤);

(3)将发动机主/辅安装架、流量管支架及前段、排气扩压器按发动机在试验舱内的安装布局图要求进行更换,并安装就位;

(4)发动机工作滑油取样化验,对化验不合格的油品进行过滤,直至满足发动机要求。

2)测试系统

(1)对试验将用到的受感部、传感器进行清理、准备,对快过期或已过期的进行送检,保证其在标定有效期内;特殊情况无法及时办理的,应按质量程序办理延期使用手续;

(2) 根据测试技术文件要求进行测试通道、数据库等配置；

(3) 监控录像系统根据需要调整监视位置，配置可移动摄像头及安装支架。

3) 进、排气控制系统

对变送器（传感器）、阀门密封性、现场执行机构和液压站进行检查；对台面仪表、控制器、PLC 硬件配置和网络进行检查；对阀门控制功能、控制参数和信号数据的采集等进行检查。

4) 电气系统

台架电气系统恢复，包括电气柜重新就位、电缆连接，进行静态检查（线路对应关系、阻值、接地等）、PLC 控制软件配置等。

2. 发动机交接

对发动机及其他随机附件进行检查、交接，主要的工作内容如下：

(1) 确认交接物品包装箱数量；

(2) 检查发动机外观，有无机械损伤、压伤、裂纹、磨伤、腐蚀、连接松动、异物等，铅封、封堵是否齐全；检查进口、涡轮后可目视部位（支板、叶片、流道、喷油杆、火焰稳定器、隔热屏、喷管调节片等），有无裂纹、缺口、烧蚀、翘曲等；盘转转子，检查转动是否灵活，有无卡滞、异响等情况；

(3) 对飞机附件机匣、液压泵、燃油泵、起动机、电机、安装运输车、吊具、随机工艺管线等进行检查和接收；

(4) 测试方面，清点、核对随机受感部、传感器、安装支架等，检查有无损伤、短缺；

(5) 电气方面，清点、核对控制器、调节器、机载传感器、电缆，检查有无损伤、短缺；

(6) 核对随机附件的履历本/合格证，检查有无与实物不对应、缺失、填写不完整、过期或将到期等情况；

(7) 随机安装/检查工具、委托方自带测试仪器/仪表等，一般不移交，由委托方自行管理、使用；

(8) 签署交接表、交接纪要，对检查、交接结果予以确认；存在的问题，向委托方提出，并要求在发动机试车前完成处理和给出结论。

3. 发动机安装到试验舱台架上（简称发动机上台）

完成接收后，采用符合发动机安装规程要求的起吊装置、吊具将发动机吊装到安装运输车上，并运至试验舱厂房内上台架进行安装，安装的主要工作及流程如下。

1) 发动机安装到台架

(1) 用发动机专用吊具将发动机吊装到台架上，将台架主支点安装座销轴、辅助支点支座拉杆分别与发动机主安装节、辅助安装节连接；

(2) 调整主支点安装座承力销轴伸缩量,使发动机中心线与台架中心线基本重合;

(3) 调整发动机主支点热间隙,使其在发动机安装工艺规程要求范围内,锁紧主支点承力销轴;

(4) 通过调整辅助支点拉杆长度,调节发动机水平度在要求范围内,然后锁紧辅助拉杆。

2) 流量管连接

(1) 将流量管后段吊装到流量管支架上,将流量管前、后段连接;

(2) 调整流量管前后、左右、上下位置,使流量管篦齿周向间隙、轴向间隙、流量管热膨胀间隙在设计要求的范围内;

(3) 完成流量管与发动机连接。

3) 飞机附件机匣(简称飞附)安装

(1) 按照飞附的安装要求,将飞附安装到支架上;

(2) 用工艺轴检查飞附与发动机的相对位置是否满足要求,不满足时调整飞附位置;

(3) 用工作软轴连接飞附和发动机附件机匣。

注:如果飞附为下置式,一般应先将飞附安装到台架的支架上,待完成发动机和流量管安装后再完成本节的后续工作。

4) 工艺管线连接

安装起动机,安装起动机供气管(空气起动机)或排气筒(燃气起动机)。排气筒需采取必要的外部热防护措施,避免人员烫伤,并避免燃、滑油滴落到排气筒上引起火灾事故。

将液压泵供/回油管、燃油泵供/回油管、电机吹风管、发动机和起动机补氧/供氮管路、引气管、离心通风器导管、漏油管等工艺管路与发动机相应接口连接。

采用机械式油门杆操作系统的发动机,需安装、连接台架发动机油门杆操作装置(油门杆电机支座、电机、拉杆)。

从试验舱内放油,对燃油供油系统进行冲油清洗,并取油样进行化验,结果合格后将燃油供油管与发动机连接。

注:第一次上台进行试验的发动机,工艺管线一般需要进行现场配作。

5) 测试

按照"通道和管线连接表"进行流量管、发动机、舱内的压力、温度等测试管线的连接;传感器进行现场打压校准,并安装到发动机上相应测量接口。

高空台数据采集系统测试软件进行通道表、数据库等配置。

振动、压力脉动、应变等其他测试系统进行传感器安装、线路连接、测试软件配置,并检查静态工作情况。

安装传感器吹风管,对可能受到高温影响的传感器进行吹风冷却。

6) 电气

(1) 将台架电气系统与发动机电气进行线路连接,并进行线路通断、对应性检查;

(2) 对发动机数控系统的温度、压力、振动、喘振、风扇/压气机导叶角度、喷口 A_8/A_9 面积等传感器和油门杆角度进行校准,获得传感器在试验现场的校准数据,并写入控制器;

(3) 进行数控系统联调,静态检查台面操作按钮、数控控制逻辑是否正常和满足要求;

(4) 数据通信软件调试,检查数控系统与高空台数据采集系统之间的数据通信是否正常。

7) 推力测量系统检查

完成以上的安装工作后,对推力测量系统进行检查和校准,获得安装发动机情况下的推力传感器工作曲线,并将校准数据录入数据采集系统。

推力校准曲线的滞后、重复性、线性不合格时,应检查推力台架的周围有无管线可能对动架造成牵扯、摩擦,流量管篦齿处是否有接触等情况。

8) 其他工作

(1) 放出发动机轴承腔、附件机匣、滑油箱等处的滑油,向发动机滑油箱加入新滑油至要求液位;

(2) 清扫试验舱内和试验现场的杂物,清除地面积油;

(3) 清点工具。

9) 安装单填写

以上各项工作完成后,填写《安装检查单》,对发动机、工艺管线、测试、电气等的安装结果进行检查确认,相关人员签字、盖章,准备正式开展发动机的试车工作。

4. 试验前检查

在每天试验前,按照发动机、台架工艺系统、台架电气、测试、飞行环境模拟控制、进气管网、排气冷却系统等内容完成试验前的检查工作,并完成检查单和自查汇总表的签署。

由油库向试验舱供规定压力的燃油,在发动机静态下,用专用放油、放气夹具对发动机燃油系统进行放气。

检查发动机滑油箱液位,并按照要求补充加注。

根据当日试验点状态,对推力测量系统进行预加载,以防止试验中发动机推力控制体受到负推力。

5. 地面状态检查试车

在不动用供、抽气气源设备的情况,发动机在大气进气-直排大气条件下,按地面检查试车"试验卡片"进行地面状态检查试车,主要完成以下工作内容。

(1) 完成起动机和发动机的启封(用燃油置换起动机和发动机燃油系统中的油封滑油);

(2) 进行发动机冷运转(不供油)、假起动(供油、不点火),检查发动机滑油系统工作情况,检查起动供油是否符合预设规律;

(3) 进行发动机的起动,完成直至最大工作状态的推力/功率瞬变状态和稳态试验;

(4) 检查发动机外部附件、管路,以及与台架设备连接的管路是否有泄漏等情况;

(5) 检查台架电气系统与发动机的匹配性,发现和排除电气系统可能存在的故障;

(6) 检查高空台测试系统的工作情况,排查、处理异常的测量参数;

(7) 进行发动机控制系统的功能检查(如限温、限转、限压、消喘、防喘、主控通道切换等);

(8) 检查高空台工艺设备(燃油供油、功率提取、引气、辅助供气等)与发动机联合工作的能力;

(9) 检查发动机的起动、推力/功率瞬变和稳态性能。

6. 高空校准试验

完成地面状态检验试车后,在进入正式的高空模拟试验前,需要进行一次发动机高空校准试验,测定必要的修正系数,并采用冲压比接近 1.0 的试验条件进行发动机校准试验,确定标准海平面静止条件($H=0$、$Ma=0$)的发动机性能。

1) 修正系数测定试验

试验的主要目的是,对发动机在试验舱内的次流阻力(概念及含义见 5.1.3 小节)修正系数进行测定。

试验在抽气条件下进行。试验前,需将与试验舱前室连通的管路的阀门完全关闭,如果阀门存在漏气情况,为避免空气经试验舱前室进入发动机,对系数的测定结果造成影响,需要在流量管进口前安装封严堵板。

次流阻力系数测定试验时,保持试验舱内压力在一个要求的高度,改变试验舱二股流进气阀门的开度使进入舱内的二股流空气流量 W_{se} 发生变化,记录每个阀门开度下的传感器测量推力 F_m,经过数据处理获得 F_m 变化值与 W_{se} 的关系,即得到某一高度的迎风阻力系数;调整不同的试验舱内压力,并重复试验,获得一系列高度下的迎风阻力系数。

2) 发动机高空校准试验

在抽气试验条件下,一般保证发动机进出口压力在 70 kPa 或以上、进出口压差≤1.5 kPa 条件下,进行发动机的高空校准试验,录取发动机规定状态的稳态、推力/功率瞬变性能,并检查功率分出、引气等对性能、功能的影响。获得的发动机性能数据,将作为高空模拟试验的性能评定基准。

对于大、中型发动机,由于空气流量较大,而高空台供气设备能力有限,高空校准试验时发动机一般从大气直接进气;对于小型发动机,在设备能力具备的情况下,可在供气-抽气条件下,调节发动机进口温度约 15℃、进/出口压力约 101.325 kPa 的条件进行试验。

7. 试验前准备状态评审

在完成发动机的高空校准试验后,由科研管理部门组织高空模拟试验前的试验前准备状态评审,评审内容一般包括发动机技术状态(含质量控制情况)、试验前准备情况、试验风险分析、试验预防应急预案等。

如评审专家同意通过试验前状态评审,则发动机可以开展正式的高空模拟试验。

8. 试验前准备状态质量核查

在正式进入高空模拟试验前,由试验主承担单位申请、质量管理部门组织,进行试验前准备状态核查,对高空台设备准备、检查工作进行检查,并填写试验前准备状态核查记录;核查通过后,经试验技术负责人签发准试通知单,准许进行高空模拟试验。

9. 高空模拟试验

(1) 试验前与委托方就当次试验的试验内容进行协调确认,编制《试验程序》和《试验卡片》,并完成签署;

(2) 通知气源厂房启动供气机组,按《试验程序》要求对供气管路进行吹扫,对供气管道、试验舱前室进行检查、清扫;

(3) 进行发动机、台架设备、各系统的检查,按"4. 试验前检查"的内容要求完成试验前检查单签署;气源设备、辅助系统设备完成各自检查单的签署;

(4) 通知气源厂房启动加/降温系统,按《试验程序》要求开始进气加温或降温;启动抽气机组;

(5) 当混合器出口供气温度接近要求温度时,将抽气机组并网,试验舱进气阀门全关,试验舱内建立一定高度(一般选择发动机最易起动的高度,通常为 5 km),然后发动机从大气进气(正温试验)或气源供气进气(负温试验),按类似空中风车起动的方式进行发动机的工艺起动;

(6) 发动机起动后,在规定转速进行暖机,然后在发动机可以长时间连续工作的转速状态(一般在高压转子换算转速 85% 或以上)调节发动机进/出口压力、温度,当达到要求的温度、压力后按《试验卡片》逐项完成当次试验内容;在每个试验点,按《试验卡片》要求进行稳态和过渡态(起动、推力/功率瞬变等)数据的录取;进行发动机性能数据的处理和分析,根据性能数据结果对该试验点的有效性进行确认,并及时反馈试验指挥系统,当判断当前结果有疑问时,由试验指挥决定是否重新进行该试验点试验;

(7) 试验完成,通知气源系统降/升温,待发动机进气温度降至 50℃ 以下或升至高于 5℃ 后,发动机停车;

(8) 通知气源设备退出、恢复;

(9) 试验舱开盖,对发动机和舱内设备进行检查,按要求对发动机取滑油油样进行检验。

10. 试验后检查

试验后,根据发动机试车工艺规程或技术文件要求,对发动机进行目视检查,必要时还需要用孔探仪对发动机内部进行检查,并记录检查结果。根据检查结果,确定处置措施并决定下一步试验计划。

11. 从试验舱台架上卸下发动机(简称发动机下台)

1) 发动机油封

高空台试验完成后,在从台架上卸下发动机返回委托方前,需按照发动机《试车工艺规程》或《油封工艺规程》的要求对发动机及其附件进行油封。在某些情况下,比如委托方提出要求不油封,或发动机出现严重故障无法进行油封,发动机可不进行油封而直接下台。

油封的目的是用规定的油封滑油将发动机和起动机燃油系统的燃油进行置换,以便发动机长期保存或长途运输。有些发动机的工作滑油与油封滑油采用不同的牌号,则也需要用油封滑油置换发动机滑油系统的工作滑油。

油封的一般程序如下:

(1) 拆除发动机燃油系统管路上的测试管线及其他部分测试管线、传感器、受感部;

(2) 在发动机静止状态下,由台架油封系统向发动机燃油进口供入油封滑油,从发动机油封放油口放油,直至放出的油液中没有燃油;

(3) 由起动机带转,进行发动机的动态油封,以完全置换燃油系统内的燃油,一般进行 1~2 次;

(4) 拆除飞机附件机匣与发动机附件机匣之间的传动轴;

(5) 将台架油封系统接到燃气起动机燃油进口,按程序进行起动机的油封。

注:由于条件限制,发动机在高空台上的油封仅为内部油封,油封期一般为不超过 6 个月,如需保存更长时间,则发动机应返回装配车间进行更细致的外部油封和装箱。

2) 发动机从台架上卸下

拆除与发动机连接的全部测试管线、电气电缆、工艺管线,安装管线堵头、堵盖,用专用吊具将发动机吊下台架并安装到专用运输车上,然后运输、吊装到包装箱内。

3) 发动机移交

试验方完成发动机、附件履历本的填写。

试验方会同委托方对发动机、随机附件、履历本、工具等进行检查、核对确认并装箱,签署交接表完成向委托方的移交工作。

试验方与委托方签署试验最终纪要,对发动机试验内容完成情况、试验时数等予以签字确认。

7.1.4　试验报告阶段

试验报告阶段从被试发动机上台至试验任务全部结束,指分析试验数据、编写试验/鉴定报告,以及相关数据资料入库归档所处的时间段。本阶段主要工作是对试验数据进行再处理分析,编制试验报告,对试验过程中形成的数据、资料进行归档。

1) 数据再处理与分析

对原始测量参数进一步分析,剔除异常数据;重新进行发动机性能参数的处理,并与委托方提供理论数据进行对比;制作、截取发动机性能曲线。

2) 数据、资料归档

对试验过程中形成的数据、资料、记录进行整理、汇总、归档。

(1) 试验数据(含视频影像资料)入库;

(2) 性能处理结果数据入库;

(3) 试验程序、卡片(含试验卡片调整记录)归档;

(4) 试验发动机技术状态调整记录归档;

(5) 试验协调纪要归档;

(6) 试车记录单、试验记录归档;

(7) 检查单、化验单、试验问题处理单等归档。

3) 试验报告编制

按有关标准、规范的要求,编制试验报告,对试验结果是否满足要求做出明确的评价和鉴定。

型号产品设计鉴定或定型试验报告的具体内容按照 GJB/Z 170.6 - 2013《军工产品设计定型文件编制指南第 6 部分:设计定型基地试验报告》[61]的要求编制;一般研究性试验的试验报告的编制可参考 GJB/Z 170.6 - 2013,或按照试验方的自有规范要求进行。

试验报告编制完成后,与委托方对报告内容进行协调确认。

4) 试验结果评审

型号发动机的鉴定、定型试验结果需经过上级机关组织的会议评审,其他试验根据顾客及其代表要求组织会议评审。

根据评审会专家意见修改完善试验报告,完成最终试验/鉴定报告并归档和提交委托方。

7.2 质量与安全控制

高空模拟试验是高消耗、高成本的,涉及方方面面的工作,只有在对试验的各个环节的工作提出要求,各项工作按规程、规范有序保质进行的前提下,才能保证高空模拟试验高效率、高质量、安全地进行和完成。

7.2.1 质量控制

试验单位依据国家和军用标准、规范制定有系列规范和标准,对高空模拟试验过程中可能涉及的管理、采购、改造、计量、加工、试验、检验、文件、技安环保卫生、档案管理等进行了规范,在试验的各个阶段应严格遵照相关的要求执行。

下面对试验中一些容易出现质量问题的方面进行说明。

1. 试验任务输入

委托方提供经过批准的试验技术要求或委托任务书,并明确试验技术要求和参数测量技术要求等。当试验技术要求需要调整时,由委托方提供《技术通知单》。试验技术要求或委托任务书及《技术通知单》需经试验承担单位会签。

试验双方在工艺、测试、电气、数据分析等方面达成的技术协调意见,应以纪要的形式予以书面确认,并作为后续工作的实施依据。

2. 试验准备

进入本阶段,试验的各项准备工作进入实质性实施,委托方提供的技术文件、图纸等应是完成签署批准的正式文件。

试验方根据委托方提供的正式技术文件,开展台架工艺、测试、电气控制、设备等方面的设备改造详细方案设计和工程设计,并在完成签署批准后具体实施。新建或改造的设备应按照相关规范的要求进行调试、验收,合格后方可投入使用。

按照相关规范的要求,由试验主承担单位完成 7.1.2 小节中试验技术文件的编制和签署。试验大纲需经过(上级机关或顾客组织的)(会议)评审,评审意见由主承担单位落实专家意见后归档。定型试验大纲需经顾客或其代表审签。试验质量保证大纲须经质量管理部门、科研管理部门的会签,试验项目负责人批准后归档;根据顾客或其代表的要求,质量保证大纲及调整需经顾客或其代表审签。试验应急处理措施、试验风险分析报告经科研管理部门、质量管理部门会签,试验项目负责人批准后归档。

3. 发动机试车

1) 发动机接收和上台

试验发动机交接由试验方、委托方共同参加,按照质量程序的规定进行交接。试验方主要对发动机外观进行检查,对发现的问题进行拍照或文字记录。试验方还应检查发动机、成附件所带质量证明文件、履历本、合格证等,应填写齐全正确,并在有效期内和保证足够寿命时数。

试验承担单位和测试被委托单位应确保各系统、仪器仪表处于有效期内,超过有效期的需委托计量部门进行检定,合格后用于开展试验。

发动机安装现场使用的文件、图纸应是签署的、当前有效的版本。发动机和附件安装应按照发动机安装工艺规程的要求进行。按照测试文件的要求安装和连接受感部、传感器、管线,当实物与文件有冲突、不一致时,应要求委托方进行确认。安装过程中工艺、电气、测试、数据处理等各方面存在的问题,应与委托方进行协调,并以纪要或现场问题处理单的形式书面确认。发动机安装完成后,应填写安装检查单,并由相关人员检验完成签署确认。

2) 试验前检查

试验前,对发动机各项设备进行全面检查,填写试验前检查单;检查单应按照表单内容完成各项检查内容后由检查者、复查者填写并签字,工艺系统及发动机的检查还应有检验人员签字盖章。

各项检查工作完成及检查单签署完成后,签署试验前自查汇总表,并由各专业负责人完成相应专业的签字确认,然后由主试验员、试验现场指挥、试验指挥签字确认,签署完成后方可进行发动机的试验。

在正式进入高空模拟试验前,按照试验前准备状态质量核查制度的要求,由质量管理部门组织进行试验前准备状态核查。核查通过后,由试验技术负责人签发《试验前准备状态质量核查准试通知单》,方准许进行高空模拟试验。定型试验需通知顾客或其代表参加。

3) 试验中的调整

试验过程中需对试验大纲规定范围内的试验内容进行调整时,由试验方提出调整申请,并办理《试验内容调整记录》,经试验委托方会签、试验技术负责人批准后执行。

当试验内容调整超出试验大纲规定范围时,由委托方现场办理《技术通知单》,经试验单位、设计技术负责人或试验技术负责人批准后执行,或双方以签署试验协调纪要的形式予以确认。

型号试验中超出试验大纲规定范围的调整,还需请示顾客或其代表同意,并与顾客或其代表达成一致意见。

4) 试验中问题处理

试验过程中出现因设备、试验件等原因发生的异常情况,需试验暂停现场处理时,试验主承担单位负责办理《试验过程技术质量问题处理记录》,由试验检验人员负责确认试验过程技术质量问题处理结果。定型试验需经顾客或其代表同意。

试验中止时由试验主承担单位办理《质量信息反馈单》。定型试验需经顾客或其代表同意。

5）试验有效性分析

试验承担单位和委托方要做好试验策划,保证试验数据准确有效。为了确保试验有效,试验过程中和试验后需要对试验的有效性进行检查。

(1) 检查试验内容与试验卡片的规定是否一致,当个别试验点未能满足试验状态要求时,需要重复进行试验;

(2) 检查试验数据的有效性和完整性;

(3) 检查数据转换结果的正确性;

(4) 试验中当试验设备出现故障时,一般要求进行抽点重复试验,检查试验结果的有效性;

(5) 当测试设备出现故障时,需对故障停车前所录取的试验数据的有效性进行判断和确认;

(6) 具备试验条件时,可进行比对试验;

6）试验中(终)止

试验过程中出现安全、保密事故征兆,结果不满足战技指标需进行性能调整或更换零部件,出现影响性能和使用的重大技术问题,出现短期内难以排除的故障等情况时,试验方与委托方协商应中断试验,同时向质量管理部门进行质量问题报告。定型试验还需及时报告顾客或其代表。

4. 试验报告

试验主承担单位负责组织依据试验大纲和技术通知单或纪要编写试验报告,经试验委托方确认,试验项目负责人批准后归档。顾客委托的试验和定型试验报告需经顾客或其代表审签。

鉴定、定型试验需经过上级机关组织的会议评审,其他试验需根据顾客及其代表要求组织会议评审。评审完成后,由试验承担单位整理专家意见,落实整改措施,并根据评审意见返回到相应的阶段,意见归零后重新开展试验或者提交试验报告。

7.2.2 安全控制

1. 安全控制要求

试验过程严格执行《武器装备科研试验安全管理的九条规定》的要求,《武器装备科研试验安全管理的九条规定》主要内容包括:

(1) 必须严格按照"管业务必须管安全的原则",逐层逐级落实试验全过程安全生产责任制;

(2) 必须编制试验大纲和安全保障方案并组织评审,分析预判可能发生的事故,合理确定试验场地或航线路线;

(3) 必须规范指挥流程和口令,明确工作接口,服从统一指挥;

(4) 必须确定备试产品、试验安全条件和试验设备安全状态,做好人员隔离防护;

(5) 必须辨识试验区域内的各类危险源(点)和危险作业场所,严格现场定员定量定置管理;

(6) 必须辨识试验各阶段的危险作业,严格危险作业审批和现场监护,特种设备操作须持证上岗;

(7) 必须编制专项应急预案和现场应急处置方案,组织开展预案演练,保持现场整洁和通道畅通;

(8) 必须对参试人员进行安全教育培训和安全技术交底,强调试验纪律;

(9) 必须及时清理试验现场,消除安全隐患,有序撤收设备和撤离人员。

2. 试验现场主要危险源

1) 操作的设施设备、结构部体可能导致的危险

燃油、滑油、液压油等泄漏、吊装器具损坏、锐边/尖角/毛刺/尖锐物体等,易造成健康损害、人员伤害和财产损失。

发动机、设备产生的高温或低温,易造成人员伤害。

2) 操作环境可能出现的危险

场地不良、安全间距不够等,易造成意外伤害。

发动机和设备噪声,易造成听力损伤。

3) 操作行为不规范可能导致的危险

违章操作、指挥不当、防护用品使用不当、物品放置不规范等,易造成重大财产损失和人员伤害。

3. 试验现场的安全控制

1) 一般要求

(1) 发动机安装/拆卸操作人员、发动机操纵人员、试验舱舱门开启机构操作人员、吊车操作人员必须经过考核,合格后方可独立操作;

(2) 操作人员应熟悉厂房的技安和消防措施,认真执行技安和防火规定;

(3) 操作人员在工作中必须始终贯彻"安全第一,预防为主"的安全生产方针,搞好试验现场的安全。

① 熟悉并掌握所操作设备的有关技术性能和注意事项,严格遵守设备操作、使用和维护规程,不得超范围、超性能、超负荷使用;

② 工作中应按规定正确穿戴好个人劳动防护用品,严禁穿着背心、短裤、领带、裙子、拖鞋、高跟鞋及上衣下摆和袖口不能束紧的服装进行操作;

③ 严禁用汽油、煤油等易燃物质清洗地面,台架表面上的油液污渍应及时清除;

④ 正确使用手工工具和其他辅助用器具；
⑤ 试验现场严禁吸烟和动用明火。
2）工作前要求

（1）工作前，不得饮酒和服用易产生睡眠类药物；工作时，保持精力充沛，头脑清醒；

（2）仔细阅读交接班记录，了解上一班的试验现场工作情况和存在的问题；

（3）检查工具归位情况；

（4）检查机械、液压、气动、电动等操作手柄、阀门、开关是否处于非工作的位置上；

（5）按要求检查吊车、试验舱舱门开启机构、舱内供电、照明等的准备情况。

3）工作要求

（1）试车人员必须掌握发动机试车和设备使用维护工艺规程，熟悉试车卡片，严格按照有关规程和卡片进行操作；

（2）试验设备在各阶段试车前应全面检查，确信无故障，方可投入运行；

（3）在吊装发动机、台架支架、支座、流量管、排气扩压器或其他较大质量的物体时，必须用厂房、试验舱内的吊车以及叉车等进行吊运和运输，不得依靠人工搬运，以免造成人员、发动机或设备伤害；

（4）进入试验舱前室、进气管道和流量管检查前，清除衣物口袋内的杂物，检查工作服的纽扣不得掉落；检查完成后，应确定无外来物遗留在进气管道、前室和流量管内；

（5）进行前室、进气管道的清理、检查时，必须至少两人一起，其中一人进入管道检查，另一人在管道外配合，并随时注意管道内人员的工作情况；管道内人员未出来前，管道外人员不得离开；管道检查完毕后，应及时关闭人孔盖，并锁紧；

（6）发动机试验前，必须检查舱内管线、支架的连接、紧固情况；

（7）关闭试验舱舱门前，必须清除舱内杂物，检查穿舱孔密封性，经检查确认后方可关闭试验舱舱门；

（8）试验舱舱门开启、关闭过程中，严禁进入试验舱内；

（9）检查发动机时采用有罩的低电压手灯；

（10）上下发动机进行检查时，应注意抓握、脚踏位置，避开发动机细小管线、受感部、测量耙、传感器或其他不坚固的非承力结构件，以免造成其受损和人员伤害；

（11）发动机检查或排故时拆开、拆下的管路、插头等，在检查完毕后及时恢复，并按正确的方式打上保险丝、锁片等锁紧装置；特别注意保险丝丝头的朝向，避免造成人员划伤；

（12）发动机起动前，应移出台架上的油盒、油桶等接油用物品，并用高压空气

吹除发动机外表面和台架上的油迹和积油,台架上的大量油迹应用拖布进行清理;

（13）发动机起动前,必须确认预防应急和消防安全措施已就位,必须清点发动机工具和设备工具并确认齐全,必须检查各阀门、管道、液压站运行状况并确认良好,必须检查各测试参数和测试设备运行状况并确认有效;

（14）开舱门进行发动机慢车试验时,检视和调整发动机要特别小心,严禁从发动机喷口后、排气扩压器下通过;

（15）在发动机工作情况下检查时,检查人员应带好防护耳罩;不得触碰发动机发热部位,以防造成烫伤;

（16）发动机将在慢车状态以上运转时,必须在起动前或慢车时关闭试验舱舱门;关闭舱门后,发动机在任何状态下运转时,不允许从人孔进入试验舱检视和调整发动机;

（17）进行高温或低温试验,如果发动机非正常停车后,前室或进气管道内温度太高或太低时,不得进入其内进行检查工作,以免造成烫/冻伤或呼吸道伤害;

（18）试车时,厂房大门应大敞开,通道通畅,各岗位参试人员保持通信联络可靠。

4）工作后要求

（1）试验结束后,清理工具,确认齐全并全部归位;

（2）将各种必须归位的阀门、手柄、开关等放置于非工作位置;

（3）关闭舱内照明、电气设备、吊车等的电源开关;

（4）倒班进行试验作业时,试验结束后需填写交班记录,并做好交接班工作。

第8章
试验常见问题及处理

高空模拟试车台作为一种大型复杂设备,在运行中就不可避免地会出现各种各样的问题和故障。有一些故障会引起系统性能下降,但有些故障会对试验进度、安全造成一定的影响。进行高空模拟试验的航空发动机大多处于研制成长期。通常情况下,在试验前须对发动机试验风险作出预判并制定详细的高空台应急措施来加以防范。本章的主要内容是对在高空模拟试验过程中高空台设备、发动机等容易出现的问题和发生的故障作简单的介绍,并给出常见的故障原因和解决措施,供操作人员参考,以尽可能地提高处理人员发现和解决问题的速度,降低问题和故障对试验的影响程度,提高试验效率。

8.1 试验常见故障

针对当前进排气控制系统、测试系统、电气控制系统、台架及工艺系统、排气冷却器、水力测功器、发动机等几个方面常见的故障或问题,制定其常见故障处理工作方法(标准),是高空模拟试验高效健康运行所必不可少的支撑。

8.1.1 进排气控制系统

进排气控制系统由 PLC 软硬件、传感器、阀门、液压站等主要部分构成,在工作过程中,由于振动、冲击、冷热变化、老化以及其他因素,各部件容易出现各种故障;同时进排气控制系统是一个自动化与人工控制同时存在的系统,控制参数设置不合理也会给造成异常问题。进排气控制系统的常见问题出现在液压站、阀门、传感器、PLC 硬件等方面。

1. 液压站

常见故障为油液泄漏,液压站噪声、振动大,油温超温,供油压力不正常等。① 油液泄漏,主要原因为液压站工作振动导致连接螺纹松动,检查处理各连接处即可解决;也可能是各处橡胶密封件老化、损坏等原因导致密封不严,更换密封件即可;② 液压站噪声、振动大,主要原因为管路内流速过快导致管道共振,可采用软管代替部分硬管及弯头;也可能是空气进入液压系统,通过检查并排空系统中空气,更换密封件可解决;③ 油温超温,主要原因为冷却水系统未正常工作,检查液压站冷却水压力及管路阀门,并根据情况进行相应处理;④ 供油压力不正常,主要表现为压力不足、压力不稳或压力偏高;供油压力不足,可能是液压泵、溢流阀、油滤等损坏,修理或更换相应部件即可重新投入工作;压力不稳,一般为油中混入空气、油液污染、液压泵磨损、调压装置弹簧,处理时相应地检查各连接密封处并排气,修复液压泵或溢流阀,清洁液压油液;压力偏高,一般为溢流阀设定压力偏高或阀芯卡死,重新设定压力或修复更换溢流阀即可。

2. 阀门

主要表现为阀门卡死在全关、全开或中间某位置,其主要原因包括 PLC 输出故障、电液伺服阀故障及阀门机械故障等。采取的措施有:

(1) 检查电液伺服阀端输入信号是否正常,若异常则极可能为线缆损坏或 PLC 输出故障;

(2) 若电液伺服阀输入正常则可能为电液伺服阀损坏,可更换阀进行测试;

(3) 最后可脱开液压缸和阀门连接,若液压缸能正常动作则为阀门本体机械故障,应对阀门进行检查处理。

3. 传感器

主要表现为 HMI 上位机单点显示异常,PLC 其他功能均正常。传感器故障可能为传感器本体故障,线缆损坏或 PLC 采集端故障三种可能。排故时单独对传感器输出、PLC 采集端进行单独测试即可定位故障原因,若无异常则可能为线缆损坏或短路。

4. PLC 硬件故障

常见问题为 HMI 上位机无法正确启动或大量数据异常。主要原因为未正确启动系统,也可能为 PLC 控制器故障。① 检查 PLC 控制器是否正常工作,根据电源供电、模块指示灯检查 PLC 运行状态,通过组态软件检查 PLC 运行状态;② PLC 若正常运行则检测上位机计算机与 PLC 之间网络连接是否正常,检查上位机软件是否正确设置和加载;③ 若 PLC 指示灯报警或不能正确运行程序,则必须对相应模块进行检查或更换。

8.1.2 试验参数测量与数据采集处理系统

高空台试验参数测量与数据采集处理系统(以下简称测试系统)是由硬件、软件、网络等构成的复杂设备,在日常运行中常见的故障表现在以下方面:系统故障、软件故障、硬件故障、测试参数异常。

(1) 系统故障主要为数据库故障、软件交互引起的通信故障。

数据库常见故障为不能正常上传数据。常见原因为数据库的硬盘阵列发生错误未能正常启动,也可能为数据库表空间容量不足。通过 Web 服务端访问硬盘阵列,通过登录 Web 端确认硬盘阵列是否正确连接,且检查硬盘是否能够正常工作,若均能正常操作则打开数据库管理软件(TOAD、Oracal 或者命令行操作)对数据库表空间进行检查,若表空间不够则相应增加表空间。

测试系统中涉及的子系统较多,均通过网络进行数据通信。当通信出现故障时,表现为不能正常接收或者发送数据。问题发生时首先确定为何种通信模式,一般常用的有 RS422、RS485、1394B、TCP/IP、UDP、MODBUS 等通信方式。可通过万用表、网络检测器等设备确定其物理连接是否正常,即连接的电缆是否有破损断路的现象;网络连接正常的情况下,通过检查软件确认网络或者通信端口能正常开启通信;当通信正常的情况下,则通过检查软件中的通信协议部分是否满足要求。

(2)软件故障主要由于采集端软件故障、主控端软件故障和网络不能可靠连接等造成。

采集端软件故障,一般通过重新配置软件设置,对采集端软件进行初始化可解决,若初始化不能通过则需要检查硬件和上位机之间的连接。

主控端软件故障,需要账户登录才能使用,故需要重启软件并重新登录管理员账号。

网络不能可靠连接,可能是由于杀毒软件和防火墙对 IP 拦截所造成,一般关闭防火墙和停用杀毒软件可解决。

(3)硬件故障主要在于测试模块出现问题。

下表 8.1 给出了目前采用的测试系统硬件的一些故障及处理方法。

表 8.1 测试系统硬件常见故障及处理方法

序号	故障现象	故障原因	处理方法
1	PSI9816 输出异常	电源板供电异常	更换电源模块
		采集模块链接故障	更换电源板上网络传输模块
		压力采集异常	检查管路漏气情况重新进行压力标定
		数据显示不刷新	重启设备
		阀位异常	加压重新推阀
2	VXI 输出异常	数据显示不刷新	更换 A/D 模块
		数据跳动量较大	检查电源负端偏置
3	EX1048 输出异常	温度输出数值不对	检查分度表配置
		通信连接错误	检查 EX1048IP 配置

(4)测量参数异常,发动机试验过程中测量参数异常现象主要包括压力测量、温度测量、燃油流量测量异常等,常见问题及处理方法分别见表 8.2、表 8.3、表 8.4。

表 8.2　压力参数测量常见故障及处理方法

序号	故障现象	故障原因	处理方法
1	数值异常,接近大气压或舱内压力	舱外或舱内引气管有泄漏	检查管路、接头是否有破损、漏气并处理
2	传感器无输出	引压管是否连接正确	正确连接引压管
		引压管是否堵塞	疏通引压管
		电源是否连接正确	检查电源,正确接线
		电源电压是否过低	将电源电压调至 24 V
		测量通道配置是否正确	正确配置测量通道
3	传感器输出过大	引压管中堵有残余液体、气体	排出引压管中的液体、气体
		输出导线连接错误	检查并正确连接导线
		压力传感器损坏	更换压力传感器
		实际压力是否超出传感器量程	选用适当量程的传感器
4	传感器输出过小	传感器供电电压是否正常	将电源电压调至 24 V
		将电源电压调至 24 V	选用适当量程的传感器
		压力传感器是否损坏	更换传感器
5	传感器输出不稳定	引压管中堵有残余液体、气体	排出引压管中的液体、气体
		被测介质的脉动影响	调整阻尼消除影响
		供电电压过高或过低	将电源电压调至 24 V
		输出回路中有接触不良或断续短路	检查处理
		接线松动、电源线接错	检查接线
		电路中有多点接地	检查处理保留一点接地
		压力传感器损坏	更换传感器

表 8.3　温度测量参数常见故障及处理方法

序号	故障现象	故障原因	处理方法
1	热电势比实际值小(测量值偏低)	热电极短路	找出短路原因,并处理
		补偿导线短路	找出短路点,进行绝缘处理
		补偿导线与热电偶极性接反	重接热电偶和补偿导线
		补偿导线与热电偶不配套	更换配套的补偿导线
		热电偶安装位置不当或插入深度不符合要求	按规定重新安装
2	热电势比实际值大(测量值偏高)	补偿导线与热电偶不配套	更换配套的补偿导线
		有直流干扰信号	找到干扰源,消除干扰

续　表

序号	故障现象	故障原因	处理方法
3	热电势输出不确定	热电偶接线柱与热电极接触不良	拧紧接线柱
		热电偶测量线路绝缘破损,引起断续短路	找出故障点,恢复绝缘
		热电偶安装不牢固或外部振动	紧固热电偶,采用减振措施
		热电偶将断未断	修复或更换热电偶
		外界干扰	找出干扰源,采取屏蔽措施
4	热电阻测量值不正确	恒流源未接入热电阻输入端	将恒流源接入热电阻输入端
		热电阻断线	更换热电阻
		热电阻三线制接线错误	正确接线

表8.4　燃油流量测量常见故障及处理方法

序号	故障现象	故障原因	处理方法
1	燃油流量稳态测量值抖动	燃油管路振动	对燃油测量管路采取减振措施
		燃油管路中存有残余气体	对燃油管路进行放气处理
		燃油供油压力不稳定	在供油管路中设置稳压装置
		流量计量程选取不合适	选取相应量程的流量计
2	燃油流量无输出值	涡轮流量计转子卡死	取下流量计,恢复转子转动顺畅
		放大器供电电源供电不正常	恢复放大器正常供电
		放大器损坏	更换放大器
3	测量误差大	流量计安装不符合要求	流量计保持水平安装,保证前后10倍d直管段,并避免安装在振动较大的地方
		液体密度变化较大	增加燃油密度实时测量

8.1.3　电气控制系统

电气控制系统的故障主要是由于供电电源造成的故障,台架控制系统与发动机控制系统之间的连接问题引起的故障。

（1）电源系统主要用于向台架电气控制系统、发动机控制系统、电机等供低压（27~36 V）直流稳压电源,由于电源、线路、接地等原因可能造成电气系统、控制系统各种各样的问题,有的还很难排查。

供电电源品质,供电电源品质需按照试验委托方提供的技术要求进行选用,特别是新产品、新技术的设备在试车台上首次使用。不符合要求的电源可能导致发动机起动电机损坏。

零地电压,试车台上大型用电设备较多,且三相不平衡严重,台架地与实际大地会存在一定的电势差,会对较精细的电子设备（如发动机电子控制器）造成电磁干扰。应将设备供电直流稳压电源负极与大地连接,来消除零地电势差问题。

短路故障常见于外部供电线路。表现形式为电源运行后电压下降明显,电流接近电源额定电流。电源短路需立即关闭电源,分段检查短路故障点,采用排除法确认并排除故障后才可以恢复供电。

(2) 台架控制系统与发动机控制系统之间的连接引起的故障,主要是由于接触不良、线路绝缘、谐波干扰和线路压降造成。

接触不良常发生于电气线路的相互连接上,航空插头与插座之间接触不良或针脚与线路之间虚连虚接现象,表现形式为使用万用表检查正常,试验过程中测量值波动较大或者时有时无状态,控制信号收不到的现象。出现接触不良情况需要根据故障信号的针脚号,使用专用工具取出插头上相应的接触针体,更换该针体后通电检查;若故障依旧需要更换插座端的接触体。两个不同厂家生产的产品公差不同也可能造成接触不良,应尽量使用同一厂家的接插件进行匹配。

绝缘故障可能是线路故障,也可能是传感器自身受潮后绝缘降低,表现形式为测量值零点漂移较大,测量值波动较为明显。线路绝缘可通过万用表进行检查,一般要求线路绝缘不小于 $2\ \mathrm{M\Omega}$;若出现线路绝缘问题,需要检查线路是否出现明显绝缘层破损现象,若无法直接定位故障点,需要整体更换线路。传感器受潮需进行干燥处理,若故障未解决需要返厂进行维修;部分传感器存在引脚与机壳直接接通的情况,属于发动机控制系统设计问题,需要与设计沟通更改线路测量方式。

谐波干扰可能存在控制系统的各个层面,一般都是通过控制器内部滤波电路和线路屏蔽层来减少信号相互之间的干扰,需要在产品设计时进行模拟与解决。

线路压降表现形式为控制系统不工作或控制系统工作无法达到设计要求。线路压降的主要原因为线路过长或选用线缆较细,更换大线径线缆后通常可以恢复正常工作。

8.1.4 台架及工艺系统

1. 发动机安装架

情况:安装架设计时考虑不足,与发动机管路、附件发生干涉。

处理:

(1) 对安装架进行补加工,避开与发动机干涉的位置;

(2) 在安装架设计中采用三维立体设计,与设计方提供的发动机立体图形进行匹配,尽早发现可能的干涉情况。

2. 排气扩压器

情况:排气扩压器与发动机喷口距离不合适,或排扩直径不合适,造成发动机排气回流,或舱内温度偏高。

处理:在进行排气扩压器设计时,采用气动热力学计算方法和仿真计算软件计算获得合适的喷口直径和距离。

3. 推力台架

情况：推力校准曲线线性、重复性差。

（1）台架及发动机周围有管线造成牵扯——检查台架和发动机周围，清理管线（特别是工艺管路），避免较刚性管线对动架和发动机的拉扯、摩擦；

（2）流量管有偏斜，篦齿处存在接触——调整流量管安装，保证篦齿周向间隙在要求范围内。

4. 流量管篦齿结冰

现象：负温试验时，流量管内篦齿处结冰，冰脱落打伤发动机叶片。

原因：包线左边界试验时，流量管内静压低于舱内压力，导致舱内湿空气从篦齿漏进流量管，并在篦齿处结冰，进气温度升高后并脱落。

临时处理：在篦齿处流量管外包裹一圈橡胶皮，防止空气进入流量管；尽量避免在负温负压差情况下长时间试验。

5. 燃油供油系统

1）发动机瞬态试验，燃油流量测量跟随转速变化缓慢

原因：流量计至发动机进口间供油管路中有较多空气，发动机加速/减速时，空气发生膨胀/压缩，使流量计测量的流量不能反映真实流量变化。

处理：在流量计至发动机进口间管路上设置高于发动机进口的放气口，试验前对管路进行放气。

2）燃油内有气泡

原因：供油管路有高于出油口的高点，导致空气留存在高点处无法排出。

处理：在管路高点处设置放气口，将留存在管路高点的空气排出。

3）压力不足

（1）管路阀门设置不正确——检查供油系统的各处阀门设置情况，应开启的全开，应关闭的关闭；

（2）油滤堵塞——检查系统沿程各处的油滤，并对油滤进行必要的清洗；

（3）油库压力偏低——通知油库提高供油压力。

4）压力不稳

（1）油库供油压力不稳——通知油库检查其供油压力，并稳定油压；

（2）另一试车台在进行发动机试验或管路放油（该种情况通常出现在一个油罐同时向两个以上试车台供油的系统上）——油压波动较大时，降低发动机状态，减少燃油流量，必要时可停车，确认其他试车台在进行加减速试验，或在进行管路放油，待油压稳定后再继续试验。

5）供油不足

（1）阀门设置有误——检查供油系统的各处阀门设置情况，应开启的全开，应

关闭的关闭；

（2）管路连接处密封垫损坏或安装不当,造成管道堵塞——检查管路上有密封垫的部位（特别是流量计位置,因为流量计拆装较多）,更换或重新安装密封垫。

6. 液压加载系统

1）液压泵进出油压下降

（1）油滤堵塞——清洗油滤；

（2）液压油箱充压管路供气、放气阀门不密封,或未关严——密封不严,更换密封垫；如阀门损坏,则更换新阀门；放气阀门未关严,则拧紧。

2）机载液压泵后无法建立压力

（1）回油开关未关或关闭不严——检查开关状态,将其关闭；

（2）系统内严重漏油——查找漏油原因,排除故障；

（3）液压泵本身故障——修理或更换液压泵；

（4）溢流阀或安全阀损坏——检查并更换相应部件。

7. 发动机引气系统

故障：引气阀打不开。

（1）高温下阀门阀体变形卡滞——更换阀门；

（2）阀门开启压力过高,超过当前发动机引气压力——① 适当提高发动机状态,开启阀门后再降低发动机转速至试验状态；② 更换新规格阀门。

8. 空气起动系统

1）阀门工作不灵活

原因：电磁气控阀工作失灵；作动筒活塞阻滞或卡；阀门本身故障。

处理：进行维修或更换有关器件。

2）二位三通电磁气控阀工作失灵

（1）线路接触不良——检查线路,进行线路重新连接并紧固；

（2）线圈烧坏——更换损坏线圈；

（3）启闭活门变形卡住——修理或更换。

3）压力不足

原因：

（1）气源压力不足；

（2）阀门未开到位；

（3）管路泄漏；

（4）流量需求大,而管路通径不够。

处理：

（1）检查气源或气罐供气压力是否偏低,如偏低,应等待气源蓄压或增加气源机组供气量；

（2）检查供气管路上的阀门是否开/关到位，进行相应的处置；

（3）检查管路、阀门是否有管路破损、密封损坏等情况，并进行处理；

（4）根据起动机的空气流量需求，计算确定整个供气系统管路是否存在局部节流的情况，有则更换更粗管径的管道、阀门。

9．补氧供氮系统

1）漏气

（1）管接头或阀门出现漏气——检查连接处是否拧紧或是松动；

（2）管路破损——更换破损的管路。

2）供气压力不足

（1）漏气——同上处理；

（2）气瓶缺气——更换新填充气体的气瓶。

10．辅助空气系统

1）管路漏气

原因：管路连接处漏气。

处理：检查管路连接处，对松动的螺钉、螺母拧紧，必要时，更换已损坏的法兰衬垫。

2）核心机试验时，前、后轴承腔供气压力低

（1）阀门开度小——调节阀门开度，提高压力偏低一路的供气流量；

（2）一路供气偏大——调节压力较高一路的阀门，适当降低该路的供气流量，从而提高另一路的供气流量。

3）台面监视的辅助气源压力持续下降

原因：用气量较大，而辅助气源供气不足。

处理：通知辅助气源系统启动更多压缩机，提高供气能力。

11．油封系统

1）齿轮泵进出油压下降

（1）油滤堵塞——清洗油滤；

（2）充压管路供气、放气阀门不密封或未关严——更换密封垫；如阀门损坏，更换新的阀门；未关严则拧紧；

（3）管路气密性不好——更换密封垫，并拧紧紧固螺栓。

2）齿轮油泵后压力无法建立

（1）电动阀故障——修理或更换；

（2）回油开关未关或关闭不严——检查开关状态，将其关闭；

（3）系统内严重漏油——查找漏油原因，排除故障；

（4）油泵本身故障——修理或更换。

8.1.5 排气冷却器

1. 轴流水泵

1）水量减少

（1）扬程偏高——设法调节扬程至使用范围；排除水道阻塞；

（2）水泵转速不符要求——调节水泵转速达额定要求。

2）水泵运转有噪声或振动

（1）水泵安装不牢，螺帽松动——紧固各螺帽；

（2）叶片有杂物——清除杂物；

（3）叶片部分被杂物损坏——更换损坏叶片；

（4）泵轴和传动轴安装不同心或弯曲——进行调整，使泵轴与传动轴在同一直线上，或将弯曲轴校直。

2. 灭焰段

1）水蒸气供应系统故障

a）不喷蒸汽

电动蝶阀失控打不开、电气测控系统失效——检修电动蝶阀、测控系统。

b）蒸汽压力波动

活塞式减压阀失效不稳定——检修减压阀。

2）蒸汽喷射环故障

喷嘴堵塞或供气总管、供气支管的法兰连接泄漏，主要由管内锈蚀或杂物堵塞，法兰垫片老化法兰变形或连接松动所引起——清除杂物，排除堵塞或更换垫片。

8.1.6 水力测功器

水力测功器作为涡轴发动机高空试验的关键测量设备，其测量准确性和可靠使用关系到高空试验的顺利进行。某型水力测功器的常见故障有如下一些。

1. 测量误差偏大

水力测功器扭矩测量误差偏大，主要有重复性偏差大、线性度偏差大，无法满足功率测量精度要求。

主要原因是：

（1）测功器重新拆装后，转静子与底座干涉、管道安装产生了附加力，导致转静子支撑在底座的摆动轴承上不是处于自由状态；

（2）测量力的拉压力传感器损坏。

2. 振动偏大

目前使用的高速水力测功器（含飞轮）易出现振动值超限问题。

主要原因：

(1) 发动机动力输出端与测功器(飞轮)的同轴度超出要求；
(2) 发动机和测功器之间的联轴器动平衡精度不满足要求；
(3) 测功器底座含台架底座的固有频率可能与测功器工作转速耦合；
(4) 测功器转子气蚀,平衡破坏。

3. 转子气蚀

高速运转的水力测功器,在其工作腔体内存在局部真空状态,长期运转导致转静子气蚀,破坏转子的平衡,影响测功器功率吸收等故障。

处理方式：维修转子和静子。

4. 辅助控制板(HDCM AUX control board)烧坏

故障现象：No 110 volts supply or outle tvalve not unlocked.

故障原因：进排气阀门锁定电磁阀烧坏,一般该型号电磁阀线圈内阻为(25～30)Ω；电磁阀工作电压超过额定 110 V,导致线圈温度过高；辅助控制板上的保险管配置的不合理(出厂时配置的为 5 A 的保险管)。

排故过程：检查测功器本体上 HDCM AUX control board 辅助控制电路板,是否存在电阻、电容等元器件烧坏现象,测量进水/排水阀门锁定电磁阀电阻值(型号 D1VW020HNYW91)。

5. 排水阀门不跟随报故

故障现象：测功器功率控制不稳定、转速出现波动、阀门也出现波动,报警停车；Outlet valve position lower than demanded, entered fault, shutdown.

排故过程及原因：更改控制器内 PID 控制参数,是否可抑制阀门波动,改善调节控制不稳定现象；检查阀门执行机构,如液压伺服阀、液压油缸(马达)、反馈电位计等是否故障；检查测功器控制系统是否有故障。

8.1.7 发动机

1. 起动系统故障

1) 空气起动机不运转

a) 台架未供气

现象：按下起动按钮后,台架起动机供气系统的阀门未动作,听不到从旁路放气的声音。

原因及处理：台架电气控制 PLC 上的有关设置不正确——检查 PLC 上有关阀门设置是否正确,并重新设置。

b) 起动机节气门未打开

现象：台架起动机供气已正确向起动机供气,但起动机节气门未打开,空气未供入起动机涡轮。

原因及处理：

（1）操作者操作有误，PLC未向数控系统发送起动信号——检查操作面板上有关开关设置是否正确；

（2）电气线路异常，数控系统未收到PLC发送的起动信号——检查PLC到发动机控制器的电气线路；

（3）前一次运转未完成，数控系统未达到运转结束条件，未将起动逻辑重置，进行运转操作时控制系统将不执行——将控制系统断电后重新上电，控制系统将重置。

2）起动电机不运转

a）台架电气故障

原因及处理：

（1）控制线路断路——对线路进行处理；

（2）起动控制接触器不能正常吸合——更换接触器；

（3）供电线路正负线接反——调换线路正负极；

（4）供电电源电压不符合要求——调整供电电压；

（5）供电电源纹波系数不符合要求——更换电源。

b）起动电机故障

原因及处理：

（1）电机抱轴——更换电机；

（2）电机内部线路故障——更换电机。

3）起动时点不着火

a）点火器有积碳

处理：将点火器取出，检查点火器头部，清理积碳。

b）点火线圈电压不足

原因：台架稳压电源容量不足，或线路过长压损太大。

处理：① 减少稳压电源的负载，或增大电源容量；② 缩短电源到发动机的供电线路，如无法缩短，应在允许的范围内适当提高供电电压。

c）点火器能量低

处理：更换新点火器或高点火能量的点火器。

2. 滑油系统故障

1）滑油压力无法建立

现象：发动机转速达到规定转速后，滑油压力仍然没有增加的迹象。

原因：

（1）单向活门开启压力过高；

（2）管路内有空气。

处理：

（1）检查单向活门的开启压力是否在要求范围，不合格的应进行调整或更换合格的产品；

（2）进行多次低转速的发动机冷运转，尝试将管路内空气排空；

（3）如上述处理仍无效，将单向活门前管路脱开，进行发动机冷运转。

2）滑油压力偏高或偏低

原因：卸压活门开启压力设置不合理。

处理：调整卸压活门开启压力，或更换新的卸压活门。

3）滑油压力持续下降

原因及处理：

（1）滑油箱滑油不足——检查滑油箱液位，并补加至规定范围；

（2）管路泄漏——检查滑油管路、接头有无开裂、密封不严等情况，并进行相应处理。

4）滑油光谱化验结果超标或金属屑末报警

（1）零部件加工时内部未清理干净，或管路未清洗，留存有加工切屑。

现象：在滑油滤、磁塞上看到较大的金属切削碎片、细丝等异物。

处理：① 对可能涉及的管路进行清洗处理，清除滑油滤和磁塞内的异物；② 如是零部件内部腔室的加工遗留物，则需要将发动机下台进行分解检查。

（2）轴承磨损。

现象：在滑油滤、磁塞上可看到金属细末和很小的磨损金属屑。

处理：清洗滑油滤和磁塞，将发动机内部和滑油箱内的滑油放空并重新加注，试验后重新取样化验，如果结果仍然超标，则应考虑轴承出现了较大的磨损，应将发动机下台进行分解检查。

5）滑油化验闪点偏低

现象：滑油用手感觉黏性偏低，油液颜色偏亮，油样化验闪点偏低。

原因：滑油散热器内部损坏，燃油、滑油管路沟通，燃油进入滑油系统。

处理措施：

（1）更换燃滑油散热器；

（2）放空发动机和附件机匣内的全部滑油，并重新加注；

（3）进行发动机慢车的试验，试验后取滑油油样进行闪点检查，如闪点合格，则说明处理有效。

6）停车后发动机涡轮后有较多滑油

原因：可能是发动机滑油密封系统出现问题，导致发动机工作时滑油泄漏到空气流道。

处理：考虑到可能是发动机内部滑油系统封严篦齿、石墨封严等出现的问题，需将发动机下台进行分解检查。

3. 控制系统故障

1）导叶摆动幅度超过要求范围

a）导叶驱动机构间隙偏大

处理：对驱动机构的拉杆、连接关节、导叶转轴套筒的间隙进行检查，更换磨损较大的零件，调整间隙。

b）导叶控制参数设置不合适

处理：在数控软件中对控制参数进行调整。

2）导叶角度不跟随控制规律

原因：导叶控制机构的安装间隙较大，或安装尺寸不合要求，或加工精度较差。

处理：① 检查和调整控制机构的安装，减小安装间隙，或是安装尺寸达到要求范围；② 如前述措施无效或效果不明显，应检查控制机构的加工尺寸，必要时更换不合要求的零件。

3）导叶标定参数漂移

原因：

（1）导叶角度或位移传感器异常，其工作稳定性变差；

（2）导叶传动机构安装发生变化，造成间隙变大或连接不可靠。

处理：

（1）检查导叶角度传感器及其电气线路，必要时更换传感器；

（2）检查导叶传感器、传动机构安装情况。

4）试验过程中控制系统异常切换控制通道

原因：被切换的通道中有参数测量异常，或过渡态过程中参数变化速率超过该通道中限定范围。

处理：

（1）分析测量异常的参数，检查是否传感器出现异常或故障，对传感器进行校准，如有故障，更换传感器盒；

（2）检查参数变化速率是否超限，如是限制值设置不合理，调整限制值；如是参数实际变化超限，应调整过渡态控制规律。

5）发动机起动不能进入慢车闭环控制

现象：发动机起动后，在略低于正常慢车转速的转速下稳定下来，不再继续爬升至慢车转速，控制系统仍然处于开环控制状态。

原因：控制系统中加速供油控制线低于起动供油线，起动供油量被加速供油线限制，导致起动过程供油不足。

处理：在控制软件中调整加速供油控制线，使其高于起动供油线。

6）转速摆动幅度超出允许范围

原因：控制系统控制附件流量偏大，或控制软件参数设置不合理，或 A_8 控制不精准。

处理：更换小流量的控制附件，或调整控制参数。

7) 加力灯闪烁

原因：加力燃烧室火焰探测器有故障，或火探器布置位置不合理。

处理：检查火焰探测器及相关线路，有故障的进行必要的处理或更换。

4. 管路故障

常见故障主要为，燃、滑油、液压油管路焊缝裂纹、管接头密封不佳、密封圈损坏等造成的油液滴漏、渗漏甚至喷射式泄漏。可能的原因及处理如下：

(1) 管接头处螺帽拧紧不足——重新拧紧螺帽；

(2) 管路受弯曲应力，管接头密封面贴合不好——对管路进行补充加工，使管接头正常安装、不受力；

(3) 密封圈损坏——更换新密封圈；

(4) 密封面有损伤——对密封面进行研磨，或增加铜质垫片，如无法处理，则应更换接头；

(5) 管路焊缝开裂或有砂眼——拆下管路进行修复，如无法修理则应更换新管路。

5. 整机故障

1) 喘振或失速

现象：发动机出现异常声响(失速)或爆鸣(喘振)，发生喘振时喷口内可能还会有火光。

原因：发动机控制参数不合适。

处理：调整控制系统参数。

2) 起动超温

现象：发动机转速在不断爬升，但涡轮后温度增长太快并达到限制值。

原因：起动供油规律不合适，供油量偏大。

处理：调整起动供油规律。

3) 起动冷/热悬挂

现象：发动机转速爬升缓慢或不再上升甚至下降，而涡轮后温度快速增长(热悬挂)或下降(冷悬挂)。

原因：起动供油规律不合适，供油量偏大(热悬挂)或偏小(冷悬挂)。

处理：调整起动供油规律。

4) 喷口有火星

原因：发动机内流道转、静子有碰磨，或热端部件有烧蚀(如加力隔热屏、涡轮出口整流锥、喷管调节片、涡轮导叶等)。

处理：少量的火星可不处理而继续试验；当有较多火星和较大的亮块出现时，

应及时降低发动机状态,并停车检查。

5) 振动或应变值突增

原因:在临界转速附近,或出现碰磨。

处理:① 调整发动机转速,避免在临界转速和叶片共振转速附近停留;② 由于碰磨引起的参数突增,应及时降低发动机状态。

6) 抱轴

现象:停车后,盘转发动机转子不能转动,或在有较大进出口压差的情况下,发动机转子不能转动。

原因:

(1) 发动机未在冷机转速进行足够时间的冷机,或突然在较高转速下直接停车,导致转、静子冷热不均;

(2) 发动机内部结构件可能有故障。

处理:

(1) 发生抱轴后,待发动机长时间冷却后再盘转转子;

(2) 发动机下台分解检查。

7) 轴向力

现象:轴向力接近或超过限制值。

原因:

(1) 测量参数异常;

(2) 计算程序有错误;

(3) 发动机内部未达到热平衡。

处理:

(1) 检查参与轴向力计算的各压力、温度参数,剔除测试坏点;

(2) 检查轴向力计算软件各环节,排除软件编写错误;

(3) 降低油门杆推进速率,使发动机逐步提高转速;在进行加速试验前,先应在高转速下工作足够时间,避免在发动机未热透情况下直接进行加速试验。

8.2 试验过程中的应急处理

8.2.1 应急预案制定

1. 为什么要制定应急预案

在试验过程中,前面8.1节提及的或未提及的发动机和设备故障,一部分可以等待发动机按照正常的程序停车后再进行处理(如发动机引气阀未打开),而另一些情况(如发动机喘振),为了保证发动机和设备的安全,就需要采取必要的处理措施规避或降低可能造成的损坏,这被称为应急处理。

而应急预案就是在试验之前,针对试验中可能出现的需要进行应急处理的问题和故障提前制定的应对措施。

2. 从哪些方面制定

设备方面,主要根据历年试验过程中设备出现的一些问题,以及随着设备运行老化分析可能出现的问题制定。

发动机部分,主要依据历史经验对发动机在试验过程中可能出现的问题,以及发动机方在试验前针对性的提出的试验风险制定。

3. 应急预案制定原则

应急预案的制定,应充分分析试验设备和发动机的具体情况,考虑多方面的影响,处理措施要具有可行性,尽量避免造成次生危害,以保证人员、发动机、设备安全为第一要务。

试验设备应急措施的制定,以保证发动机的安全为第一位。如果需要对发动机采取措施,在允许的情况下,应将降低发动机状态作为第一步骤,如果需要发动机停车,应尽量使发动机能够经过必要的冷机过程。

发动机的应急措施,通常依据委托方提供的风险评估文件和试车工艺规程中的应急处理方法,结合高空台试验的特点制定。发动机发生异常时,一般以降速为第一应对手段,除非特别要求或紧急避险,应尽量避免紧急停车。

8.2.2 应急处理

1. 试验设备发生异常情况时的应急处理

下面对试验过程中高空台设备一些易发生的故障的应急处理措施进行描述,见表8.5。

表 8.5 试验设备应急处理

序号	实施内容、步骤	负责岗位
1	供气机组故障停车	
1.1	立即通知高空台试验指挥	气源总控
1.2	1) 发动机拉至慢车状态	发动机操作员
	2) 调节 Pc 压力至接近大气压,缓慢打开大气进气阀门(负温试验时应保持全关),关闭供气调节阀门	进排气调节
	3) 发动机在慢车状态工作 1~3 min 后停车	发动机操作员
2	抽气机组故障停车	
2.1	立即通知高空台试验指挥	气源总控
2.2	1) 进气调节阀脱离自动控制状态,关闭抽气旁路阀门	进排气调节
	2) 发动机拉至慢车状态,工作 1~3 min 后停车	发动机操作员

续 表

序号		实施内容、步骤	负责岗位
2.2		3）监控发动机进出口压差不小于 5 kPa，当舱压升至 85 kPa 以上后，关闭试验舱二股流进气阀	进排气调节
		4）关闭发动机进气调节阀和抽气调节阀	进排气调节
3		降温系统故障	
	3.1	立即通知高空台试验指挥	气源总控
	3.2	1）供气机组转为全流量从主气路供气	气源总控
		2）发动机拉至慢车状态	发动机操作员
		3）气源系统升温到正温	气源总控
		4）发动机按正常程序停车	发动机操作员
4		测试系统故障	
		1）立即报告试验指挥	测试
		2）由发动机控制系统监视发动机工作状态，将发动机降至85%左右状态	发动机控制系统、发动机操作员
		3）测试人员确定排故所需时间	测试
		4）如所需时间较短，发动机保持在85%状态，由测试人员进行处理	发动机操作员、测试
		5）如所需时间较长，则将发动机按程序停车，停车后测试人员进行处理	发动机操作员
5		循环水系统故障	
		1）立即报告试验指挥	排气冷却系统
		2）发动机拉至85%或更低状态	发动机操作员
		3）进气调节至环境条件	进排气控制
		4）发动机按正常程序停车	发动机操作员
		5）抽气气源切出	气源总控
6		断油故障	
		1）发生供油油路断油时，发动机紧急停车	发动机操作员
		2）调节发动机进、出口压力，尽快将发动机停转	进排气控制
7		突发性停电故障	
		1）发动机降至慢车状态	发动机操作员
		2）Pb、Pc 脱离自动，当进气压力降至接近大气压，全开大气进气阀	进排气控制
		3）Pd 脱离自动，当舱压大于 90 kPa 时全开抽气旁路阀	进排气控制
		4）发动机工作 1~3 min 后停车	发动机操作员

2. 发动机发生异常情况时的应急处理

下面对试验过程中发动机的一些具有通用性的常见故障的应急处理措施进行描述，见表 8.6。

表 8.6 发动机故障的应急处理

序号	实施内容、步骤	负责岗位
1	数控系统故障	
	1）控制器异常工作或参数指示不正常，报警	发动机控制系统
	2）发动机拉至慢车状态	发动机操作员
	3）如果仍异常，发动机停车	发动机操作员
2	振动信号异常或超限	
	1）报警	振动监控
	2）发动机拉至慢车状态	发动机操作员
	3）故障未消除，拉停发动机	发动机操作员
3	脉动压力监测异常或突变	
	1）报警	脉动监控
	2）发动机拉至慢车状态	发动机操作员
	3）故障未消除，拉停发动机	发动机操作员
4	发动机漏油	
	1）拉油门杆使发动机降转至慢车状态	发动机操作员
	2）若发动系统或供油管路中发生燃油、滑油或液压油的泄漏并有发生火灾的危险时，发动机立即停车	发动机操作员
5	发动机超温	
	1）起动过程中和慢车状态超温，拉停发动机	发动机操作员
	2）在慢车状态以上超温，发动机拉至慢车状态；如果仍然超温，则发动机立即停车	发动机操作员
6	发动机超转	
	1）拉油门杆至"慢车"域	发动机操作员
	2）如果转速不下降，立即停车	发动机操作员
7	发动机喘振	
	1）立即拉油门杆使发动机降转至慢车状态	发动机操作员
	2）发动机加载系统卸载	工艺系统操作
	3）慢车状态仍不能退出喘振，发动机立即停车	发动机操作员
8	滑油系统工作异常（例如：滑油温度超过限制值；滑油压力或压差超过限制值）	
8.1	发动机降转到慢车状态，如参数仍异常，发动机冷机后停车	发动机操作员
8.2	滑油压力或压差、滑油液位低于最低限制值	
	发动机停车	发动机操作员

续 表

序号	实施内容、步骤	负 责 岗 位
9	发动机加力工作异常	
9.1	加力未接通	
	拉油门杆退出加力状态	发动机操作员
9.2	加力熄火	
	拉油门杆退出加力状态	发动机操作员
9.3	加力出现严重脉动信号	
	拉油门杆退出加力状态	发动机操作员
9.4	出现振荡燃烧	
	发动机降转到慢车状态	发动机操作员
10	发动机发生失火	
10.1	1）发动机油门杆紧急拉至停车位，有紧急停车按钮的，应同时按下该按钮	发动机操作员
	2）关闭发动机供油管路阀门，并打开回油阀	发动机操作员
	3）关闭发动机进气、舱内二股流进气阀门	进排气控制
	4）关闭舱内吹风阀门	工艺系统控制
	5）关闭试验舱旁路阀门，全开抽气调节阀进行舱内抽真空	进排气控制
	6）关闭舱内照明电源	电气控制
10.2	1）如果 20~30 s 内火焰被抽灭，则继续抽气 20 min 以上	试验指挥
	2）如果 20~30 s 内火焰未熄灭，则释放灭火剂，并关闭抽气阀门	发动机操作员、进排气控制

第 9 章
高空模拟试验技术发展展望

随着航空动力在国防战略体系中的核心影响力越来越突出,航空发动机研发进程引起全国各界人民的高度关注。高空模拟试验技术发展把"聚焦作战能力、作战效能"作为新导向,更加注重作战能力、作战效能的鉴定,更加注重实战条件下的考核,更加注重摸清性能底数和边界条件,逐渐大力发展试验仿真技术、数字化试验技术、智能化试验技术、自由射流技术、试验健康管理等关键技术。

9.1 未来航空动力发展对高空模拟试验需求

现代航空发动机伴随着发展和应用,已经走过了百年的辉煌历程。如今,航空涡轮发动机在性能提高的同时,可靠性、耐久性、环保性、适用性和经济性有很大改善,新一代航空发动机更富创新性,更具竞争力。

进入 21 世纪,世界航空发动机发达国家竞相大力发展新型航空发动机推进技术,期待在这一人类尖端科技领域最前沿取得先机,掀起了新概念发动机研究的高潮。一方面是在传统燃气涡轮发动机基础上采用先进技术发展的新型航空燃气涡轮发动机,如多电发动机、适应性循环发动机、骨架结构发动机、间冷回热发动机、波转子发动机、冲压转子发动机、超微型涡轮发动机等;另一方面结构或循环特性有别于传统燃气涡轮发动机的先进航空发动机概念,例如脉冲爆震发动机、超燃冲压发动机、分布式矢量推进,以及新能源推进如太阳能发动机、氢燃料/天然气发动机、核能发动机和微波发动机等。超声速和高超声速推进技术将是航空推进技术领域的重点发展方向之一。与之相关的新概念非涡轮发动机——脉冲爆震发动机 (pulse detonation engine, PDE) 和超燃冲压发动机将成为航空航天推进技术领域的前沿技术和关键技术。PDE 可作为超声速导弹、无人机、教练机和各种军民用飞机的动力,也可作为高超声速飞行器的"低速"推进器。目前,PDE 已经结束了概念验证,进入了工程研制阶段。超燃冲压发动机可作为高超声速($Ma\ 6\sim25$)巡航导弹、高超声速航空航天飞行器和空天飞机的动力。特别是自适应/变循环发动机快速发展,以变循环、自适应、高度智能化为特征,已经成为第六代军用战斗机动力的不二选择。三涵道自适应热力循环发动机,可以实现从功率最大和效率最优两种模式的相互切换。重点研究的"三涵道"技术(除传统涡扇发动机的高压核心机和低压外涵道,还将在外圈增加可开合的第三外涵)以满足未来自适应发动机的要求,目的是发展一种采用三外涵结构的发动机技术并使其成熟。起飞时第三外涵关闭,减小涵道比并提高核心机流量以增加推力,巡航时第三外涵打开,以增大涵道比并降低耗油率。满足未来新一代先进战机的发展需要和对成本、速度、环境和燃料高效利用等方面的更高要求。

在航空发动机研发技术发展历程中,大量使用各类新技术、新工艺、新材料,从研制进度上特别希望能够通过高空模拟试车台的试验来验证。因此,作为高空模拟试车台本身,就必须切实坚持"为航空发动机研制保驾护航"的原则,紧紧围绕"有效验证航空发动机或新型、特种动力的高空工作特性的试验需求",深入开展相应有效、安全和经济的试验技术研究,提高试验的有效性和成功率,从而满足我国先进动力的发展需求。近年来,航空发动机发达国家在已有的高空模拟试验数据库基础上,结合信息化技术,大力开展建模与仿真技术,目前试验仍然是发动机预研和工程发展阶段的主要内容,模拟试验仍是发展航空推进技术的主要技术手段,这主要是基于以下几个原因。

首先,在未来25至50年,航空推进系统的本质将不会出现大的变化。飞机仍旧是实现高效、快速运输的主要手段。即使未来战争的性质发生了变化,但作战时还是需要依靠飞机(有人驾驶和无人驾驶)来运输军队和装备,军事打击时所采用的武器也与今天所使用的武器无异。对第五代战机、无人机、远程战略轰炸机、航空武器、高超声速飞行器等先进航空武器系统的需求仍然非常明确。尽管新材料、新结构能够极大地提高推进系统的性能,但推进系统通过将碳氢燃料的化学能转化成动能的本质不会改变。在可预见的未来,航空系统的主要变化将主要存在于传感器技术、航空电子技术和网络技术。高空模拟试车台仍将是发动机在研制和发展过程中获取空中性能、可操作性和耐久性数据的主要途径。

其次,各型号发动机的发展计划是目前地面推进试验设备的主要任务来源。虽然,未来先进推进系统所提出的试验需求是推动地面试验设备不断发展、进步的主要驱动力。但就目前而言,地面试验设备承担的主要任务还是面向现有发动机提供试验支持,其绝大部分试验时数用于对发动机的试验取证、部件升级,以及部件改进等。以美国为例,F100和F110均是20世纪70年代定型生产的推重比8一级军用发动机,为美国的F-15和F-16战斗机提供动力。虽然,该两型发动机已经在军中服役超过30年,但在经过部件改进计划和使用寿命延长计划后,其热端部件寿命已从原来的4 300循环提高至6 000循环,发动机的安全性、可靠性得到了极大提升,并进一步降低了发动机的维护成本。虽然F119发动机在2005年才正式投入使用,但目前也已经进入了部件改进计划。美国之所以不愿轻易放弃已经投入使用数十年的发动机,而一直试图对其不断地进行改进和升级,究其原因是在于发动机的研制从技术准备阶段开始到设计定型往往需要长达20年的时间,研制费用投入巨大。因此,当一个新的发动机型号诞生时,通常希望该型号发动机至少能使用40到50年,其间主要是在现有型号发动机基础上通过可靠性增长、延寿,以及性能的改进,也就是我们所谓的发动机使用发展来满足发动机用户对发动机提高性能或改善某些特殊性能的要求。因此,现有型号发动机需要地面试验设备在其寿命周期内不断地提供试验服务以保障每一次技术升级和技术改进所提出的试验需求。

我国高空模拟试车台于20世纪90年代才投入使用,跟国外相差约40年,其高空模拟试验技术的差距是显而易见的。在目前振兴航空、动力先行的航空发动机总体发展态势下,航空发动机高空模拟试验已成为直接制约我国航空发动机研制与发展的主要瓶颈之一。除了大力建设硬件设施外,必须要在高空模拟试验技术上取得实质性突破,缩短与国外的差距。国外在航空发动机试验领域已进入第五阶段,总体发展上经历了性能、性能/功能、性能/功能+适用性+可靠性、性能/功能+适用性+可靠性+数值仿真等各个阶段。在最新的发展阶段中高空模拟试验数值仿真所占整个高空模拟试验的比例进一步加大,航空发动机高空模拟技术涉及发动机总体技术、发动机气动特性以及控制技术、测试技术、评定技术等,利用地面设备模拟发动机空中飞行工作环境,研究发动机空中性能/特性,主要包括航空发动机高空工作环境模拟试验技术、航空发动机高空性能/特性的确定与修正技术两个方面内容。

按照我国航空发动机及新型动力研发的需求,通过高空模拟试验技术研究,有效提升航空发动机性能/功能+适用性+可靠性+数值仿真试验的技术水平,并通过与飞行台的相关性研究工作,使高空台上的发动机高空模拟试验能更多地暴露问题和解决问题,以进一步减少可能在空中出现的各类问题或故障,以达到缩短研制迭代周期,加快我国航空发动机研制进程。为满足第四代、第五代战机动力、涵道比7~12的高涵道比大推力民用发动机、用于可在短时间完成全球打击飞行器的新型动力的研制需求,目前,我国绵阳航空发动机试验基地正在加紧研制多个新型高空舱。这些新的高空舱所呈现的主要形式如:舱体更大、试验空气流量更大、温度压力范围更宽、调节更加迅捷、可供给多种燃料。鉴于高空模拟试验舱的建设周期较长的问题,就需要高空模拟试验技术研究需要有前瞻性,并借助于已有高空台或数值仿真提前开展针对性的专项研究工作,为新的高空舱投运奠定坚实技术支撑,从而在新发动机研制中发挥高空台的作用。

9.2 高空工作环境模拟试验技术

基于当前和未来航空发动机对高空模拟试验的需求,根据发动机特点和试验需求，研究满足直连式、自由射流式、组合动力、大涵道比发动机等试验需要的试验设备、气动布局、试验方法等关键技术，以达到有效的开展发动机高空模拟试验，充分验证发动机性能和功能，准确获得发动机试验结果的目的。随着发动机设计与试验验证工作的不断深化，新一代航空发动机技术指标的不断提高，大量新技术、新材料、新工艺及新结构不断应用，对测试的要求越来越高，需要持续开展测试技术基础性研究、不断扩充测量手段、扩大可测量范围、提高测量精度。在试验过程中能够快速准确地监控发动机工作状态，确保发动机与试验设备的安全，需要开展和强化发动机气动热力参数测试技术、整机性能关键参数测试技术、结构强度可靠性参数测试技术、高空模拟环境参数测试技术、传感器与智能测试技术、现场/在线校准技术以及发动机特种试验测试技术等特种测试技术研究。

在已有高空台硬件条件基础上，积极进行高空工作环境模拟试验技术探索与研究工作。开展飞行环境模拟与控制技术专题研究，通过控制系统多学科建模与仿真技术研究，构建功能完善的数字仿真系统和半物理仿真平台，以此为基础深入开展飞行环境模拟系统在设备控制与控制方法等工程应用的关键技术研究，不断突破进气温度-压力实时控制、专项试验科目下环境模拟控制及先进控制算法开发应用、全任务剖面空中工作环境连续模拟、航空发动机空中工作环境模拟智能控制等关键技术，实现航空发动机高空模拟试验进、排气环境参数的准确模拟，不断提高发动机空中工作环境模拟的保真度和试验效率。

试验技术向"精益化"方向砥砺前行，将传统的试验与鉴定方法向以知识库为基础的综合试验与鉴定方法转移，显著提高试验信息量及结果精度，降低成本和周期，更好满足用户对试验的各种要求。所谓综合试验与鉴定方法就是以地面试验设施和先进的计算及通信设备为物质基础，围绕着发动机全寿命过程的各种信息资源开发、综合、提炼和有效利用为主线，将地面试验和分析、数学模型、仿真与分析、飞行试验和分析等手段进行综合利用，创造可供技术验证、系统管理和辅助决策的知识库。在发动机试验仿真、非稳态过程测试、发动机状态监控和故障诊断、发动机试验数据库以及发动机全寿命管理系统等方面达到/领先世界水平，大大提升我国高空模拟试验的自动化、综合化和智能化水平。

试验技术要在以往"通用"基础上向"针对性"更强方向快速发展。以发动机型号试验任务和课题研究为牵引，逐步开展动力系统大型非标设备的设计和研究工作，逐步构建体系完善的非标设备需求研究和设计研究体系，并以此为基础深入开展和落实在研和规划发动机试验需求的动力设备的规划、选型论证和设计应用工作。以发动机的试验测试需求为目的，开展矢量推力发动机的试验和测试关键技术研究，完成关键技术的研究，制定和修订相关标准和规范，建立和完善现有的整机/核心机试验技术体系。

现阶段国内航空发动机高空模拟试验设计一般根据客户使用要求，综合考虑设计指标、使用要求和经济性等,采用全面搭配和简单比较相结合的方法进行。但由于航空发动机高空模拟试验具有设备多、周期长、费用昂贵、影响因素多和水平层次多等特点,这种设计方式虽然可在满足使用条件下降低发动机高空模拟试验的周期和费用等,但也存在试验次数偏多、试验方案代表性不强等不足,发动机试验自动化、智能化程度不高。

目前,智能化与各领域的融合发展已成大势所趋,航空发动机高空模拟试验作为航空发动机研制过程中的重中之重环节,实现航空发动机试验与智能化的有机融合,在试验能力和技术水平上取得大幅提升,进一步彰显高空模拟试车台的作用。智能化试验是指对试验过程具有灵敏准确的感知能力、正确的思维判断能力以及行之有效的执行方法,并通过信息化实现试验的柔性化、敏捷化和智能化,其运行特征可以概括为泛在感知、高度集成、模型驱动、自治能力和人机协同。从基础研究角度来看,智能化试验是对试验过程的关键环节,以一种高度柔性与高度集成的方式,通过信息系统来模拟领域专家的智能活动,对试验过程问题进行分析、判断、推理、构思和决策,取代或延伸试验环境中人的部分脑力劳动并对专家的智能活动进行收集、存储、完善、共享、继承和发展,实现人的智能活动向信息系统智能活动的转化。从工程实践角度来看,智能试验是对试验的关键环节,以信息化为手段,集成其他相关学科技术,使试验具有灵敏准确的感知能力、正确的思维判断能力以及有效的协同执行能力,试验流程(操作、管理、决策)闭环化、试验运行自动化、信息关联图像化。

国外先进航空发动机制造商积极探索利用人工智能、工业互联网、云计算、大数据等技术,以大幅提升航空发动机全寿命周期中的智能研发能力。目前最主要的代表是通用电气的Predix工业互联网软件平台、西门子的Mindsphere平台等,它们在物联网、大数据和智能设备的基础之上搭建了以智能设备为网元的互联网。通过将各类数据按照统一的标准进行规范化梳理,提供随时调取和分析的能力,实现分布式计算和大数据分析、资产管理、机器间通信和移动应用。通过捕捉、存储、分配和分析快速、复杂和多变的海量数据,形成信息处理的主动性和预测性。当前我国航空发动机行业正面临信息流通不畅,多专业、跨地域、多系统协同过程中的信息集成共享和智能辅助决策支持程度处于初步发展阶段,实际应用过程中语音、视觉等技术工具主要承担常规沟通功能,尚未具备智能分析作用,数字化、网络化技术发展不均衡。特别是现有试验设施、设备的控制及监视各自为政,独立管控,物联网感知层部署较少,信息世界与物理世界的有机集成和深度融合不足,实物信息和电子数据存在信息孤岛,且智能化技术尚在探索之中等。发动机试验自动化、智能化程度不高,以高空模拟试验为例,每次试验需要投入数十人,人的工作主要集中在设备控制、监控试验状态、试验记录、数据处理及试验内容更改等方面。这其中的大部分工作可以通过智能化的手段予以完善甚至替代。更进一步,以智能分析、情景感知、专属化学习训练等为特色的智能技术将极大地减弱人的工作负担,使人更加专注于创造性脑力工作,并且进一步促进试验的安全高效开展。随着传感技术、云计算和移动互联网技术的发展,未来物联感知技术的发展方向包括传感器趋于小型化、廉价化。传感器正变得越来越小,价格更加低廉,也越来越稳定,随着传感器技术的进步,几乎所有设备都可接入物联网,并且会变得更加"智能",能通过对温度、光、距离、压力等参数的监测告知我们周围环境的变化。同时,它们不仅各自独立工作,更进行着机器到机器间(machine to machine,M2M)通信,在已联网的设备间自动进行着数据交换;同时,将实现相互独立的数据孤岛的互联,当来源不同的数据相互结合时,全新的服务将会出现,成为互联网和物联网之间的一个重要接口,不仅是机器间数据连接的问题,更可以结合来自 Internet 的数据;再者,物联网将提供更加丰富的功能。如进行数据评估及预测、进行大数据分析等。

《中国制造2025》明确指出应加快推动新一代信息技术与制造技术融合发展,把智能制造作为两化深度融合的主攻方向,推进生产过程智能化,培育新型生产方式,全面提升企业研发、生产、管理和服务的智能化水平,并把航空发动机装备列为战略重点之一。同时在国家"十三五"规划百大重点工程中,"航空发动机与燃气轮机"位居首位,体现了国家对航空发动机产业发展的高度重视。通过对试验系统的智能感知及边缘计算控制技术、航空发动机试验设备智能化健康管控技术、基于智能化的试验设计与流程优化技术、航空发动机试验域知识图谱构建技术、基于人工智能的专家试验决策技术、试验全场信息实时可视化与还原技术、航空发动机安装工艺流程数字化及其智能管理技术等航空发动机试验智能化技术研究,实现试验台高效化利用、试验智能化运行、现场远程化控制、信息实时化传递、诊断维修智能化、数据处理在线化等,有利于实现"感知互联,协同优化,综合决策,自动化运行"的智能化试验目标。

9.3 高空性能/特性的确定与修正技术

AEDC 多年来一直非常重视数值仿真技术在高空性能/特性的确定与修正技术方面的研究和应用,通过将发动机各部件、各分系统及多学科综合设计、分析与评估集成在一起,实现试验中的发动机在线评估,以及试验后的发动机性能、可操作性、稳定性和耐久性评估在内的全方位试验支持,可有效降低发动机在研制过程中的试验工作量和试验风险,缩短研制周期,降低研制成本。这些建模与仿真工具包括了稳态和瞬态发动机性能模型、无反应流(进气道、风扇和压气机位置上)和反应流(燃烧室和加力燃烧室位置上)的瞬态和 3D 空间计算流体动力学(CFD)模型,以及稳态和振动载荷状态下静止与旋转部件的 FEM 结构模型。2010 年 3 月 AEDC 发布了一份关于 AEDC 近 40 年来数值仿真对涡轮发动机综合试验和评估方面的发展、进展和应用的报告,报告中全景展现了 AEDC 高空模拟试验中数值仿真技术的各类应用。他们认为数值仿真的应用大大提升了其试验技术能力,并丰富了试验评估方法。

采用理论研究、数值仿真和试验验证相结合的手段,建立和完善发动机空中性能/特性确定与评定、发动机气动稳定性和环境适应性评定、发动机试验仿真与故障诊断的评定方法和规范,用于客观准确评定发动机工作特性的各项指标,突破发动机试验信息管理与共享技术、多学科与多系统的发动机高空模拟试验仿真技术和信息融合的故障诊断技术,研发发动机试验性能分析评估、仿真和故障诊断系统,建成远程、异地、跨区域的虚拟现场试验系统,实现发动机试验性能实时在线/离线评估、发动机虚拟试车与智能试验,为发动机设计和改进改型提供支持。

通过机理性基础技术和型号攻关关键技术研究,补充和完善常规发动机空中试验性能/特性的确定和修正方法、发动机气动稳定性评定方法、发动机三高起动试验方法和结果评定方法;持续开展恶劣使用条件下的发动机试验性能/特性不确定度分析与评估技术、基于有限试验评价发动机空中工作特性的评估技术、发动机结冰试验方法与评估技术等关键技术研究,为全面准确评估发动机空中工作特性提供技术支持;面向国防航空武器动力装备技术领域未来发展,探索新型动力高空性能/特性的确定与修正技术,为建立新型动力科学的试验方法和结果评定方法奠定技术基础;基于数值仿真技术、故障诊断技术、数字化技术、数据库技术、网络技术、多系统集成技术等,积极开展这些技术在发动机试验性能评定、试验仿真、故障诊断和状态监控等方面的应用研究,研发发动机高空模拟试验的在线/离线性能分析与评估平台,建成远程、异地、跨区域的虚拟现场试验系统,实现发动机虚拟试车与智能试验,提升试验数据处理分析和状态监控能力。

"十三五"期间,在本技术方向上主要开展发动机试车台校准、比对及换算准则研究,为解决国内航空发动机试车台试验结果准确性和一致性问题提供支持;开展高空关键降稳因子对发动机气动稳定性影响机理分析技术、发动机压力畸变数值模型仿真技术、发动机压力畸变稳定边界分析技术等研究,发展和完善发动机压力畸变气动设计、规范、计算方法和分析平台;开展发动机试验状态在线监控技术、发动机故障模式分析和故障库建立技术、发动机试验多系统与多学科仿真建模技术、发动机试验风险控制技术等研究,提高发动机试验仿真、状态监控与故障诊断技术水平。

航空发动机高空性能/特性的确定与修正技术作为飞行器推进系统推进特性研究的重要组成部分。鉴于评估或确定新式飞行器战技指标的需要,以系统工程思维考虑或解决"飞—发—推"的问题,已摆在了高空模拟试验工作者的面前,需要从航空发动机高空性能/特性的确定与修正技术拓展延伸到推进系统高空性能/特性确定的工程技术领域。

这一交叉学科的科学研究及工程实践,将使飞行器、发动机研制工作者及使用者更加紧密地结合在一起,从而可更快实现高性能飞行器的研制。随着技术的进步,发动机试验已迈入信息化时代。而试验的仿真技术研究是试验信息化技术研究的重要组成部分。

计算机的高速发展,对当前试验能力和试验内容的研究和拓展已经不再是传统的试验硬模式和理论推导的软模式耦合的产物,试验能力和试验内容的发展需要高效、经济的仿真平台来促进。仿真技术发展已有近60多年的历史,目前在多学科综合性提升的基础上,仿真技术的发展更为迅速,已广泛应用于国防和国民经济各个领域,并产生了巨大的影响和效益。分布式交互仿真、虚拟现实和虚拟样机技术的发展及应用,进一步显示了系统仿真这门多学科、综合性高技术的巨大生命力和广阔前景。因此,仿真系统被认为是继科学理论和实验研究之后的第三种认识和改造世界的工具以及各门学科研究手段的"交汇点"。

计算机仿真包括高空模拟试验的系统级仿真和数值仿真。所谓系统仿真,就是根据对高空台系统分析的目的,在分析各系统的各要素性质及其相互关系的基础上,建立能描述系统结构或行为过程的、且具有一定逻辑关系或数量关系的仿真模型,据此进行试验或定量分析,以获得正确决策所需的各种信息。计算机数值仿真则是针对高空台具体的技术问题,这包括试验设备设计、优化和具体试验技术研究,利用计算机开展基于数值化解析的仿真建模、计算、分析工作。

9.4　试验设备维护与适应性改造

高空台的高质量运行是航空发动机高空模拟试验"测试准确、结果公正"的重要保障,我国航空动力技术要保持最强的竞争能力,不仅需要更加先进的设备,还需要经常对现有试验设备进行维护与适应性改造,以保障其设备能够按时投运并稳定运行,发挥最大功效。通过不断提高设备维修管理水平,可以保证设备经常处于良好状态,保持特有的工作能力,充分发挥其工作效率,延长其使用寿命。在航空发动机领域中,试验设备不但具有"四个三"的特点:① 高温、高压、高转速;② 投资大、装机功率大、事故损失和影响大;③ 耗能高、复杂系数高、传输管线长;④ 间隙运行、起动频繁、事故潜隐;而且许多设备属于非标准设备,经常是根据特殊情况加工制造,使用和维护都具有特殊性。

随着计算机技术的进步,发动机试验已迈入信息化时代,对当前试验设备维护与适应性改造的研究和拓展已经不再是传统的试验硬模式和理论推导的软模式耦合的产物,试验能力和试验内容的发展需要高效、经济的仿真平台来促进。高空台系统仿真就是在信息技术的依托下,以相似原理、模型理论、系统技术、仿真应用领域有关的专业技术为基础,以计算机信息平台为工具,利用模型系统对高空台设备、试验工艺、控制规律等进行研究的一项多学科的综合性技术。如果高空台系统仿真技术能应用到航空发动机整机高空模拟试验中,将与实际试验形成互补,提高整个高空台系统的设备维护功能以及适用性改造能力。

国外在此类系统仿真技术上起步较早,比如美国阿诺德工程发展中心和法国推进系统试验中心已经将数值仿真和实际试验相结合,在现有试验的优化,试验质量的提高以及先进试验方法的研究等方面取得了显著成就。美国 NASA 利用开发的 NPSS 仿真方法对高空模拟试车台进行了建模仿真,并利用 NPSS 环境结合某发动机模型进行了整体仿真平台的搭建。随后开展的仿真效果说明,该系统为优化试验流程,提高试验的经济型,研究设备控制规律,新老设备的兼容匹配等问题提供了一个极好的虚拟试验平台。

通过建立高空台试验系统仿真,解析高空台各设备系统的数学模型,不仅可以掌握高空台各设备在试验过程中的工作特性,确保试验安全,而且可以通过试验前各设备的联合工作进行仿真,对高空台各设备沿流程参数进行校核,优化和预估试验流程,确定试验方案的可行性,优化试验过程,提高试验效率。高空台系统仿真能以其他方法无法替代的独特功能为决策者、设计师和工程技术人员在面对一些重大、复杂的棘手问题时,提供一个灵活的、适用的环境,以检验关键性见解、创造新观点和所作决断的正确性和有效性,高效地帮助人们理解实际系统的本质,便于进行科学决断与推断,在提高试验效率、降低试验成本、增强试验数据分析处理能力、评估试车台架影响等方面也具有较大的工程实用价值。

从科技进步和历史发展的观点来看,未来高空模拟试验技术将更多的趋向于智能仿真和智能制造以及大数据云等方向,同时伴随航空动力的升级改型,未来高空模拟试验范围将更加宽广,模拟的进排气环境将越来越复杂。针对高空台大型设备,一是要实现设备全寿命周期管理与维护;二是要特别针对系统中的关重设备,会同设备生产单位深化科研工作并理清设备工作边界;三是要稳妥改进完善全流程设备状态监控,以提升智能化运行水平;四是积极改进完善发动机高空模拟试验自动化测试系统,以满足先进航空发动机研制需求。

参考文献

[1] 张健.航空发动机地面试验技术的近期发展及我们的对策.燃气涡轮试验与研究,2002,15(1):6-10.

[2] 侯敏杰,陈建民,徐国,等.先进航空动力崛起的基石——高空台//大型飞机关键技术高层论坛暨中国航空学会2007年学术年会论文集.四川:中国燃气涡轮研究院,2007:906-910.

[3] 美国国防部.航空涡轮喷气和涡轮风扇发动机通用规范.MIL-E-5007D,1980.

[4] 美国国防部.航空涡轮螺桨和涡轮轴发动机通用规范.MIL-E-8593A,1975.

[5] 美国国防部.航空涡喷涡扇发动机军用规范.MIL-E-87231,1985.

[6] 美国国防部.航空涡喷涡扇涡轴涡桨发动机联合使用规范指南.JSSG-2007B,2007.

[7] 中国人民解放军总装备部.航空涡轮喷气和涡轮风扇发动机通用规范.GJB 241A-2010,2010.

[8] 中央军委装备发展部.航空涡轮螺桨和涡轮轴发动机通用规范.GJB 242A-2018,2018.

[9] 国防科学技术工业委员会.航空涡轮喷气和涡轮风扇发动机高空模拟试验要求.GJB 5028-2001,2001.

[10] 中国人民解放军总装备部.航空涡轮喷气和涡轮风扇发动机高空模拟试验要求.GJB 4879-2003,2003.

[11] 张华,叶巍,李红军.美国航空发动机通用规范演变分析.航空标准化与质量,2015(4):53-56.

[12] Society of Automotive Engineers. In-flight thrust determination. AIR1703,2012.

[13] Society of Automotive Engineers. The measurement of engine thrust in an altitude test facility. AIR5771,2015.

[14] Federal Aviation Administration. FAA/FAR-33:Airworthiness standards:

Aircraft engines U. S. department of tansportation,2010.

[15] 美国联邦航空局. FAR-34 涡轮发动机飞机燃油排泄和排气排出物规定, 2010.

[16] 中央军委装备发展部. GJB 8967-2017 弹用涡喷涡扇发动机畸变试验方法,2017.

[17] 国防科学技术工业委员会. GJB/Z 64A-2004 航空涡轮喷气和涡轮风扇发动机进口总压畸变评定指南,2004.

[18] 中国人民解放军总装备部. GJB 4877-2003 航空涡轮发动机吞水试验要求,2003.

[19] 中国民用航空局. CCAR-33-R1-2001 航空发动机适航标准,2001.

[20] 杜鹤龄. 航空发动机高空模拟. 北京:国防工业出版社,2002:45.

[21] 中国人民解放军总装备部军事训练教材编辑工作委员会. 高低速风洞气动与结构设计. 北京:国防工业出版社,2003:40-75.

[22] 侯敏杰. 高空模拟试验技术. 北京:航空工业出版社,2014:53.

[23] Virgil S K, Samson W. Accelerated development and application of integrated test and evaluation technologies for aeropropulsion systems. 14th International Symposium on Air Breathing Engines. Florence, Italy, 1999, 9: 5-10.

[24] Arnold Engineering Development Center. http://www.nimr.org/systems/images/aeropropulsion.html.

[25] Bickford R, Malloy D. Ground test facility implementation of a real-time turbine engine diagnostic system. AIAA2005-4334.

[26] Bauer M, Kando A. Model based simulation and validation of a modern sea level test facility's behavior. ISABE-2009-1359.

[27] 杜鹤龄. 航空发动机高空模拟. 北京:国防工业出版社,2002:238-264.

[28] 中国航空工业集团公司. QAVIC20075-2015 航空燃气涡轮发动机高空模拟试验参数符号命名要求,2015.

[29] 卢传义. 国外高空舱的发展现状与趋势(上). 国际航空,1997(9):37-38.

[30] 侯敏杰. 高空模拟试验技术. 北京:航空工业出版社,2014:298.

[31] 侯敏杰,刘志友. 高空舱内次流与真空度作用对发动机台架推力测量的影响研究. 航空动力学报,2005,20(3):384-388.

[32] 赵涌,石小江,宋子军,等. 一种改进的航空发动机高空模拟试验推力测量方法. 燃气涡轮试验与研究,2020,33(2):1-6.

[33] 冯海峰,樊丁. 某型航空涡轴发动机燃油调节器建模与仿真. 计算机仿真,2007,24(12):45-48.

[34] 王峰,张晓敏,刘会玲. 利用机上传感器测量燃油流量的方法研究. 计测技

术,2009,29(4):33-35.
[35] 廉筱纯,吴虎.航空发动机原理.西安:西北工业大学出版社,2005.
[36] Walsh P P, Fletcher P. Gas turbine performance:2nd ed. Hoboken:Blackwell Science Ltda Blackwell Publishing company, 2004.
[37] 杜鹤龄.航空发动机高空模拟.北京:国防工业出版社,2002.
[38] 侯敏杰.高空模拟试验技术.北京:航空工业出版社,2014.
[39] 中国国家标准化管理委员会.GB/T 8170-2008 数值修约规则与极限数值的表示和判定,2008.
[40] 童秉纲,孔祥言,邓国华.气体动力学,北京:高等教育出版社,2012.
[41] 陈大光.航空发动机设计手册第1册——通用基础.北京:航空工业出版社,2000.
[42] 沈维道,蒋智敏,童均耕.工程热力学(第三版).北京:高等教育出版社,2000.
[43] 中华人民共和国国家标准.GB/T 1920-1980 标准大气(30公里以下部分),1980.
[44] 李应红.航空涡轮风扇发动机试验技术与方法.上海:上海交通大学出版社,2014.
[45] 聂加耶夫,费多洛夫著.航空燃气涡轮发动机原理.姜树明,译.北京:国防工业出版社,1984.
[46] 徐国,郭昕,陈建民.高空台标定中空气流量测量方法研究.燃气涡轮试验与研究,1995(2):40-43.
[47] 杜鹤龄.航空发动机推力的测量和确定方法.航空动力学报,1997,12(4):389-392.
[48] 刘志友.高空模拟试验中发动机推力的确定与应用.燃气涡轮试验与研究,2005,18(3):1-5.
[49] 刘志友,徐国,陈建民,等.大飞机动力高空模拟试验中推力的确定方法.深圳:中国航空学会2007年学术年会,2007.
[50] 刘大响,叶培梁,胡俊.航空燃气涡轮发动机稳定性设计与评定技术.北京:航空工业出版社,2004.
[51] 田金虎,乔渭阳,彭生红.航空发动机高空压力畸变试验.航空动力学报,2014,29(4):817-823.
[52] 刘志友,侯敏杰,龚小琦.环境压力大偏差条件下拉瓦尔喷管发动机高空推力的确定.航空动力学报,2006,21(3):610-614.
[53] 刘志友,侯敏杰,马前容.高度对航空发动机地面试验性能的影响.航空动力学报,2006,21(2):381-385.

[54] 中华人民共和国航空航天工业部. HB 6213-1989 涡喷涡扇发动机高空模拟试验性能修正规范,1989.

[55] 马前容,文刚,田金虎. 发动机试验稳态性能分析和评定方法. 燃气涡轮试验与研究,2005,18(4):24-29.

[56] 侯敏杰,刘志友. 高空舱内次流与真空度作用对发动机台架推力测量的影响研究. 航空动力学报,2005,20(3):384-388.

[57] 郭昕,刘涛,文刚. 航空发动机试车台附加阻力修正方法. 航空动力学报,2003,18(6):839-844.

[58] 马前容,吴虎,刘涛. 涡轴发动机高空台模拟偏差影响的性能修正方法. 航空动力学报,2013,28(9):1997-2002.

[59] 中华人民共和国国家军用标准. GJB 170.5-2013 军工产品设计定型文件编制指南第5部分:设计定型基地试验大纲,2013.

[60] 中华人民共和国国家军用标准. GJB 5852-2006 装备研制风险分析要求,2006.

[61] 中华人民共和国国家军用标准. GJB/Z 170.6-2013 军工产品设计定型文件编制指南第6部分:设计定型基地试验报告,2013.